第十大行星之谜

RIDDLE OF THE X PLANET

上

卞德培 著

北方联合出版传媒（集团）股份有限公司

辽宁少年儿童出版社

图书在版编目（CIP）数据

第十大行星之谜／卞德培著 . — 2 版 . — 沈阳：
辽宁少年儿童出版社，2012.8
　（名家科普）
　ISBN 978 - 7 - 5315 - 3134 - 0

　Ⅰ.①第… Ⅱ.①卞… Ⅲ.①行星—普及读物 Ⅳ.
①P185 - 49

　　中国版本图书馆 CIP 数据核字（2012）第 201605 号

第十大行星之谜
卞德培　著者
出版发行：北方联合出版传媒（集团）股份有限公司
　　　　　辽宁少年儿童出版社
出版人：许科甲
地址：沈阳市和平区十一纬路 25 号
邮编：110003
发行（销售）部电话：024 - 23284265
总编室电话：024 - 23284269
E-mail：lnse@ mail. lnpgc. com. cn
http：//www. lnse. com
承印厂：北京市昌平区新兴胶印厂

责任编辑：陈　鸣
责任校对：那一文
责任印制：吕国刚

幅面尺寸：165mm×230mm
印　张：30　　字数：322 千字
出版时间：2013 年 1 月第 2 版
印刷时间：2013 年 1 月第 1 次印刷
标准书号：ISBN 978 - 7 - 5315 - 3134 - 0
定　　价：59. 60 元（上、下册）

浪花与小兵（代自传）

夜深人静，时钟已过 12 点，对于我这个科普战线上的老兵来说，正是一天中工作效率最高的时刻。办公室里干不完的那些编、译、审、校等工作，必须在这时完成；已答应的稿件要抓紧写出；新到的中外文杂志要翻阅；国内外的来往信件要处理，等等。

一点钟，两点钟，书桌上的灯光才熄灭，30 多年来已习以为常了。对于两鬓已斑白、精神还不错的花甲之年的人来说，一天十三四小时的工作，乐在其中，也就不觉得其累和苦了。

事情得从 20 世纪 40 年代初说起。

偶然的机会中看到的几本天文书，极大地吸引了我这个十多岁的中学生。《流转的星辰》、《行星的故事》以亲切和生动的文笔、娓娓动听的故事，讲述着前所未闻而又那么有趣的天文知识；《宇宙壮观》描述出了宇宙的壮观景象，令人赞叹，启迪心灵。大自然以其特有的魅力，打动了我这个中学生的心，我萌生了这样的思绪：探索伟大而神秘的宇宙，发人深省，陶冶情操，其乐无穷。

"严"而填鸭式的学校教学，以及每天两三个小时以上的家庭作业，使得学习生活很紧张，有点喘不过气来。但既然被一个东西所吸引，牺牲点睡眠时间自然被认为是理所当然的办法。学校图书馆里仅有的几本天文书，很快就不能满足我的需求，可是自己又买不起，于是开始抄书和做笔记。在短短的几年里，先后抄了好些练习本，对星空简直着了迷。就这样，还在初中时，我就与星星结下了友谊，谁知道这不解之缘后来影响着我的一生。

1945 年是中国人民抗日战争胜利的一年，也是我踏入社会、生活中发生较大变化的一年。7 月，中学毕业，憧憬着自己的前程，可是，在那个毕业即失业的年代，茫茫前途，何处是归宿？

早在 1941 年 12 月珍珠港事件之前，父母随邮局内撤，三四年来，音信阻隔。祖父母带着三个孙儿女在上海，一直以变卖度日，此时已到了山穷水尽的地步。经济问题，以及多年来生活条件的恶化，还不满18岁的我，感染上了肺结核，老百姓叫它"富贵病"，这在当时被看做简直是"不治之症"的代名词。身体垮了，情绪极度低落，升大学的梦想像瘪了的皮球，再也鼓不起来了。万业萧条，找工作又谈何容易。几经周折，进了上海东方汇理银行（法商）当练习生。

工作不算紧张，可生活担子不算轻松，在此后好几年的时间里，我成为家庭的主要负担者之一。在物价一日数跳、币值像断了线的风筝那样垂直下落的那些年代里，谁不挑这副家庭担子就不知道生活之艰难。但从微薄的薪水中，我不忘挪点尾子出来，买些最喜欢的天文书。这样就可以再也不用像过去那样成本成本地大抄特抄其书了。

被星空魅力吸引着的我，希望别人也能感染宇宙之美，于是开始走上了普及宣传的道路。1946年，我发表了第一篇科普知识小品，介绍有关日月食的原理和现象。接着，又大胆地写了第一本书，5万字的科学幻想小说——《地球的殖民地》，对青少年普及天文和宇航知识。又以多年积蓄从美国买了一架口径8厘米的反射望远镜，既自己观察天象，也成为用来流动服务的得力工具。

如果把独学天文比喻为孤掌难鸣的话，那么，1947年与紫金山天文台李元的相识可说是相得益彰。李、卞两人的结识与合作，在一定意义上说，为当时的天普工作注入了生气和开创了新局面。两人各有一段曲折的自学经历，毅然视普及天文为己任，深感必须联络同好，发挥各自的特长和优势，特别是在青少年中间，大力普及天文知识。

两人先后联系了好几十位青年同好，组织了中国青年天文联谊会，会员遍布上海、南京、北京、广州、杭州等处。后来又发展成为中国天文学会大众天文社，专门从事向广大人民群众普及宣传天文知识。相隔数十年后的今天，来回顾此事，当初中国青年天文联谊会和大众天文社的一批青年同好，后来不少都走上了天文工作岗位，并相继成为各天文机构的骨干力量。

从1948年开始，以李、卞两位为主，编辑出版《大众天文》月刊，附刊在当时上海《科学大众》中，由李元先在上海、后在南京负责组编，由我在上海负责编辑出版等工作。接着两人又通力合作陆续编著了一些工具性图书，如《天球仪》（包括天体仪实物模型）、《天文学图集》，以及后来与沈良照等三人合作编绘的《简明星图》等。这些对青少年天文爱好者来说是特别需要的图书和工具，有的至今仍是天文普及领域中可供使用参考的惟一资料。《简明星图》由于是出自三位天文爱好者后为天文工作者之手，取材简而明，使用方便，在出版已30多年后的今天，仍得到广泛的使用和使用者的高度评价。

根据回忆，直到50年代初的这段时间内，自己实在是非常紧张的，而恰是在这几年里，编写了最初的两本为少年朋友写的书：由上海的少年儿童出版社出版的《日食和月食》，以及由北京的商务印书馆出版的《一年四季》。在徐青山的合作下，《日食和月食》于数年后重版。

繁忙的编写工作和大量的科普活动，形成了我发展道路上第一个小小的高潮，而正是在为社会服务的同时，自己得到了很大的提高，这一点，我的体会是很深的。

我没有机会上大学，但由于答复和处理读者来信、设计展览、作科普报告等的需要，强迫自己看了点书，常常需要把同一章节反复地看，不同书的相关章节比较地看，直到弄懂并能以自己的语言来表达为止。不可否认，知识水平等的限制，使自己在处理信件、发表文章中，犯了不少错误；另一方面，也确实增长了知识和才干。这在从20世纪50～80年代主持《天文爱好者》杂志的期间，也有很深感受。

工作、生活上更大的转折是在1954年。那年下半年，北京市决定筹建我国第一座大型天文馆，我自上海奉调参加筹建工作。在大雪纷飞的隆冬季节，我来到祖国首都，一种强烈的光荣感和责任感驱动着我，作为北京天文馆最初的四人筹建小组的一名成员，立志把天文馆建好，为开创我国的天文馆事业贡献自己的一份力量。

三年的筹建，以及其间赴苏联考察天文馆，奠定了我此后一生的道路。1957年9月，北京天文馆落成、开放，接待观众。作为一名工作人员，我在天文馆和天文普及岗位上，风风雨雨，三十多载，直到现在。

从1957年《天文爱好者》杂志在比较艰难的条件下筹备、出刊，到1985年离开编辑部二十七八年间，主要为灌溉这朵天普刊物之花，呕心沥血，不懈地努力。它，已届三十而立之年，仍在茁壮成长，不仅远远超过了过去任何一种天文刊物的出版年数，也仍是迄今为止国内惟一的一种天文普及刊物。

尽管自己的第一本作品是科幻小说，但很快发现自己并不善于写这类作品，而愿意把精力用于撰写科学知识小品。三十多年来的数十种出版物、数百篇科普文章，都是在这种思想指导下的产物。

回顾往事，写科学小品，尤其是为少年儿童们写知识小品，并非是件轻松、容易的事。用通俗易懂的语言，把少年儿童们本来已懂了的知识和道理，再重复一遍，这也未尝不可，至少可以加深和巩固对已有知识的理解。但是，仅仅这样是不够的，应该讲点新知识、新发现，文章要有时代气息，以开阔读者的眼界，鼓励他们为发展科学而立下宏愿壮志。

这，问题就难了。要把一个比较新的，也往往比较深的概念、理论讲清楚，而又不能生搬教科书里的对少年儿童来说较抽象的概念，有时并不那么容易。

第一次比较成功的尝试，是 1964 年为上海《儿童时代》写的那篇《六十多吨重的一枚"硬币"》。文章首先用标题吸引读者，使他们萌起想了解一下这究竟是怎么回事的悬念。原子的构造、物质的密度等，对少年读者来说都是比较生疏的，需要用生活中能遇到的熟悉的事物来举例，到最后讲清楚：这样重的硬币当然是没有的，但可以用来制造这种硬币的材料却是有的，它在地球上是找不到的，它是组成一种叫做白矮星的天体上的物质。

这样的文章看来能被少年儿童们接受和理解，它不仅在当时被儿童时代社选为上乘之作，二十年后，在由中国科普创作研究所主选、包容建国以来优秀作品的《儿童科普佳作选》中，再度被列选。遗憾的是，这种生动活泼、引人入胜的文章我写得太少了。

我认为，作为一个少儿科普工作者，需要掌握多方面的知识，既要有广度，也要有一定的深度，特别是自己的专业方面。此外，还应学习广泛的社会科学知识，如中外史地、法律、政治和哲学等。他最好是个文学爱好者，熟悉各种文学形式，并具备运用少儿语言的能力和修养。更为主要的，他应有颗童心，愿意为少年儿童进行创作，进行艰苦的劳动。为少年儿童写作的文章一般从数百字到数千字，图书也只有几万字，比起为成人创作的作品来，在字数和分量上要少得多，但这绝不意味着容易得多。相反，创作一篇优秀的短文，其难度和所花的精力，不亚于一篇洋洋数千言的论文。

正是本着向少年儿童普及以天文学为主的科学知识，提高他们对科学的兴趣，鼓励他们从小爱科学，立志长大搞科学的信念，开阔他们向未来展望的眼界，数十年来，我为他们写了点书和文章。较早的有《十万个为什么》中的部分天文"为什么"，与陶世龙合作的《你知道吗?》（天文气象1）等。

前几年，得悉上海的少年儿童出版社打算出版一部以初中学生为主要对象的大型工具书——《少年自然百科辞典》。作为一个科普工作者，理所当然应该予以大力支持。我积极奔走、组织，邀请了12位善于写作的天文工作者为它写稿。经过几年的努力，眼看已快到开花结果的时节，心中有说不出的快慰。这部辞典的《生物·生理卫生》分册已出版，约80万字，内容新颖充实，图文并茂，装帧精美，受到中小学教师和学生等的普遍欢迎。可以预料，《天文·地学·气象》分册，也将成为一册颇有影响的图书。

一套规模更大的《中国少年百科全书》正由中国少年儿童出版社积极筹划中，有幸被邀为分科副主编和撰稿人，我将竭尽全力把稿件组织好，协助出版社和有关方面，将建国以来第一次专门为少年儿童编纂的，篇幅最大、内容最丰富的百科全书，高质量地呈献给全国的少年读者。

最近几年，除了分散在各种杂志上的文章等外，为少年儿童读者们写书的活动始终坚持着，如《星空、地球和太阳》、《地球的伙伴》（均与余克德合作改编，新蕾出版社，1983年），《月亮》（民族出版社，1985年），《哈雷彗星》（新蕾出版社，1985年），《青少年科技活动全书·天文分册》（部分，中国青年出版社，1985年)，《告诉我，为什么》（部分，中国少年儿童出版社，低年级1985年，中年级1986年，高年级1987年），《夏令营》（部分，北京科学技术出版社，1985年）以及《彗星和流星》（民族出版社，1987年）和《邮票上的科学》（部分，中国邮电出版社，1987年）等。

一个少年儿童科普工作者，只有具备比较广泛的兴趣，才能使自己的作品内容更加丰富。兴趣范围可因人而异，深浅可有所不同，如：从喜欢照相到自己冲洗放大；三大集（集邮、集火花、集烟盒）或其他，如收集糖纸、画片等；从听音乐到弹奏乐器；养花草；从欣赏书法、绘画到自己动手实践等。

我就是个音乐爱好者，也喜欢欣赏美术作品和名画等，虽然自己的水平和素养不高，但工作之余，写作之余，它们不仅能起消除疲劳的作用，使人精力更加充沛，还陶冶情操，予人以享受，给人以知识。我喜欢买书、看书和收集图片、照片、幻灯片等资料，仅剪报资料一项，从50年代到60年代的十来年间，就装了足足有好几十个大的档案口袋。

还在中学的时候，我就喜欢收集邮票，只是邮票来源甚少。后来踏入社会，邮票数量就逐渐增多，一二十年间，也积累下了数十个国家的几千枚各种邮票。

这些爱好和所收集起来的资料，给了我很多知识和乐趣、帮助和教益，可谓得益匪浅。遗憾的是，十年动乱期间，图书资料与人同遭厄运。长时间积累下的宝贵资料，几乎全部付之东流，除图书遗留下百十来册之外，其余资料、图片、照片、邮票等全部丢失，诚为可惜。

近十年来的创作是多层次的。1976 年 3 月 8 日，一场罕见的陨石落在我国吉林省吉林市郊、永吉县和蛟河县等地，其中最大、最重的一块为"吉林一号陨石"，重 1 770 千克，是迄今世界上最大的陨石。我有幸有机会参加综合考察组，立即奔赴现场进行综合考察。在此启发和鼓励下，发表了《我国已知陨石的初步统计》（《地球化学》学报，1978 年）。论文受到有关方面的关注，在国际陨石学会主席、美国《陨石学》主编的邀请下，于 1981 年在《陨石学》学报上，发表题为《中国陨石》（英文）的论文，引起世界陨石学界的注意。在此之前，国际陨石目录上一直只有区区的 11 块中国陨石，现在由一篇文章一下子把这数目增加到 50 多块。

1980 年 10 月号的美国著名天文杂志《天空和望远镜》上，发表了我的题为《中华人民共和国的业余天文爱好者活动》（英文）的文章，配有彩色和黑白照片多幅。1982 年 11、12 月号的法国《天空和空间》杂志上，刊登了我写的一篇题目为《来自人民中国的消息》（法文）的文章，介绍北京天文馆、我国青少年的天文普及活动，以及天文出版物等情况。两篇文章引来了一些关心我国天文普及工作的外国朋友，几年来，一直与我保持着联系。

此外，我也是《中国大百科全书·天文学》和《中国大百科全书·固体地球物理学、测绘学、空间科学》的撰稿人。

积四十多年的创作经验和体会，我深感为青年、为少年儿童撰写科学普及文章的重要意义。引导他们从小爱科学，树立以科学方法和态度来学习和工作的科学作风，我国的科学技术发展将永无止境，我国的科技人才将如雨后春笋般地涌现。

我愿为繁荣少年儿童创作，作毕生的努力。

（原载《中国少儿科普作家传略》，希望出版社，1988 年）

目 录

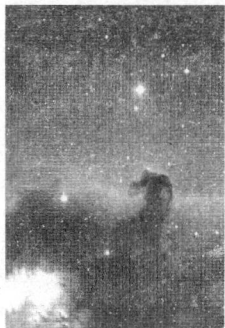

太阳大家族

纵览太阳系

太阳系在宇宙中

人类用肉眼惊奇地眺望茫茫宇宙、点点繁星何止万千年之久，可是，直到 400 来年前，才获得了观测天空的得力工具——望远镜。从那时以来，望远镜的口径越来越大，威力越来越强，所观测到的空间范围更是几何级数般地扩大。现在，用最现代化探测手段所能达到的最远距离大体在 150 亿光年左右，或更远些。这一范围被称为总星系。

在这个观测所及的浩瀚空间范围内，约有 10 亿个河外星系，即位于我们所在银河系之外的星系。它们都好比是宇宙海洋中的一些小岛。星系和银河系是同级天体系统，各包含数十亿到数千亿颗恒星不等。银河系的直径约 10 万光年，包含的恒星一般认为在 2 000 亿颗以上，每颗恒星都是遥远的、自己能发光发热的、太阳辈的天体。

离我们最近的恒星是太阳，这颗银河系中普普通通的恒星不仅被看成是遥远恒星的代表，对我们来说，更是头等重要而有着特殊意义的天体。离我们第二近的恒星是半人马星座的比邻星，距离 4.2 光年。比邻星星光以每秒 30 万千米速度行进，射到我们的眼帘上得花 4.2 年。

从总星系的角度来看太阳，它只是沧海一粟，以太阳为中心的天体系统——太阳系，所占的空间范围也是微乎其微，太阳和太阳系的全部成员都"挤"在一个不那么太宽敞的区域内。

太阳系有多大

以离太阳最远的大行星——冥王星的轨道作为太阳系边界的话，太阳系半径只有约 39.5 天文单位。即使再加上些越出冥王星轨道的周期彗星，其半径也只是在 60 天文单位上下，光线走完这段距离要不了 9 个小时，即太阳系直径不足 18 "光时"。

荷兰天文学家奥尔特认为，在离太阳 10 万～15 万天文单位的地方，存在着彗星"仓库"——彗星云。即使以此作为太阳系边界，那么，1 光年 = 63240 天文单位，太阳系半径大致为 1.58～2.37 光年。对银河系来说，也只能算是极不显眼的一角。

根据万有引力定律，从不同的角度出发，可以算得各种不同大小的太阳系边界：最小的半径 4 500 天文单位，较大的 6 万天文单位，最大为 23 万天文单位，即比离我们第二近的恒星——比邻星只差 4 万天文单位还不到。

太阳系的主宰

在这篇文章里，不可能去探讨太阳系的边界究竟应该怎么定，或者去确定它应该算是多大，无可辩驳的事实是，与太阳系任何天体相比，太阳还是够大的。太阳直径为 139.2 万千米，为地球的 109 倍，约合 0.0093 天文单位，即使以冥王星轨道直径约 80 天文单位作为太阳系范围，太阳也只及其万分之一，只能算是个不大的"点"。

太阳质量相当惊人，为地球的 33 万多倍，是太阳系全部行星质量总和的 745 倍，占太阳系所有天体总质量的 99.8% 以上，用数字来表达的话，是这么个不太容易读的天文数字：

2 000 000 000 000 000 000 000 000 000 000 克。

难怪行星们都在太阳引力作用下，无例外地绕太阳公转，太阳当仁不让地成为太阳系的主宰。

太阳通过其核心部分氢核聚变为氦核的热核反应过程，以每秒钟 400 万吨氢转化为能量的速度，来维持其巨大的辐射。即使是如此这般的高消耗，太阳约 30 亿年损失其质量的 5‰。它释放出的能量中，约 22 亿分之一到达地球，成为维持地球上生命的主要源泉。

在太阳上已发现的 60 多种元素中，氢和氦所占的质量比最大，大体分别在 78% 和 20% 上下，氧、碳、氮、氖、镍合占 1.7% 左右。

太阳家族及其特征

如果将太阳比作太阳系的家长，那么，其家族中的主要成员就是大行星、小行星、卫星、彗星、流星体等。

大行星：已发现的有 9 个，即史前就发现了的水星、金星、火星、木星和土星，16 世纪才确定其普通行星地位的地球，以及分别在 1781 年、1846 年和 1930 年发现的天王星、海王星和冥王星。

九大行星中，以地球轨道为界，在内侧的为内行星，它们是水星和金星；其余 6 个都是外行星。按质量、大小、密度、自转情况和化学组成的不同等进行分类，行星可分为两大类：类地行星和类木行星。

水星、金星、地球和火星属类地行星。总的来说，它们都是体积小、质量小、密度大、自转速度慢、行星本身的扁率小、具有固态表层、中心有铁核、含金属元素的比例高。类木行星包括木星、土星、天王星和海王星，这类行星的体积大、质量大、密度小、自转速度快、行星本身的扁率大，主要由氢、氦、氖等元素组成，其氢氦比可能更接近于形成时的原始状态。冥王星被看成是个例外，它不属于这两类中的任何一类。

令人感兴趣的是，4 个类木行星无例外地都带着各具特色的行星环。土星环早在 17 世纪已经发现，另外 3 个行星环则是在最近一二十年才被陆续发现的。为什么只是类木行星有环？各环及其特征如何形成？诸如此类的问题尚在探讨中，有待结合太阳系起源与演化问题一并解决。

大行星中的第一、二号巨人是木星和土星，两者质量之和为其余 7 个行星质量和的 12 倍以上。土星的密度异乎寻常地小，只有 0.7 克/厘米^3。真有一大水池的话，惟有土星能漂在水面上。

谁是最小个儿的行星呢？20 世纪 70 年代以前，一直委屈水星任此角色。尽管现在对冥王星的直径还有点分歧，但它小于水星直径的 4 880 千米已确定无疑，它直径现在一般被定为 2 300 千米。

冥王星的外侧是否存在尚未被发现的行星，这是个被普遍关注的问题，有人甚至认为不仅存在，而且还不止一个。寻找冥外行星已进行了至少半个世纪，还没有取得任何可靠的线索。真的有冥外行星吗？现在还是个谜。

大行星的另外几个特征也必须在这里提一下：多数行星绕太阳公转轨道几乎都在同一个平面上，水星轨道与地球轨道面的倾角稍大，也只有7°，冥王星则是例外，达17°；多数轨道为偏心率不大的椭圆，水星和冥王星是例外，偏心率都在0.2以上；行星都以同一方向绕太阳公转，它也就是太阳自转方向。

小行星：体积、质量都要比大行星小得多，但在其他方面与大行星没有本质上的差别。1801年元旦夜发现的第一号小行星"谷神星"，迄今仍是小行星中最大的一个，它的直径约1 020千米，质量为11.7×10^{23}克，大体为地球质量的1/5 000。

从1801年到19世纪90年代的近百年中，总共发现了300来颗小行星。从那时开始，照相观测使得小行星的发现数量快速增加，在最近这一个世纪中，发现了约1万颗小行星。它们多数都集中在火星与木星轨道之间的小行星带内，带宽约1.6天文单位。据估计，小行星带内小行星总数约50万颗，也就是说，迄今所发现的小行星只是其总数的百分之一二。

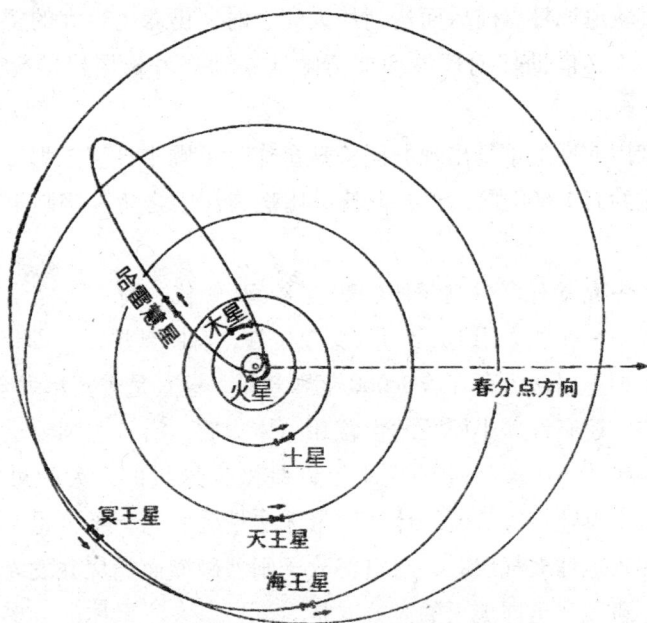

太阳系一些天体绕日轨道示意图

为什么小行星都爱集中在这条不宽的带内，目前尚无定论，但无疑与其起源有关。

卫星：绕着行星转，并随着行星一起绕太阳公转的天体，称作卫星。卫星都比它绕着转的那个行星要小，这是没有问题的，但不一定比其他行星小。木卫三是已知卫星中最大的一个，直径 5 270 千米，远比水星和冥王星都大，更不要说与小行星相比了。比最小大行星还大的卫星有：土卫六、木卫四、海卫一、木卫一、木卫二和我们地球的伴侣——月球。

九大行星中，除水星和金星没有卫星外，其余 7 颗大行星的已知卫星总数达 66 个以上，其中的半数是在最近一二十年间由行星探测器发现和证实的。

有意思的是，好几颗小行星也有其自己的卫星。第一颗发现其有卫星的小行星是第 532 号 "大力神"，它于 1978 年 6 月掩恒星时，天文学家出乎意料地发现它的卫星，被命名为 1978（532）1，两者的直径分别为 243 和 45.6 千米，相距 977 千米。

彗星：对于天文学家来说，彗星的出现是司空见惯的事。每年总有些周期彗星回归和出现若干前所未知的新彗星，只是它们一般都比较暗，即使是在过轨道近日点前后而达到最大亮度时，仍需用较大的望远镜才能看到它们。不必借助任何仪器而能清晰地看到拖着长尾巴的亮彗星比较少见。

如果把周期性地重复出现的同一彗星作为 1 颗来计算，那么，迄今观测到的彗星约有 1 600 颗。有人把彗星比喻为江中之鱼，实际上彗星要比鱼多得多。

太阳系中究竟有多少彗星呢？20 世纪 50 年代，荷兰天文学家奥尔特根据统计提出，在离太阳 10 多万天文单位处，有圈彗星云，即一般所说的奥尔特云，那里据认为存在着 1 000 亿颗彗星。这真是个彗星大仓库！

流星体：还有许多小而暗的尘粒和固体物质，沿着椭圆轨道环绕太阳运行，即流星体。小流星体的大小也许是微米量级的，大的可能像座小山，重数百十万吨不等。流星体的数量无法精确统计，平常也看不见。当它们高速闯入地球大气层时，与空气分子剧烈碰撞而燃烧并发光，在天空中形成快速飞驰、迅即熄灭的光迹，是为流星。大流星体的未燃烧完的残余部分，坠落到地面，成为陨石。

太阳系空间并非真空，而是充满着尘埃和极稀薄的气体，它们被统称为行星际物质，也可以看做是极小的微流星体。它们较多地集中在黄道面内，黄道光和对日照就是它们反射太阳光而形成的。

行星际物质的主要来源是太阳风，即从太阳日冕层不断向外抛射出来的高温、高速粒子流，主要由电离氢和氦组成。崩溃的彗星碎片、瓦解的小行星残骸以及宇宙尘等，都是行星际物质的重要补充来源。

在地球轨道附近，每立方厘米行星际空间平均含有正离子和电子各5个，这样的物质密度比地球实验室里所能制造出来的、一般所说的高度真空，还要"真空"得多。

总体来说，太阳系的主要成员情况及其质量比，大体上是这样：

天体名称	数量（个）	占太阳系总质量的百分比
太　阳	1	99.86
大行星	9	0.134
小行星	50 万	0.000000001
卫　星	60 多	0.00002
彗　星	1 000 亿	0.003
流星体等	无数	0.005 左右

太阳系往何处去

作为太阳系的中心天体，太阳也不例外地在有规律地运动着。太阳在银河系内有两种主要运动：

1. 相对于邻近的恒星来说，太阳以每秒19.7千米的速度朝着武仙星座中的一"点"运动着，这"点"被称为太阳向点。

2. 银河系有自转，太阳和邻近恒星绕银河系中心的运动速度为每秒250千米，绕一周得2.5亿年，即每70万年绕转1°。

不言而喻，太阳是带着太阳系全体成员一起作这些运动的，因此，各行星、卫星和彗星等在空间行进的实际路线，既有规律又很复杂。

起源和演化

在包含如此多类型的天体，并具有如此多结构特征和运动特征的太阳系内，各天体的运动秩序井然、统一，呈现出一幅和谐而庄严的宇宙图像。

一切都显得那么协调的太阳系是什么时候形成的呢？从什么形态的物质、以什么方式、用了多长时间、经历了怎么样的过程，凡此种种，都是科学家们长期以来在孜孜不倦地研究的课题。

最早从物质发展的角度比较科学地提出太阳系起源学说——星云说——的是德国的康德，那是在1755年。1796年，法国科学家拉普拉斯独立提出星云假说。尽管这两个星云说有许多不同点，由于主要概念相似，都认为太阳系是由同一团巨大而炽热的原始星云演化而形成，习惯上把它们合称为康德—拉普拉斯星云说。

星云说认为，在万有引力的作用下，原始星云物质冷却而收缩，转动加快并形成一些绕中心转动的环。最后，星云的中心部分凝聚成为太阳；各个环则演化成为行星。

康德、拉普拉斯之后，至少已提出过好几十种学说，都企图解释太阳系的起源和演化，像突变说、陨星说、旋涡说、原行星说、电磁说等等，都因为遇上不可克服的困难而没有被大家普遍接受。康德—拉普拉斯星云说也存在不少缺点和严重错误，但相当一部分科学家认为，它的基本思想是可取的、正确的。

尽管各种学说之间有不少差别，却也存在着一些共同认识，譬如：

1. 太阳应是在50亿~46亿年前形成的；

2. 地球和月球大体上都是在46亿年前形成；

3. 小行星、彗星等小天体自形成以来，变质过程较少且缓和，它们基本上保留着原始状态和太阳系考古信息；在其他天体的影响下，它们的轨道变化很大；

4. 大行星，尤其是类地行星，经历了较大的地质变化过程，而其轨道则相当稳定，至少近20亿年来没有显著变化，而且看不出有什么明显的因素会在今后相当相当长的一段历史时期内，显著改变其目前的轨道；

5. 已经观测到其表面的天体，包括类地行星、月球以及一些卫星，表面都有许多撞击坑，它们大体上都是在39亿年前的那个历史阶段里，由陨星的猛烈撞击而形成的。

诸如此类的共同认识有助于我们深化对太阳系的认识，但是，太阳系起源和演化毕竟是个十分复杂的问题，不仅还应该获取大量的、能说明问题的观测资料和素材，更需要众多学科联合作战，才能较好地步步深入，掌握越来越多的"钥匙"，最后得到比较圆满的解决。看来，在深入认识太阳系的历史长河中还有相当长的一段路程要走。

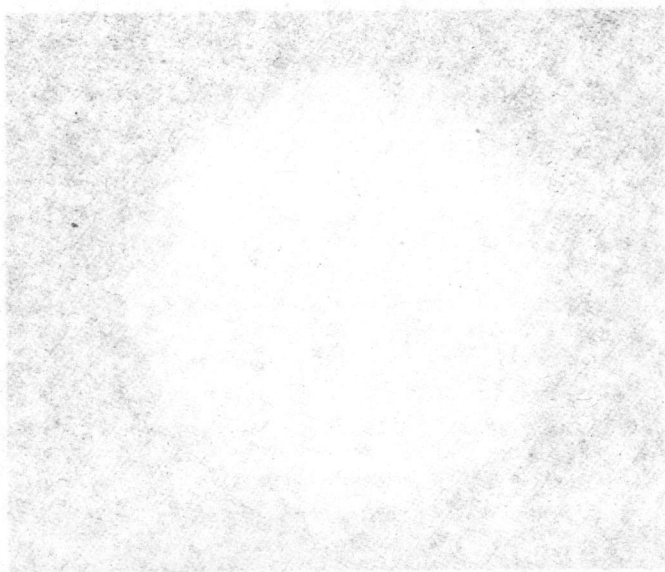

乌鸦与黑子

我们看到的那个光芒万丈使人睁不开眼的太阳，从里到外可以分成好几层，最外面的是它的大气层。大气层里有着各种剧烈的活动，像太阳黑子、耀斑、日珥以及太阳发出的各种波长的射电波的变化等，总称为太阳活动。太阳活动最明显的特征是黑子，它是出现在光球层上的巨大的气流旋涡。

黑子与乌鸦有什么关系呢？

我国古代"后羿射日"神话里，把乌鸦看做是太阳的化身，这与我国古代人民对黑子的描述是一致的。那时候，由于对黑子不了解，就根据所看到的形状说是"日中有三足乌"，意思是长了 3 只脚的乌鸦。

1972～1974 年，先后在湖南长沙市东郊马王堆，发掘了三座西汉初期

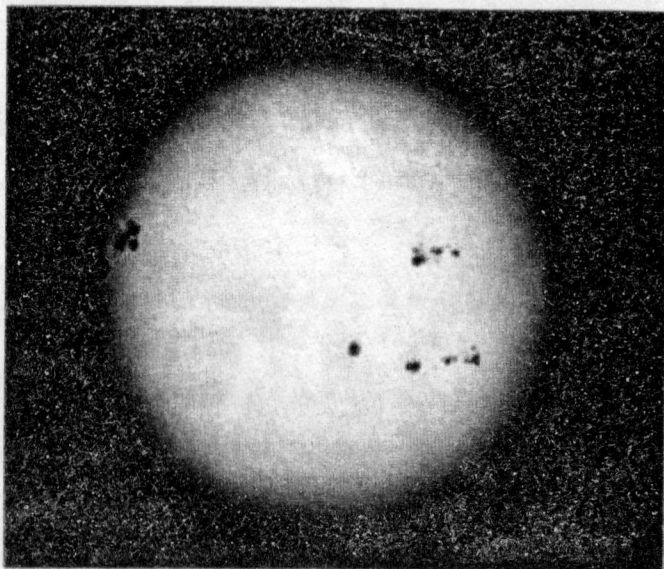

太阳黑子(1980 年 4 月 12 日)

的古墓，出土了大量很有价值的文物。其中有一块帛画，也就是画在丝织品上的画，最上面是一轮红日，它的中间画了一只乌鸦。这可以说既是对神话传说，又是对古代的太阳黑子观测的最形象化的艺术夸张和描述。

各国学者公认的世界上最早的太阳黑子记录，详细记载在我国古代《汉书·五行志》里："汉成帝河平元年三月乙未，日出黄，有黑气大如钱，居日中央。"经专家考证，这指的是公元前28年5月10日的一次大黑子。你看，书中把黑子出现的日期，黑子的大小、形状和位置，以及发现黑子当时的太阳情况等，都讲得很清楚。

从公元前28年到明末的1 600多年间，我国共有100多次翔实可靠的黑子记录。它们是我国人民一份十分宝贵的科学遗产，是了解和研究黑子活动规律的极为珍贵的历史资料。在太阳观测和研究工作中作出杰出贡献的美国天文学家海耳，曾经说过这样的话："中国古人测天的精细和勤勉，十分惊人。远在欧洲人之前约2 000年，就有黑子观测，历史记载络绎不断，而且记录得比较详细和确实，毫无疑问是可以通过考证而得到确认的。"

欧洲最早发现太阳黑子的记录，是在公元807年8月19日。那次被看到的黑子不大，被一些人误认为是水星从太阳前面经过，而在太阳面上投下的影子——水星凌日。1607年，德国天文学家开普勒看到了太阳黑子，他有点怀疑，不敢十分肯定这就是太阳黑子，也就没有引起广泛的注意。1610年，意大利科学家伽利略用望远镜观测太阳时，才正式确认太阳黑子。

黑子看上去的确是黑的，但它实际上并不黑，甚至比明亮的碘钨灯还亮得多呢！假如太阳表面统统被黑子盖满，看上去太阳的亮度也不会减弱太多，大致相当于落山之前半个多小时的太阳那样。

在太阳光的照耀下，一个物体的影子可以分为两部分：影子中间比较深和黑的部分叫本影；本影周围稍亮而不那么黑的部分叫半影。一个发展得比较完整的黑子也可以分为本影和

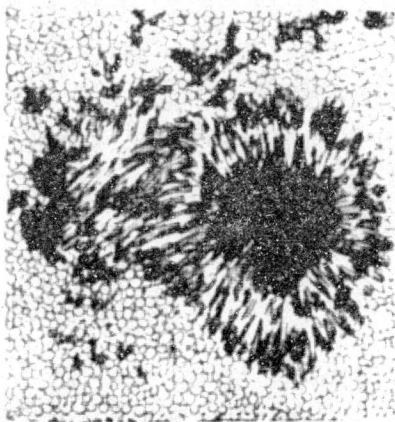

黑子的本影与半影

半影两部分，所以会这样，因为半影的温度比本影要高数百度到上千度。

黑子有大有小。有的小到勉强可以看到，有的却比我们地球直径大好多倍。不用专门仪器单凭眼睛想要看到太阳黑子，除非是个大黑子，它的面积至少在 13 亿平方千米以上。1947 年 4 月 8 日出现的大黑子群，面积超过了 180 亿平方千米，是我们所见太阳半球面积的 3/500，它最长的部分横跨 30 万千米，相当于地球直径的 20 多倍。到现在为止，还没有哪个黑子群的面积超过它。

黑子的寿命相差很远。小黑子一般只能存在几小时到几天，有些长寿的大黑子则能存在几个月。即使一个黑子或黑子群存在若干天，在这不算长的时间里，那么大的黑子要经历出现、发展、消失等各个阶段，我们可以想象得到，太阳上发生了多么大的变化呀！

如果你有机会连续几天观测同一群黑子，你就会发现，黑子的位置不是固定不变的，而是朝着同一个方向移动，这是太阳自转的结果。由于太阳是个气体球，很容易理解，它不会像地球那样自转周期到处都相同。太阳自转周期随着太阳面上南北纬度的不同而变化：在赤道部分自转最快，纬度越高自转就越慢。太阳赤道部分的自转周期约 25 日，在纬度 40°处约 27 日，在纬度 75°处约 33 日。太阳面上纬度 17°处的自转周期被确定为是 25.38 日，一般以它作为太阳自转的平均周期。以上这些周期都是就太阳本身来说的，如果相对于地球来说，由于地球在围绕着太阳公转，地球上看到的太阳自转平均周期就不是 25.38 日，而是 27.28 日。

太阳黑子有时多，有时少，黑子多的时候表明太阳活动处于高潮，在 11 年的黑子周期中，黑子极大的那个年份称做"太阳活动峰年"。在太阳活动极盛时，黑子群上空有时会突然出现一个斑点，在几秒钟到几分钟内，它迅速扩大成为非常耀眼的一片，这就是耀斑现象。

黑子极盛对地球的影响

黑子极盛是太阳活动高潮的重要表现。在黑子群上空，有时会突然出现一个很亮的斑点；在几秒至几分钟内，亮点扩大为非常耀眼的一片，随后又逐渐减弱直至完全消失；这种现象叫做太阳耀斑。耀斑是发生在色球层中的爆发现象，也叫做色球爆发或太阳爆发。

太阳爆发时，在短暂的时刻里，太阳突然释放出的能量达到惊人的程度，发射出大量的紫外线、X 射线、伽马射线、强大的无线电波和具有很高能量的带电粒子。这将引起地球大气电离层骚扰、地球磁场发生磁暴和频繁出现极光。

地球大气电离层遭到破坏，会使它失去反射无线电波的功能，扰乱甚至中断无线电通讯和电台、电视广播。

一个大黑子群在 3 天内的变化（上：1980 年 4 月 10 日；下：1980 年 4 月 7 日）

地球磁场发生磁暴，会使飞机、舰船上的磁性导航罗盘失灵而迷失方向，甚至失事；还会破坏电源变压器等大型电器设备的安全，并可能影响地球上的气候和地震活动。太阳发出的大量高能粒子，将影响宇宙飞船、探测器、人造卫星的功能和安全。太阳活动对动植物和人类也会有一定的影响。在地球磁场被扰动的日子里，某些疾病的发病率、死亡率都比平时高。黑子多寡也会影响动植物的生长和繁殖。在黑子多的年份，树木生长较快，森林火灾较多。可见，太阳爆发对我们地球的影响是多么严重！如能及早准确预报，就可以采取相应的补救措施并充分利用这一机会。1977年 9 月 17、18 和 20 日，太阳发生三次爆发。17 日的爆发持续两小时，使无线电通讯中断 10 分钟；20 日的爆发造成了半小时以上的中断。三次爆发前，北京天文台、紫金山天文台和云南天文台都作了准确预报，大大减少了损失，并取得了太阳爆发前后的许多宝贵资料。

太阳的活动丰富多彩。特别是在太阳黑子极盛时期，是人类进一步观测认识太阳的极好机会。

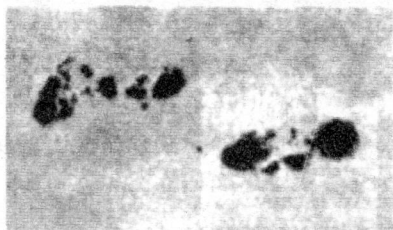

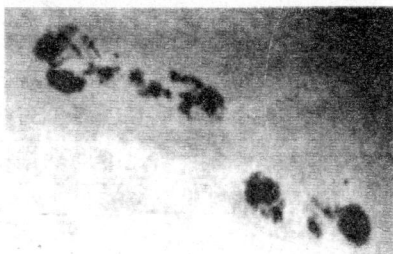

关于黑子周期的争论

太阳面上的黑子不仅有生有灭，而且一个阶段黑子较多，另外一个阶段黑子较少，有着明显的周期性增减，周期平均是 11 年。这个平均周期是从长期观测中得出来的，最先得出这个结论的人，是德国的天文爱好者施瓦布。

施瓦布是位药剂师，他热爱天文学，自己有一架不大的天文望远镜，喜欢在工作之余把时间消磨在望远镜旁。从 1826 年开始，施瓦布每天不间断地观测太阳，认真记下观测到的黑子数目，积累了大量的宝贵资料。当时，有一些天文学家正在寻找"火神星"，它是一颗假定存在于水星轨道以内的未知行星。在 19 世纪里，这是个热门的课题，谁都希望把自己的名字与发现新行星挂起钩来。施瓦布也相信"水内行星"是存在的，他毫不犹豫地加入了搜寻的队伍。

如果确实存在这么一颗未知行星的话，它一定会有规律地处在地球和太阳之间，我们地球上的观测者就会看到它以小黑点的模样周期性地从太阳面上经过，即所谓行星凌日。水星凌日和金星凌日是人们已经熟悉了的天文现象，"火神星"凌日却从来没有人发现过。

施瓦布想到了他那已积累达 17 年的太阳黑子记录。他想：在那些毫无规律（当时，大家都是这样认为的）的太阳黑子中间，如果能找到一个按一定周期出现的"黑子"，那它准是要找的那颗新行星。于是，施瓦布在继续观测和记录黑子的同时，认真查找所有的太阳黑子记录，不漏过任何一个可疑的现象。对于一位 50 多岁的人来说，要从成堆的记录本中去寻找一颗还没有把握的行星，实在是件很劳累的事。施瓦布付出了大量的劳动，度过了许多个不眠之夜。

有意思的是，虽然他没有找到任何有可能被看做是行星的黑点，却意外地发现了一个从来没有人提到过的、使他十分惊讶的现象。施瓦布发现，黑子的数目表现出一种周期性的变化，变化周期大约是 10 ~ 11 年。这就是说，每年在太阳面上出现的黑子数目是不相同的，当黑子数目逐步增加到最多的时候，这一年，黑子出现得既多又大，然后就逐年减少。经过几年，黑子数变得很少，甚至好多天都不出现一个黑子。这之后，黑子数又逐年增加，直到又一次达到极大值。从一次黑子极盛或极衰，到下一次又极盛或极衰，大约是 10 ~ 11 年。

施瓦布对自己的发现是有把握的，另一方面，他又有些忐忑不安，因为过去从来没有人提到过黑子的周期问题。他鼓起勇气把自己的发现写成文章，寄给当时颇有名气的德国《天文通报》。但是，编辑部对他的发现既不热心也不重视，不愿发表他的文章。后来，在 1844 年，施瓦布的文章终于发表在《天文通报》第 21 卷中，但没有引起人们的注意。

施瓦布并不灰心，他相信只要是真理，迟早会被人认识和承认的。他继续每天观测黑子，不管别人对他有什么看法。这样，又经过了大约 8 年的时间，到 1851 年，他所积累的资料已经超过两个周期，10 ~ 11 年的周期已显得更加明显的时候，人们才对这个发现不再怀疑而开始更深入地研究。

后来，科学家发现，黑子在太阳面上哪个部位出现，也是很有规律的。一般说来，一个周期的黑子刚出现时，都在太阳面上纬度 30°附近；在黑子比较多的时候，则在纬度 15°左右；周期结束时，黑子多半在低纬度地区出现和消失。上一个周期的黑子尚未最后消失，下一个周期的黑子又在纬度 30°附近出现了。另外，几乎所有的黑子都出现在纬度 8° ~ 45°之间，极少有超越这个范围的。

如果把黑子在太阳面上位置随时间变化的现象画在图上，我们就会得到一幅很奇怪的"蝴蝶"形图。这意味着什么呢？这只"蝴蝶"究竟会"飞"到哪里去呢？

随着科学家们对太阳的研究越来越深入，从 20 世纪初到中叶，先后又发现了太阳黑子的 22 年周期和 80 年周期以及一些很短的周期。

20 世纪初，美国天文学家海耳发现黑子有着很强的磁场，磁场有极性，而南北两个半球上黑子的磁性分布情况正好相反。举个例子来说，北半球的前导黑子是 N 极，后面跟着的黑子是 S 极；南半球前导黑子是 s 极，后随黑子是 N 极。在同一个黑子周期里，这种情况不变。下一个周期的情

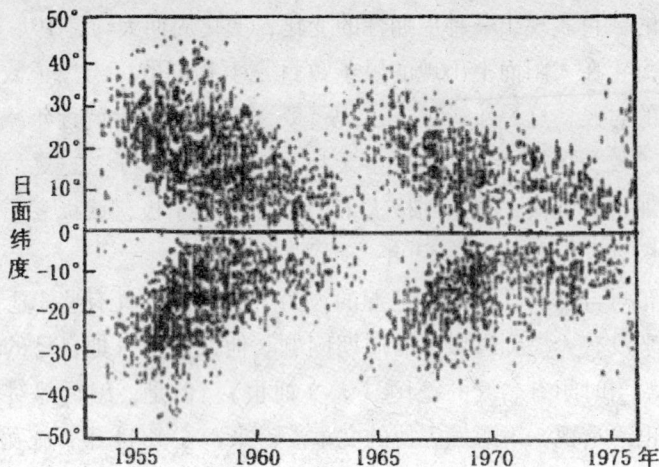

1955~1975年间太阳黑子在日面上的纬度分布

况则刚好相反，北半球的前导黑子是 S 极，后随黑子是 N 极；南半球则相反，等等。因此，海耳等人在 1919 年指出，太阳黑子和太阳活动的真正周期是 22 年。

上面提到的 11 年周期和 22 年周期，都是平均周期，或者叫它准周期，都不是很严格的。以大家熟悉的 11 年平均周期来说，过去最短的只有 8.5年左右，最长的达到 14 年。上面提到的 80 年周期更是如此，它的变动范围在 75~100 年之间，有人叫它世纪周期。要研究这样长的黑子周期，我们现在掌握的比较确切的黑子资料积累时间还嫌短了些。

怎么样表示一个周期内哪年黑子多，哪年黑子少呢？现在一般用黑子相对数，也叫沃尔夫数，它实际上是太阳活动程度的一种指标。

1849 年，当时只有 33 岁的瑞士天文学家沃尔夫，在考查文献中记载的古代黑子记录之后，提出以统计方法研究黑子盛衰的原则，后来稍作修改，成为计算太阳黑子相对数 R 的下列简单公式：

$R = K (10g + f)$ 其中 g 是黑子群的数目，f 是单个黑子的数目，K 是换算因子。K 随着观测者的观测技术、所使用的仪器、观测方法等的不同而不同。

黑子相对数逐步增大时，表示太阳活动更加频繁和更加活跃；黑子相对数达到极大值时，我们称这一年为太阳活动峰年。同样是相对数达到极大值，各个周期也不尽相同，最高的极大值达到过 200.8，而最低的极大值只有 48.7。

蒙德极小期

关于黑子的平均 11 年周期，经过一二百年的观测和考察，似乎再也没有什么大的分歧意见了。不料 20 世纪 70 年代，美国天文学家埃迪掀起了一场现在还没有完全平息的争论。

事情得从一个半世纪之前说起。

1843 年，一位名叫斯玻勒的德国天文学家，在研究历史上的黑子记录时，发现从 1645～1715 年的 70 年间，几乎没有黑子记录。半个世纪之后，英国天文学家蒙德旧事重提，把斯玻勒指出的 1645～1715 年这段时期，称作太阳黑子的延长极小期。尽管蒙德本人直到 1922 年 71 岁时，还在写文章论证黑子延长极小期的存在，在一般人的心目中，延长极小期的问题早已被否定和搁置起来了。

最近这一次的关于黑子延长极小期的争论，是由美国天文学家埃迪发动起来的。1976 年，他发表文章提出太阳黑子的平均 11 年周期，只是最近二三百年来才有，是一种暂时现象，而不是基本规律。他认为 1645～1715 年间黑子几乎没有，太阳活动实际上是停止了，至少是微乎其微的。他把这段时期叫做蒙德极小期。

埃迪的依据是从极光的出现、黑子记录、日冕形状和树木年轮等四个方面的资料，经过分析后提出来的。极光是有时出现在地球南北两极高空的彩色帷幕，它是由太阳射出来的带电的粒子流与地球高层大气分子相撞而激发出来的，在太阳活动比较剧烈时，极光出现的次数与亮度大大增加，因此，极光的盛衰可以看做是太阳活动剧烈与否的标志。日冕是太阳

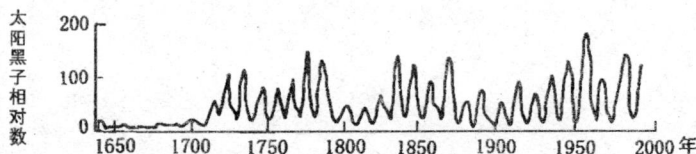

3 个多世纪来太阳黑子相对数的记录

最外层的大气，黑子多的时候，日冕近于圆形；黑子少的时候，日冕比较扁，在太阳赤道部分延伸得比较长。树木年轮的形状和疏密程度与太阳活动的强弱有着很好的对应关系。

埃迪所引用的这四个方面是可以说明太阳活动的强弱的，问题在于一些天文学家认为，他所引用的资料不够全面，尤其是缺乏中国的资料。我国天文工作者根据公元前165年到公元1884年的天象资料，统计出黑子的周期约为10.4年，说明11年的平均周期是存在的。单是在所谓"蒙德极小期"内，我国已找到至少15次极光和8次黑子记录，不像埃迪所说的那样"几乎没有黑子记录"。

20世纪80年代，前苏联的一些科学家的研究工作对蒙德极小期给予了很大支持。他们从树木年轮的研究中得到这样的结论：蒙德极小期是存在的，而且在过去8000年中，大约有10次左右的这样的极小期。如果这样的话，蒙德极小期不仅不是太阳活动中的个别现象，而且一下子成了普遍现象，至少在最近8000年内是这样。

不管怎么说，埃迪对蒙德极小期的见解与多数人承认的太阳活动周期性规律，是互相矛盾的，引起激烈的争论也是很自然的。这个争论关系到太阳活动的基本规律，以及日地关系的本质这样一些带根本性的问题。问题的解决将会使我们对太阳的认识大大前进一步。

"犹抱琵琶半遮面"

——水星拾零

太阳系九大行星中,水星离太阳最近,平均距离只有 5 790 万千米。这颗在有文字记载之前就被看到的行星,直到 20 世纪 70 年代,才羞答答地吐露出了一些"真情"。尽管如此,它的好些秘密今天仍烦恼着天文学家们。借用唐代诗人白居易《琵琶行》中的两句诗,倒是挺贴切的:"千呼万唤始出来,犹抱琵琶半遮面。"

水星究竟是由谁、在何时何地首先发现的?历史无此记载。可以肯定的是,各文明古国的人们,在经过一段颇长的观测、思索、论证之后,终于醒悟并各自独立得出结论:偶尔在西方低空或东方低空看到的那颗亮星,实则上是同一颗星,即水星。

辰星凌日何时有

成书于春秋(公元前 770 ~ 前 476 年)时代的我国最早的诗歌总集《诗经》中,已有关于行星的诗句,说明在春秋之前,古代人们对行星已是相当熟悉。在秦代(公元前 221 ~ 前 206 年)以前,水星被称为辰星。古人看到水星位置总是在太阳两侧,离太阳从不超过一辰(30 度),现在得知水星与太阳的角距离不大于 28°。可见,我国古代的观测是相当精细的。

古希腊天文学家托勒玫关于水星的记载,在西方被认为是最早的,那是在公元前 265 年 11 月 15 日,当时水星位于天蝎座 β 和 δ 两颗亮星附近,鼎足而三。

在长达 1 000 多年的欧洲中世纪黑暗时期，全部天文学，当然也包括对水星的认识，停滞不前。直到 1543 年，伟大的波兰天文学家哥白尼于临终前出版了他的不朽著作《天体运行论》，提出太阳中心说，认为地球与水星、金星等一样，都环绕太阳运动。有人反驳哥白尼：如果水、金两行星在地球轨道内侧绕太阳运动，我们就应该看到它们有位相变化，为什么谁也没看见过这种现象呢？

反驳中列举的理由是对的。但当时肉眼看不到水星、金星两颗行星的位相，并不等于以后也看不到。哥白尼的答复充满着信心："上帝会让人们发明某种仪器，帮助我们的视力，有一天你们终究会看到它们的位相的。"果然，在望远镜发明之后，伽利略当即发现了金星位相，稍后，波兰天文学家赫维留发现了水星位相。

水星看起来从太阳面上经过的现象，被称为水星凌日。如果水星与地球两者的公转轨道面重合，那么，不言而喻，每当水星处在地球与太阳之间即下合时，都会发生凌日现象。问题是它们并不重合，而是斜交成 7°的角，这样，在下合这个必要条件外，还得加上另一条件：下合时，地球和水星都在两轨道面的交线上或其附近。究竟什么时候能发生水星凌日现象呢？

对行星运动很清楚的德国天文学家开普勒，在历史上作出了第一次水星凌日预报。1629 年，他告诉大家 1631 年将发生水星凌日和金星凌日，前者在 11 月 7 日，后者在 12 月 6 日。在 17 世纪 20 年代，能作出如此肯定的预报，是十分罕见的。

法国天文学家伽桑狄决定验证水星凌日现象。考虑到预报可能有误差，他从两天前就开始严密监视太阳表面，他从窗孔上把太阳光引进暗屋子，使它在白幕上成像，并与助手一起目不转睛地注视着日面。终于，他们在开普勒预报时刻之后的 5 个小时，看到了水星凌日现象。今天我们知道，每年的 5 月 8 日和 11 月 10 日前后，地球分别经过水星轨道的降交点和升交点，所以，如果水星下合发生在这些日期前后，便会发生水星凌日现象。20 世纪总共发生 14 次凌日，最后两次的时间是 1993 年 11 月 6 日和 1999 年 11 月 15 日。

并非同步行星

用望远镜进行正规的水星凌日观测的第一人是天王星的发现者赫歇耳，那是在18世纪末，遗憾的是没有获得有价值的结果。大体上在此同时，德国业余天文学家、律师施罗特尔认为，他观测到了水星的高山等地形。后来证明，施罗特尔的见解是错误的，这没有什么可奇怪的，那时，就连赫歇耳那样的著名天文学家，也认为太阳上是可以居住的呢！

最早画出比较可信水星图的天文学家是意大利的斯基阿帕列里，但他由此得出的水星自转周期则是错误的。他认为水星的自转周期与绕日公转周期相同，都是88日。

在1974年3月"水手10号"探测器就近考察水星之前，好些天文学家都试图绘制更加精确的水星图，而其中最为人称道的、最佳水星图为希腊裔法国天文学家安东尼阿弟编绘的，于1934年出版。

关于水星自转周期的认识，则直到20世纪60年代才得到纠正。1962年，美国密执安大学的射电天文学家们发现了来自水星背阳面的、包括射电波在内的热辐射，表明其表面温度比过去一直认为的要高得多。1965年，波多黎各的阿雷西博天文台的一些天文学家们，用雷达测量方法证实水星的自转周期只及公转周期的2/3，即约59日。意大利物理学家科伦坡很快得出，水星公转周期为87.97日，其精确的自转周期应是87.97×2/3＝58.65日，即：水星自转3圈的同时，绕日公转2圈。水星自转、公转关系的这种有趣现象，已经被后来的雷达观测和"水手10号"拍摄的照片和有关资料所证实。

关于水星的近日点进动问题，尽管这与水星本身无关，还是值得在这里提一下。1859年，考虑了其他行星的质量及其对水星的摄动影响之后，法国天文学家勒威耶发现水星近日点黄经每百年的增加值中，也就是所谓的近日点进动，有38″.3的原因不清楚。他认为水星的内侧可能存在一颗尚未被发现的行星。5年之后，根据他的计算结果，海王星被发现，于是，他的关于存在"水内行星"的意见更加受到人们的关注。

19世纪末至20世纪40年代，水星近日点进动的精确值先后被订正为

43″. 37 和 42″. 65。这个万有引力定律所解释不了的现象，已由 1916 年发表的《广义相对论原理》作出比较满意的解答。根据这新的引力理论，计算得出每百年水星近日点进动值应该是 42″. 89，经过改进，算出的理论值为 43″. 03。读者们可以看到，理论值与实测值已非常接近，广义相对论解开了水星近日点进动之谜，反过来。它成为广义相对论的最有力的天文验证之一。

"水手10号" 三顾水星

在水星探测史上建有奇勋的，无疑是 1973 年 11 月 3 日发射成功的"水手 10 号"探测器。迄今为止，它是就近考察过水星的惟一的一个探测器。它曾三次飞临水星上空，而以最后一次距离水星表面最近，只 327 千米，所摄照片和图像的分辨率为 204 米；其次是 1974 年 3 月的那次，探测器从水星表面上空 703 千米处飞越，照片分辨率为 450 米。

"水手 10 号"除了携带电视摄像机以拍摄水星地貌等图像外，它的主要任务是：检测水星磁场，研究磁场与太阳风的关系，测量表面温度，寻找大气或其痕迹。

最使科学家们感到惊讶的是，水星表面布满着环形山，完全可以与月球相媲美。不过，其间的差别还是很明显的。水星的环形山明显地密集在平原区，而月球环形山一般都在高地；水星环形山直径比月球的小得多，直径大于 20 千米的不多，更不要说大于 50 千米或更大的了。

水星表面的一个极大地形构造特别引起人们的注意，它就是位于赤道附近的"卡路里盆地"，直径约 1 400 千米，四周是高约 2 千米的环状山脉。据认为，在太阳的直射下，这里大概是太阳系天体上最热的地方之一。

探测器告诉我们，水星大气稀薄到了极点，比地球上的真空还"真空"，也不存在液态的水。在探测器到达水星之前，科学家们普遍认为，它也许没有磁场，就是有的话，磁场强度可能小到探测器测不出或刚能测出的程度。所以会作如此考虑，因为行星磁场与内核和自转有关，水星自转那么慢，存在磁场的可能性不大。

地球轨道

"水手10号"轨道

"水手10号"发射
1973年11月3日

金星轨道

地球

金星

飞越金星
1974年2月5日

水星轨道

太阳

地球
1974年
9月21日

地球
1974年3月29日

水星

飞越水星
1974年3月29日
1974年9月21日
1975年3月16日

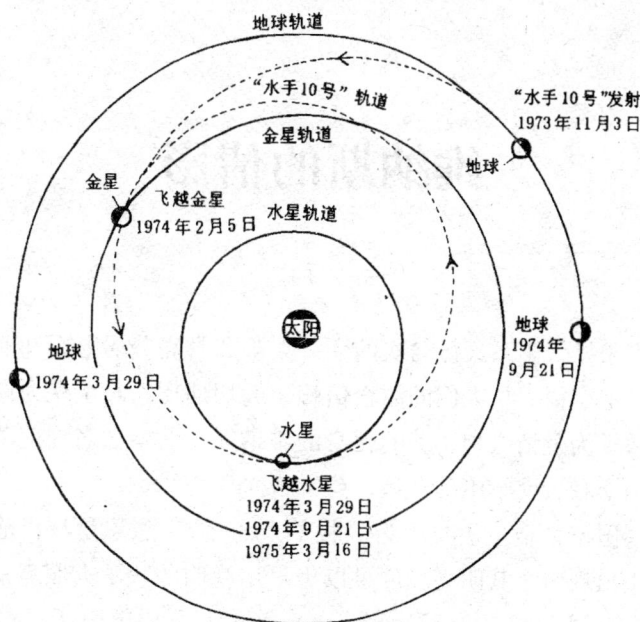

"水手10号"运行轨道示意图

出乎意料的是，水星有全球性的偶极磁场，磁场强度约为地球的1%，比原先估计的要高得多。水星磁场的存在使得科学家们不得不承认，过去关于磁场形成的理论是有问题的，至少是不完整的。

水星的内核可能与地球相似，主要由铁、镍等重元素组成；但其表面却又与月球相像，这种有趣的现象是很耐人寻味的。"水手10号"虽三顾水星，但基本上都是从同一地区的上空飞越，因此，被探测到的水星表面大致只占全部面积的37%，这对于更全面地了解水星是远远不够的。"水手10号"大概直到现在仍一直在围绕太阳运动，而且每两个水星年访问水星一次，但是，由于能源消耗殆尽，在它第三次飞越水星之后，已无法为地球发回最新的信息和资料了。

为获得更多的水星资料，发射水星探测器是必要的，只是，在已公布的、并在20世纪末之前发射的数十个太阳系天体探测器中，没有一个是飞往水星的。看来，更深入地了解太阳系中的这个天体，将是21世纪的事了。

维纳斯的倩影

以亮度来排太阳系天体名次的话，太阳和月亮分居冠军和亚军，金星则稳坐第三把交椅。从人们的甜蜜信赖、殷切期望、乃至视为最圣洁的象征来说，被誉为爱情之神、美的化身的维纳斯，无疑会名列前茅。罗马神话中的维纳斯和天文学中的金星，英文名称都是 Venus。

在一些国家，金星还被称为"牧羊人的星"，意思是日出前或日落后它在天空中出现时，其明亮程度足以为早出晚归的牧羊人照亮道路。在最亮的时候，金星的视亮度可达到 − 4.8 等，大致比肉眼所见最暗星亮一万倍。

位　　相

金星，除了晶莹夺目的光辉之外，在很长的一段历史时期里，人们根本看不清楚它的表面，也不了解其真相。因此，当波兰天文学家哥白尼建立日心说，提出地球和金星都是普通行星时，反对者振振有词地责问：金星该有盈亏变化，为什么看不到？

1610 年 9 月，意大利科学家伽利略用自制的简陋望远镜观测金星，并确认它存在盈亏变化现象后，他既惊又喜。他需要时间去进一步证实自己这项可能会引起事端的发现，却又不愿意被人夺去首先观测和发现金星位相变化的优先权。他写了一句叫人捉摸不透的暗语，如果把组成暗语的拉丁字母重新组合的话，就会是这样的句子："爱神的母亲效法狄阿娜的位相。"

爱神的母亲是指维纳斯，即金星；狄阿娜为罗马神话中的月神。很明显，伽利略说他发现了金星位相变化。很可能有人在伽利略之前，就已经看到过金星盈亏现象，有事实作旁证。

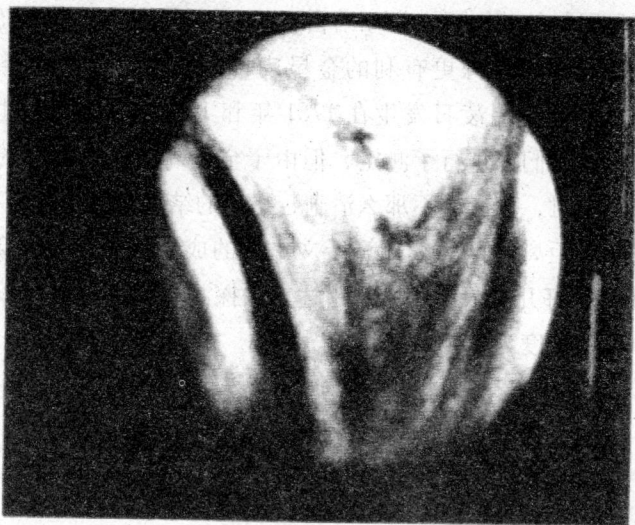

金　星

著名数学家高斯（1777～1855年）说过这么一件事：一天，他请母亲用望远镜观测金星，他有意不说明金星当时正呈月牙形，为的是想让她对金星的形状表示惊讶。可是，母亲观测之后却提了个使高斯非常惊讶的问题：为什么从望远镜里看到的月牙形金星，月牙方向跟不用望远镜看时刚好相反？原来，视力特别好的高斯母亲早就看到过金星位相了。眼力如此尖锐的人是不多的，但在望远镜发明之前，这样的人不见得会一个也没有。

凌　日

金星凌日是比较罕见的天文现象，首先对此作出预报的是德国天文学家开普勒，只是他所预报的1631年12月6日金星凌日，历史上没有留下任何观测资料。这次凌日在欧洲看不见，在美洲可见到。

开普勒当时不清楚金星凌日成对发生，两次之间相隔8年。1639年11月24日的金星凌日被一位英国业余天文学家、牧师霍罗克斯注意到了，他成为根据预报观测金星凌日的第一个人。上两次金星凌日发生在1874年和1882年，下次的一对将在2004年和2012年。

预报彗星回归的英国天文学家哈雷，于 1677 年在圣赫勒拿岛观测了水星凌日，他建议利用条件更有利的金星凌日，来测定金星直径和天文单位。18 世纪的一对金星凌日发生在 1761 年和 1769 年，连 19 世纪的那对金星凌日在内，人们都进行了测定，但由于金星周围存在浓厚的大气，金星从日面上经过时，其影子不那么清晰，得出的结果自然不可能很准确。

用测定金星距离的方法来计算天文单位的成功例子，是在 20 世纪 60 年代。1961 年，好几批天文学家用雷达方法探测金星，进而比较准确地推算出天文单位的长度为 1.496 亿千米。

大　气

人们一直想了解金星本身的情况，在 17 世纪初望远镜发明之前，这显然是不可能的。关于在金星上发现可识别标志的报道，最早是 1645 年由意大利业余天文爱好者、律师方塔纳作出的。他使用的是一具小口径、长焦距的折射望远镜，很显然，他所说的那些标志只可能是幻觉。同样，半个多世纪后于 18 世纪 20 年代出现的第一幅金星图，尽管画上了海、陆地等的地形，仍是幻觉多于现实。

作为研究行星表面的先驱者之一的德国业余天文学家、律师施罗特尔，是用望远镜对金星等进行严肃观测的第一人。他在 18 世纪 80 年代前后，画了不少比较精细的金星表面图，并正确地阐明这些都只是它大气中的现象。苛求者认为施罗特尔的金星图不可信，有错误和误解的地方。事实证明他的观测和绘画都是认真的，问题在于他是个不善于画画的人。至于有误，甚至说是看到了金星上的山，那是应该予以纠正的，但不能因此全盘否定。发现天王星的赫歇耳是位著名天文学家，那时，他还相信太阳上是可以住人的；发现海王星的法国天文学家勒威耶也曾认为水星轨道内还存在一颗尚未被发现的行星呢！

应该提到的是，在 1761 年金星凌日时，俄国杰出学者罗蒙诺索夫根据金星圆面进入日面边缘后的景象，正确判断并发现了金星大气。金星大气的主要成分是什么，一直是天文学家伤脑筋的问题。从金星是"地球的孪生姐妹"这种似是而非的概念出发，有人认为两者的大气应该是由相同的气体组成，金星的云层也应该像地球那样由水蒸气组成。

从金星上探测出的第一种物质是二氧化碳，那是由美国威尔逊山天文台的几位天文学家于 1932 年发现的。60 年代初，大气中的第二种分子被发现，它就是一氧化碳。人们一直想在金星上找到水蒸气和氧的证据，结果表明，这仅仅是个良好的愿望。以氧来说，地球大气中的这种主要成分，在金星大气中的含量还不到含量很少的一氧化碳的 1/50 ~ 地面观测加上探测器的探测，给出的金星大气主要成分大体如下：二氧化碳 97% 以上，低层甚至可达 99%；氮 3% 左右；水蒸气 0.1% 或更少；一氧化碳 0.002%；二氧化硫 0.0002%。

金星大气中的云层主要可分成 4 层，它们的高度分别为 68 ~ 58 千米、56 ~ 52 千米、52 ~ 48 千米，往下直到 33 千米上下则是雾层，再往下，大气则是异乎寻常地清晰。也许会使你惊讶的是，在离金星表面三四十千米的范围内，密布着的竟是浓硫酸雾。

表　　面

记得在 20 世纪四五十年代出版的天文书上，都还把金星表面描述为温湿的环境和树木花草茂盛的世界。最早是在 1958 年，一些美国天文学家已发现金星表面满不是原来所设想的那么回事，而是表面温度奇高。此后的一系列探测器已完全予以证实。

尽管金星大气把 3/4 的太阳光反射了出去，但其余的穿越大气，到达金星表面并把它烤热。由于二氧化碳对光线来说是透明的，而对热辐射来说则是不透明的，地面的热辐射无法把同样的能量送回到空间去。地球大气中的二氧化碳含量只有约 0.03%，由此引起的温室效应已颇为世人所关注；金星大气中的二氧化碳是如此之多，由此而产生的温室效应其激烈的程度将是十分可怕的。而表面温度的递增与温室效应之加剧将形成恶性循环，最终结果是金星表面上达到难以想象的高温。探测器告诉我们，金星表面温度高达 465℃ ~ 485℃，而且没有昼夜、季节、不同纬度地区等区别。这样的高温，任何生物都是无法忍受的。如果金星上存在铅、锡、锌等低熔点金属的话，它们将处于液态；硫、氯、氟等元素也会从被烤得发焦的岩石中"逃"出来，形成硫酸、盐酸和氢氟酸气体。

尽管射电观测也透露了金星表面的部分秘密，但是，今天我们掌握的有关金星的全部知识，主要得归功于众多的探测器。

早在 20 世纪 60 年代初，从地球飞向金星的第一个探测器"金星一号"，就踏上了征途，可惜后来失败了，在离地球 750 万千米时，它与地球失去了联系。成功地飞越金星并进行探测的是美国的"水手 2 号"。1962 年 12 月中旬从离金星 3.5 万千米处飞过时，它发现金星表面的高温并证实金星实际上不存在磁场。到 20 世纪 90 年代初，有 18 个探测器先后飞越金星或者成为围绕金星运动的人造金星卫星，17 个着陆器降落在金星表面上。它们为我们提供了最基本的金星知识。

如果说地球基本上是两种地形：海底和陆地，平均相差约 4 千米，那么，金星实际上只有一种地形。往细里分的话，金星表面约 70% 是轻微起伏的平原，20% 为洼地，10% 为高地，所谓高地，实际也只是比平均表面略高而已。

金星上有几处特大的地形，颇令人注目。北半球高纬度地区的伊希太高原，面积有澳大利亚那么大，它比周围平均高起四五千米。这里有 3 处显著的山脉，而以麦克斯韦山脉的最高峰最高，比金星平均半径高出约 12 千米。另一块高地叫做阿芙洛德高原，它基本上与赤道平行地横卧在南半球赤道区域，它宽约 3 200 千米，长达 9 700 千米，面积大体上与非洲相当。另一处大地形为南北走向的大裂谷，长约 1 200 千米。如此大的地形构造在太阳系其他天体上也不多见。此外，金星上也有一些山和山脉；有一定数量的环形山，但不及月球、火星、水星上那么多。

1978 年美国发射的"金星先驱者号"探测器，探测了除两极以外的地区，图像分辨率为 25 千米。前苏联于 1983 年 6 月发射的"金星 15 号"和"金星 16 号"探测了北极区，图像的分辨率为 1～2 千米。1989 年 5 月发射的"麦哲伦号"探测器，对金星进行为期 5 年的探测，所摄图像的分辨率有可能达到 200～100 米。无疑，它将为我们提供非常宝贵的前所未知的信息。

对金星表面、内部及其物理性质等的研究正在不懈地进行着，认识有待深化。

荧荧如火的诱惑

带着诱人红色光辉的火星一直是人们特别关注的一颗行星。

在长期的观察实践中，人们发现火星的运动非常复杂：它在恒星之间有时由西向东（顺行），有时由东向西（逆行），有时似乎停留不动（留）。特别是逆行这种现象，使人迷惑不解。早在春秋（公元前770~前476年）、战国（公元前475~前221年）时代，我国古代劳动人民就形象地把火星称为"荧惑"。

历史上最早给出火星在天空中准确位置的，是古希腊天文学家托勒玫，他记录公元前272年1月17日火星在天蝎β（中名"房宿四"）附近。

对火星作了长期精心观测并记录下精确位置的，首推丹麦天文学家第谷。他在汶岛的天文堡中，潜心观测火星20年（1576~1596年）。根据第谷所作的可贵的观测记录，德国天文学家开普勒从中总结出行星运动三大定律。

确定行星的会合周期，是我国古代历法的一个重要组成部分。我国隋代的《大业历》中已把火星的会合周期定为779.926日，比现在采用的值779.937日只差0.011日，可说是达到了非常精确的程度。

最早测定火星自转周期的，是荷兰天文学家惠更斯。他在1659年12月得出的周期为24小时。19世纪30年代，两位德国天文学家比尔和梅德勒，比较准确地确定为24小时37分23.7秒，比目前的采用值多1秒钟。

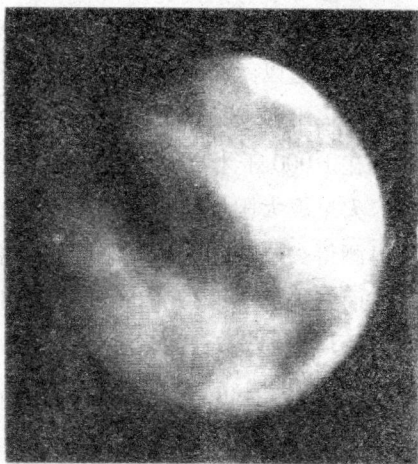

望远镜中看到的火星

表面种种

意大利天文学家伽利略很想用自己的望远镜看清火星表面，由于他的望远镜很简陋，没有发现任何地貌特征。大约在半个世纪之后，惠更斯才于1659年11月真正发现了火星表面的一处地貌，即现在被称为西尔蒂斯的大平原。

在这之后不久，即1666年，卡西尼发现了火星极冠。18世纪70年代赫歇耳指出火星极冠大概是由冰雪之类的物质组成。

1892年，美国天文学家巴纳德用当时最大的折射望远镜——美国利克天文台口径91.4厘米折射望远镜，发现了火星环形山，但他怕别人讥笑他而没有敢发表自己的观测结论。无独有偶的是，天文学家梅里希在1917年也发现了火星环形山，同样也没有公开发表。

1965年，"水手4号"探测器成功地飞掠火星，并发送回所拍摄的火星照片。它发送回地球的21幅传真照片中，主要是火星表面的电视图片，此外还有其他数据。从那以后的30来年中，已发射20来个火星探测器，贡献最大的当推其中的"海盗1号"和"海盗2号"。

探测器发现的火星表面最大地形构造，至少有以下几个：奥林匹斯盾形火山，它很可能是太阳系诸天体上最大的环形山口，直径达600千米，高出周围地区约26千米；被命名为"水手谷"的大峡谷是非常壮观的，它位于赤道以南，由一系列的峡谷组成，全长约5 000千米，深约6千米；几乎都集中在赤道区域的干涸了的河床上，纵横交错，有好几千条，最长的竟在1 000千米以上，宽好几十千米。

火星离太阳比地球远50%左右，不言而喻，它表面温度比地球的低。最早测得火星表面温度的是美国科学家尼科尔森等，他们在1909年测得火星表面的平均温度是~28℃。我们地球的平均温度则是-15℃。

火星大气比地球的要稀薄得多，最早（1783年）发现火星大气的是赫歇耳。关于大气的成分一直没有搞清楚，直到20世纪六七十年代，发射成功的"水手号"和两个"海盗号"探测器，终于探明，火星大气的主要成分是二氧化碳，占95%左右。

生命之谜

自古以来，人们特别希望在这颗有着一年四季变化的行星上，能找到人类的"知音"。

公元 1802 年，著名的德国数学家高斯建议在西伯利亚北部的冻土地带，画上一些巨大无比的几何图形，以吸引"火星人"的注意而取得联系。后来也有人建议用排列成形的火堆，或者设法把太阳光反射到火星上去，作为地球人发向火星的联络信号。

认为火星上有可能存在"火星人"的想法，由于 1877 年火星大冲时意大利科学家斯基帕雷利发现所谓的"火星运河"而得到加强。斯氏的原意是说在火星表面发现了"沟渠"那样的地形，但后来却被传成是"运河"。既然是运河，当然是人造的，这"人"当然应理解为"火星人"了。

美国天文学家洛韦尔对："运河"、"火星人"等特别感兴趣，他不仅相信，而且在美国亚利桑那州建立了一个私人天文台，以观测和研究火星为主，企图找到证据来支持自己的观点。

令人有点发笑的是，一些人还设立了"盖示曼奖"，并于 1900 年 12 月在巴黎宣称：谁能首先与地球之外的"外星人"取得联系，就奖约 10 万法郎，但火星除外，理由是与"火星人"取得联系即将实现，太容易了！在那前后，好些描绘"火星人"的科幻小说风靡一时，在很大程度上使人相信好像"火星人"已被证明真的存在似的。

接下来的是火星生物学、火星植物学等的诞生，似乎火星上有生命已成定局。有一位叫做什克洛夫斯基的前苏联科学家在 1959 年郑重其事地提出：火星的两个小卫星是由"火星人"发射成功的"人"造火星卫星。一时间，这种说法引起不少人的兴趣，但由于它并非事实，论据很勉强，终于昙花一现。

火星上究竟有没有生命？

1975 年发射成功的"海盗 1 号"和"海盗 2 号"以及它们各自的着陆器，对火星的生命问题作了专门的探索，其结果是权威性的。

两个着陆器对着陆点周围的荒凉土地进行了事前设计好了的三种不同

类型的实验，目的只有一个，那就是检测和论证过去和现在火星上是否存在地球型生命的任何类型的活动或其痕迹。结论是否定的。说得婉转一些，那就是"海盗号"的实验结果使得在火星上找到生命的可能性更加渺茫了。

事情并没有到此为止，因为两个着陆器都是不能移动的，它们只能采集到着陆点周围 12 平方米范围内的岩土标本。有一种看法认为：应该到有水的地方，特别是到火星的两极去寻找生命，并把所搜集到的各种标本带回到地球上来作最严格的分析检验，才能最后得出火星上究竟有没有生命的结论。

继续探测

从伽利略用望远镜观测火星算起，300 多年来，火星是科学家们研究得最多的行星。尽管如此，尚未解决的大大小小的火星问题还是不少。

——火星表层究竟是由什么组成的？

——火星上有多少水？它在哪里？水对火星表面的现状曾有过哪些影响和作用？

——发生大尘暴的机制是怎么样的？火星气候在一年间如何变化？属哪种气候类型？

——火星气候在火星历史上曾有过哪些变化？

——极冠的全部真相如何？

——火星的内部构造怎么样？它有怎么样的磁场？

——载人和不载人火星飞行的最佳着陆点应该选择在哪里？

1992 年 9 月 25 日是火星探测史上一个重要的日子。这一天，在前一轮"海盗号"对火星现场考察 17 年之后，"火星观察者"踏上了飞向火星的征途，前面提到的那些问题是科学家们希望它进一步提供资料或直接予以解答的部分问题。

我们知道，前苏联于 1988 年曾为此作过努力，那年 7 月先后发射了两个"福波斯号"探测器，遗憾的是两次发射都失败了：一个在发射后不久就与地球失去联系，另一个在刚飞抵火星时与地球的无线电联系突然中断。因此，科学家们对"火星观察者"以及后来发射的"火星探路者"等探测器寄予很大希望，盼望它们传回地球的信息和资料能在很大程度上改变我们对火星的认识，揭开人类研究火星的新篇章。

继月球之后，人类足迹踏上去的第二个天体很可能将是火星。为此，从"火星观察者"开始，一系列火星探测器肩负着不尽相同的任务先后飞向火星。在21世纪的适当年代里，火星表面上将出现宇航员的踪影。

我们期待着这一天的早日到来。

火星上究竟有没有生命

地球的近邻——火星上究竟有没有生命的问题，由来已久。在科学技术还没有充分发展起来的年代里，对这个问题的考虑以猜测和幻想的成分居多。当人们对火星越来越了解之后，情况就不一样了。

早在17世纪中期，荷兰天文学家惠更斯就相当准确地测定了火星的自转周期为24.5小时左右。这在当时来说，实属难能可贵，我们现在采用的火星自转周期的精确值是24小时37分。

一个多世纪之后，英国天文学家赫歇耳进一步确认了火星自转轴并不是直立在它绕太阳公转的轨道平面上，而是有点倾斜。他测得这个倾斜角度是23°59′，也就是比地球的这个相应角度23°26′只差半度多。这等于明确地告诉大家，火星像地球一样，也有四季变化。

火星离太阳比地球远些，它表面温度自然要低些。火星周围有大气，但比起地球大气来要稀薄得多。这些使得火星上的生态环境比较严酷，根本不能与我们地球相比。但是，火星南北两极处的极冠给了人们很大的启示。火星南北两个半球上轮流是夏天或者冬天的时候，在夏半球上的那个极冠逐渐缩小，而在冬半球上的那个极冠逐渐增大。这既表明即使是在两极地区，夏季时的温度并不那么高，又说明极冠大概是由水冰和冰雪之类的东西组成的，那里有一定量的水。

尽管各方面条件都比地球要差些，但火星上终究还有空气，有水，有一定的温度，有四季变化，有昼夜交替等等。人们希望这个在很多方面像地球的行星上，也有生命，也有生物，甚至也有人。

从"运河"到"火星人"

1877年8月前后，是一次特别有利于观测火星的机会。意大利科学家斯基帕雷利抓住了这次难得的机会，作了认真的观测。他宣称自己在火星表面上看到了许多条纵横交错的线条，他还画了图，并把它们叫做"Cana-li"，这个单词在意大利文里是"水道"、"沟渠"的意思。

当时正是观测火星的热潮，任何关于火星的新消息都会立即引起莫大的兴趣，斯基帕雷利的发现也不例外。他所说的 Canali 被译成英文 Canal，而传向四面八方。其实译成 Channel 更为恰当，因为 Canal 这个字的意思是"运河"，指的是由人力开挖的河道。而且，当时正在酝酿而于 1881 年正式开始动工的巴拿马运河，正是许多人关心的事。这样，以讹传讹，传来传去使得不少人认为，斯基帕雷利在火星上发现了人造运河，既然是人造的，当然就有"火星人"。从此，"火星人"这种有其"名"而无其"人"的想象中的智慧生物，"横行"全世界近一个世纪。

20 世纪初，以美国天文学家洛韦尔为代表的一批科学家，极力主张火星"运河"是存在的，"火星人"也是存在的。洛韦尔不仅写了好几本书来鼓吹他的这些观点，还在美国亚利桑那州的旗杆镇建立了一座天文台，以火星观测和研究作为主要任务。

"火星人"闹出的乱子，莫过于 1938 年 10 月 30 日晚美国哥伦比亚广播公司的那次《大战火星人》广播剧所引起的骚动。广播剧是根据好些年

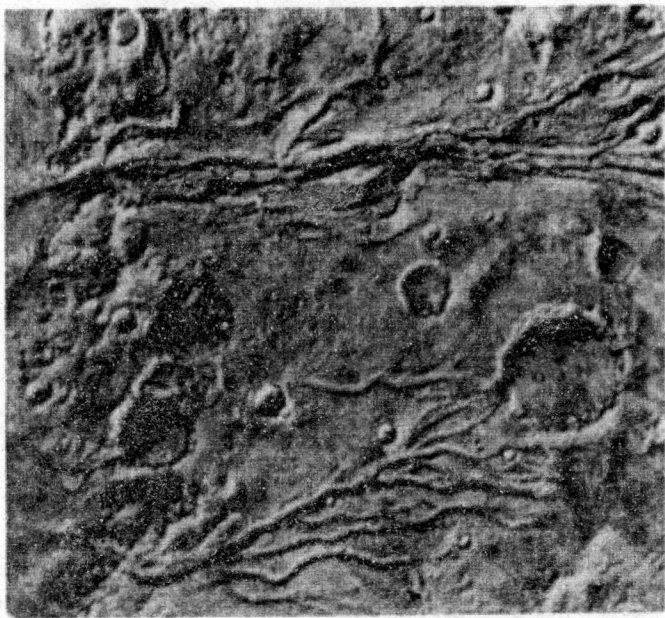

火星表面类似干涸了的河床般地形

前的一本同名小说改编的，故事则是虚构的，说的是"火星人"侵略地球。由于广播剧编得很逼真，而且有些地方故意没有交代清楚，成千上万的人信以为真，陷入了一片恐慌和绝望的境地。这场几乎遍及全美国的恐怖闹剧和骚乱，直到第二天中午以后才平息下来。

但是，相信火星上有植物、有"火星人"的岂止是小说家和广大群众！1958年，一位苏联科学家还慎重地宣布，根据他的研究结果，火星仅有的两个小卫星，是"火星人"发射的人造火星卫星。直到完全证实火星上并无植物之前的半个多世纪中，"火星植物学"一直在发展，有的国家还建立了专门的研究机构。

1964年11月发射、1965年7月从1万多千米高处飞越火星的"水手4号"火星探测器，才告诉我们火星上并不存在运河、植物，更不要说是"火星人"了。它传送回来的21幅火星表面电视图像以及有关数据，雄辩地说明了这些。

"海盗"登上了火星

那么，火星上连低级形态的生命也没有吗？

为了最终解决这个问题，需要直接到火星上去找证据。1975年八九月份，两艘"海盗号"宇宙飞船为此目的而离开了地球。"海盗1号"在到达火星附近之后，又绕火星转了一个月，等待地面指挥中心为它挑选一个合适的着陆场所。1976年7月20日，"海盗1号"顺利地降落在克赖斯平原。"海盗2号"则是在同年9月3日，在乌托邦平原安全着陆。

这两处着陆点是经过慎重挑选的，被认为是生命存在的可能性较大的区域，既要求它们彼此距离得远一点，又要求它们能够比较容易地发现可能存在的任何形式生命。为避免把地球上的生命不慎带到火星上去，两艘飞船和它们的登陆舱，以及各种实验设备等，在发射前都进行了严格的消毒和处理，以防万一。

"海盗号"飞船的着陆器看起来像个大甲虫，宽约1.5米，高0.5米左右，靠几条腿站立在火星表面上，但不能移动，所以，两个着陆器都只能在各自的周围约12平方米的范围内采集样品，专供采集土壤等样品的长臂勺子长约 3 米。

着陆器有三种主要搜寻手段：

1. 作全方位的照相搜索，拍摄从着陆点到所能看到的"火"平线的照片。这些照片确实为科学家们提供了许多令人感兴趣的现象，以及一度被认为可能是某种不寻常的标志那样的东西。但是，经过分析和研究，没有一位科学家当真认为它们是与生命有关的迹象。

2. 把从火星表面和地下收集来的一些样品加热到 500℃ 左右，用一个精密度很高的特殊仪器，对由此产生的气体进行分析，看看有没有有机化合物的痕迹。结果是在两处着陆点都没有找到任何这类痕迹。

3. 进行三项不同类型的生物学实验，每项实验的前提和基本原理互不相同，但最终目的是一致的，即通过与生命现象有关的各种类型的活动，来检测和寻找火星上可能存在的任何形式的生命。这三种实验的原理和过程都比较复杂，我们不可能在这里作啰唆而费解的叙述了，下面把它们的名称告诉大家作为参考：一、热解释出实验；二、标识释出实验；三、气体交换实验。不管哪种实验，都是按事先安排好的顺序和计划，严肃认真地以自动的方式进行的。

"海盗号"如此严密搜寻的结果怎么样呢？找到了火星生命，或者解开火星生命之谜这把密码锁的钥匙了吗？美国国家科学院的报告是这么说的："海盗号"的探测结果不是增大而是减小了火星上存在任何形式生命的可能性，对这问题的进一步探索乃至解决，应是在把火星的岩土样品带到地球上的实验室，进行认真细致的观察和实验之后。

荒凉的火星表面

是最后结论吗

两个"海盗号"着陆器，是最先在火星上进行现场考察的一对探测器，这对"孪生"探测器的工作是出色的。科学家们本来希望它们能够在火星生命这个争论很久的问题上，找到有说服力的证据，对问题予以肯定或否定。但是，它们只提供了些新的很有趣的情况，并不是最终结论。没有发现不等于就没有，尤其是两个着陆器所做的实验局限在两个很小的范围内。

持相反观点的人是不少的。火星今天的条件是比较严酷了一点，可是大家承认，火星过去的气候条件比现在要好得多。如果在早期更有利的环境中产生和发展了生命，那么随着条件和环境的恶化，它完全有可能逐步适应变化着的环境。

也有人指出，数十年前对南极洲的考察结果是：没有发现任何生命迹象。可是，数十年后的 1977 年，几位美国科学家在似乎不可能存在生命的地方，在南极洲的一处山脉的岩石中，发现了地衣和水藻，说明生命是能够在我们所想象不到的恶劣环境中生存的。在地球上是如此，在火星等其他行星上似乎也应如此。"海盗号"没有发现任何生命迹象，谁能保证今后发射的探测手段更强的探测器，在对火星作全面考察后，不会在火星上发现生命现象呢？

比较普遍的意见认为，火星表面以下的风化层和地层中，大概储存着一定数量的冰和液态水，永久性的极冠和永冻层中留存的水可能也不少，应该到这些地方去搜寻生命。看来，在没有实地考察和收集到这类地区大量的第一手资料之前，任何关于火星上究竟有没有生命的结论，都为时过早。

行星"王子"——木星

太阳系九大行星中，木星称得上是鹤立鸡群：它的质量是其余8颗行星总和的两倍半，是地球质量的318倍。木星的赤道直径超过14万千米，为地球的11倍多和太阳的1/10强，它不愧为行星中的巨人。

在夜晚天空中，木星的亮度仅次于金星。我国古代称木星为"岁星"，用它来纪年。岁星纪年法是从什么时候开始的，还不能最后肯定，但至少在春秋、战国之间，即公元前5世纪前后，已相当盛行。那时人们把周天一圈分成12段，称为"十二次"，而木星运行一周的时间实际是11.86年，大体上是每年在一个"次"中。古人就用木星所在的那个"次"的名称来纪年，岁星的名称就是这么来的。

对木星的现代观测无疑是在望远镜发明之后，从意大利科学家伽利略开始的。1610年1月，伽利略用自己制造的第一架望远镜去观测木星，虽然望远镜很简陋，倍率也只有30来倍，但他还是得到了惊人的发现：在木星周围的好些光点中，有4个老是在木星左右两侧转来转去，循环往复，似乎"恋"着木星不愿离去。不久，伽利略终于弄明白了：它们原来都是围绕木星运动的卫星。后来被称为"伽利略卫星"的这4个小天体，是用望远

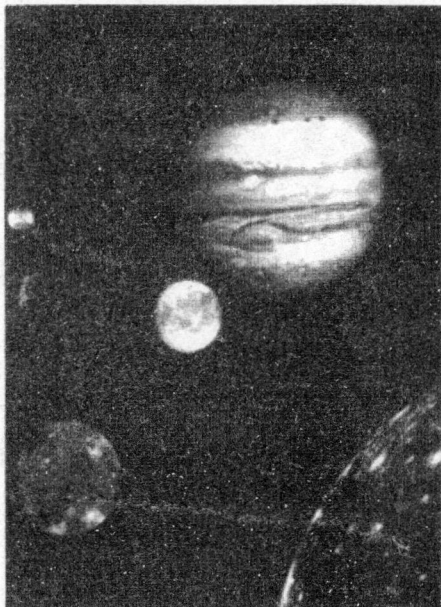

木星（右上）和它的4颗卫星

镜所作的最初一批天文发现之一。

伽利略卫星的发现，其影响超出了天文学范畴：它不仅为哥白尼的太阳中心说提供了有力的旁证，还沉重地打击了教会所极力维护的地球中心说的基础。当时在欧洲，教会处于统治地位，神圣不可侵犯，否则会受到惩处乃至迫害，由此可见伽利略天文发现的巨大意义。

17世纪70年代初，丹麦青年天文学家罗默发现，当木星和地球相距最远时，木卫被木星遮食的时刻较预先计算的时刻推迟；而在木星冲日，即木星和地球相距最近时，发生木卫掩食的时刻就会提早。他仔细研究了这个问题，确认木卫食现象无可辩驳地说明光线从一个地方到另外一个地方是需要时间的，它有很大的速度，但并不像古人想象的那样以无限大的速度传播。他计算得出光线越过日地间距离时需要约11分钟，这比现在采用的精确值499秒大了约1/3，所得出的光速自然要小些。

在最初用望远镜观测木星的那些年代里，科学家们陆续测定了它的质量、半径、密度、自转周期、扁率等一些基本特征。其中有两个特征是天文学家们很感兴趣的，一是木星大气中有一系列的明暗交替的云带，它们的结构非常复杂，形状、亮度乃至色彩时有变化，但它们始终与赤道平行。

大 红 斑

二是位于木星赤道南侧的卵形结构，即所谓"大红斑"。伽利略的望远镜自然是发现不了大红斑的。17世纪60年代，法国天文学家卡西尼发现了木星大红斑，此后，不少天文学家对大红斑进行过时断时续的观测，但一直未对其给予太多的注意。1872年，天文学家罗斯用当时世界上最大的、口径182厘米的望远镜，发现我们现在所说大红斑的那种红颜色。1878年之后的二三年间，大红斑的颜色变得非常鲜艳，引起广泛的兴趣，从此也就有了大红斑的连续观测记录。1927～1937年的10年间，大红斑又一次变得很鲜明，只要有一架不大的望远镜就可以看清楚这种不多见的现象。

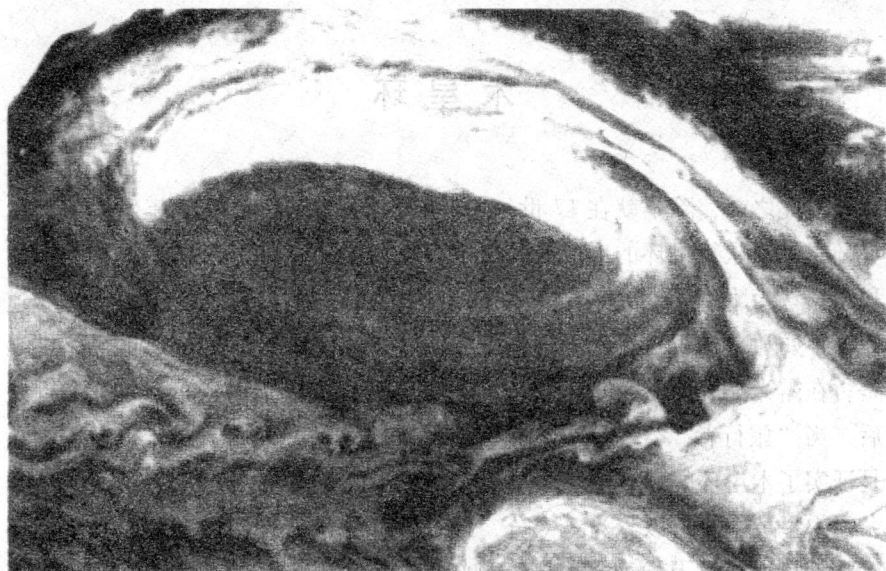

木星大红斑

　　大红斑是木星上的一种常见现象，它至少已存在 3 个半世纪，很可能还要长得多，只是它的大小有些变化，一般情况下长 2 万多千米，宽 1 万多千米，最长时曾达到 4 万千米。颜色则一般都保持着红而略带棕色的调子，有时鲜明，有时暗淡且模糊。

　　大红斑的真相是由 1977 年发射的"旅行者号"探测器揭露的。原来它是木星云层中的一个特大旋涡，旋涡内的物质处于剧烈运动的状态，剧烈的程度是我们难以想象的。至于什么原因使得木星上形成如此之大的大红斑？又是什么原因使得它历时好几百年而不消失？这类问题现在都还没有圆满的解释。

　　大红斑真相只是行星探测器为我们提供的重要信息之一。20 世纪 70 年代中，曾先后有 4 个探测器飞越木星，并进行了探测，它们是两个"先驱者号"和两个"旅行者号"，其中以"旅行者 1 号"的发现引起人们的普遍的兴趣。

　　1977 年 9 月 5 日，"旅行者 1 号"发射成功，经过 1 年半的飞行，于 1979 年 3 月 5 日飞掠木星，离木星最近时只有 28 万千米还不到。科学家们公认，"旅行者 1 号"的最重大发现是确认了木星环的存在。

木 星 环

在此之前，除早就在 17 世纪中叶发现的土星环和 1977 年发现了天王星环之外，从行星环的形成及其稳定存在所需的条件等来考虑，相当多的科学家认为木星不可能存在环。探测器的飞行轨道正好穿越木星的赤道面，不妨让它这时在赤道里面仔细找一找，这完全是顺理成章的事。结果是，在露光 11 分钟多的照片上，果然发现了木星暗而薄的环。4 个月之后，当"旅行者 2 号"飞越木星时，尽管距离达好几十万千米以上，它还是证实了木星环的存在。

木星环主要可以分为三部分，最外侧部分最亮，叫做亮环，其实亮环也并不亮，只是其余两部分环更暗而已。整个环系的最大直径约 25 万千米。

这么大的木星环，为什么数百年来从来没有人看见过呢？主要是环太薄，大体上只有 20 多千米，而且环内物质的反照率很小，显得很黑。又暗又薄的环，难怪从地球上无法观测到。

木 卫

我们回过头来再说说木星的卫星。

4 颗伽利略卫星被发现之后，科学家们很想知道木星还有没有其他卫星。除地球外，其他行星有没有卫星？先是在 17 世纪发现了土星的 5 颗卫星；18 世纪又发现了土星的 2 颗卫星和天王星的 2 颗卫星；进入 19 世纪，又陆续发现火星、土星、天王星和 1846 年才发现的海王星的共 6 颗卫星，太阳系卫星总数已达到 20 颗，而木星还是原先的那 4 颗。正当有人以为木星大概就是这 4 颗卫星的时候，1892 年，美国天文学家巴纳德宣称发现了木星的第 5 颗卫星——木卫五。它也确实是颗很不容易被发现的卫星，直径只有 240 千米，亮度只是 14 星等，也就是说亮度只及肉眼能见最暗星——6 等星的 1/1500 还不到。这么暗的一颗小卫星，离明亮的木星又特别近，要想发现它确实会有很多困难。

探测器对木星卫星的最大发现有这么几个方面：第一，使木卫数量增加到了16颗，各卫星的大小也被测定得更准了；第二，地面上的望远镜把除月球外的太阳系所有卫星（即使像木卫三和木卫四那样其直径比冥王星和水星都大的卫星）只能看成是光点，根本无法看清它们表面的情况，而探测器是在几万到几十万千米的近处飞掠卫星，它就有可能看清楚卫星表面特征和若干细节。

木卫一及其边缘处的火山喷发景象

单以4颗伽利略卫星来说，它们的表面特征丰富多彩，各具特色，其中最激动人心的发现要算是木卫一上面的火山喷发了，在地球之外的太阳系其他天体上发现正在喷发的活火山，这还是第一次。"旅行者1号"发现至少有8个或者9个活火山，其中的一个正以每秒400多米的迅猛速度向外喷射尘埃和气体等物质，看起来像是从卫星边缘上高升起好几百千米的大喷泉。

"旅行者2号"比"旅行者1号"晚4个来月再次观测木卫一时，原先在喷发的那个火山已熄灭，而另外2个火山正在喷发。根据粗略的估计，木卫一上火山爆发的延续时间，可能长达几个月到几年。由于频繁的火山活动，回落到表面来的火山物质不断地改变着木卫一的面貌。它表面缺乏古老的陨石坑，显得比较年轻，也许只有百十来万年。

木卫二照片给人的印象是：表面上覆盖着很厚的冰层，冰层上布满着密如蛛网的裂缝。木卫三表面有明显的山脊和峡谷，但没有高山和盆地。木卫四表面的最大地形特征是存在着一些由同心圆环围绕着的大盆地，地势起伏不大。

木星向外辐射的热能比它从太阳那里接收来的要多，这表明木星有其自己的内部热源。有的科学家甚至认为，不仅如此，木星还在不断地俘获由太阳向外抛射出来的物质粒子，如此日积月累下去，有朝一日譬如说30多亿年之后，当木星的质量越来越接近太阳或达到一定的程度，会使它改变身份，从一颗行星转变为一颗名副其实的恒星，那时，太阳系将成为双星而发生巨大的变化。

当然，关于这方面的意见远非一致，不少人认为木星会变恒星的观点过于离奇了。

不论从什么角度来看，关于木星的本质乃至它的表面，存在的谜是很多的。为了更进一步认识这颗行星之"王"，1989年10月，美国的"伽利略号"木星探测器踏上征程。它忠实地遵循着为它设计的飞行轨道，先后飞越了金星和第951号小行星"加斯帕"，两次飞越地球，按预定计划于1995年顺利到达木星区域，为我们传回有关木星及其卫星的惊人消息。

谜一般的行星——土星

有史以来就被发现了的土星，直到 18 世纪 70 年代末，仍保持着"最远行星"的称号。在这之前这颗距太阳平均 9.5 天文距离单位的天体，被看做是太阳系无可怀疑的边界，几乎没有人提出过是否还存在比土星更远、而尚未被发现的太阳系行星的问题。

土星字谜

意大利科学家伽利略用望远镜观测天体，得到许多重要的发现，这无疑是天文发展史上的重要里程碑。在诸如太阳黑子、金星盈亏、月面构

木星和它身后的影子（探测器离土星远去时拍摄）

造、木星及其卫星等新发现中，惟独土星的景象使伽利略迷惑不解。他看到土星两侧似乎有两个"耳朵"那样的附属物，好像是两颗小星，又曾一度被伽利略解释为土星的两个"仆人"。

伽利略需要时间对土星作进一步的观测和论证，予以揭谜，而且他又怕别人把这项发现的优先权抢走，于是，他制作了一个字谜：Smaismer-milmepoetalevmibuneunagttaviras 这 39 个字母的各种可能排列是一个 36 位的数字，你大概知道，一年的秒数是一个 8 位数，也就是说，即使你每秒钟能将这 39 个字母作出一种排列，一年也只能作出几千万次排列（一个 8 位数）。而 1 万年的秒数也只是个 12 位数。可见，要想从伽利略的字谜中找出他所说的事，简直是不可能的。

令人惊叹的是，与伽利略同时代、比他小 7 岁的德国天文学家开普勒特别有耐心，经过一段时间的探索和猜测后，他用字谜中的 36 个字母拼出了一个句子，译成中文就是：

向您致敬，双胞胎，火星的产物。

开普勒认为伽利略发现了火星的两个卫星。事实上，我们现在知道火星确实有两颗不大的卫星，然而它们都是在 1877 年时被发现的。

伽利略持续观测的结果是：两颗"小星"愈来愈小、愈来愈暗淡，到 1612 年时，它们都隐匿不见了。尽管在 1616 年时，伽利略又看到了它们，但也始终没有搞清楚这究竟是怎么回事。后来他自己揭开了字谜的内容，那是这样的一句话：

我看到的最高行星有三个。

最先对土星"附属物"作出正确解释的是荷兰天文学家惠更斯。1656年，他对土星进行观测时，看到土星赤道部分有一条令人费解的暗线。那年年底，"暗线"逐渐展开成依稀可辨的环状物，当他能辨别出环与行星之间存在着空隙时，他相信自己的观测和所下的结论是正确的。他也不急于立即发表自己的发现，而是效法伽利略，先用一个字谜把事情隐藏起来，即：

Aaaaaaa ccccc d eeeee g h iiiiiii lll mm nnnnnnnnn oooo pp q rr sttttt uuuuu

三年后，当他肯定土星的确有个与众不同的环的时候，他把自己的发现刊印在书里。他的那个字谜原来说的是：

有环环绕，薄而且平，任何地方互不接触，与黄道斜交。

土星环有时候看起来很宽，有时显得比较窄，以至成为很难发觉的线状模样，主要是因为环平面与土星绕日轨道平面之间有近27°的夹角，而土星绕日运动时，其环平面方向保持不变。在土星公转周期约29.5年期间，环北面被阳光照射的时间约为15年又9个月，环南面约13年又8个月。当土星经过其轨道二分点的时候，太阳光与土星环大体上在同一方向上，地球上的观测者就有可能看不到环。上次的这种有趣现象在1995年，下次将在2010年左右。

环系大观

1977年，包括我国在内的一些国家的天文学家发现天王星周围也存在环，而在此之前的三个多世纪中，土星是惟一的带环行星。所以土星环受到青睐和热衷的观测与研究，是不言而喻的事。

1675年，出生于意大利、后来入法国籍的天文学家卡西尼发现土星环的外边缘附近有一条暗缝，它就是卡西尼缝。卡西尼缝把环分成A环和B环两部分。在此之前，大体在1664年前后，就有人指出过土星环的最内侧部分很暗，而美国天文学家邦德于1850年发现内环（即C环），并发现C环没有另两环——A环（外环）和B环（中环）明亮，而且还透光。因而，C环赢得了"纱环"的称号。

1969年，在很接近土星表面的地方，也就是在C环的内侧，发现了比C环更暗的D环。在A环的外侧，则还存在一个E环。另一个著名环缝为恩克缝，它处于紧挨在卡西尼缝外侧的A环内，于1837年5月由德国天文学家恩克发现。

包括如此5个环的土星环系，在探测器对土星及其环作现场探测之前，就已经为我们所熟知。1973年4月发射成功的"先驱者11号"行星探测器，于1979年9月从距离土星只两万来千米的空间飞掠时，在A环外侧又发现了两个新环，它们是紧挨着A环的F环，和离得较远的G环。令人纳闷的是，探测器没有搜寻到D环，因此，不少人对是否存在D环表示怀疑。

早在1705年，卡西尼就指出土星环并非"铁板一块"，而应是由大群

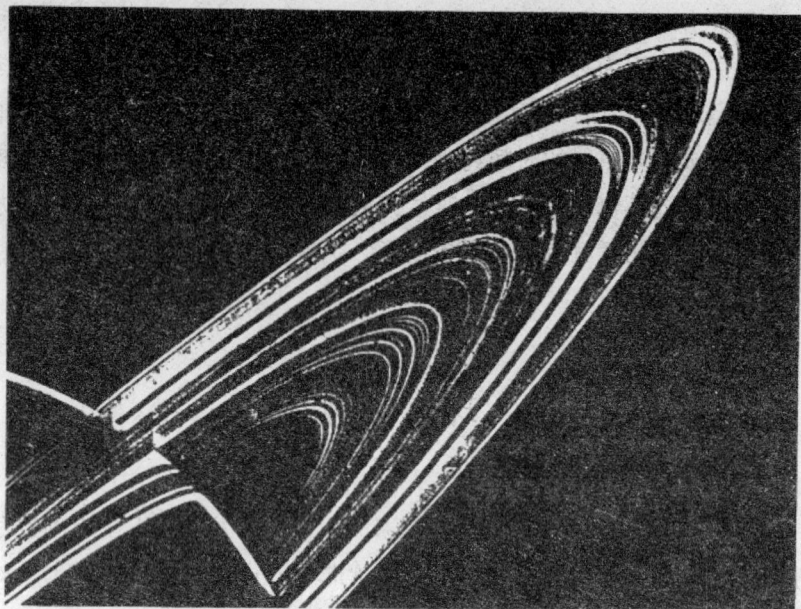

土星环

岩石块、冰块之类的质点组成。1875年，英国物理学家麦克斯韦从理论上论证了土星环不可能是整体固态的，即使在某个遥远的年代曾是这样，那么，在土星强大引力的作用下，它早也就该像现在那样被"碾"碎了。1895年，美国天文学家基勒根据对土星环反射光的多普勒频移研究，确定土星环是由无数质点组成。从土星环掩星而没有把微弱星光完全挡住这一点来看，表明土星环确实是由互相分离的、不大的质点组成。

使科学家们对土星环的认识大大前进一步的，无疑是已对土星进行过现场考察的3个行星探测器，它们是分别于1979年1月、1980年11月和1981年8月飞越土星的"先驱者11号"和两个"旅行者号"探测器。

"旅行者号"的考察结果使人们大开眼界。从近处观测，土星环范围内几乎是无处无物质块，眼花缭乱的一大片使人无法分清楚哪里是环、哪里是环缝。要说是环的话，完整的和不完整的，何止千条，有人把这形容为一张巨大密纹唱片上的波纹；要说是环缝的话，它并不像原先认为的那样是空无一物的区域，也有物质，甚至也有明显的环状物，只是这部分区域的密度似乎略小。譬如说在卡西尼环缝里已经发现的至少有4条环。原先根据地面观测的结果，认定环缝内无任何物质是有理论依据的，这主要指的是共振理论。环缝内存在物质，尽管密度稍小，至少表明原来所依据的理论是不完整的。更令人惊讶的是，有的环像发辫，这是前所未知的。环内部分物质排列成辐射纹，这意味着它们像固体盘那样旋转，离土星近的物质运动得慢，离得远的反倒运动得快。这显然与我们掌握的开普勒运动定律不相符合，根据开普勒定律，譬如行星们围绕太阳的运动，离得近的行星应运动得快，离得远的应运动得慢。这类问题该如何认识和解释，现在都还没有结论，都还是有待探讨和研究的课题。

比水还轻

论大小，土星在九大行星中排名第二，它的赤道直径约 12 万千米，是地球的 9 倍多；其质量则是地球的 95 倍强。可是，它的密度却是"出类拔萃"的，只有 0.70 克/立方厘米。哪里有个大游泳池或者大海洋的话，土星是惟一能漂浮在水面上的行星。

土星环是美丽的，所以长期以来人们的注意力主要集中在这方面，相形之下，对土星本身的研究就显得进展缓慢。这也有其难以克服的客观原因，那就是土星周围存在着浓厚大气，它阻碍着我们看到土星的表面，时至今日，即使是拜访过土星的那些探测器，也都没有机会窥视到它表面的庐山真面目。

在土星上发现较稳定斑点的事件，最早可上推到 200 多年前的 1796年，那是德国律师出身的业余天文学家施罗特尔和他的助手，在不来梅城附近的他的私人天文台里取得的成果。

土星表面有时会出现很引人注目的明亮白斑，最早的一次记录是在1876 年 12 月，由美国天文学家霍尔发现。本世纪最著名的一次亮白斑，是英国喜剧演员海在 1933 年 8 月 3 日发现的，他当时用的是一架口径不算大的 15 厘米折射望远镜。亮白斑存在约 40 天，直到 9 月 13 日消失。

1923 年，天文学家杰弗里斯最先论证土星拥有固态和"冷"的表面。60 年代末从大气高层和 70 年代从探测器所作的红外观测，都证明了土星热辐射收支是不平衡的，它辐射出的能量大体上是从太阳那里得来的 2～2.5 倍左右。这表明土星有其自己的内在能源。

土星大气的主要成分是氢和氦，并含有甲烷等，大气中并飘有由氨晶体组成的浓密云层。大气中的甲烷和氨等成分，早在本世纪30年代初就通过光谱分析而得到证实。

众多卫星

九大行星共拥有60多颗卫星，土星则是卫星的第一大户，可能有23颗。在行星探测器飞临土星之前，科学家们在300来年中只发现了它的9颗卫星，其余10多颗都是由探测器在1980年或以后发现的。土卫中最大的土卫六，是惠更斯于1655年发现的。论直径大小，它是太阳系诸多卫星中的"亚军"，仅次于木卫三，直径达5 120千米，比水星和冥王星都大。1908年，天文学家就肯定地认为它周围存在大气，后来甚至进一步认为它很可能是拥有某种生命的惟一卫星。不过就近飞越的探测器所作的观测没有予以证实。

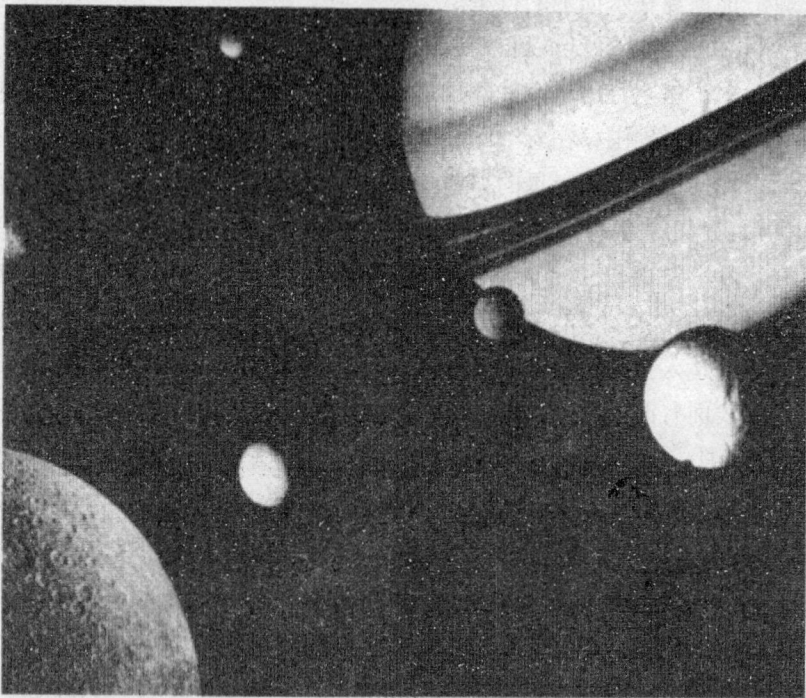

土星和它的几颗卫星

包括土卫六在内，土卫与其他行星的卫星一样，从望远镜里看起来，它们只是些明暗不等的星点，它们的表面情况无从知道。目前大致有一半不到的土卫由探测器拍得了清晰程度不同的照片，开始泄露部分真相。

展望 21 世纪

先后飞掠土星的 3 个行星探测器为我们提供了丰富的信息，尤其是关于土星环方面的。不可否认的是，时至今日我们对土星的环仍存在着不少问题。尤其是土星表面等情况，还知之甚少。土卫更是需大力探索的未知领域。

已发射的"卡西尼号"土星探测器，是 20 世纪中最后一个负有重要使命和任务的探测器，如果不遇到太大困难的话，它将于 21 世纪初到达土星区域，对土星本身及相当一部分土卫进行较长时期的考察和探测。

我们期待"卡西尼号"探测器于新世纪初取得新进展，为我们带来土星的新消息。

行星 "呼啦圈"

你一定看到过别人玩呼啦圈的情景，也许你自己还是一位玩呼啦圈的能手呢！把一个或者好几个塑料圈套在自己身上，扭动身子，让塑料圈绕着身子转。水平高的人可以在身上套好几十个呼啦圈，转动起来，一个圈也不会掉下来。

我们太阳系中的好几颗行星周围也都有"呼啦圈"，而且行星们正"玩"得起劲呢！当然，我们这里说的"呼啦圈"，并不是人们玩的那种，而是指行星周围的环。

17 世纪初，人们用刚发明的望远镜观测土星时，就发现了土星环。从此，环成了土星的"专利"，因为在太阳系天体中，它是独一份的。土星的这种垄断地位保持了三百多年，直至 1977 年，科学家们发现又一颗行星——天王星也有环。仅仅两年之后，木星又成为太阳系内第三个带环的行星。

土星、天王星和木星都是类木行星的成员，4 个成员中的 3 个周围都有环，大家自然要问，第四个成员——海王星周围也有环吗？

土 星 环

先说土星环。

在过去几百年的时间里，土星带着它的环出足了风头，之所以如此，主要是因为土星的环太容易看到了。你只要有一架小小的、业余天文爱好者用的那种放大倍率有一二十倍的望远镜，就可以把土星和它漂亮的环看得一清二楚。

可以想象，在现代科学技术的长期发展过程中，特别是随着望远镜等观测设备的日益改进和完善，科学家们对土星环的观测愈来愈细致。尤其是在照相术应用于天文观测之后，人们对土星及其环的研究则是更上了一层楼。天文学家们不仅发现了一圈又一圈的环，而且还发现了环之间的环缝。在探测器飞临土星作现场考察之前的20世纪70年代，天文学家累计总共发现了土星的5层环。"先驱者11号"于1979年飞越土星时，又发现了两个新环。这样，土星就有了7层环。这些环都是用英文字母来命名的，从离土星由近及远依次为D、C、B、A、F、G和E环。D环的内侧距离土星云层顶部不到一万千米，可以说是离得不远。E环最外侧的边缘不是那么清晰，估计离土星中心不小于三四十万千米。

在环与环之间，乃至在某个环里面，还存在着一些比较明显的空隙。这些空隙被称为环缝。环缝有宽有窄，其中最著名的是卡西尼环缝，它是由法国天文学家卡西尼于1675年发现的。卡西尼环缝在B环与A环之间，宽约5 000千米。1979年9月，"先驱者11号"在A环和F环之间发现的环缝，被命名为"先驱者环缝"。F环和G环也是由"先驱者11号"发现的。

土星的各个环和环缝与土星之间的距离，科学家们测算出的结果不尽相同，大同而小异。为使大家对土星环和环缝有个比较清晰的概念，下面的数据可供参考：

环和环缝与土星中心的距离

（单位：土星半径，约6万千米）

D	环	1.11～1.22
C	环	1.22～1.50
法兰西缝		1.50～1.53
B	环	1.53～1.96
卡西尼缝		1.94～2.03
A	环	2.03～2.27
恩克缝		2.21（很窄）
先驱者缝		2.27～2.33
F	环	2.33（很窄）
G	环	2.80（很窄）
E	环	3.5～五六个土星半径之外

就土星环来说，使我们大开眼界的是两个"旅行者号"探测器。在它们于 1977 年发射之前，人们比较普遍的看法是：天文学家从地面上研究土星和土星环已有相当长的时间，且已取得很大成果，对土星及其环的情况已知道得差不多了，探测器在到达土星及其卫星附近时，最多不过是发现几个新环或新环缝，不大可能有惊人的发现。但结果是，探测器从土星现场传回地球的照片完全出乎人们的意料，令凡是看到照片的人都大吃一惊。

从近处看土星环，根本不是从地球上看到的 7 层环和几个环缝，而是一大片大小不等、形状各异的碎石块和冰块之类的东西。它们好似万人马拉松赛跑，在各自的轨道上以各不相同的速度绕着土星在转。如果硬要把这一大堆东西分成多少层的话，那么，由于实在难以分层和个人分层标准的不同，想把它分成几百条或几千条环和环缝也一点都不困难。有人风趣地打了个比喻，说这活像一张巨大无比的"密纹唱片"。

从 D 环到 E 环，土星环宽达二三十万千米，可是组成环的物质体积却不大，这是件很有趣的事。据认为，环中块状物的大小一般都在 30 厘米以下，超过 1 米甚至更大的是少数。整个环的质量不大，也许只有土星质量的百万分之一。这么小的块状物，其温度是极低的，探测器测得的温度在 $-200℃$ 上下。

环的形状千奇百怪，这是科学家们从来没有想到过的。有的环比较完整和对称，更多的则是不那么完整，甚至是残缺不全的。环内块状物质的排列和分布更是五花八门，有呈锯齿状的，也有呈辐射状的；有的环线条清晰，不那么容易与别的环混淆；有的环光滑、匀称，像是一件经过精雕细刻的工艺品，使人看了还想再多看一眼。这真是琳琅满目，使人大开眼界。最使科学家们惊讶的是，有好几条环像发辫似的互相缠绕在一起，这种结构是如何形成的呢？怎样从物理学的角度进行解释呢？

前面提到的呈辐射状结构排列的环内物质，也把科学家们给难住了，因为过去人们一直认为，土星环是由千千万万个独立的质点组成的，它们各自在自己的轨道上按开普勒定律有秩序地环绕土星运行着。所谓按开普勒定律，也就是像九大行星绕太阳运行那样，离得近的绕转速度就快一点，离得远的就慢一点。我们看看各行星环绕太阳公转的平均运行速度，就可以清楚了：

各行星公转平均速度（千米/秒）

水　星	47.89	金　星	35.03
地　球	29.79	火　星	24.13
木　星	13.06	土　星	9.64
天王星	6.81	海王星	5.43
冥王星	4.74		

如果组成土星环的那些物质也是离土星近的运动得快，离得远的运动得慢，这就很容易解释了。可是，实际情况却并非这样。呈辐射状排列的那些块状物有点像自行车轮子那样运动，也就是说，离土星近的块状物运动得慢，离得远的却反而运动得快。这显然是不符合开普勒定律的，也是我们不理解的。但我们总得承认事实，以事实为依据。那么，这究竟是什么规律在支配着它们的运动呢？

关于环缝问题，也有不少等待着科学家们去探索和解答的谜。在发射探测器之前，科学家们一般用共振理论去解释为什么会存在环缝，而且这种解释得到了多数人的赞同，其大意是这样的：环缝处的物质本来就不多，而这不多的物质，由于其环绕土星运转的周期是附近某颗土星卫星公转周期的整倍数，或者是两者成一定的比例，在这种情况下，环缝处的物质迟早会被"赶"出缝去，或者说是被"吸引"到缝的外面去。日积月累，本来物质就不多的这个区域里的物质就会愈来愈少，最后终于成为从地球上看来似乎是不存在任何物质的缝隙，因此而被称为环缝。

譬如那条著名的、位于 B 环和 A 环之间的卡西尼环缝，它虽然宽约5 000千米，是土星环中的第一大缝，经过上百年和若干代天文学家的观测，也不知道科学家们为它拍摄了多少照片，都没有发现过环缝里有任何东西，因而人们一直肯定这是一条里面绝无一物的大缝。可是，探测器告诉我们，事实并不是这样，就以卡西尼环缝来说，里面至少还存在4 条环。

其他环缝的情况也是这样，环缝里并非空无一物，只是这里的物质密度比别处小得多而已。

环缝的存在，过去都是用共振理论来解释的。那么，为什么从近处看环缝里面都还存在着不少物质呢？是共振理论有缺陷呢，还是我们还没有完全彻底理解这个理论呢？或者还是其间存在着某种我们根本还不知道的东西呢？

这些都还有待于科学家们去研究和探索。

天王星环

1977 年，正当人们准备再过 4 年庆祝天王星被发现 200 周年之际，科学家们宣布了有关天王星的重大发现：天王星有环。天王星环的被确认，是 20 世纪太阳系天文学的重大进展，也是近 200 多年来关于天王星的最大发现。

那年的 3 月 10 日，发生了一种比较罕见的天文现象——行星掩恒星。与恒星相比，行星要离我们近得多。当行星在星空中移动位置的时候，恰好不偏不歪地把某颗恒星给挡住了，这就是掩星现象。我们常能遇到的是月掩星现象。月亮是离我们最近的天体，它看起来面积又很大，因此把远处的恒星或行星遮掩起来的现象当然是会经常发生的。与月球相比，行星离我们就相当遥远，用望远镜看起来只是个很小的圆面，而行星能把恒星挡住片刻，这样的掩星现象实在是不太容易遇到的。

天王星这次掩的是天秤座中的一颗 9 等星，编号为 SAO158687，即美国史密松天体物理天文台（简称 SAO）所编星表中的第 158687 号恒星。这是一颗不那么亮的星。我们知道，肉眼能直接看到的最暗星是 6 等星，9 等星的亮度只及 6 等星的十几分之一。这是一次可说是百年难遇的机会，中国、美国、印度、澳大利亚等国的科学家们早就作好了准备，届时都进行了精细的观测。

读者可能不太熟悉掩星时的情况，我们在这里先解释一下。我们知道，从望远镜里看起来，行星都呈现为一个圆面，尽管这是一个很小的圆面。同时，如果天王星周围不存在环的话，不管是完整的还是不那么完整的环，那么掩星的整个过程应该是这样的：因为天王星在缓慢地移动着位置，而恒星位置不变，当天王星圆面以其东边缘把那颗 9 等星遮住了的时候，灵敏的仪器就会立即作出反应。经过若干秒钟之后，当行星圆面从遥远的恒星前面横移过去并让恒星从其西边缘重新出现时，仪器的记录就会停止。这样就得到了一次完整的掩星记录。

那次天王星掩 SAO158687 恒星的情形使科学家们大为惊奇：在天王星本体掩恒星的预报时刻之前 35 分钟，早已作好准备并严密监视着这次事件

天王星和它的环

的科学家们，出乎意料地注意到恒星的星光好像被什么东西挡了一下，星光亮度突然下降，但接着又迅速恢复了原状，好像闪了一下似的。在不长的时间里，科学家们记录到了5次这种变暗又迅速变亮的现象。在这之后，天王星掩SAO158687恒星的现象才根据预报的那样准时发生。

掩星过后，又出现了5次完全没有预料到的而与先前类似的星光变暗又变亮的现象。

经过仔细分析，包括我国在内的好几个国家的科学家们不约而同地宣称发现了天王星环。起先，科学家们确定了5个环，后来又利用1977年和1978年共3次天王星掩星的很好机会，最终确定了天王星周围存在9个环。1986年1月，"旅行者2号"从天王星附近掠过时，又至少发现了两个新环，使环的数目增加到了11个，有人则认为可算成是一二十个。如果把一些残缺不全的环的片段都算上的话，说天王星有好几百条环也不为过。

天王星环大体上都在离天王星中心4万~5万多千米的范围内，都比较窄，环宽只有几千米到十几千米，其中以最外层的"厄普西隆"环最宽。这是一个不对称的环，宽窄也不一致，宽的部分可达八九十千米，窄的地方只有二三十千米。天王星环都是由疏密不等的碎石块和冰冻物质组成的，结构简单。各个环的颜色也不尽相同，有的发红，有的呈蓝色，而

"厄普西隆"环的颜色可以说是最深的，基本上是黑色的。总的说来，天王星环都显得很暗，反照率只有2%~3%，可算得上是太阳系中最黑的物质，难怪在地球上用最大的望远镜都无法直接看到它。

木 星 环

如果说，好几万千米长的木星极光的发现是意料之中的事，那么木星环的发现，则纯粹是意料之外的事了。谁也没有想到，1977年天王星环的发现打破了土星环三个多世纪的独霸局面之后，只过了两年时间，木星又于1979年在无意之中被戴上了第三颗带环行星的"桂冠"。

1979年3月4日，"旅行者1号"探测器在跨越木星的赤道面时，在木星的赤道部分意外地"看"到了一条阴影。当时探测器离木星约120万千米。谁能在木星的赤道上投下阴影呢？经研究证实，阴影是由木星环投下的。这可完全出乎人们的意料，因为在过去的几个世纪里，没有任何迹象表明木星有可能存在着环。

四个月之后，"旅行者2号"飞越木星，它被赋予了寻找和证实木星环的使命。当探测器处在观测木星及其环的最有利位置时，它便拍下了木星环的照片。当时，探测器离木星约150万千米。

令人感到惊讶的是，17世纪初，意大利科学家伽利略用他那架非常简陋的望远镜一眼就看到了木星的4颗卫星，可是几百年来，那么多的人用威力愈来愈大的望远镜观测了木星，还为它拍摄了难以计数的照片，这些照片都经过仔细的观察和研究，但却没有任何人能够发现木星环。

究其原因，这主要跟木星环的情况有关。木星环不大，它的外边缘离木星中心为12.8万千米，而我们知道，木星本身的半径就有7.2万千米。木星环可以分为三层，最外面的最亮，称为亮环。所谓最亮，只是相对于那两层更暗的环来说的，这并不说明它自己很亮。其实，整个木星环都是比较暗的，这主要因为它是由大量的黑色块状物质组成的，块状物的大小在数十米到数百米之间。另外，木星环也不宽，只有6 000多千米，厚二三十千米。

据估计，木星环大致只能阻挡住通过它的日光的十万分之一。这种又窄又薄又暗的环自然是很难通过地面观测去发现了，难怪那么多的科学家

"熟视"木星而"无睹"其环了。

木星环作为一个整体，环绕木星旋转一周的时间约七小时。

海王星环

天王星环和木星环分别在 1977 年和 1979 年被发现之后，人们自然很急迫地提出了一个老问题，那就是：海王星有没有环？

为什么要特别提到海王星呢？

大家可能还记得，行星的一种分类法是把木星、土星、天王星和海王星归为一类，称它们为类木行星。在类木行星的 4 个成员中，有 3 个都带着环，那么第四颗行星是否也有环的问题就会很自然地提出来了。

海王星是在 1846 年 9 月 23 日被发现的。就在它被发现的第二个月，即 1846 年 10 月，英国著名天文学家拉塞尔说他看到海王星有环。在海王星刚被发现没有多少天的时候，说是在太阳系天体中找到了第二个带环行星，这样的消息引起人们的关注是合乎情理的。知道点情况的人纷纷在问：这消息可靠吗？确实又发现了一个带环的行星吗？

读者也许还不太了解这位拉塞尔，他也曾参与了寻找海王星的工作。他是位很善于观测的人。在海王星刚被发现后十多天，他就发现了海卫一（海王星的第一卫星）；1848 年，他发现了土卫七；1851 年，又发现了天卫一和天卫二两颗卫星。他还发现了 600 个星云。虽然这些都是后话，我们也可以从中看到，由这样一位天文学家说是发现了海王星环，他的发现应该说是可信的。

就当时的情况来说，土星有环已是谁都知道的事实，而且这一发现已有两百年的历史，至于别的行星嘛，说实在话，还没有人议论过这类事，因为谁都压根儿没有想过别的行星会有环的问题。拉塞尔对此事也是比较慎重，他特意邀请了几位朋友来他家观看海王星，但却故意不说明自己已经看到过海王星环。令拉塞尔感到意外的是，他的朋友中竟然有人也说看到了海王星环。

几个人不约而同地都说看到了海王星环，海王星有环似乎可以说是"铁证如山"了！但令人纳闷的是，除了他们几个人之外，没有任何人提到过海王星环的事。更令人琢磨不透的是，在此后的一百多年当中，天文学家使用的仪器威力愈来愈大，但却很少有人提到海王星环的事。

直到 20 世纪 80 年代，海王星环的问题才重新被提了出来。一方面，这是受了天王星环和木星环先后被发现的影响，另外，1980 年 2 月 10 日发生一次海王星掩恒星的罕见天文现象，被掩的是一颗 12 等的暗星，也就是说，这颗被掩星的亮度只及肉眼能见最暗星的几百分之一。人们观测天王星掩星而发现了天王星环，那么海王星掩星能提供有关海王星环的消息吗？许多科学家对此抱有很大的信心，期望能一举发现海王星环，或者至少能获得若干较为可靠的信息供下阶段深入研究之用。可是，科学家们在观测海王星掩星的过程中却没有得到预期的结果。

1984 年 7 月，又一次海王星掩恒星的机会来了。科学家们利用这次机会进行了仔细的观测，得出的结论是：海王星周围要么是一个宽一二十千米的环，要么是一个同样直径的卫星。1985 年 8 月，海王星又一次掩星时，位于智利的欧洲南方天文台的天文学家们根据对所获得的观测资料进行分析后得出结论：海王星周围确实存在着环，而且是个半透明的环。而别的天文台，譬如就在附近的美洲洲际天文台的观测资料却不能说明这一点。

到这时为止，海王星是否存在环的问题还是不能无可辩驳地确定下来。最后的"裁决"自然只能交给当时正向天王星飞去而后会飞向海王星的"旅行者 2 号"探测器了，它的既定任务是在探测完天王星之后，继续飞向海王星。

1989 年 8 月，"旅行者 2 号"准时到达海王星附近，它一下就"看"到了海王星环。于是飘浮在海王星环上空达一个半世纪之久的乌云终于被拨开了。探测器告诉我们，海王星至少有 3 条完整或比较完整的环，两个外环离海王星中心的距离分别为 5.3 万千米和 6.3 万千米，但都比较窄，大概宽度只有一二十千米。尤其是那个最外环，有的地方似乎比别处更明亮些，表明这里有可能集中着一些稍大的块状物，譬如直径在 10 千米左右或稍小些的小"卫星"般的物体。

海王星的最内环是个弥漫环，看起来不那么清楚，但却相当宽，估计宽达 2 500 千米。弥漫环距离海王星中心 4.2 万千米。

终于证实：类木行星的四个成员周围都存在着环。可是，类地行星的四个成员都没有环，这是为什么呢？现在还说不清楚。

第十大行星之谜

⊙X 大行星之谜

⊙存在第十大行星吗

⊙用八卦能发现新行星吗

X 大行星之谜

先说一下我们这篇文章的题目。为什么要在"行星"的前面加上"X"这个英文字母呢？在代数中，X 常被用来表示未知数，而行星被称为 X，自然指的是一颗还没有被发现和认识了的未知行星。

我们对阿拉伯数字都是比较熟悉的，你听到过一种叫做罗马数字的符号吗？罗马数字中的 1～10 是这样的：Ⅰ、Ⅱ、Ⅲ、Ⅳ、Ⅴ、Ⅵ、Ⅶ、Ⅷ、Ⅸ、Ⅹ。本文题目中的 X 也可以理解为"第十"。太阳系里除了已知的九大行星之外，是否存在还没有被发现的未知行星，或者说，是否存在第十大行星呢？这是科学家和我们大家都很关心和感兴趣的一个问题。

事出有因

太阳系第八大行星——海王星，被称为"从笔尖上发现的行星"，意思是：先是由天文学家计算出来了它在星空中的位置，而后由别的天文学家用望远镜观测到和发现的。海王星于 1846 年被发现之后，天文学家立即考虑了海王星对天王星的引力摄动影响，并重新计算了天王星在轨道上的运行位置。天王星在天球上的实际位置与理论计算出来的位置之间的差异，也部分地得到了解释，但仍有些差异。令人纳闷的是，没隔多久，海王星的运行位置也渐渐表现出了这类使人迷惑不解的差异。

这又是怎么回事呢？

人们很自然地想到，在海王星轨道的外侧，在离太阳更远的太阳系空间，是否另有一颗有待去发现的"海外"行星呢！也许是它的引力摄动该对天王星和海王星的位置差异负责！

　　1930年，美国青年天文学家汤博根据洛韦尔天文台所拍摄的星空照片，经过相当一段时期的仔细搜寻和核查，果然发现了期待已久的"海外"行星，它就是冥王星。由于太阳系范围又一次被扩大而欢欣鼓舞的同时，科学家们不无遗憾地发现冥王星的直径比地球的要小得多，更不要说跟直径都在5万千米上下的天王星和海王星相比了。这么小的一个天体当然无法对两颗巨大行星的位置差异负责。顺便说一下，现在冥王星直径的精确值定为2 300千米，只有当初发现时被认为的一半还不到，它的质量只及地球的千分之一二。可想而知，在冥王星被发现的当时还认为它不算太小的时候，尚且认为它不可能对天王星和海王星的位置差异负责，现在，当然就更不必说了。不仅如此，相当一段时期来，有人甚至想"剥夺"它的大行星资格，建议把它"降"为小行星或别的什么呢！

　　很自然的想法是：冥王星可能并非是想找的那颗"海外"行星，应该另外还有一颗稍远些而更大些的。大家暂且称它为"冥外"或"X"行星。

蛛丝马迹

　　天文学家们发现：短周期彗星，也就是绕日运动周期短于200年的彗星，它们的轨道远日点距离，存在着一种相对集中的倾向，而且分别与一些大行星的运行范围对应得比较好。这似乎表明：彗星轨道的大小和周期等跟行星的引力摄动有着密切的关系。于是，受木星摄动影响较大的那些彗星，被称为木星族彗星，它们的轨道远日点一般在4~7天文单位之间，绕日周期在4~10年之间。这个彗星族大约有60来个成员。同样的道理，土星族至少包括9颗彗星，天王星族、海王星族和冥王星族被认为各包含约3、10和5颗彗星。

　　有人认为这样的现象可以延伸到更遥远的太阳系空间，并发现至少有8颗彗星的平均远日点距离，都在38.0~45.4天文单位之间。可是，空间的这个范围内并无已知行星呀！乐观者认为，这里应该有一颗等待去发现的"冥外"行星；并类而推之，认为还存在第二、第三"冥外"行星。

　　哈雷彗星是一颗大家都比较熟悉的著名彗星。在它1835年和1910年

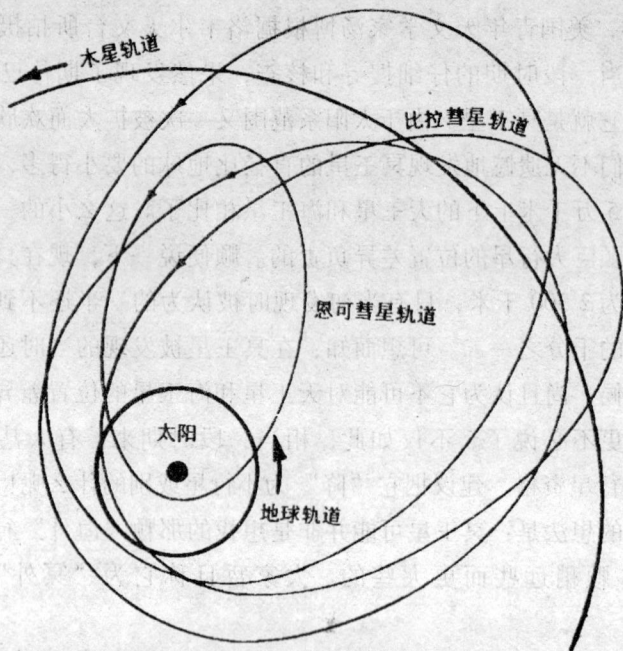

彗星轨道透露出的蛛丝马迹

两次回归时，尽管科学家们把当时所知行星等天体的全部摄动都考虑了进去，作出了预报，但两次它都"迟"到了3天。

为什么？

反复研究的一种结果是这样认为的：在比冥王星更遥远的太阳系空间，可能存在着一颗尚未被观测到的行星，在计算哈雷彗星轨道和预报它的回归日期时，自然就没有把它对哈雷彗星的摄动考虑到计算中去，而正是它使彗星的运动产生了3天的误差。更有人发现哈雷彗星过近日点的时刻变化似乎呈周期性，进而根据它从公元295年以来的20多次回归，大胆地提出假设中的"冥外"行星的一些主要情况：

与太阳平均距离：约60天文单位

绕日周期：约500地球年

质量：约地球的300倍

应该说明的是，这只是所提出的X行星较有代表性的一种情况。为X行星画"像"的人是不少的，与上述大同小异者有之，相差较大的也不少，因都是猜测，这里就不多作介绍了。

下面的这件令人感兴趣的事则是不能不提的。有人认为，如果不是因为法国天文学家拉朗德疏忽的话，现在仍在使劲找的那颗 X 行星，也许早在 18 世纪末就已经被发现了！原来，1975 年 5 月 8 日和 10 日，拉朗德曾两次于无意之中记录下了半个世纪后才被发现的海王星的位置。可是，他未作进一步核对而认为这只是颗普通恒星，并认为第一次纪录有误，随手把它抹去了。这是海王星于 1846 年被正式发现之前惟一的一对有价值的记录。当时只要把两次位置比较一下，就不难看出它已经移动了位置，再深究一下的话，不仅海王星可以提前半个世纪被发现，影响着海王星运动的一颗未知行星很可能就"隐藏"在附近，而很快被找出来。好些人相信，它一定不会是现在的冥王星。可是，一次极好的机会就这样丢失了。

查无实据

冥王星是在用一种叫做"闪视比较镜"的仪器核查一对又一对照相底片的过程中被找到的。这种仪器主要是把两张在不同时间拍摄的同一天区的照片进行对比，观察是否有某个天体移动了位置，而移动了位置的天体有可能是正在寻找的天体，再作进一步的核查。这是一种可靠而费时、费劲的方法。能否用同样的方法来寻找冥外行星？当然是可以的，而且做这项工作的最佳人选之一无疑是冥王星的发现者汤博。

他确实为此花了很大的精力，据他自己的粗略估计，从冥王星发现以后的十三四年间，他总共检查了约 90 000 平方度的天区，大致相当于整个天球面积的两倍，所检查过的星象，包括重复的在内，大体在 9 000 万个以上，星等达到 16 ~ 17 等，甚至暗于 18 等，即其亮度只及肉眼能见最暗星的万分之一到几万分之一。检查的收获可不小，光是新发现的天体就有 3 969 颗小行星和 1 颗彗星、1 807 颗变星、6 个银河星团和 1 个球状星团、29 548 个星系和 1 个星系团。但是，就是没有找到"冥外"行星。

我们不能武断地认为汤博没有检查过的那部分天区中一定不会有未知行星，无可辩驳的事实是：即使"冥外"行星确实存在，它肯定是更远、更小和更难发现的。

一段插曲

"冥外"行星迄今未发现，这是事实。可是，有人却偏偏说是自己早在 20 世纪 30 年代就已经发现了，并把它命名为"木王星"。当年在法国留学的刘子华先生，于 1940 年在法国出版了《八卦宇宙论与现代天文》一书。他宣称以阴阳八卦发现了太阳系第十大行星，并给出了一些数据。这本是件很荒谬的事，理所当然受到当时重庆《新华日报》等舆论界的批评。我国已故著名天文学家张钰哲特地写了篇文章《你知道行星是如何发现的吗?》，刊于 1945 年 12 月 16 日重庆《大公报》，予以批判。

事情本来就这么过去了。岂料过了 40 来年后，20 世纪 80 年代，不知从哪里吹来了一阵风，全国数十家报纸、杂志竞相报道和转载，说是刘子华先生早在 20 世纪 30 年代就发现了太阳系第十大行星，有的地方竟然把这列为知识竞赛题目，强迫参与者接受这个并非事实的命题。当时的紫金山天文台台长张钰哲，不得不重新发表他 20 世纪 40 年代写的那篇文章，再次予以批判。

事实胜于雄辩，太阳系迄今只有公认的九颗大行星，所谓用八卦发现了第十大行星，只能是一场令人嗤之以鼻的小小闹剧。

拭目以待

数十年来，寻找"冥外"行星的努力始终没有中断。人们希望有一天，突然从遥远太阳系空间传来消息说：X 行星之谜终于被揭开，太阳系第十大行星被找到了。特别是 20 世纪 50 年代后，人造卫星和空间探测器相继发射上天，尤其是 20 世纪 70 年代发射成功的"先驱者号"和"旅行者号"等好几个行星探测器，它们在完成既定的探测任务后，已先后飞离地球达好几十个天文单位。科学家们多么希望它们能从太阳系深处"顺便"打听一下，并捎回有关"冥外"行星的可靠消息。遗憾的是，它们至今也没有传送回来令人鼓舞的信息。

从18世纪80年代算起，每隔60～80多年，就有一颗大行星被发现，即：1781年发现天王星，65年后的1846年海王星被发现；84年之后的1930年，新发现的冥王星成为离太阳最远的行星。有人希望，如果机遇合适的话，在20世纪末或21世纪初，能确实找到大家盼望已久的"冥外"行星，那是非常理想的。

不过，话也得说回来。

本文在此之前的部分，像多数书刊那样，或多或少是站在希望存在和找到"冥外"行星的立场，来介绍和论述这个问题的。但是，迄今为止，任何人从来都没有证明过一定和必然有"冥外"行星的存在。尽管质量只及太阳千分之一的木星和质量更小的，只及太阳三千多分之一的土星都各有一二十个被称为卫星的小天体绕着转，那么大的一个太阳却只有区区九个大行星，似乎"不大相称"了些。而且，与太阳引力所及的范围相比，这些行星可说是全部都"蜷缩"在太阳附近一个很窄很窄的空间范围内。这些都是事实，但都不是"冥外"行星必然存在的理由和论据。如果说，我们的太阳系就只有已经发现了的九颗大行星，此外，就是正发现得愈来愈多的小行星，以及被称为"柯伊伯天体"的小天体，这也没有什么不可以，这也是完全正常的，没有任何依据表明太阳周围必须有10个乃至10个以上的大行星！

两种截然不同的思想状态：一方面，我们大家都期待着太阳系第十大行星的早日发现；另一方面，也得有这样的思想认识和准备，即也许X行星之谜将永远是个引起广泛兴趣的不解的"谜"，因为，遥远的太阳系空间或许根本就不存在另外的大行星！

存在第十大行星吗

任何一本天文书上都会告诉我们，已经知道太阳系有九大行星，离太阳最远的是冥王星，距离约60亿千米，在冥王星外面的辽阔空间里，是否存在着还没有被发现的第十颗大行星呢？

这个问题至迟在20世纪30年代，在冥王星刚被发现时，就有人提出来了，经过好几十年的争论和探索，今天仍然是个颇引起大家兴趣和关注的谜。

有史以来，直到18世纪80年代初，人们已认识了的太阳系大行星，还只有6颗，即：水星、金星、地球、火星、木星和土星。在当时来说，土星被认为是离太阳最远的行星。在比土星更远的太阳系空间，还有尚未被发现的大行星吗？似乎很少有人想过这个问题，更不要说主动去寻找了。

在太阳系天体发现史上，1781年3月13日是个值得纪念的日子。这天晚上，英国天文学家赫歇耳在观测双星的时候，完全出于偶然，发现了一颗前所未知的新行星——天王星，它离太阳比土星几乎远了一倍。

发现天王星这件事意义重大，它不仅使人们开了眼界，并从认为只有6颗行星的传统观念中得到解放。同时，新行星立即成为科学家们观测、研究的热门天体。

可是，"奇怪"的事情发生了！

天王星像是匹难以"驯服"的野马，它老不"愿意"呆在科学家们根据万有引力定律算出来的那个位置上。或者说，它的实际位置与计算出来的理论位置，老符合不起来。

是什么原因造成的呢？

在各种各样的解释当中，颇受大家欣赏的一种解释是这样的：天王星轨道的外面有颗还没有被发现的大行星，因为还没认识它，没有把它对天王星的摄动影响考虑进去，天王星的位置自然就算不准了。

摄动是什么意思？

简单地说，一个天体绕另外一个质量更大的天体运行时，譬如说行星绕太阳运行时，由于行星除了受到太阳引力的影响外，还受到第三个、第四个，或者更多个其他天体的影响，它在运行轨道上的位置就会发生变化，产生偏差，叫做"摄动"。

根据一颗行星的质量和位置等，去计算它对另一个天体的摄动，这是比较容易做到的。可是，从某个天体所受到的摄动和位置偏差，反过去推算是哪个天体在施加摄动影响，它的大小和确切位置，那是很难很难的呀！因为，对于这个施加影响的天体来说，我们是一无所知。

可以这么说，想通过天王星的位置偏差来寻找未知行星，实在是个大难题。在知难而进的天文学家当中，应该特别提到法国的勒威耶和英国的亚当斯。

1845 年前后，他们两人几乎同时进行这种困难的计算。遗憾的是，当时刚从大学毕业的亚当斯的计算结果，没有得到应有的重视。勒威耶的研究结果与亚当斯的基本一致，更精确了些。他把它写成论文：《论使天王星运行发生异常的那颗行星，它的质量、轨道和现在的确切位置》。1846年 9 月 23 日，德国柏林天文台台长助理伽勒就是根据勒威耶提供的资料，在预报位置附近很近的天空部分，找到了后来被称为海王星的新行星。

海王星被发现之后，它对天王星的摄动可以用来解释天王星位置的大部分偏差。可是，仍有些"残余"得不到解释。令人惊讶的是，海王星后来也犯了理论与实际位置不相符合的毛病。人们立刻就想到，莫非海王星轨道的外面，还有颗等待我们去发现的大行星？也许是它的摄动既影响着天王星，又影响着海王星的运行。

大体上在 20 世纪初，美国天文学家洛韦尔认为：海外行星，或者说第九大行星是确实存在的。他作了计算，进行了观测和搜寻，结果是一无所获。

1930 年，一位只有 24 岁的名叫汤博的年轻人在进行有计划的系统搜索时，果然发现了大家期待已久的、已知是离太阳最远的第九大行星——冥王星。但是，冥王星不大，质量也很小，它无论如何是不会有那么大的摄动力，去影响天王星和海王星的运动的，这两颗行星的位置偏差决不应该由冥王星负责。相当一部分天文学家乐意接受这样的假设：应该存在一颗比冥王星更大、离得更远些的第十大行星。这就是一般所说的"冥外"行星，也叫"X"行星。

彗星来帮忙

天文学家们发现，著名的哈雷彗星于 1835 年和 1910 年回归时，经过轨道近日点的日期都比预报日期推迟了三天左右。从更长的时期来考察它的运行，也发现有类似情况。另外，彗星过近日点时刻的变化，似乎有着 500 年左右的周期。这使人猜测，哈雷彗星可能受到某未知行星的影响，而这颗行星的绕日公转周期也许就在 500 年左右。

有人甚至认为，彗星给我们的启示表明冥外行星有可能还不止一个。我们知道，彗星轨道都是些拉得很扁长的椭圆，远日点都远在几十、上百个天文单位之外，甚至更远；绕太阳一周的时间从几年到好几百年以上，差别也很大。周期短于 200 年的彗星被称做短周期彗星，这类彗星已发现 100 多颗，其中约 70 来颗的轨道远日点都在 4～7 个天文单位之间，周期都在 4～10 年间。巨行星——木星与太阳距离的变化范围约 4.95～5.45 个天文单位。可见，这些彗星的运动都会在一定程度上受木星摄动的影响。我们称它们为木星族彗星。

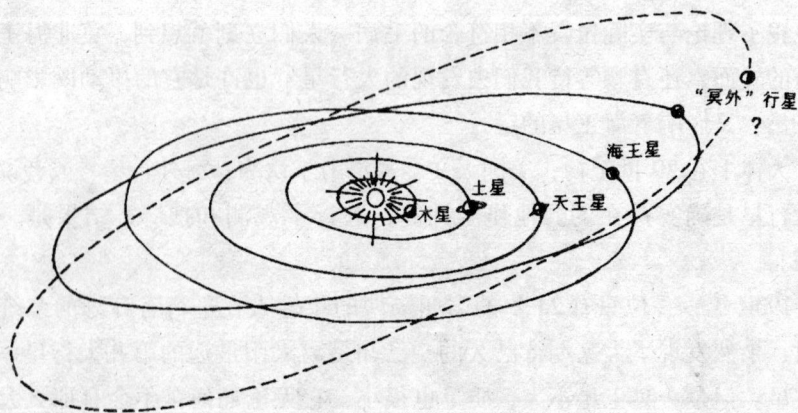

也许还不止一颗"冥外"行星呢

同样的情况，还有土星族彗星，至少包括 9 颗彗星。天王星族、海王星族和冥王星族的彗星数量，大体为 3 颗、10 颗和 5 颗。鼎鼎大名的哈雷彗星是海王星族彗星中的一员。

另外有 8 颗彗星自成一族，它们的远日点都集中在 38.0～45.4 个天文单位之间。但是，这里可没有一个可以让它们归属的行星！有人于是就把它们归属于一颗未知行星，被称为"冥外"第一行星，那 8 颗彗星就算是"冥外"第一行星族的成员。

一些天文学家认为，似乎还可以分出"冥外"第二行星族彗星，乃至第三、第四行星族彗星等等，它们分别包含 5 颗、4 颗和 5 颗彗星。这是否等于说，"冥外"行星有可能还不止一个，而是 4 个。不错，一些人正是这样认为的。

是规律还是巧合

1930 年冥王星被发现以来，已过去 70 多年。在此期间，许多人探讨了是否存在"冥外"行星的问题，也有人用各种不同方法论证了它的存在。

早在 1931 年，美国的皮克林根据彗星运行轨道等，认为存在两颗"冥外"行星，他称它们为 S 和 P。两颗行星的距离分别被定为 48.3 和 75.5 天文单位，P 行星的质量则被定为 S 的 10 倍，或地球的 50 倍。真是够大胆的设想。

1946 年，有人用一种"别出心裁"的方法来探讨"冥外"行星的距离等，他把九大行星和小行星，以及假定其存在的"冥外"行星，配成 6 对，即：

水　星——"冥外"行星：?

金　星——冥王星：　　　7.309

地　球——海王星：　　　7.342

火　星——天王星：　　　7.342

小行星——土星：　　　　7.288

木　星——"希达尔戈"：7.340

除了"冥外"行星外，其余行星的绕日公转周期都是已知的，他算出了它们的一种叫做"对数"的数值。结果是，每组行星的两个对数值之和，都在 7.3 上下，而且每两组的数值大体相近。于是，水星——冥外行星的两个对数值之和被定为 7.340，由此算得"冥外"行星的距离和公转周期。为什么取 7.340 而不取别的什么数值，没有人对此作出解释。最后得出的结果是这样的：

"冥外"行星与太阳的距离：77.8 天文单位

"冥外"行星绕太阳的周期：685.8 年

那个"希达尔戈"是怎么回事呢？

它是颗小行星，编号 944 号，于 1920 年被发现。它的轨道比较特殊，其远日点几乎达到土星轨道。至于为什么挑选"希达尔戈"小行星来与木星配对，而不是其他小行星，也没有人对此作过说明。

上面说的那种方法，是反映出了行星距离与公转周期的某种规律性呢，还是纯粹是一种数字上的巧合呢？没有人对此下过结论。不过，方法再巧妙，主要还得看其结果是否符合实际，而如此这般计算出来的那颗冥外行星，从来也没有被找到过。

从研究彗星运动出发，来探讨"冥外"行星存在的可能性，始终是天文学家们乐意采用的方法之一。1950 年，一位叫舒特的天文学家，根据 8 颗周期彗星的运行轨道，计算出"冥外"行星的距离应该是 77 天文单位。在这之后的 10 来年间，有人在此基础上反反复复核算和论证，完全支持舒特的计算结果，并进一步确定它的周期为 675.7 年。当时苏联理论天文研究所所长奇博泰雷夫，对过去一个世纪的彗星运行情况等作了分析之后，于 1975 年 6 月得出"冥外"行星的距离为 54～100 天文单位。46 个天文单位可是一片非常辽阔的空间距离，相当于六七十亿千米。

这类计算和探讨是相当多的，我们不可能在这里把它们一一介绍出来。

寄希望于空间观测

近些年来，寻找"冥外"行星的活动仍有增无减，其中之一是人们寄很大希望于 1983 年 1 月发射的"红外天文卫星"。这虽是颗在 900 千米高空绕地球运行的卫星,但按理来说,完全可能发现在冥王星外面更远处的未知行星。

它发现了没有呢?

现在还不能做出肯定的答复。因为,如果是颗行星的话,它的表面温度一定很低,而红外天文卫星的特长正好是能够比较容易地发现这类低温天体。可是,表面温度低而能发射红外辐射的物体,不一定就是行星。而要以卫星已经拍摄下来的,在数以千万计的"怀疑"对象中,确定哪颗就是"冥外"行星,可不是件简单和容易的事。

到20世纪末,至少有4个行星探测器已经飞越冥王星轨道,进入更加遥远的空间。它们是1972年和1973年发射的"先驱者"10号和11号,以及1977年发射的"旅行者"1号和2号。科学家们相信,如果在太阳系的某个地方确实存在现在还不知道的新行星的话,它对探测器的摄动影响一定会在其飞行轨道中反映出来,而根据运行轨道的偏差,就可以确定新行星究竟在哪里。科学家们正密切监视着这些探测器的一举一动,认真分析由它们递送回来的各种信息,只是到目前为止,还没有发现它们飞行轨迹中有什么异样。

天文学家们对1990年4月发射成功的空间望远镜寄予厚望。由于它是在地球的稠密大气层外面进行观测,排除了大气对天文观测的干扰,发现"冥外"行星或其线索的可能性自然就比用其他方法更大些。

究竟存在"冥外"行星吗

数十年来,尽管科学家们对于"冥外"行星的距离、周期、直径、质量、亮度,乃至有几颗等,有着不小的分歧。但总的说来,大都认为"冥外"行星是存在的。

持相反观点的人也不少。有些科学家认为:没有任何迹象可以无可辩驳地证明"冥外"行星必定存在,太阳系为什么不可以就只有9颗大行星呢?

发现冥王星的美国天文学家汤博在这方面做了不少工作。在发现冥王星之后的14年间,他继续沿用发现冥王星的方法,从照相底片上寻找新行星，他花了 7 000 小时的时间，检查了好几百张底片上 3 000 万颗星的 9 000 万个星像，覆盖天球面积的 72% 以上，获得了许多意外的发现，可就是没有找到"冥外"行星的任何痕迹。他认为"冥外"行星也许根本不存在，至少太阳系内大概不会再有足够大而且亮于十六七星等的大行星了。

说一千，道一万，太阳系究竟有没有第十大行星，仍是个未解的谜。但有一点可以肯定，那就是搜索"冥外"行星的活动将会长时间地进行下去。不管是否找到它，我们对太阳系的认识无疑将不断深化，这对于解决太阳系起源和演化等问题，都具有十分重要的意义。

用八卦能发现新行星吗

包括我们人类居住的行星——地球在内，已经知道环绕太阳运行的大行星有九颗，它们组成了以太阳为中心天体的太阳系。以九大行星中最远行星——冥王星为界，太阳系所占空间的直径大体上为 80 个天文单位，相当于约 120 亿千米。在这之外，仍归太阳"管辖"的空间范围内，是否还存在尚未被发现的第十大行星呢？

自从第九颗大行星——冥王星于 1930 年被发现后的 70 多年以来，这个问题一直引起科学家们的极大兴趣。1983 年 6 月，美国"先驱者 10 号"宇宙飞船在经过了 11 年多的长途跋涉之后，飞出了太阳系，开始在一个科学家们还不太了解的空间领域里飞行。它是否会发现些前所未知的新现象或者新的天体呢？那是可能的。人们希望它在发现新的行星方面，为人类作出贡献。

不过，这与目前在一些地方流传着的、据说刘子华先生预测和早已发现了的太阳系第十颗大行星——"木王星"，则是两回事。

所谓"木王星"

为了说清楚问题，有必要把刘子华先生的"预测"和"发现"，简单叙述一下。

根据四川《科学文艺》1983 年第 1 期等杂志所载文章：1937 年，刘子华先生在留学法国期间，以对八卦宇宙论的研究，就读于巴黎大学博士论文班。两年以后，他写出了题为《八卦宇宙论与现代天文——一颗新星球的预测》的论文。在论文中，他运用八卦卦理和包括"木王星"在内的各星球的天文参数，推算太阳系的演化过程，推算出了太阳系第十颗行星的数据。据说，这颗还没被观测到的行星的轨道运动速度，平均为每秒两千米，与太阳的平均距离约为 74 亿千米，密度为0.424，取名为"木王星"。

据说，1940 年 11 月，在法国巴黎大学的论文答辩会上，上述论文被宣布正式通过，论文作者被授予法国国家博士学位。

从《科学文艺》等所介绍的情况看来：发现"木王星"的事该是确凿无疑的了。但事实并非如此。

既然是"预测"，那么预测的依据是什么呢？八卦在我国古代是用来象征包括天文在内的各种自然现象的符号，但并不能因此而证明八卦就是天文学和自然科学。在批驳刘子华先生的所谓"发现"时，1945 年 11 月 26 日署名朴英在重庆《新华日报》上发表的文章中，一针见血地指出："以八卦这样原始的工具居然可以发现一个新行星，这是违背天文常识的。任何一个在大学里读物理或数学的学生，都会明白像八卦那样的东西，连一个运动方程都没有的，是绝不可能用来发现什么新行星的。……我相信任何真正爱护科学的学者必然会痛恨这些假科学的。……近年来在中国，真科学被丢在一边，伪科学却大摇大摆地被人奉为神明。我真为科学叫屈。"凭借阴阳八卦而侈谈远在数十亿千米之外的天体，稍有点科学常识的人，都是未敢苟同的。

至于说是"发现"，那么我们要问，发现了的行星在哪里呢？《科普创作》1983 年第 5 期重新发表了张钰哲教授于 1945 年发表的文章《你知道行星是如何发现的吗？》，就是针对此事而写的。五六十年过去了，迄今从未有人观测到过太阳系第十大行星，也没有发现第十大行星的踪迹，那是最清楚不过的事了。那么，《科学文艺》等文章的作者为什么连这一点都不顾，而连篇累牍地又来宣传"发现"了"木王星"的事呢？其出发点是什么呢？

三次发现新行星

在太阳系中发现大行星的事是有的，在过去的二百多年中，曾三次发现过新行星，那就是天王星、海王星和冥王星。

天王星是在 1781 年 3 月 13 日夜被发现的，发现人为英国天文学家威廉·赫歇耳和他的妹妹。这是一次纯粹的偶然事件，事前没有推算，也没有预测或预报。天王星被发现后，由于它的计算位置与实测位置老符合不起来，说明计算有错误，有某些因素未被考虑到计算中去。好几个天文学家假定这未知因素是颗尚未被发现的行星，是它在影响着天王星的运动。这些天文学家当中，最著名的是英国的亚当斯和法国的勒威耶。

我们知道，根据一个天体的质量、位置等，来计算它对另一个质量和位置等都是已知的天体的引力有多大，应该说是比较容易的。可是，反过来做就很困难了：根据一个天体的位置偏差来推算影响它的那颗质量、位置等什么都不知道的未知天体究竟在什么地方，无疑比大海捞针还难得多。可是，这两位天文学家经过艰难而繁杂的计算，几乎是在同时分别独立地算出了这未知行星在天空中比较准确的位置。

1846 年 9 月 23 日夜，德国柏林天文台的天文学家果然在勒威耶所给位置的附近，找到了一颗前所未知的新行星，即我们现在说的海王星。

海王星这个因素考虑进去之后，天王星的实测位置与理论计算出来的位置之间仍然有些误差，天文学家们当然对此不会轻易放过，于是有人想再走一次老路，像利用天王星的位置差异而找到海王星那样，企图如法研制一番，再发现一个比海王星更远的新行星。在这方面作了很大努力的人中间，应该提一下美国洛韦尔天文台的创建人洛韦尔。主要为了研究火星，他建立了天文台，他也对海王星之外的未知新行星很感兴趣。早在 1915 年，他就宣称有这么一颗新行星存在，而且大略地提出了应该在天空中的什么位置上去找它，但寻找工作始终未得到预期的结果。后来，洛韦尔天文台规划沿着黄道带做有系统的拍照和搜寻，终于在 1930 年由洛韦尔天文台的一位年轻的天文学家汤博发现了新行星——冥王星。这颗新行星既非在洛韦尔所指的天空区域，其大小等实际情况也与所预料的相差甚远。正因为这样，尽管洛韦尔等人曾对新行星做过推算和预测，作出过贡献，但从来也没有人把洛韦尔等人称为冥王星的发现者。

冥王星被发现以来，为"冥外"行星做过计算、预报了位置，甚至为之画了像的，何止数十人。可以肯定，这些人不可能都会是"冥外"

行星的发现者，而真正的发现者，或者是观测上的幸运者，或者是做了繁复的计算、确切的预报，并在他指导下确实发现了前所未知的新行星的人。

木王星的情况也应该是这样。不能因为某人说可能存在第十大行星，而在新行星确实被发现之后，把荣誉账就算在他的头上。关键得看新天体的发现是由谁作出有根有据的准确预报。

值得商榷的论点

《科学文艺》登载的报告文学《隐没着的星》一文，以及作者之一署名的另一篇文章《一颗隐没着的星》中的许多论点，是不妥的，有的是值得很好商榷的，下面略举几处。

1. 文章作者提到："刘子华在研究中发现，现代天文中之天王星、海王星、冥王星，在八卦图中没有位置。"

这岂非本末倒置！天王星、海王星、冥王星的存在是毋庸置疑的，无数次的观测已予以证实，怎么能以八卦图中有没有位置为准呢？

2. 文章作者在提到 1981 年美国有人"发现"太阳系存在第十颗行星的消息之后，说道："这一消息在我国天文学界和青少年中的天文爱好者中引起了一阵喧哗，人们议论着，赞叹着。"

作者应该具体说明这有何根据，不然，这对我国天文学界和青少年中的天文爱好者来说，是不公正的。据我所知，我国天文界等从来也没有人为这类不确实的消息赞叹过。

3. 文章作者还为那些反对说用八卦发现了"木王星"的人下了这么个结语，"有那么些渊博的学者，血管里流着中华民族的血，却瞧不起自己的祖先，视中国的古代文明如粪土，只会拾洋人的牙慧"。甚至"渐渐悟出些端倪。看来，在不少科学领域里都有那么一些大大小小的'绝对权威'，掌握着各种学术思想生杀予夺的大权，凡是有违于他们的体系、方法、结论的东西，都可以因门户之见轻而易举地加以扼杀，埋葬于阴山之下，扫荡于泥潭之中"。

文章作者的这些话是极不妥当的。在学术领域里，我们遵循的是百家争鸣的方针，有不同意见可以争论，在争论中则要摆出有说服力的事实和根据来。《科学文艺》等报刊的文章不但没有这样做，而且以谩骂的口吻，对我国的学术界作如此的估价和评论，这既不是事实也不是讨论问题的态度。

更有甚者，他们竟得出了这么个更为荒谬的结论："这是一个奇怪而又可悲的现象，一个有五千年文明史的古老民族的后裔，对自己的过去几乎一无所知。"

说这段话有什么根据呢？要读者承认怎么样的事实呢？从 20 世纪 40 年代以来，大概没有多少人会同意刘子华先生的推理，因为并没有根据他的预测而发现新行星这一铁的事实，就是最好的证据。我们应摆事实、讲道理，以严肃的科学态度面对天文学现实来平心静气地讨论问题。

《科学文艺》等报刊中一再提到刘子华先生是一位正直的人，在一些别的方面为社会作出了贡献。本文作者不太了解这方面的情况，问题是，不能以某个人在一个方面的成绩和贡献，硬要别人不管对不对就去接受他的其他方面的错误论点。

为刘子华先生捧场者还摆出了这么一个情况："某权威至今连刘子华那篇论文也没有见过，就想当然地轻率地宣布为异端。"所说的是否事实，我未作调查研究，不敢妄加评论。令人惊异的是，发表文章的杂志编辑部似乎也都没有读过刘子华的论文，未作调查研究太阳系第十大行星是否已经发现，而发表了肯定为"发现"的文章，这种做法至少是轻率的。

需作声明的是，我本人很想看看刘子华先生的论文原文和译文而不可得。被告知说从未在国内出版过。既然杂志宣传了刘子华先生的科学功绩，他们就有责任把刘子华先生的论文公开发表，让学术界都来看看论文究竟说了些什么。

在大力提倡建设社会主义精神文明的情况下，把一件本来并非如此的事，硬说成是"发现"了某个天体，从科学普及的角度来说，从培养青少年正确对待事物来说，都有加以澄清的必要，特别是这类文章还在不断地发表，有的文章已被转载，如 1983 年 8 月号《新华月报》（文摘版）转载了 1983 年第 3 期《科学时代》上的一篇文章，题目为"太极八卦图与现代科学"，内容宣扬了刘子华用八卦预测了太阳系的第十颗大行星；有的把这项"发现"列为知识竞赛题目之一，无异于强迫读者接受这并非事实的"发现"，如1983年第10期《山西青年》的《中华的世界第一》。在这种情况之下，纠正视听就更有必要。

用八卦能"发现"新行星吗？否！

小天体世界

行星家族的侏儒

从水星到土星的"五大行星"是有史以来就被人们发现了的。本文要向读者介绍的行星中的侏儒，即小行星，其发现史只有两个世纪。

经验定律

1766 年，德国的一位中学教师在翻译荷兰两年前出版的一本畅销书《自然的探索》时，把自己对行星距离规律性的见解，加进了书里。教师名叫提丢斯，当时 37 岁。他的见解有点像是数学游戏，而且别人也搞不清楚这是原著就有的内容，还是翻译者加进去的，没有立即引起人们的注意。

1772 年，刚被任命为德国柏林天文台台长的波得对提丢斯的这种新颖见解非常赞同，不仅对这一问题作了进一步的研究，并为之作了广泛的宣传。这位年仅 25 岁台长的影响，自然要比默默无闻的中学教师大得多，提丢斯提出来的那个关于行星距离的经验定律，从此也就广为人知了，这就是"提丢斯—波得定则"。它的主要内容是：取 0、3、6、12、24、48、96 数列，各加 4，并用 10 来除，所得出的结果近似地等同于各行星与太阳之间的平均距离，单位是地日间的平均距离——天文单位，即：

数列	0	3	6	12	24	48	96
+4	4	7	10	16	28	52	100
÷10	0.4	0.7	1.0	1.6	2.8	5.2	10
	0.39	0.72	1	1.52		5.2	9.6
	(水)	(金)	(地)	(火)		(木)	(土)

上面最后一行数字是当前采用的、以天文单位表示的各行星与太阳的平均距离。我们可以看到，这些数值确实与定则得出的结果非常接近。

但在相当于"2.8"的那部分空间，却没有任何已知天体。人们推测，这里该有1颗"隐藏"着而有待去发现的新行星。

意外发现

为了尽快发现这颗一致认为是"隐藏"着的行星，包括波得在内的24位天文学家组织了起来，他们把黄道分成24段，各管一段有系统地寻找"2.8天体"。这个所谓"天空警察"的联合行动，主要由德国天文学家施罗特尔负责。

正当这些天文学家撒网捕鱼有组织地"搜捕""2.8"天体时，1801年1月1日夜，一个消息从意大利传出：西西里岛首府巴勒莫的天文台台长皮阿齐在作常规观测时，在金牛座发现了一个新天体。起先，他以为是颗彗星，后来终于证实是颗行星，它刚好填补了"2.8"那个空隙。由于新天体的体积不大，它被称为小行星，取名为"谷神星"。

谷神星的发现使一部分人如释重负，但不满意的也大有人在，他们认为："2.8"处本该是颗大行星，谷神星是否会是这颗神秘大行星的卫星呢?!"天空警察"们热情不减，继续进行搜索。在第二年的3月28日，德国天文学家奥伯斯在室女座找到了第2号小行星"智神星"。第3颗小行星"婚神星"和第4颗"灶神星"，分别是在1804年9月和1807年3月被发现。第3颗的发现者是施罗特尔所在的那个天文台的哈丁，第4颗的发现者与发现第2颗的是同一个人。

当人们发现第三、四颗而被勾起了发现更多小行星的欲望时，命运似乎偏偏捉弄了期望很高的人们。1807年之后，10年、20年、30年过去了，寻找新小行星的努力始终没有得到预期的结果，越来越多的人相信在"2.8"空间及其附近，恐怕也就是这么4颗小行星了，再在这方面投注精力看来是完全没有必要的。

又是个意外的惊喜，1845年12月，柏林邮局的一位局长、业余天文爱好者亨克发现了第5颗小行星——"义神星"。从此，寻找小行星的工作再次掀起了高潮。19世纪50年代小行星总数达到57颗，而小行星编号于1868年达到100，1879年达到200，1891年12月用照相方法寻找小行星之前，小行星的最高编号为 322，，随着仪器威力的增大和寻找方法的改进，1902 年的小行星数达到 500，20 年后的 1923 年进入四位数。

到 20 世纪末，正式编号的小行星已达到万颗，每年一般都有至少二三百颗小行星在连续 3 次回归和得到观测、确认后，获得新的编号和命名。如此速度增长下去，下世纪，小行星编号将达到好几万。这样说，并非毫无根据。1983 年，美国等 3 个国家联合研制的"红外天文卫星"，在其发射成功到停止工作的 10 个多月当中，就记录到了 11 000 多颗小行星，其中只有 15% 左右是曾经被人观测到的。有人估计，小行星带内总共有 50 万颗小行星。

小行星之最

顾名思义，小行星与九大行星一样，它们都直接绕太阳运行，属行星"辈分"。但终究在直径和体积等方面，不能与大行星相比，行星而冠以"小"字，倒也恰如其分。

小行星中最大的要数谷神星。在 20 世纪 70 年代之前，用直接测量方法得出它的直径为 770 千米。辐射测量和偏振测量的结果一致和比较可信，现在确定它是直径超过 1 000 千米的惟一小行星，具体结果则各人测算略有出入，大体都在 1 003 ~ 1 040 千米之间。据信，直径在 250 千米以上的小行星，可能不超过 20 个。

已发现和编号的小行星中，直径最小的都在 1 千米以下，譬如 1949 年 6 月发现的第 1566 号小行星"伊卡鲁斯"，不仅由于轨道非常特殊而广为人知，其直径也小得出奇，可能不足 1 千米。显然，这并非是最小的小行星，比伊卡鲁斯小得多的理应大量存在，只是测量工作很难进行，好些根本还没有被发现。

最亮的小行星无疑是灶神星，它最亮可达到 6.4 等，是可用肉眼直接看到的惟一小行星。而亮于 9 等的小行星总共才 10 来颗。

反照率最大的小行星是第 44 号"尼萨"，达到 0.377。只是这颗于 1857 年发现的小行星直径只有 80 多千米，要用较大望远镜才能看到它。反照率最小的小行星大概是第 95 号"阿雷瑟萨"，只有 0.019，比黑板的反照率还小。

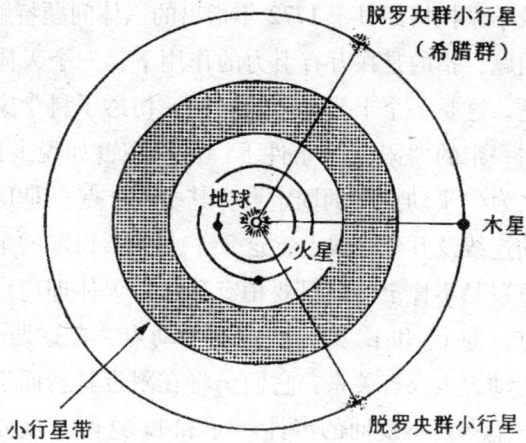

位于火星和木星轨道之间的小行星带

到目前为止，小行星自转最快和最慢的记录，分别由伊卡鲁斯和第532号"赫尔克里娜"保持：前者为 2 小时 16 分，后者长达 18 小时49 分。

主要分布在 2.06～3.65 天文单位之间的小行星带，是个五彩缤纷的世界，也是个保持"之最"甚多的世界。轨道偏心率最大的是伊卡鲁斯，达0.83，比以偏心率大著称的大多数彗星还大得多；偏心率最小的是第 311号"克劳迪娅"，只 0.0031，比任何大行星的轨道偏心率都小。轨道的最大和最小倾角则在 66°.8 和 0°.014 之间，保持这两项纪录的是临时编号为1973NA 和第 1383 号两颗小行星。近日距最大的小行星是第 588 号"艾基利斯"，为 5.98 天文单位；远日距最大的则是第 944 号"希达尔戈"，达到 9.61 天文单位，已略超过土星与太阳之间的平均距离，它也是轨道最大和公转周期最长的小行星，周期超过 14 年。

脱罗央群

1906 年，德国天文学家沃尔夫观测到一颗前所未知的小行星，即第588 号"艾基利斯"。等到把它的轨道确定和计算出来之后，令人感兴趣的是，它的绕日周期与木星周期相近，而且位于木星前方约 550 处的木星轨道上，即法国数学家拉格朗日于 1772 年指出的三体问题特解 L_4 点上。

所谓三体问题，指的是在万有引力的作用下，三个天体的运动和相互之间的关系问题。这是一个十分复杂的问题，伤透了科学家们的脑筋。拉格朗日认为，在一定的"限制"条件下，可以在譬如说太阳和木星周围，找到 5 个他称之为"平动点"的固定点。其中 3 个点，即 L_1、L_2 和分别处在太阳和木星的连线及其延长线上，这 3 个点是不稳定的平动点，在这些点上的天体的位置是不稳定的，只要稍有移动，天体即离点而去，不再返回。另外 2 个点，即 L_4 和 L_5 则是稳定的平动点，在这两个点上的天体，即使位置有点变动，也没有关系，它们仍将在附近打转而不会从平动点离去，根本不会发生一去不复回的事件。L_4 和 L_5 这两个点分别在木星轨道的前方和后方各约 60° 的地方。

对于拉格朗日提出的三体问题的这种特殊解法，在当时好些人觉得这仅仅是从理论上来说是如此，哪里会在这些平动点上找到任何天体呢！

现在，天文学家果然在木星前方约 60～处的 L_4 平动点附近，找到了第一颗小行星。在这之后的二三年里，不仅在 L_4 平动点附近又找到了几颗小行星，而且，在木星之后约 60° 处的 L_5 平动点附近，也找到了小行星。

在木星前方的那些小行星，被称为"希腊群"；在木星后方的一群则被称为"脱罗央群"。但一般把这两小群小行星统称为"脱罗央群"，习惯上都用希腊神话中脱罗央（神话传说和历史书中一般译为特洛伊）战争中众英雄的名字来命名。近些年来，强有力的观测仪器至少已发现希腊群的成员 700 个、脱罗央群的 300 个。

卫星伴侣

大行星中除了水星和金星外，其他行星周围都有卫星绕着转，小行星本身虽不大，却也有自己的卫星。

1978 年 6 月 7 日，发生第 532 号小行星"大力神"掩恒星的罕见天文现象。天文学家发现，把恒星遮了一下的不仅有小行星本身，还有它的卫星。"大力神"小行星及其卫星的直径各为 243 千米和 45.6 千米，它们相距 977 千米。这颗最早被发现的小行星卫星被命名为 1978（532）I。

无独有偶，只隔了半年，又一颗小行星——第 18 号"梅波蔓"的卫星被发现，按先例，它被命名为 1978（18）Ⅰ。这颗早在 1852 年就知道了的"梅波蔓"，其直径只有 135 千米，卫星直径为 37 千米，有意思的是，两者直径之比跟地球和月球直径之比，几乎完全一致。

另外，天文学家们还先后发现第 2 号"智神星"、第 3 号"婚神星"、第 6 号"赫柏"以及第 9、12、44、66、129、434、624 号等小行星也可能有各自的小卫星陪伴着。这个名录还远没有结束，不时有新的成员参加进来。

最新消息

小行星既小又远，即使用当代最强有力的地面观测仪器，也只能在所拍的照片上为它们留下短而暗的踪影——线条状痕迹。小行星的庐山真面目直到 20 世纪 90 年代初才开始被揭露，这方面的研究和探索还只是个开头，因为至今只有很少几颗小行星的资料。

其一是第 951 号小行星"加斯帕拉"。以探测木星及其卫星为主要任务的"伽利略号"探测器，在发射整两年后途经该小行星时，于 1991 年 10 月 29 日拍摄了历史上第一张小行星的近距离照片。当时探测器距离"加斯帕拉" 5 300 千米，即它飞越该小行星之前约 10 分钟。照片向我们展示："加斯帕拉"是一个不大的小行星，大小约 19×12×11 千米；表面布满坑穴，数量在 600 个以上，直径多数在 0.1~0.5 千米之间，左下方那个最大的直径约为 1.5 千米。

另一个是第 4 179 号小行星"图塔蒂什"。1992 年 12 月最新观测资料表明，它很可能是由两部分乃至更多部分组成，它们彼此的接触面很小，甚至仅仅是挨得很近而已，从而形成形状别致的小行星。

我国天文工作者在小行星的观

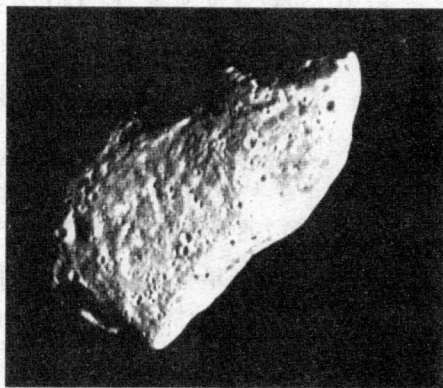

加斯帕拉小行星

测、研究等方面做了大量的工作，取得辉煌成果。这方面已经发表的文章和材料很多，请读者们参考《天文爱好者》等书刊。

关于小行星的谈话

甲：1989 年底之前，传闻一颗小行星将撞击地球，惹起许多人的恐慌。那颗一时成了新闻人物的小行星，究竟是怎么回事？

乙：那是颗不大的小行星，直径约 220 米。1989 年 3 月 31 日，两位美国天文学家霍特和托马斯，在搜寻近地小行星时，发现了它，它的临时编号为 1989FC。经过几天的观测，它的轨道根数被确定下来。他们惊讶地发现，8 天多之前，它曾一度走到离地球只 69 万千米处，还不到地、月间距离的两倍。天文距离动辄以亿万千米或若干光年来计量，69 万千米可说是近在咫尺，传说小行星要撞击地球实源于此。不过，对于直径 12 700 多千米的地球来说，1989FC 还远在地球直径五六十倍之外的空间呢！

甲：刚才说到小行星轨道根数，指的是什么？

乙：为了描述一个天体的运行，以及它轨道的形状、大小和在空间的位置等，就需要掌握其轨道的一些参数，叫做轨道根数。它们是：轨道半长径 a，偏心率 e，倾角 i，升交点黄经 Ω，近日距 g，近日点角距 w 周期 p 和过近日点时刻 T 等。1989FC 的这些根数是：

a：1.04 天文单位 e：0.36 i：50

g：0.65447 天文单位 Ω：180° w：255。

T：1989 年 1 月 13 日 p：1.033 年

甲：过去有过比 1989FC 更接近地球的小行星吗？

乙：还从来没有过。在此之前，一直保持着离地球最近记录的小行星是"赫姆斯"，1937 年 10 月 30 日，它创纪录地从距离地球 80 万千米的近处经过。它和 1989FC 都属于阿波罗型小行星，或者叫近地小行星。

甲：这类小行星有多少？对地球构成威胁吗？

乙：已经发现了的阿波罗型小行星有六七十个，占正式发现和编号了的小行星的 1% 不到。至于说到它们能否撞到地球上来，从理论上来说，当然是可能的，地球上已发现的那些大陨石坑，就是小行星等这类小天体

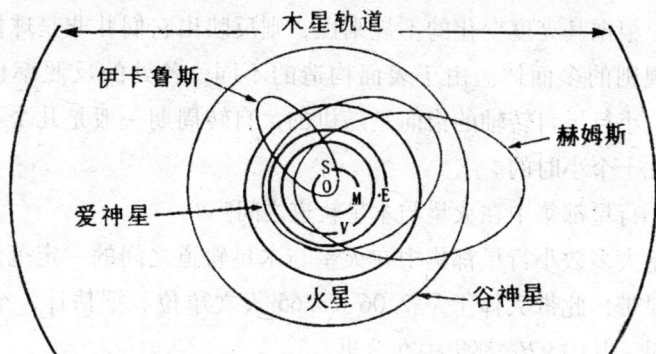

20世纪中曾与地球近距相遇的几颗小行星

撞击留下的痕迹。只是撞击的几率太小了，有人估计这类撞击也许平均两亿年有一次。

甲：为什么要说正式发现和编号了的小行星，难道还有非正式发现的吗？

乙：情况是这样的：一颗新小行星被发现之后，最初只得到一个临时编号。在计算出它的轨道根数之后，就可以预报它下次回到太阳附近来的时刻。按国际惯例，新发现的小行星至少要有三次不同冲日时期的观测证实，表明其轨道已得到比较精确的测定，才由国际小行星中心予以正式编号，发现者有权予以命名。这个从发现到正式编号的过程，一般都要10多年或者更长些的时间。到1989年底，我国紫金山天文台已发现了约1 000颗小行星，已获得正式编号的为102颗，已正式命名了45颗。为了表彰已故紫金山天文台台长张钰哲在小行星观测和研究方面所作的贡献，美国哈佛大学天文台把1976年10月发现的第2051号小行星命名为"张"。

甲：顾名思义，小行星大概都是很小的。

乙：是这样的，测定小行星的大小，主要利用小行星掩恒星这种天文现象。到目前为止，在正式编号的小行星中，最大的一颗，也是惟一超过1 000千米直径的，是1801年元旦之夜发现的第1号小行星'谷神星'。已发现直径在300千米以上的小行星还不到10颗；直径在100千米以上的，也只有几十颗；大量的小行星只有1千米或几千米不到。

甲：小行星多数都是球状的吗？

乙：小行星反射太阳光而发光，从其亮度的变化，表明大多数小行星都有自转；根据其亮度变化的不规则性，则反映出它们并非是球体，绝大多数是不规则的多面体。由于表面构造的不同，各处的反照率也不尽相同。此外，小行星自转轴的指向是随机的，自转周期一般是几个小时，但也有长达几十个小时的。

甲：小行星都集中在火星与木星轨道之间吗？

乙：绝大多数小行星都集中在火星与木星轨道之间的一定范围内，这就是小行星带，此带大体上从 2.06 ~ 3.65 天文单位。据估计，至少有 50 万颗小行星，其中 97% 都集中在这里。

甲：小行星的物理性质和化学组成都很相像吗？

乙：根据对小行星所进行的各种观测和测量，如光度、分光光度、偏振、红外等，小行星大体上可以分成六类，主要的是 C、S 和 M 等三类。C 类小行星的主要成分是碳，因而显得特别暗，反照率只有 0.02 ~ 0.06。在已研究过的小行星中，C 类约占 47%。落到地球上来的少量碳质球粒陨石，很可能就是它们的碎片。在已研究过的小行星中，S 类约占 35%，它主要由硅酸盐类等矿物质组成，反照率在 0.1 ~ 0.22 之间。这些大多处于小行星带内侧的小行星，其成分与落到地球上来的石质陨石，有许多相似的地方。M 类小行星占已研究过小行星的 3%，主要由铁、镍等金属元素组成，而不含硅酸盐类物质，反照率在 0.08—0.15 之间。我们在地球上收集到的陨铁，可能来自 M 类小行星。R 型、E 型和"灶神星"型只占 2% 还不到，其余约 13% 是尚难以定型的，称为 U 型。

甲：第六类小行星与第三类陨星相当，这不是正好说明陨星是小行星的碎片吗？

乙：小行星带是陨星的大仓库，这是没有问题的。问题在于：小行星是如何碎裂和被抛离小行星带的？这些碎片又是经历了怎么样的过程和多长的岁月，才转移到落向地球的轨道上来的？求解这类问题，促使科学家们去研究小行星的运动及其在小行星带内的分布等。

甲：小行星在分布上有什么特征吗？

乙：小行星的分布并非杂乱无章，而是成族、流和群。a、e 和 i 都相似的小行星，称为小行星族，已知的小行星族在 100 个以上，包含已正式编号小行星的 40% 左右。如果 a、e、i、Ω 和近日点黄经 5 个轨道根数都相近，称为小行星流，已知的有 10 多个。另外一种有趣的现象是小行星群，这是一种 a 都相似的小行星集团。脱罗央群就是其中著名的一群，它们与木星处在同一条轨道上。

甲：多数大行星都有自己的卫星，小行星也有卫星吗？

乙：你真问着了，不过，小行星卫星的发现史只有 20 多年的历史。1978 年 6 月，在观测第 532 号小行星"大力神"时，根据它亮度的规律性周期变化，得出结论：它周围有小卫星在绕着转，卫星被命名为 1978（532）Ⅰ。小行星与卫星的直径分别为 243 千米和 45.6 千米，两者相距 977 千米。现在发现不少小行星周围都有小卫星陪伴的可能性。

甲：看来，小行星是一个很有意义的研究领域。

乙：可不是！在相当一段时期内，小行星研究没有得到足够的重视，这些年来，情况有了较大的改变。我们的太阳系是从原始太阳星云演化而来的，而小行星们基本上都保存着原始太阳星云的原始物质，对它们的研究，以及对其轨道变化规律的探索等，无疑对太阳系的动力结构和演变，以及对整个太阳系的起源和演化，都有着很重要的科学意义。

甲：有什么进一步的研究计划吗？

乙：到目前为止，除冥王星外，其余大行星都由行星探测器作了程度不等的现场考察，而小行星探测还是个空白。1989 年发射的"伽利略号"探测器以探测木星为主，在它于 1995 年到达木星区域之前，于 1991 年 10 月和 1993 年 8 月，分别在近处先后飞越第 951 号小行星"加斯帕拉"和第 243 号小行星"艾达"。20 世纪 90 年代发射的土星探测器和彗星探测器等，都有可能顺路对小行星进行拜访，而专门的小行星探测器计划也在酝酿之中。

"中华"的故事

"中华",一个多么亲切和令人崇敬的名字!宇宙空间有颗小行星,就是以这个光荣的名字命名的。在小行星表中,"中华"的序号是1125。

故事得从70来年前说起。1923年,当时只有21岁的张钰哲,只身离开祖国去美国求学。1928年,经过5年的学习,他不仅对天文学有着浓厚的兴趣,也为进一步钻研打下了扎实的基础。当时,他正在美国的叶凯士天文台实习。11月下旬的一个晚上,他像往常一样守候在望远镜旁,在萧瑟的寒风中,注视着天上他熟悉的那些星星。

在所拍摄的照片上,张钰哲发现了一颗有点异常的星,作为对照用的星图上,根本找不到它。经过好些天的观测,他终于弄明白了这是一颗过去不认识,也没有人看到过它的小行星。根据规定,小行星的发现者有权为自己所发现的天体命名,而在习惯上,多数发现者就以自己的名字来称呼它。

这是由我国科学家发现的第一颗小行星。为这颗编号为1125号的小行星取个什么名字呢?张钰哲想得很多,想到了祖国的悠久历史以及前人在天文学和其他科学领域曾取得过的辉煌成就,也想到了当前科学技术的落后和人民受歧视的处境,他毅然用炎黄子孙都引以为自豪的"中华"这个名字来命名小行星,以表达自己对祖国的眷恋之情。

1929年,张钰哲获得博士学位后回国,想为中国天文事业的发展施展抱负、作出贡献。可是,条件的限制和环境的恶劣,不仅使他发展祖国天文事业的良好愿望无法得到实现,就连那颗"中华"号也因无合适仪器继续跟踪观测而"丢失"了,它长期以来一直被作为"被丢失了的小行星"处理。

新中国成立后,随着国家的发展,天文事业也在大踏步前进。当时任紫金山天文台台长的张钰哲以及在他直接领导下的行星研究室的专家们,一直没有忘怀这颗带着祖国名字和荣誉的小行星，千方百计地寻找它。终于，1957 年 10 月 30 日，在"丢失"多年之后，"中华"小行星又被重新找到了。张钰哲和同志们的喜悦之情真是言语和笔墨难以形容的。在欢庆之余，治学严谨的张钰哲认为：从轨道等情况来看，这颗新发现的小行星，与原先的那颗 1125 号确实很相像，但并非同一颗。科学是老老实实的学问，来不得半点虚假，他决心继续"跟踪追击"，求得水落石出。经过一些国家的天文台的共同观测，证实 1957 年发现的是颗新小行星，它确实与 1125 号小行星非常相像。

又过了整整 20 年，各国天文台的许多次观测证实，张钰哲的意见是对的。尽管如此，国际小行星中心在反复研究后于 1977 年作出决定：考虑到第 1125 号小行星"中华"于 1928 年被发现之后，在很长的一段时间里没有得到进一步的观测，而在 1957 年新发现的那颗小行星，其轨道等与它很相像，并且两次的发现者又是同一个人，特决定将 1957 年发现的那颗称为"中华"，编号沿用 1125 号。1928 年发现的那颗今后就不再称"中华"，也不再用 1125 号编号，只保留它当初被发现时的临时编号。

从此，新"中华"替代了老"中华"，继往开来，翱翔于宇宙空间。

在张钰哲的领导下，紫金山天文台在小行星研究工作中作出了杰出成就，单是已被肯定了的新发现小行星，就数以百计。1978 年，国际天文学联合会特地将第 2051 号小行星命名为"张"，以表彰他所作出的贡献。1990 年，我国邮电部发行"天文科学家张钰哲"纪念邮票。邮票上还绘有哈雷彗星，反映了张钰哲在这方面的贡献。

近地小行星 "杀手"

1994 年 7 月的社会热点——彗星与木星大碰撞，人们至今仍记忆犹新。即使你没有亲身经历过此事，大概也会从各种不同渠道听到过不少。一方面，像彗木大碰撞如此严重的宇宙事件在历史上从来没有记载过，确实千载难逢，人们眼看着"苏梅克—利维 9 号彗星"的碎核频频撞向木星——太阳系里的最大行星，把它撞得伤痕累累。另一方面，不少人想知道：会不会有那么一天，另一颗彗星也这样撞到地球上来？人类将会怎样？

"苏梅克—利维 9 号彗星"是 1993 年中被发现的第五颗彗星，按惯例被称为 1993e。科学家告诉我们，1993e 彗星共有 21 块较大彗核碎片与木星相撞，所产生的能量总和约 40 万亿吨梯恩梯（TNT）当量，大体相当于20 亿个当年被掷在日本广岛的原子弹。从北京时间 1994 年 7 月 17 日 4 时15 分第一块彗核碎片撞上木星，到最后一块碎片"爆裂"的 131 小时 57分钟内，在木星上空接连不断地平均每秒钟"引爆"4210 个原子弹。估计是这些碎核中最大的一块，即第七块（G 块），最大直径在 3.5 千米上下，撞击木星时释放出来的能量就高达 6 万亿吨梯恩梯当量。

有人做过这样的假设：即使是 1993e 彗核碎片中最小的一块撞向地球，只要它的直径大于 400 米，也有可能造成难以想象的、波及整个地球的大灾难。如果是换了上述的那个 G 块，那么不论它是撞在陆地还是海洋上，无疑都将是一场全球性的灾难。如果是一块大于 4 千米的彗核碎片，或者是比 5 千米大得多的彗星、小行星之类的小天体，结果又会怎样呢？包括1993e 彗星发现者之一的苏梅克先生在内的一些专家普遍认为：那将是一场对地球生物的无可挽救的浩劫，也许地球上 1/4、1/2……人的生命会被夺走。

历史事件

尽管上面的说法只是科学家的一些推测，但并非凭空臆造，而是有所依据的。请看两个历史事件：

1908 年 6 月 30 日早上 7 时左右，西伯利亚通古斯地区发生了一次迄今为止最大的爆炸，顷刻之间，2 000 平方千米的原始森林被夷为平地，1 500 头驯鹿死亡；爆炸的轰隆声传到几千千米之外，全世界都记录到它由大气振荡产生的震波；被抛起的尘埃扩散到欧洲和非洲等地上空，在阳光的照耀下，天空显得异乎寻常地明亮，在苏格兰等地区，晚间甚至可借助这种反射光看书读报。

那么是什么东西引起了如此大规模的爆炸呢？

近一个世纪来，人们先后提出过陨石、彗核、小行星坠落以及核爆炸、黑洞、反物质、"外星人"飞船等原因进行解释。一种颇令人感兴趣的说法是：恩克彗星彗核的一个小碎片，直径大概不超过 50 米，以每秒 40 ~ 60 千米的速度闯入地球大气低层，在通古斯地区上空 5 ~ 6 千米发生爆炸。请注意，这里所说的恩克彗星碎片的大小，比 1993e 彗核碎片要小得多。

另一件是大家谈得特别多的恐龙灭绝问题。相当一部分科学家认为，在地球上生活长达 1 亿多年的恐龙，大致在 6500 万年之前，即地质年代的中生代末期，在极短的历史瞬间，全部绝灭。与恐龙存在的悠长岁月相比，它的灭亡可以说是在突然之间发生的。究竟发生了怎样异乎寻常的事件，以致这些长达数十米、重好几十吨的庞然大"兽"在极短的时间里从地球上被一网打尽？

这个迷惑了若干代科学家的课题，在 20 世纪 70 年代有了明显的进展。美国科学家阿尔瓦雷斯先是发现，在意大利古比奥地区一处只几厘米厚的地层中，化学元素铱的含量至少数十倍于一般地层。这位 1968 年诺贝尔物理学奖获得者进而认为：全球范围中生代末期白垩纪上界的沉积物中，富铱层的存在是由于含铱丰富的小行星或其碎块撞击地球的结果。据推测，这颗小行星的直径约 10 千米，质量大致在 12 万 ~ 13 万亿吨之间。也就是

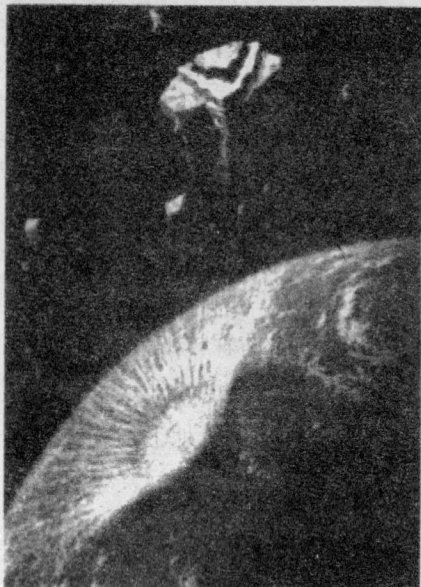

小行星碎片撞击地球想象图

说，这是一颗非常普通的、不大的小行星。由于现在还不清楚的某种原因，它偏离了原来的运行轨道，而转入了与地球相撞的轨道，之后不久，就一头砸向地球，同时释放出可能高达100万~130万亿吨梯恩梯当量的惊人能量；上万亿吨的含铱尘埃被抛到九霄云外，达到好几十千米高的平流层，在那里形成把地球"盖"得严严实实且长时间无法散开的云层。这层致恐龙丧命的云层，究竟存在了多久，这里没有必要去细推敲，无情的事实是：在相当长的一段时期里，地球处于黑暗、寒冷、万物凋零的一片死沉气氛中，光合作用停止了，植物枯萎了，不用多久，恐龙的灭亡也就是理所当然的事了。现今有足够的证据表明，在这段遭"厄运"的日子里，地球上一半以上的物种也都先后消失了。

几年之后，两位地球物理学家进一步论证了这种观点，认为这次撞击就发生在现今墨西哥东南部的尤卡坦半岛附近，并在水下发现了一个直径至少达60千米、很像是陨石坑那样的地形构造。他们认为，这就是6 500万年前那次事件的有力证据。

当然，关于恐龙消亡的原因是有争议的，但这足以说明，地球遭到袭击的可能性并不像有些人想象得那样小，那样无足轻重。无数历史事实告诉我们，切莫等闲视之。

危险分子

彗星、小行星，尤其是它们的稍大碎片，撞击地球的事件并非绝无仅有，在这种情况下，它们被称为陨星，撞击地面而形成的坑穴则被称为陨石坑。地球上已经得到证实的著名陨石坑有上百个，美国亚利桑那州的巴林杰陨石坑就是其中之一，它直径超过 1.2 千米，深约 200 米，大致是在两万多年前，由一块直径 25～80 米的铁质陨星碎片撞击地面而形成。

小行星很多，已经正式编号的目前约 1 万颗，它们中的大多数都在火星和木星轨道之间运行着，并不对地球构成威胁。只有那些轨道偏心率比较大、有机会跑到地球附近来的小行星，当然也就有机会撞到地球上来，才有可能成为人类的无情"杀手"。据估计，直径在 1 千米到 50 米之间的这样的小行星，可能有 30 万颗，其中称得上"危险分子"的是那 2 000 多颗直径大于 1 千米的小行星。此外，危险分子的行列中还必须加上数以百计的彗星。这些被称为近地小天体的危险分子对地球构成的威胁，好比是一把悬在人类头上的达摩克利斯剑，随时有可能为人类带来灾难。达摩克利斯是希腊神话中的人物，为了让他体会当君主的不易和危险感，在他参加宴会时，暴君狄奥尼修斯特意在他头的上方，用马鬃悬挂着一把锋利的剑。由此，后人就用它来比喻随时可能发生的危险。

就在 1993e 于 1993 年 3 月 23 日被发现之后不久，4 月，有 10 多个国家的 60 多位科学家在意大利的埃里斯召开了专门的国际会议，他们抱着关注地球和人类前途与命运的崇高信念，共同探讨和研究近地小天体撞击地球的可能性，以及人类应有的思想准备和采取的措施等。会议发出了号召性的宣言——《埃里斯宣言》。

《埃里斯宣言》的主要内容包括以下几个方面：

1. 近地小天体的碰撞，对于地球的生态环境和生命演化至关重要。

2. 从很长远的观点来看，地球有可能发生一次足以毁灭人类文明的近地小天体碰撞，不过这种威胁近期还不算严重，但它绝不亚于其他自然灾害。这种威胁是现实的，国际社会需要进一步协调努力，唤起公众注意。

3. 会议认为，近地小天体碰撞的一个严重威胁在于，国际形势紧张的时期和地方，由近地小天体在大气中自然产生的爆炸会被误认为是核爆炸，这种事件有可能被误解为是蓄意的核进攻，而引起不正当的报复。

4. 收集更多的有关近地小天体及其对地球的影响的资料，无论对科学还是对社会都至关重要，需要以国际协调的方式来进行。应将国际上现有的天文设备发展成为类似"空间警戒网"那样的系统。前冷战时期用于防御的人力、财力和技术，应该用于通过地面和自动空间观测来收集有关数据；在当前全球热核战争威胁日益减弱的情况下，要很好地利用一切可以进行大量和复杂研究的手段与技术。然而，减缓近地小天体碰撞威胁的方案，目前还不需要予以考虑。

当前，一些国家的有关部门和机构，或者正拟订计划，或者正采取措施，或者已进入阵地，以不懈的努力搜索空间，不让任何一个冒失的"危险分子"逃脱人类的监视。这些计划和措施有：将全部直径大于1千米的近地小天体造册，进行严密监视，尤其是那些有可能撞击地球的、特别危险的分子；主要针对近地小天体建立空间警戒网，执行全球性的空间警戒计划；给出足够长的预警时间：对小行星来说，从几年到几十年，对彗星来说，不少于几个月；系统研究、掌握和落实拦截、爆破、击毁及推离原来轨道等高新技术，做到万无一失。

《埃里斯宣言》说得很清楚，从很长远的观点来看，近地小天体与地球相撞的可能性是存在的，但相撞的概率有多大呢？美国宇航局和行星科学研究所的两位科学家作了这样的推测：今后100年内，发生这类撞击的可能性为10万分之一；也有人认为，1993e事件和造成恐龙灭亡的那种碰撞，大概1 000万~5 000万年才有一次。当然，它也告诉我们，这种碰撞威胁近期还不算严重，说得明白点，我们完全没有必要为此惶惶不可终日。科学技术在突飞猛进的发展，人类更趋理智，地球和人类的命运掌握在人类自己手里，毫无疑问，美好的前程得由我们自己去创造。

太阳系的流浪者——彗星

彗星是个不同凡响的天体，它拖着一条长长的、很别致的尾巴，因而引起古人的猜疑乃至恐惧。在各个国家的早期天象记录中，都能找到有关彗星的记载。

历史的足迹

根据我国著名天文学家张钰哲的研究，我国《淮南子·兵略训》上的一段记载，被认为是世界历史上哈雷彗星的最早记录，时间大体是在公元前 1057 年。下一次可靠的哈雷彗星记录见于《春秋》："鲁文公十四年秋七月，有星孛于北斗。"鲁文公十四年为公元前 613 年。

据初步统计，从殷商时代到 20 世纪初的 3 000 多年中，散见于历史典籍中的彗星记录至少有三四百次。其中突出的例子是从湖南长沙马王堆西汉古墓出土的而且都带着名称的 29 幅彗星图。这批画在帛书上的彗星图形

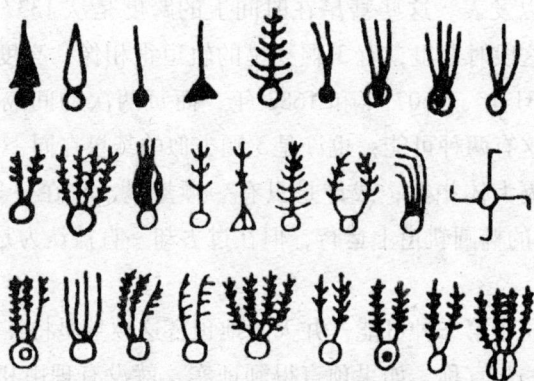

马王堆出土帛书中的彗星图

态生动，十分珍贵，估计是战国时代（公元前 475～前 221 年）人画的可能性较大。由于年代久远，尚不清楚它们所反映的是在什么年代出现的什么彗星。出土的 29 幅彗星图当中，有 2 幅已模糊不清。

至迟在新巴比伦王国（公元前 626～前 538 年），也即一般所说的迦勒底王国时代，学者们已经在讨论彗星的本质是否与行星相同等问题，可见，彗星记录已不那么少见。只是，在很长的一段时期里，许多人一直把彗星看做是地球大气中的现象或转瞬即逝的现象。到 17 世纪，波兰天文学家赫维留和德国天文学家开普勒，都还以为彗星只是从地球和行星发出来的精气。在这样的认识下，根本就说不上对彗星运动及其本质等的研究。

欧洲最早的哈雷彗星记录是在公元 66 年，保存下来的最早画像则是它在公元 684 年的那次回归。

大胆的念头

1682 年 8 月 15 日，英国皇家天文学家弗兰斯提德的助手多尔费，在格林尼治天文台发现了一颗彗星。当时年仅 26 岁的哈雷对观测这颗亮彗星很有兴趣。哈雷与比他大 14 岁的牛顿是好朋友。1687 年，牛顿在其划时代巨著《自然哲学的数学原理》一书中，发表了万有引力定律。而在这之前，两人就依据万有引力定律研究了彗星等天体的运动。

1705 年，哈雷将自己对 24 颗彗星的研究成果，写成《彗星天文学论说》一书并予以发表。这些彗星在时间上的跨度是从 1337～1698 年。哈雷特别提到在这段时期里，有 3 颗彗星的轨道很相像，亮度也相仿，它们分别出现在 1531 年、1607 年和 1682 年，而每两次的间隔都是七十五六年。哈雷认为这有两种可能：也许是 3 颗类似的彗星在同一条轨道上运行，而且彼此的间隔大体相等；或许是只有一颗彗星，它在一条拉得很长的、周期达 70 多年的椭圆轨道上运行，但在过去却一直被认为是循抛物线轨道运动。

哈雷更倾向于第二种可能，并大胆地预言这颗彗星将在 1758 年再一次回归。他还进一步宣称，如果预言得到证实，就没有理由相信那么多彗星中只有惟一的一颗是能周期回归的。

　　这个长达半个世纪的预言发表时，万有引力定律才问世没多久，可说是处于"草创"阶段。摄动理论还不完善，木星、土星等大行星对彗星的摄动影响究竟有多大，哈雷作了估计和计算，但得不出明确的结论。譬如说，他就无法预报彗星将在 1758 年的哪一天过轨道近日点。

　　时间在接近哈雷所预报的那个年份，更精确计算彗星轨道的条件也越来越成熟。然而哈雷于 1742 年去世。法国天文学家克利洛和拉朗德等，仅用半年左右的时间，处理了在一般情况下需要好几年才能处理了的大量数据，包括约 150 年来彗星与木星和土星的距离变化和所受到的摄动等。

　　在作了仔细的修正之后，哈雷预报的那颗彗星过近日点的日期被定为 1759 年 4 月 13 日，误差为 1 个月。彗星像一位守时的客人那样准时来临，它于 1758 年圣诞晚上被发现，第二年 3 月 13 日过近日点。

　　相差 1 个月的预报误差，在现在来说是不允许的，在那时却是了不起的成就。在 70 多年的漫漫岁月中，人们只观测了它几个月；它的轨道究竟如何，缺乏可靠的依据；在辽阔空间有哪些未知因素会影响它的运动，全然无知；天王星，尤其是对它影响很大的海王星，是在后来的 1781 年和 1846 年才被发现。

　　这颗彗星后来被命名为哈雷彗星，1835 年、1910 年和 1986 年都准时回归了。从公元前 1057 年算起，它理应回归过 41 次，我国有已知 33 次的全部记录。它将在 2061 年再次回归。

彗星之最

　　成百上千颗彗星的被发现，对它们的观测以及彗星本身的形态和变化等，实在是非常非常丰富的。在"之最"这样的标题下做文章，也许能从各个方面都照顾到一些。

　　1744 年：3 月，"德切索"彗星最亮时，拖着至少 6 条又亮又宽的尾巴。直到现在，它仍是拥有最多彗尾的彗星。

　　1786 年：30 多年后才被命名为恩克彗星的一颗小彗星，于 1 月 17 日被法国天文学家梅昌发现。柏林天文台台长恩克于 1819 年作出预报，彗星于 1822 年准时回归，并成为哈雷彗星之后第二颗被预言回归的彗星。它也是迄今所知周期最短的彗星，周期约 3.3 年。

1811 年：彗头直径约 180 万～200 万千米的特大彗星出现，比太阳直径 139.2 万千米还大。彗尾长 1.6 亿千米。

1843 年：明亮大彗星尾长 3.2 亿千米，一个半世纪来它一直保持着彗尾长度冠军纪录。

1846 年：1 月 13 日，比拉彗星出人意料地"突然"分裂为大小两部分，仅仅相隔一个月，这大小两颗比拉彗星已相距 24 万千米。周期 6 年多的这颗彗星于 1852 年回归时，两部分已远离 240 万千米。此后，它再也没有被观测到过。1872 年 11 月 27 日，一次罕见的盛大流星雨出现，辐射点在仙女座，流星雨延续达五六个小时，流星数估计在 16 万颗以上。原来，比拉彗星已彻底崩溃，崩裂后的物质以流星体的形式继续在原先的轨道上运行。每年 11 月底之前，地球穿越这条轨道时，就会有规模不等的流星雨发生。

1858 年：被认为历史上最漂亮的多纳蒂彗星，于 6 月 2 日在佛罗伦萨被意大利天文学家多纳蒂发现。它那条粗大而又弯弯的彗尾，使许多人为之赞叹不已。这颗椭圆轨道彗星的周期有多种说法，大致都在 2000 年上下。公元前 146 年 8 月，我国历史记载有明亮大彗星出现，它是否就是像有些人说的那样为多纳蒂彗星的上一次回归，还有待进一步考证。

1864 年，一颗亮彗星的光谱第一次被多纳蒂取得和进行研究，结果表明彗星光谱并不完全与太阳光谱相同，一些光谱线是太阳光谱中从未发现过的。

1882 年：英国天文学家吉尔在好望角拍得历史上第一张清晰的彗星照片。

1914 年："德拉温"彗星的公转周期被定为 2 400 万年。尽管这个周期可能不那么准确，它无疑是周期最长的彗星之一。

1957 年：4 月曾一度亮到能用肉眼看到的阿伦德—罗兰彗星，是一颗最奇特的彗星，它有一条长钉状的指向太阳的反常彗尾。

1969 年："轨道天文台—2"从地球大气外所作的观测，第一次发现 Tago – Sato – Kosaka 彗星头部周围，还包着一个很大的氢云，或称彗云，直径达 160 万千米。

1979 年：人造卫星发现一颗掠日彗星正以每秒 560 千米的高速度，

"义无反顾"地向太阳冲撞过去。这种壮烈景象前所未见。

1986 年：前所未有的最盛大观测迎接哈雷彗星本世纪的第二次回归。"国际哈雷彗星联测"组织和协调全世界的专业和业余、地面和空间观测计划。6 个空间探测器飞临彗星，"乔托号"进入彗发深处，距离彗核只 500 多千米。探测结果表明：彗核的"脏雪球"观点是正确的。

1994 年：7 月，"苏梅克—利维 9 号"彗星的 20 来个碎块，先后撞向木星。这种现象在天文观测史上从未有过。

来自何方

彗星是如何起源的，它究竟来自何方，有各种不同的见解，还没有得到普遍承认的一致意见。其中比较重要的有原云假说。它是由荷兰天文学家奥尔特根据对彗星所作的统计，于 20 世纪 50 年代提出来的。

从统计情况来看，相当一部分长周期彗星轨道的半长径，都在 3 万—10 万天文单位之间。奥尔特认为，在太阳系的这部分遥远空间范围内，并向外延伸到离太阳约 14 万天文单位的地方，存在着一个"储存"上千亿颗彗星的大"仓库"，被称为彗星云，也叫奥尔特云。彗星就好像鱼儿从鱼塘里游出来那样，从彗星云来到太阳系深处。由于受到大行星的摄动，部分彗星改变轨道，乃至成为短周期彗星。

除彗星云之外，天文学家还曾假设在海王星轨道外侧存在着另一个彗星储库——柯伊伯带。由于长期没有在这个区域里观测到彗星等天体，他们很失望。令人感兴趣的是，事情突然有了转机，仅从 1992 年 9 月到 1993 年 9 月的一年中，在这条"带"附近的区域里，发现了至少 6 个新天体，是小行星或是彗星还有待进一步证实。其中 4 个的距离约 50 亿千米，另 2 个达 70 亿千米。它们都在海王星轨道外面，甚至超越了冥王星。关于柯伊伯带天体的研究正方兴未艾。

包括奥尔特云、柯伊伯带，以及彗星的来龙去脉、形成、演变、瓦解、寿命等一大堆问题，都还需要做大量的探索和研究工作。

回归频频话恩克

以德国天文学家、数学家恩克（1791～1865年）名字命名的天体，只有一个，那就是"恩克彗星"。众多彗星中，恩克彗星的名气一点也不比1986年回归的哈雷彗星名气小。请看，它保持着那么多的彗星之最。

彗星之最

它是周期很短的彗星中，最早被预报回归的周期彗星，这指的是它1822年的那次回归。就所有已知彗星来说，哈雷彗星是第一颗被预报回归的彗星，恩克则是第二颗，两者被预报的第一次回归相差63年。

在被发现的200多年来，它稳坐着最短周期彗星的宝座，周期3.3年。1949年，曾发现过一颗命名为"威尔逊—哈林顿"的彗星，周期被定为2.3年，可是，它出现了那么一次以后，就杳如黄鹤，再无消息。

它是被观测到回归次数最多的彗星，其他任何彗星都远远赶不上，从被发现以来，它已回归50多次。

它是彗星中近日距最小的一个：0.34天文单位。它的远日距也只有4.09天文单位。

在那么多周期短于20年的彗星中，它的轨道偏心率最大：0.85。

它还是在绕日运行的全过程中，能随时被观测到的惟一彗星。这样的一颗彗星，其发现经过也颇有些值得一提的趣事。

漏网之"鱼"

德国天文学家开普勒形容彗星之多时，把它们比喻为海洋中的鱼。抓鱼不易，抓到了而又从网中漏掉了，那也是无济于事的，恩克彗星就是这样的一条漏网之鱼。关于它的历史，最早可追踪到 18 世纪 80 年代。

1786 年 1 月 17 日，法国天文学家梅尚在巴黎用小望远镜寻找彗星时，于宝瓶座 β 星附近发现一颗不大的彗星，亮度约 5.0 等，无彗尾。第二天，他立即通知了另一位彗星猎手梅西耶，可是，这天晚上天公不作美。1 月 19 日，他们两人都看到了彗星，遗憾的是，由于天气等原因，此后彗星再没有露过面。

1795 年 11 月 7 日，天王星的发现者、英国天文学家威廉·赫歇耳的妹妹卡罗琳·赫歇耳，在伦敦以西一个叫做斯劳的小城镇，在天蝎座发现一颗 5.5 等的彗星，彗星的视直径约 5′，即大致相当于看起来圆月亮直径的 1/6。彗星的中间部分稍明亮，但无明显的彗核，也无彗尾。德国天文爱好者奥伯斯于 11 月 21 日也看到了这颗彗星。彗星总共被观测了 23 天。由于它一直都比较暗，难以从其位置推算出确切轨道，有人则表示它似乎与任何抛物线轨道都不相符合。

又过了 10 年，1805 年 10 月 19 日，法国的苏利斯在马赛发现了一颗能勉强用肉眼看到的彗星，彗星位于大熊座，亮度为 5.5 星等或许还暗些。几个小时后，也即 10 月 20 日，休思在德国的法兰克福也发现了这颗彗星，直径约 4′—5′，据说彗星的中间部分已变得比较明亮，但无明亮的彗核。10 来天之后，法国的博瓦德于 11 月 1 日在巴黎观测这颗彗星时，它已经形成了一条长约 3 的彗尾，并于 11 月 20 日达到最大亮度 -4 等星。一些天文学家以彗星轨道为抛物线进行计算，当时任德国柏林天文台台长的恩克，根据 32 天的观测资料，认为把轨道定为椭圆更为合理，他把彗星周期定为 12.12 年，这在当时来说是个了不起和大胆的举动，因为那时虽知道哈雷彗星是周期彗星，它也只根据预报回归过一次。

好些人并不那么相信恩克的预报，相信者也有点拿不准主意，好在这终究还是 10 多年之后的事。

1818 年 11 月 26 日，法国马赛天文台的看门人庞斯发现了一颗很暗的、只有 8 等星那么亮的小彗星，这是他 1801～1827 年间发现的 37 颗彗星中的一颗。令人感兴趣和惊讶的是，彗星所提供的 7 个星期的观测资料表明，它正是恩克预报的那颗 12.12 年周期彗星的回归。恩克本人自然是十分激动，他抱着改进轨道、进一步提高预报精度的强烈愿望，对这颗他称之为"庞斯彗星"的天体，作了深入的研究。经过 6 个星期的繁重计算，他惊喜地发现，该彗星的轨道与 1786 年、1795 年和 1805 年出现的那三颗彗星非常相像，最后证实它们实际上是同一颗彗星在不同年份的四次回归。他计算得出彗星的周期不大于 3.5 年，并恍然大悟：从 1786 年被发现以来，这条"鱼"已 7 次漏网，恩克预报彗星下一次过近日点的日期，为 1822 年 5 月 24 日。

1822 年 6 月 2 日，德国人朗克在澳大利亚发现了这颗按时回归的彗星，亮度 4.5 等，它已准时于 5 月 24 日经过轨道近日点。恩克在研究和预报工作中的出色成就，为自己赢得了极大的荣誉，这颗已四次被观测到的彗星被称为恩克彗星。

恩克彗星 1822 年的这次回归只能在南半球见到，只有一名叫朗克的人在帕拉马塔地方进行了有系统的观测，追踪彗星 3 个星期。恩克得以预报彗星的下次回归将在 1825 年 9 月，它不仅准时回来了，而且从此再也没有被丢失过，其中只有 1944 年的那次，由于它离太阳太近等原因，我们没有观测到它。

历史足迹

从 1786 年到 1994 年，天文学家们已观测到恩克彗星回归 56 次，远远超过任何其他彗星的回归次数，如果加上其间理应而且有可能曾经回归的 8 次，则达 64 次，这些观测记录为研究彗星的发展和演变，提供了十分珍贵的资料。

在上述这些回归中，1871 年的回归是很引人注意的一次，它一方面有较大程度的增亮，同时形成了一条比较长的、反常的扇形彗尾，从那时到现在的 100 多年中，它再也没有如此过。

周期为 3.3 年的恩克彗星，每 10 年刚好绕行太阳 3 圈，这对于地面上的观测者来说，可不是简单的重复。大体说来，第一次回归如果说对北半球的观测者有利，过近日点日期大致在 11 月至翌年 2 月间，那么，下两次回归的最佳观测地将逐渐南移；第二次是低纬度，第三次是南半球，过近日点日期则分别为三四月或九十月，以及 5 ~ 8 月。

扑朔迷离

恩克研究了 1786～1858 年的 20 多次彗星回归之后认为，除了行星摄动对彗星运动的影响之外，彗星本身的运动周期每次都缩短约2.5小时。恩克用数十年资料建立起来的这个概念，当年几乎立即被看做是定论，而轨道运动的这种加速度似乎向人们预示，彗星正在愈来愈快地落向太阳。可是仅仅过了 10 年，在 1868 年的那次回归中，周期的这种缩短率突然减为一半，这使许多人迷惑不解。后来，周期上的这种突变还发生过几次，长期得不到解释。

恩克彗星每世纪回归 30 次，使它成为轨道被研究得最多的彗星之一。不仅如此，1912 年，巴纳德提出：用当时威尔逊山天文台口径 152 厘米反射望远镜进行观测的话，完全有可能看到在运行轨道任何位置上的恩克彗星。1913 年 9 月，该天文台果然首次拍摄到了在轨道远日点附近缓缓运动着的恩克彗星。此后的半个多世纪中，情况没有多大进展，直到 1972 年 8 月 15 日，天文学家罗默才在斯图尔特天文台重新找到远日点处的恩克彗星，星等为 20.5 等。从那以后，它成为惟一的一颗可以进行全程观测的彗星。

从它不大的远日距来看，它可能是一颗比较稳定的彗星，有可能已存在好几千年。对稳定性提出异议的人，举出彗星亮度有好几次都突然增加到了肉眼可见程度这一事实。彗星每环绕太阳一周，都会损失掉一部分物质，这是众所周知的事，有人估计损失量约为彗星全部质量的 1/200。

恩克彗星当然也不例外，1984 年，恩克彗星过近日点之前一二个月，正当它运行在地球和金星轨道之间时，行经附近的空间探测器发现，大量的水蒸气正从它表面源源不断地向外逃脱，其逃逸速度之快令人惊讶，大致三倍于过去所设想的，恩克彗星究竟存在了多久呢？它是在何时、以什么样的方式变成目前这样的周期彗星的呢？它还会存在多久呢？

有人认为，如果认定恩克彗星的亮度每世纪平均暗一个星等，那么，从现在起，它肯定还会存在相当长的一段历史时期，至少整个 21 世纪中，它大概会像过去那样每 3 年多回归一次。另一方面，从 20 世纪 40 年代以来的半个多世纪中，除 1947 年和 1964 年两年曾亮到 5 等外，其余各次确实都显得比较暗，有好几次都是创纪录地暗，甚至达到闻所未闻的 13 等星。悲观者估计，如果彗星每世纪暗 2～3 个星等的话，它的存在也许到不了 21 世纪末。

彗木相撞之后

1994 年 7 月 16～22 日，已作为人类历史上亘古未有的天体相撞事件，永载史册。

被戏称为"彗木之吻"的彗星、木星大碰撞，已如期在远离我们地球 7 亿多千米的太阳系空间发生。"苏梅克—利维 9 号"彗星（以下简称 SL9）与木星持续 5 天半的 21 下重"吻"，"潇洒"有余，结果是两败俱伤。木星上火球、黑斑频频出现，"伤痕"累累；彗星则是像闪电般辉煌一阵之后，烟消雾散，分崩离析。

从发出彗木将大碰撞的预报，到预报得到证实，彗星不偏不歪投入木星怀抱，科学家们以企盼、焦虑的复杂心情，耐心地等待了一年多的时间。实际碰撞的时间不到一个星期，而它留给我们的回忆和思考，恐怕会一个世纪都不止。

彗木相撞为我们留下了些什么呢？

留下的回忆

罕见的碰撞留下的是终生难忘的印象，历史性事件极大地丰富了人类对天体相撞的认识。除了 SL9 的古怪形状、运行特征和备受世人的热切关注等外，给人印象特深的事实，这里略说一二。

一是关于预报的准确性。彗星撞木星是万古奇观，对此作出科学预报自然也是人类历史上第一次。天文学家必须从建立自己太阳系动力学数学模型开始，周密考虑，在计算中才不会不自觉地带进各种误差，从而使计算结果更加符合实际。以彗一木的第四次碰撞（碎片 D）为例，我国的预报时间（北京时间，下同）为 7 月 17 日 19 时 33 分，美国的预报是 19 时

42 分，而实际的碰撞时间则是 19 时 36 分 20 秒，两国的预报都达到了世界领先水平。

再是对"洛希极限"的生动检验和加深认识。洛希是 19 世纪的法国天文学家，他提出：当卫星（或其他小质量天体）离行星（或其他大质量天体）很近的时候，后者的潮汐作用会使卫星等变形，一般是被"拉"成细长的椭球体。如果距离进一步缩短到一定的程度，那么，潮汐作用就会大到足以使卫星等解体和分崩离析。这个"一定的距离"的极限值，被称为洛希极限。

显然，洛希极限与行星的半径、行星和卫星的物质密度等有关。洛希建立了计算公式，从计算结果来看，土星环确实是在土星的洛希极限内。

SL9 的崩裂为我们提供了一个活生生的、令人印象极其深刻的例子。木星的洛希极限大体上是它半径的 2.5 倍，木星的直径为 7 万千米强，极限值应该在十八九万千米上下。

1992 年 7 月 8 日，SL9 离木星最近时只有 4 万千米强，它是无论如何顶不住木星的潮汐作用的。据信，在它进入木星的"势力范围"之后一个半小时左右，木星铁面无私，执法如山，对它强制执行一崩裂。从此，它从绕太阳转而变为绕木星转，走上了两年期的"彗—木相撞"之路。

留下的礼物

据认为，SL9 解体前的最大直径大体为 10 千米量级，质量约 5 000 亿吨。无疑，质量中的绝大部分，不管是气体还是尘埃，或者是块状物，都一股脑儿倾泻在木星上了。这份厚礼用了 5 天半时间，才全部送到，即从第一块彗核（碎片 A）于 1994 年 7 月 17 日 4 时 15 分撞击木星开始，到最后的 W 碎片于 7 月 22 日 16 时 12 分投入木星怀抱止。

全部 21 个编号的彗核碎片中，以 G 片为最大，估计其最大直径不小于 3.5 千米。这么大的一座"山"，以每秒 60 来千米的速度和雷霆万钧之势袭击木星，其景象之壮观，非亲眼目睹，实在难以想象：所产生的大火球高达 1 600 千米，云团状物猛升到 2 200 千米，形成的撞击点面积相当于

彗星与木星相撞瞬间

地球的80%那么大，围绕在撞击点周围的、被称为"黑眼睛"的大黑斑，更比地球大得多。爆裂时的瞬时温度可能达到3万摄氏度。

这样的一次撞击所释放的能量，估计为6万亿吨"梯恩梯"当量，相当于第一颗原子弹那样的3亿颗的爆炸当量。全部碎片的总能量，可能达40万亿吨"梯恩梯"当量。如此这般的"热吻"，怎么不令地球人咋舌！如果木星上存在"恐龙"，恐怕也难以承受吧！

在彗一木大碰撞的那些日子里，木星上面火球、蘑菇云、"黑眼睛"等此起彼伏，大小不等，停留的时间不等，有长达好几十小时以上的，再加上木星上空出现极光，近处卫星被照亮等等，一时间，木星成为竞相上演五彩缤纷好"戏"的宇宙大舞台，使天文学家们大开眼界，如痴如醉，忙得不可开交。

撞击点无例外地都集中在木星的南半球，至少可数出18个清晰可见的撞击点。至于像黑斑那样的痕迹，撞击后没有多少天就开始相互交织、淡化，变得愈来愈模糊。不管怎么说，SL9以自己生命为代价，为木星，在某种意义来说也为地球送来了如此丰富多彩的宝贵礼品，说它是千载难逢，确实一点也不过分。

留下的疑问

彗星和木星相撞已经结束。这里要说的是，跟随在那 21 大块后面的无数小块，继续在对木星频频袭击，而且撞击点是在我们能从地面上看得见的木星正面。这种袭击一直延续到 9 月底。

另外，前一阶段，无论是地面观测，还是空间望远镜等从近地空间所作的观测，乃至正在飞向木星区域而所处位置又比较有利的"伽利略号"木星探测器，都搜集了大量宝贵的资料。资料的整理和研究需要一段时间，尤其是"伽利略号"，从只有 2.4 亿千米近处搜集到的信息，应该是很有价值的。遗憾的是，它的折叠式天线早已损坏，把资料传递回地球的速度以及传回的数量，都将受到严重影响。

尽管如此，科学家们已经提出了一连串的问题，希望能在不同程度上得到澄清。

从望远镜发明以来的 4 个世纪中，我们看到的木星面貌，基本上没有大的改变。这次木星面上确实伤痕累累，但从撞击点升起的大火球中，主要是组成彗星的那些物质，而不是从木星内部泛出来的物质。因此，有人认为，伤痕只是在木星大气上层，只在"表皮"，没有影响到稠密的下层大气。是这样吗？

与此相反的观点则认为，彗核碎块已撞入木星浓密大气的一定深处，譬如 60～200 千米。如果真是这样的话，那么由撞击留下来的斑点就应该存在很长的时间，数十年或更长。不然的话，斑点就会较快消失。

所谓"黑眼睛"，是天文学家们既很感兴趣、又迷惑不解的现象。黑斑一般有二三万千米宽，最大黑斑的面积有 3 个地球那么大。它们究竟是什么？有说是升起在木星大气层上面的气体云团，也有说是被彗核碎片在大气层上砸出来的大窟窿。

根据过去对彗核的认识，它包含一定数量的水冰。此外，在碰撞时，彗核碎片肯定会释放出氧气，而木星的 74% 是由氢组成的，氢和氧自然会形成水。可是，在由撞击产生出来的云团中，光谱分析的结果表明：水分比预期的要少。

这就使人难以理解了，如果彗核不带水，那它就不该称是彗星，应该是颗小行星。可是，这也不大像，因为小行星一般由质地比较坚硬的岩石组成，而 SL9 显得脆弱得多，在木星的潮汐作用下崩裂成碎片，就是最好不过的证明。

SL9 是彗星吗？还是颗小行星呢？有可能是某种我们还不熟悉的、介于彗星和小行星之间的混合物吗？这类问题当然暂时都还不会有明确的答案。

这样那样的问题还可以举出若干。最大碎片 G 撞击木星时，科学家们发现它在木星上引起了前所未有的"轰鸣声"，在地球以外的天体上发现人耳听不到的低分贝声震现象，这是首例。科学家们希望这将有助于我们对木星大气层的进一步了解。有人发现，在 SL9 接近木星到 350 万千米时，木星发出强电磁波，在厘米乃至毫米级的彗核颗粒 A 片撞向木星前的个把小时，后者的射电脉冲陡增约 10 倍。

如此等等，都是 SL9 撞击木星后留下来有待去解决的课题。

留下的思考

在观赏如此盛大的"彗木相撞"奇观之后，大家很自然地想到的一个问题是：

如果 SL9 撞的不是木星，而是我们地球，人类将怎么办？在今后的岁月中，地球会遭受到这种可怕的撞击吗？

提出这类问题绝不是危言耸听，更不是捕风捉影，是有所依据和考虑的。

"通古斯大爆炸"是这样的依据和考虑之一。这次事件发生在 1908 年 6 月 30 日早上，顷刻之间，方圆 2 000 平方千米范围内的树木全部被推倒，乃至被摧毁。估计当时释放出来的能量约相当 2 000 颗广岛原子弹。近一个世纪过去了，通古斯大爆炸仍是个谜。见解之一认为：由某颗彗星的碎片，最大直径可能不超过 50 米，以每秒 40～60 千米的速度撞向地球所致。

美国亚利桑那州沙漠地带的大陨石坑，是常被人提到的另一个例子。这个被称为巴林杰陨石坑的直径约 1 200 米，深 180 米左右。据认为，陨石坑至少是在 2 万多年前形成的，可能是一块 25～80 米的铁陨石，以每秒

20 来米的速度撞击地面而留下的。

更有不少人把这次的彗木相撞，与 6500 万年前造成恐龙从地球上灭迹的事，相提并论。相当一部分人相信，约 6500 万年前，一颗直径 10 千米的小行星撞击地球，把大量的尘埃抛向好几十千米的高空，尘埃覆盖了整个地球，阳光达不到地面，光合作用无法进行，由于在一段时间内，恐龙得不到所需要的食物，很快就从地球上灭绝了。

问题是，如果 SL9 撞向地球，人类会遭殃吗？

苏梅克和一些天文学家的意见认为：只要 SL9 中的任何一个碎块撞击地球，大量尘埃将被送上高空，挡住阳光，使世界上的粮食生产大面积减产，为人类造成很大的困难，但不会影响人类文明的存在。

从几率上来说，大质量的彗星碎片或者小行星撞击地球的可能性，几十万年或几亿年才可能有一次。但是，这并不能作为我们高枕无忧的理由，谁都不会向人类保证，这类撞击一定不会发生，或者说最早也得在几千万年后才会发生。

危险是存在的，那就是在近地空间穿行的那些彗星，以及有机会运行到地球附近来的小行星。直径大于 1 千米的这样的小行星，大约有 2 000 个，它们与地球碰撞的可能性平均每几十万年一次，被更小的小天体撞击的几率自然要大一些。同样，这也不能作为我们惶惶不可终日而去四处制造耸听危言的理由。

倒是这次 SL9 与木星的"死吻"为我们提供了许多机会，通过对它们的观测，我们更加认识了两天体相撞的缘由、几率、过程、效应以及可能发生的种种现象和带来的危害，也检验了我们对这类事件所作预报的精确程度。

现在考虑到的一些措施和对策，像用导弹对胆敢来犯之"彗"等予以迎头痛击，在它上面作定向爆炸以改变其飞行轨道，用某种最先进的技术把它推向一边，等等。

总之，地球遭到天体碎片，尤其是那些小不点儿碎片的袭击，那是常有的事，即使是会造成一定损害的，像通古斯事件和亚利桑那陨石坑那样，也无须大惊小怪，何况它也不是每年每月都在发生。

我们要相信科学，发展科学，防患于未然，地球这艘宇宙航船没有任何理由触礁乃至倾覆，它是人类的生存之舟，人们会像爱护自己的眼睛那样，对它倍加爱护，这是没有任何问题的。

火　龙

三国蜀汉的杰出政治家、军事家诸葛亮，我们都是很熟悉的，可谓家喻户晓。《三国演义》一百零四回讲到诸葛亮去世的时候，说是有一颗亮星从天上落下来：

"司马懿夜观天文，见一大星，赤色，光芒有角，自东北方流于西南方，坠于蜀营内，三投再起，隐隐有声。"

作为文艺作品，《三国演义》用陨星来衬托诸葛亮之死，这当然是可以的。从科学的角度来说，即使当时真的有亮陨星的话，那也完全可以肯定，诸葛亮的死与落下颗星是毫无关系的两码事，两者之间没有任何联系。从天上落下星来，这种现象过去有，现在也有，叫做"流星"或"陨星"。

流星是星，也不是星。说它是星，因为大家看到的现象是，与其他星星一模一样的一个光点子，突然亮光一闪划破夜空，好像是掉了下来。说它不是星，那是从本质上来说的，因为一般所说的星，指的是像太阳那样自己能发光发热的巨大天体，而流星只是由于流星体以很大的速度闯进地球大气层，与大气分子相撞、燃烧、发光的现象。流星体都很小，我们看到的那些流星绝大多数是由质量不足 1 克的流星体形成的。

地球周围的空间可说是布满着无数尘埃状物体，即流星体，地球在绕太阳运行过程中穿过它们时，就会有些流星体撞入大气层而成为流星。由于流星体体积小、质量小，好多流星虽然闪光，但很短，也不亮，我们不注意的话根本看不到它们。至于像《三国演义》里的描述："……大星，赤色，光芒有角……"那就不是一颗普通流星，应该是颗很亮的"火流星"，老百姓叫它"火龙"。火流星下降时，如果离我们近的话，还会听到"毕剥"声，这是它在崩裂的声音。

不论是一般流星，还是火流星，都叫做"偶发流星"，特征是零星地单个出现，彼此之间无关，出现的时间和方向等都没有规律。

有时候，流星出现得比较多，一分钟出现好几十个或者更多，甚至于大量的流星像节日时放的焰火那样在天空中飞舞，这就是流星雨现象。盛大的流星雨更是十分难得。发生流星雨现象时，流星好像都是从天空中同一个"点"向四面八方发射出来的，这一"点"就是流星雨的"辐射点"，辐射点在什么星座，就说是什么星座的流星雨。辐射点在仙女、狮子、英仙星座的流星雨，就分别称作仙女座、狮子座和英仙座流星雨。

很多流星体集合在一起绕着太阳转，就是"流星群"，地球从这样的流星群中穿过时，就会发生流星雨现象，因为在每年差不多相同的日子里，地球总是穿过同一些流星群，也就在每年的同一个日期前后，重复出现同一个流星雨的流星。

前面说到流星雨中的流星好像都从辐射点向四面八方辐射出来，这是由于我们眼睛的错觉造成的。流星雨中的流星都是平行地射出来的，因为它们离我们很远，一般讲有百十来千米，平行的流星就看成是从某一点或某一个小区域辐射出来的流星了。我们生活中不是也有这样的经验吗：公路旁两行排列整齐的树或电线杆，两行街灯，以及两条并行的铁路轨道，看起来似乎都在远处合在一起了，它们似乎都是从那遥远的"点"辐射出来的。

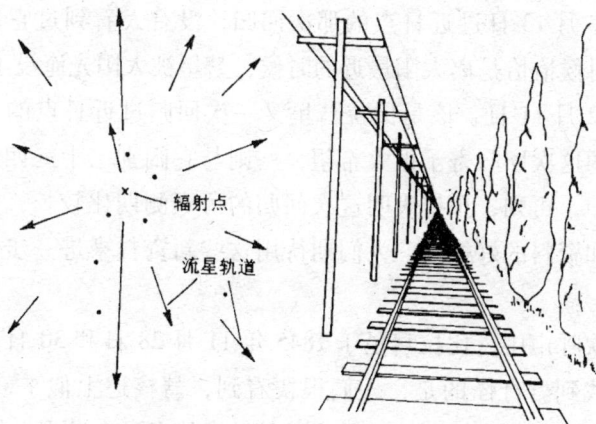

辐射点

流星轨道

流星好像都是从辐射点向四面八方射出来的，生活中可找到不少类似的例子

比拉彗星和流星群

彗星与流星群之间有着密切的关系，这样的例子可以举出很多，我们拿比拉彗星作为例子来说明。

比拉彗星是颗著名的短周期彗星。它最早是在 1772 年 3 月 8 日被发现的，在三四月间，曾多次被人观测到。转眼 30 多年过去，1805 年 11 月 10 日，它又一次被发现，12 月初过近日点前后，曾一度亮得凭肉眼就能看到。德国青年天文学家贝塞尔对这颗彗星进行了研究，认为它很可能是 1772 年那颗彗星的再次回归。后来，它绕太阳的公转周期被确定为是 6.6 年。

又过了 20 多年，1826 年 2 月 27 日，奥地利天文爱好者比拉又发现了它，称它为比拉彗星。人们对这颗彗星的观测持续了 8 个星期，再次确定它是颗周期 6 年多的短周期彗星，并证实 1772 年、1805 年和 1826 年看到的三颗彗星，是同一颗彗星在不同年份的 3 次回归。

比拉彗星的又一次回归是在 1832 年，计算表明它将在 11 月 27 日过近日点，而 8 月份发现它的时候，它很暗，两个月之后，观测条件才有所好转。

1839 年 7 月 13 日过近日点的那次回归，没有人看到过它，原因可能是它最亮的时候恰恰是离太阳最近的时候，彗星被太阳光淹没了。

1846 年 2 月 11 日，该是比拉彗星又一次回归过近日点的日子。人们对比拉彗星的这次回归寄予很大希望，一则与它阔别已十三四年，中间跳过了一次回归，再则，预报表明这次回归的可观测期比较长，是获得较精确观测数据和资料的好机会，人们期待用这些新资料来进一步修订彗星的轨道。

在一片欢呼声中，比拉彗星于 1845 年 11 月 28 日和 30 日先后在罗马和柏林被人找到。奇怪的是，人们很快看到，彗核边上似乎鼓起了一块，好像有个什么东西贴在上面，这种现象是过去从来没有发现过的。

彗星上的凸出物是什么呢？

当时的观测设备条件看来是不大可能解决这个疑问的。这自然引起人们对它更加关注，议论纷纷，但还是谁也不清楚，这究竟是怎么回事。

没有想到的是，事态的发展使科学家惊奇而大开眼界。1846 年 1 月 13 日，比拉彗星彗核上的凸出物突然分离，一颗彗星一分为二，成为一大一小两颗彗星，都有自己的彗核、彗发和彗尾。

这种闻所未闻、见所未见的现象，使得一位美国天文学家不知该怎么解释。他在一份报告中写道：这是一颗彗星分裂为两颗呢，还是"比拉"本来就是重叠在一起的"双彗星"，我甚至怀疑是我的望远镜出了毛病！

事情很快就清楚了。分裂出去的那部分，起初又暗又小，后来渐渐地变亮。两者之间的距离眼看着一天天拉开，经过约一个月的时间，彼此相距已达 24 万千米，并一前一后结伴离太阳飞去。3 月 24 日，先是那个小彗星开始看不见；又过了约一个月，4 月 22 日，那个大的也看不见了。

比拉彗星的分裂使得人们又惊又喜，惊的是不知道彗星发生了什么惊天动地的事，喜的是有幸目睹这一宇宙奇景。很自然的是，人们对它更加悬念：在下一个周期里，它会发生什么样的变化呢？科学家们以迫不及待的心情，等待着它的下一次，即 1852 年的回归。

1852 年 9 月，比拉彗星过近日点前后，大体有 3 个星期左右的时间，处在比较有利于观测的位置。这期间，天文学家们除了观测到两个形状相似但大小不等而相距已达 240 万千米的彗星外，没有发现其他足以引起特别关注的异常现象。由于与 1839 年的同样原因，比拉彗星 1859 年 5 月的回归没有被观测到。人们的注意力很自然地转向 1859 年以后的一次回归。

它还会回来吗？那颗小彗星还会伴陪着大彗星吗？两者之间的距离将进一步加大呢，还是缩小呢？还是应该把它们当做两个完全没有关系的彗星来处理呢？

六七年的时间很快就过去了。根据预报，1865 年比拉彗星回归时的观测机会是比较好的，人们普遍寄予很大的希望。结果是，人们压根儿就没有见到彗星，两颗彗星都没有露面，使焦虑地等待着的观测者们扑了个空。

又一个回归期来了，彗星过近日点的日期该是 1872 年 10 月 6 日。好些天文学家从 1871 年就开始进行搜索，但一直没有找到彗星。眼看已过了预定的过近日点日期一个多月了，还是没有音信。

正当天文学家已经没有信心，快要绝望的时候，1872 年 11 月 27 日，就在地球经过它自己与比拉彗星轨道互相交错的区域时，一场完全没有意料到的、盛大的流星雨出现了，辐射点在仙女座。

据看到这场使人眼花缭乱的流星雨的人报告说，那天晚上 7 时左右到第二天凌晨 1 时左右的 6 个多小时中，流星一直不断而且盛况空前，最多时 1 小时估计有好几万颗，这次流星雨总共出现了约 16 万颗流星。

计算表明，比拉彗星刚在 12 个星期之前经过刚才提到的它与地球轨道的交错区域。现在问题已清楚了，比拉彗星已经崩溃，组成彗星的物质颗粒已瓦解并散布在原来的轨道面上，形成比拉流星群，仙女座流星雨就是由比拉彗星的碎粒、比拉流星群造成的。比拉彗星的崩溃速度加快直到彻底崩溃的过程，至少是从 1845 年就已经开始了，它的碎裂物早已逐渐分散到轨道的各部分去，因此，在此之前，仙女座流星雨已经存在，曾经被观测到过的就有 1789 年、1830 年和 1838 年等，只是远没有 1872 年的那次规模大。

又跳过一个周期后，1885 年 11 月 27 日，再次发生了一场大规模的仙女座流星雨。在 5 个小时内总共出现了约 5 万颗流星。直到现在，每年 11 月 27 日前后，仙女座流星雨都有些活跃，只是流星数已远远不如当年了。

至于比拉彗星本身，自从 1852 年以大小两部分的形象最后一次出现过之后，再也没有以彗星的身份出现过。

狮子座流星雨

像比拉彗星这样化为流星体后做精彩表演的，并不是惟一的。与最壮观的狮子座流星雨联系在一起的、1866 年出现的"坦普尔"彗星是又一个例子。

从我国和其他国家的历史文献来看，狮子座流星雨最早是在公元 902 年出现，我国最早的记录是公元 931 年 10 月 19～21 日。最盛大的一次狮子座流星雨则在 1833 年 1 1 月 13 日。这次流星雨长达六七个小时，流星总数估计在 24 万颗以上。

天文学家发现，已过去的 1766 年和 1799 年，狮子座方向都出现过大量流星，而每次间隔都是 33～34 年。是否意味着狮子座流星群的公转周期是 33～34 年呢？如果是这样的话，1866 年就又该出现大流星雨了。

结果不出所料，1866 年是一次颇大的狮子座流星雨。这就不仅肯定流星群的公转周期是 33～34 年，并且告诉我们流星体在轨道上并不是均匀分布的，而是特别密集在一个不大的轨道区域内。

可能由于受到大行星的摄动影响，流星群的轨道发生了变化，它的流星体密集区有所偏移，1899 年和 1933 年都没有发生大家期待着的壮观流星雨。

在人们对狮子座流星雨不抱多大希望的时候，1966 年 11 月它好像要恢复自己"名誉"似的，出现了特别大的流星雨，估计每小时的流星数在 10 万以上，连续约 4 个小时。

说来也巧，在没有预料到的 1997 年 11 月，比较丰盛的狮子座流星雨突然来临，使得很多人认为狮子座流星群的密集部分可能在轨道上前移了！于是作出了 1998 年盛大流星雨的预报。从天文学家的角度来说，1998 年的狮子座流星雨是相当不错的，每小时至少有好几百颗流星，但不那么亮，对于广大人民群众来说，多少感到有些失望。

有一点是肯定的，比拉彗星和仙女座流星雨，坦普尔彗星和狮子座流星雨，都以铁的事实，形象而生动地告诉了我们，彗星和流星群、流星雨有密切关系。

震惊世界的"天火"

一场从"天"而降突如其来的大火,转瞬之间把西伯利亚一片方圆上百公里的原始森林夷为平地。

时间:1908 年 6 月 30 日当地时间上午 7 时 15 分左右。

地点:西伯利亚中部通古斯河上游瓦纳瓦腊以北 50 千米的密林中。地理坐标:北纬 65055',东经 101057'。

这是 20 世纪初,也是有史以来人类"亲眼目睹"发生在地球上的最大的一次"爆炸"。据估计,它大致相当于 3500 万吨 TNT 烈性炸药的威力,或者说,与数千颗 1945 年 8 月投掷在日本广岛的原子弹的威力不相上下。

反　响

请对这次史无前例的大爆炸留下个粗略的概念吧。

那天早晨 7 时左右,当来自空间的一个巨大物体,不知由于什么原因而脱离了原来轨道,由南向北掠过印度洋高空,跨越喜马拉雅山群峰时,它是在近乎真空的高层大气里飞行,既未燃烧,也未爆裂,无声无光,默默无闻。当它到达中国西部高空时,它已经进入较密的大气层,因撞击、摩擦等原因,温度已高达 3 000℃,看到这现象的人们都为天空中出现了"来历不明"的大火球而惊慌。

说时迟,那时快,大约在 7 时 15 分,飞行物已飞临西伯利亚中部通古斯河谷,突然,人烟稀少而布满沼泽的大片针叶林地区狂风大作,一个从来没有听到过的震耳欲聋的巨响同时带来了地动山摇,好像连地球都快炸裂开来了。巨响的余波像闷雷那样还在空气中回荡时,一个大蘑菇云拔地而起，很快上升到 20 千米左右的高空，其景象十分壮观。

几十千米外，狩猎交易所附近的牧人，觉得全身灼热，好像自己是在火堆中。一股不可抗拒的热浪，把他们抛离地面，随后又跌落在已倒下的树干上，身不由己，又惊又怕。他们还没弄清楚这究竟是怎么回事，远处森林已开始起火，滚滚浓烟把天空都遮住了。

60 千米外，一位农民的回忆是：强大的冲击热浪使他顿时失去知觉，苏醒过来后，只觉得天昏地暗，天旋地转，世界末日到来般的恐怖笼罩着他和周围的一切。他不清楚自己是在什么地方。

160 千米外，一个在河边工作的工人，一下子被热浪冲入河水，目瞪口呆地不清楚自己是怎么下的水。

240 千米外，强劲的热风从地面上刮跑了一层地皮，在水面上吹起了一堵水墙。

400 千米外，暴风席卷了屋顶，推倒了墙壁，家具什物被吹得满天飞舞，人们以为发生了特大的龙卷风。

800 千米外，一列正在行驶中的火车突然发生颠簸，行李架上的箱包纷纷落下，火车司机看到前方的铁轨在跳"摇摆舞"。大家都以为发生了地震。冲天的火光，把方圆 800 千米范围内的地面和天空照得一片通红。

1 000 千米范围内，人们都听到了从未经历过的巨大爆炸声，以及随后的延长了好长一段时间的隆隆回响。

1 500 千米的范围内，人们都看到了火球掠天而过的惊险场面，以及被火光照亮了的天空。

大爆炸使得大气发生前所未有的大震荡，大震荡传向四面八方。1 小时之后，远在 970 千米以外的伊尔库茨克气象台测到了。5 个来小时之后，5 000 千米外的德国波茨坦也测到了。爆炸使得整个西伯利亚和欧洲各地的气流发生很大的骚动，英国气象中心发现大气压像弹簧般上下波动达 20 分钟之久。

18 小时后，气浪冲到了美国华盛顿；而 30 小时后，尽管大气震荡已大大减弱，但仍然是很明显地在波茨坦被接收到，它已绕地球一周。连续两个晚上，爆炸掀起的尘粒使得天空变得异常明亮，甚至远在苏格兰，人们都可以借用这种反射光把报纸上的字看得清清楚楚。

通古斯大爆炸引起的地震波，在华盛顿、澳大利亚等地的地震仪上，都留下了记录。

那么，究竟是个什么东西在通古斯爆炸了呢？竟然引起了那么大的全球反响！

考　察

1927 年，当时苏联科学院组织了一支专门的考察队，去爆炸现场进行实地调查。考察队由经验丰富的矿物学家库利克领导，这位对陨星陨落情况见识很广的学者，面对着通古斯现场，也不免感到极度的惊讶。庆幸的是，除了自然破坏之外，近 20 来年间没有遭到过人为的破坏。道理也很简单，当地的人认为，这次大爆炸是由十恶不赦的恶魔造成的，他干尽坏事，受到神的严厉惩罚，坠落到地面而粉身碎骨。所以，谁也不愿意接近这个地方，在通古斯人眼中，这是块是非之地、不祥之地。

考察队员费了九牛二虎之力，艰难地长途跋涉、翻山越岭好几天，一路尽是遭到严重破坏的满目荒凉景象。他们走到了库利克叫它"大锅"的一片南沼泽地，并认为那次大爆炸就直接发生在这片地区上空 3~5 千米的地方。

在一般情况下，陨星坠落的中心区域总有一些大小不等的陨石坑。在附近还可以捡到大量陨星碎片。这里的情况却完全是另外的样子，既无大陨石坑，又无陨石碎片，只是一个大泥潭。

根据所作的调查，在距离爆炸中心 30 千米以内的范围内，所有树木全被连根拔起和烧焦，在 30~60 千米范围内的树木，全被推倒在地，没有例外。一些直径在五六十厘米以上的树木，有的被折断得七零八落，躺在一边。尤其使人不可思议的是，好像树木们都接受了最严格的命令，整整齐齐地都朝着一个方向卧倒，即朝着爆炸中心的方向，没有例外。这无异清楚地告诉考察者们，冲击波是从什么方向来的。

在那个大泥潭周围，情况有所不同：四周卧倒的树木排列成放射状，考察队员们明白，他们实际上已是到达了目的地。奇怪的是，他们踏勘了附近的地区，没有发现陨星的痕迹。现实情况迫使库利克教授作出这样的判断：陨星一定深埋在沼泽的下面，陨星坑由于长期被水淹，形成了现在看到的沼泽。

通古斯大爆炸使成片树木倒地

库利克教授下决心排除沼泽里的水，清理出底部的淤泥，找到那块可能很大的陨星。可是，尽管已挖得很深，超过了10层楼房高那样的深度，结果仍是一无所获。

奇怪！陨星哪里去了呢？

我们不准备介绍二次大战前后对通古斯地区一次又一次的考察，工作很艰巨，但所得到的补偿实在太有限了。通古斯大爆炸留给我们的只是：被大火吞噬了的2 000平方千米的原始森林，倒下了的60 000株树木，距中心3千米范围内的直径1~50米的200多个坑穴，被杀死的1 500头驯鹿，以及一大堆的疑难问题。也找到了一些陨星碎屑，但也仅仅是碎屑罢了。

两次"天火"

通古斯大爆炸究竟是怎么回事？

经过近百年的调查研究，通古斯大爆炸之谜还没有弄清楚。先后提出来的见解有好多种，但没有一种得到普遍的公认。这些见解是：来自太阳系外星球的原子动力飞船在西伯利亚上空"失事"；由宇宙间一种我们还不熟悉的"反物质"微粒闯入地球大气层而引起的；密度大得惊人的、一小块重上百万吨的"黑洞"物质对地球的突然袭击引起的；彗星残骸与地球相撞；著名短周期彗星——恩克彗星的碎片撞击地球，等等。

是外星人驾驶的宇宙飞船，或者说"飞碟"也罢，是彗星核也罢，多少科学家进行了考察、探索、精心研究、孜孜不倦地工作，希望早日揭开爆炸之谜，得到准确的答案。在此期间，通古斯事件得到了广泛的报道，它成为20世纪中得到最广泛报道的事件之一，世界上几乎没有一个国家、没有一本科学技术性的杂志，不是一而再、再而三地加以介绍和报道。

这个20世纪初的事件是否能在20世纪末之前得到解决，现在看来是不可能了。问题肯定将留到21世纪去。

除通古斯大爆炸外，20世纪的另外一次"天火"，也发生在当时苏联境内。

1947年2月12日，一颗大陨星陨落在当时苏联远东城市海参崴附近的老爷岭，出现了类似通古斯大爆炸时的各种现象，只是规模稍小罢了。上百千米以外的人能听到陨星陨落时发出的巨响，强大的气浪把周围好几千米以内的窗玻璃都震碎了。当时苏联科学院曾派考察队进行现场调查，发现这是一次罕见的铁质陨星雨。

陨星大致是在15～20千米的高空崩裂的，崩裂后的碎块散落在一个椭圆形区域内，长径约12千米，短径约6千米，共发现有103个陨星坑，直径一般在15～25米之间，最大的一个为28米。共收集到数千块碎片，总重量达23吨，其中有些碎片重300公斤以上，最大的一块重1 700多公斤。这些陨星标本现在大多陈列和保存在俄罗斯科学院的陨星博物馆，以及各研究单位和地方博物馆内。

研究结果表明，老爷岭陨星在进入地球大气层之前，可能重千吨以上，是个大铁镍"丸子"。它是从地球公转方向的后侧以每秒不超过42千米的速度赶上来的，由于地球的公转速度约每秒30千米，所以陨星陨落到地面时的速度不大，大致为每秒12千米或稍小些。而1908年通古斯"陨星"却是迎着地球飞来的，与地球撞了个满怀，相对速度在每秒六七十千米左右。这两种相撞情况的后果，与两辆汽车追尾相撞和面对面相撞的道理是一样的。

恐龙哪里去了

去科学馆或者自然博物馆参观的时候，我们常常会被那长脖子高高地吊在天花板上的巨大恐龙骨骼所吸引，并感到惊讶。恐龙的种类很多，体型也各不相同，有大有小。相当一部分恐龙都是庞然大物，大的体长数十米，重四五十吨；小的也有体长不足一米的。

在中生代期间，恐龙非常繁盛，这些吓人的怪兽称霸地球。中生代是地质年代的一种，大致从距离现在 2.3 亿年前开始，到 6700 万年前结束。令人奇怪的是，主要生活在陆地和沼泽附近、主宰地球几乎长达 1.6 亿年的那么多恐龙，竟然在距离现在约 6500 万年前，"突然"迅速灭绝，只留下了些骨骼供我们观赏和研究。

我们不完全清楚恐龙的灭绝过程有多长，大体上不会超过几万年，从动不动就以几百万、上千万年来计算的地质年代的角度来看，即使是几万年的话，也只不过是短暂的瞬间。

我们大家非常感兴趣的是：究竟发生了什么事情，使恐龙那么快就灭绝了呢？科学家们对这种"浩劫"既惊讶，又迷惑不解。对此提出各种见解的大有人在，但直到今天，它仍然是个不解之谜，有待深入探讨。

小行星闯下的祸

一种见解把恐龙的灭绝归咎于某个天体对地球的"突然"袭击。比较普遍的看法认为它很可能是一颗阿波罗型小行星。所谓阿波罗型小行星，是一种绕日轨道比较特殊的小行星，它的轨道能穿到金星轨道的内侧，并且几乎与地球轨道相交，是被认为有可能撞到地球上来的一类小行星。

据说，在约 6500 万年前的某一天，一颗阿波罗型小行星"突然"脱

离原来的轨道，向地球奔袭而来。当它开始进入大气高层时，很快就变成比太阳还耀眼得多的大火球。它所产生的激波发出恐龙们从未听到过的巨响，恐龙还没有弄清楚这究竟是怎么回事时，小行星已经砸向地面。

据认为，这颗小行星的直径约9~10千米，重约12.7万亿吨。不知道你听说过一种叫做梯恩梯（缩写为TNT）的炸药没有，这是一种最常用的、威力较大的军用炸药。那颗为恐龙带来灾难的小行星与地球相撞时，形成了相当于上百万吨

6500万年前小行星袭击地球的一种设想图

梯恩梯炸药的爆炸力，其威力十分惊心动魄。

大爆炸把大量的岩石粉尘和气化物质抛到九霄云外，其中相当一部分物质冷却后停留在高空，形成覆盖全地球的尘埃云。据信，其中有约20%的尘埃停留在地球上空的平流层中，不仅把地球围个水泄不通，而且在好几年的时间里，阻挡着阳光透过云层，射向地球表面。在这段时间里，地球变成了一个名副其实的"黑暗"世界：光合作用无法进行，各类植物大量枯萎和死亡，包括恐龙在内的陆地和海洋中的大批生物，由于饥饿、寒冷和找不到足够的食物，而又无法适应突然改变了的环境，在很短的时间内遭到彻底灭绝的厄运。

有证据能说明小行星与地球相撞吗？

一些科学家指出，地层中含有较多的稀有元素铱就是证据。地壳中这种元素的含量很少，而科学家们最初在意大利某处6500万年前的沉积层中，发现含有较丰富的铱，后来又在好些别的地方也都发现类似现象。他们以此作为小行星曾与地球相撞的见证物。因为，在小行星和陨星之类的天体中，铱这种元素的含量是比较高的。

有人认为与地球相撞的并非小行星，而是一颗彗星。这与小行星的情况没有多大差别。

不同的意见

对此，也有人持有不同见解。

如果承认富铱地层是由小行星带给地球的，那么，谁都会想到，地球上各个地方的富铱地层应该大体相同。可是，事实并非如此。一些科学家认为，从富铱层的矿物成分来看，说它是地球火山灰与海水相互作用的产物，似乎更合理些。而且有的地方发现富铱层不是一层，而是好几层，这就进一步证明了富铱层来自火山的可能性更大。地幔层含有比较丰富的铱，火山喷发正好为富含铱的物质从地球深处来到地面附近提供了条件，加上火山的多次喷发，完全可以合理地解释：为什么有的地方富铱层是好几层而不是一层，何况有的富铱层还位于恐龙灭绝层之上。

退一步说，即使小行星确实与地球相撞，那么，一颗直径10来千米的小行星，大概会在地面上砸出一个直径150千米左右的陨石坑。哪里有这么个大陨石坑呢？有人先后提出的候选者有：葡萄牙的一处洼地，西伯利亚北部喀拉海岸边的一处陨石坑，美国衣阿华州的一处圆形地貌，以及加勒比海附近的两个地方：一个位于古巴南部，另一个在哥伦比亚的北部。这样的候选者还可以提出不少，但至今没有一处得到普遍的承认。

也有这样一种近乎折中的意见：在6500万年前的那段历史时期里，似乎确实有某种巨大的地外物体袭击过地球。至于它是什么，有多大，以及它是否与恐龙绝灭有关系，那是另一回事。

"死星"

有人以"死星"假说来解释恐龙的绝灭。据说，银河系中这颗星的运行周期约2600万年，当它每次来到太阳系附近时，都会为地球造成许多灾难，其中包括大量的生物灭绝。"死星"在穿越离太阳15万天文单位（约2个多光年）处的奥尔特云，即所谓的彗星"储库"时，使大量的彗星改变运行轨道。其中一部分来到太阳和地球附近，猛烈地撞向地球，恐龙是在这种情况下迅速死亡的。这个又被称作"复仇女神星"的"罪魁祸首"，据说现在正在离我们太阳2—3个光年的空间深处缓慢地运行着，下次接近太阳系将在 1300 万 ~ 1.500 万年之后。

据说，"死星"的体积很小，发出的光非常微弱。换句话说，现在谁都无法证明它的存在和确有其事。这样的假说得不到普遍承认，那是理所当然的。

灾变还是渐变

"死星"假说可以称之为灾变说，即由一些突发事件在地球上引起灾难性的后果。把恐龙灭绝归之于灾变事件的，还有超新星爆发，地球两极冰雪的融化和海水泛滥、淹没陆地，地球磁场南北极的倒转，火山爆发等。

与灾变说相对立的观点是渐变说，好些人认为，从长远的眼光看问题，渐变是普遍存在的，生物学上和地质学上，这类渐变的例子俯拾即是，一些动物和物种的消亡和灭绝，应当看做是正常现象，是物种进化的组成部分。

当然，也不乏人把灾变说和渐变说调和起来，认为像恐龙灭绝的历史性事件，很可能就是这种情况：一方面是恐龙和其他生物在长时期逐渐和缓慢地变化之中；另一方面，由于灾变事件而使原来的进化过程激化，灾难性后果加重。一位美国地质学家就是这么主张的，他认为 6500 万年前使恐龙灭绝和大部分物种消亡的灾变性事件，其主要原因不在地球之外而在地球本身，即发生在地球火山剧烈活动和喷发时期。由于这种我们从未见过的大规模火山喷发，大量的二氧化碳气体被抛进大气层，经过一段不长的时间之后，地球周围形成厚厚的二氧化碳层，它把地球严严实实地包围了起来，产生了温室效应，效应越来越显著，地球环境逐渐变暖，气温逐渐上升到生物难以承受的程度。这不仅改变了恐龙和一些生物的生殖和生存能力，更主要的是自身改变的速度无法适应环境的更快改变速度，这样经过譬如说一二百万年之久，恐龙等生物终于无法再生存下去。

恐龙曾经在很长的一段历史时期里"统治"着地球，这是事实；恐龙在 6500 万年前相对而言很短的一段历史时期里迅速灭绝，这也是事实。按理说，造成恐龙很快灭绝之"果"的"因"，应该在很大程度上也是灾变性的，至于被灭绝的那些种类繁多的物种，是否早已在渐变之中，那是需要另外考虑的。恐龙等灭绝的直接原因何在？地球因素也好，宇宙因素也好，小行星也好，彗星也好，"死星"也好，已经在学术界争论了很长一段时期，看来，还得再继续争论下去。

生活中的天文学

⊙ "太阳爆发"是怎么回事
⊙ 月到中秋分外明
⊙ 抬头望地球　低头思故乡
⊙ 认星星　定方向
⊙ 北京时间和北京当地的时间
⊙ 地球环境与人
⊙ 早晚的太阳为什么红得那么鲜艳
⊙ 农历和阴历不是一码事
⊙ 星星为什么都在眨眼
⊙ 地球也是颗星吗
⊙ 我们是孤独的吗
⊙ 影子"变"的戏法
⊙ 莫忘观赏日全食
⊙ 白天的月亮
⊙ 地极并不固定
⊙ 二十四节气
⊙ 节气的日期
⊙ 冬至起九
⊙ 春打六九头
⊙ 秋后一伏
⊙ 超宽银幕和全天域电影

"太阳爆发"是怎么回事

有的年份，"太阳爆发"的消息在报纸上常有报道。对于不了解太阳和所谓"太阳爆发"的人来说，有时真会被吓一跳：太阳与我们关系密切，它要真是爆炸了，地球岂不要遭殃，我们人类不就跟着遭殃吗！请你放心，这里说的是"太阳爆发"，不是"爆炸"。科学家们早已经明白告诉我们，像我们太阳这种类型的天体，是不可能发生一般所说的那种爆炸的。

太阳爆发只是一种比较通俗的说法，天文学的书里称它为"色球爆发"，也就是说，它只不过是太阳色球那一部分的局部地区发生了爆发现象。大家一定会问：那么，色球究竟是太阳上的哪一部分呢？为什么发生在那里的爆发，使得科学家和新闻媒介那么关心呢？

需要先说一下太阳的构造。从里到外，太阳可以分成好几层，我们平常看到而且使人睁不开眼睛的，只是太阳表面，也是太阳大气部分的底层，叫做光球。太阳大气可以根据不同性质分为三个层次，另外的两层是光球上面的色球，和色球上面的日冕。光球只有500来千米厚，与太阳直径139万千米相比，只不过是薄薄的一层。色球比光球要厚一些，但也只有2 000来千米。这两个层次的温度是这样的：光球的温度只有5 000多度，而在色球层的顶部，温度已经上升到了几万度。色球层是个充满磁场的空间，由于磁场的不稳定和发生变化，有时在这里就发生一种被叫做"耀斑"的现象。

耀斑是一种什么现象呢？简单而明了地说，那就是色球内部的局部地区突然增亮，突然爆发性地释放出巨大能量的现象，增亮的面积可以达到好几亿平方千米，不过这对于太阳来说，还是个很有限的、不大的面积。色球爆发的名称就是这样来的，有人叫它太阳爆发，可能是因为这个名称更通俗易懂一些。

耀斑发生时，向外发出大量的、能量很高的带电物质，它的特点是：时间短、能量大、来势猛，而且向四面八方发射出来的辐射比较齐全，既有射电辐射、红外线、可见光，也有紫外线、X射线和伽马射线等，各种不同波长的辐射可说是应有尽有。从这个角度来说，耀斑为我们展示了一幅丰富多彩的太阳图像。可是，耀斑发出的高能量物质来到地球附近时，地球磁场和大气层就会受到干扰乃至破坏，大气层中的电离层被破坏后，短波无线电通信就会失常乃至完全中断，就有可能破坏人造卫星和宇宙飞船上的各种仪表，严重威胁宇航员的生命。耀斑对气象和降水过程、地球两极上空出现极光现象等许多方面，都有着不同程度的关系和影响。

这么一说，事情就很清楚了，正是由于耀斑与地球上的各种现象，以及我们人类的活动和生活密切相关，耀斑现象引起科学家们的注意，这是理所当然的。耀斑爆发的预报工作一般都是由各个国家的天文台在做，那里有专门的工作人员和设备，每时每刻都在监视着太阳的一举一动，及时发出各种必要的预报乃至警报，提醒有关部门注意和做好预防工作。

耀斑都出现在太阳黑子上空和附近，因此，在太阳活动比较剧烈和黑子出现得比较多的年份里，耀斑也出现得比较多，这段时期里，报纸上关于耀斑的报道自然也比较多。我们同时也可以理解到，长期坚持观测太阳黑子和注意它的活动规律，是件非常重要的事，关系到国防、经济、科学研究等方方面面，自然也是天文学家们的重要研究课题。

月到中秋分外明

中秋节是我国人民非常熟悉的一个节日，也是合家团圆的传统节日。中秋节是在农历每年的八月十五。农历以七、八和九月的三个月为秋季，八月十五是秋季三个月的中间，中秋的名称是很恰当的。

对于我国多数地区来说，中秋前后是一年中天气最好的一段时期。在这之前很长一段时间里一直滞留在我国好些地区上空的暖湿空气，已经消失，原来月亮好像老是被云雾覆盖着的现象也已经结束。从北方开始吹来干燥而略带些寒意的空气，在把暖而湿的空气吹跑之后，天空变得越来越透明，好像谁用水把天空彻底清洗了一遍。天高气爽，月亮不再像过去那样只是发出柔和的光辉，而是变得越来越皎洁，似乎变得分外明亮了。"月到中秋分外明"的说法也就流传得非常之广。

那么，中秋时的月亮是不是一年中最亮的呢？

从天文学的角度来说，谈论中秋月的亮度，至少得考虑这么两个问题：一、中秋时月亮是否最圆，因为月亮最圆时才最亮；二、中秋时月亮是否距离地球最近，因为月亮距离近的时候，看起来就大，就比离得远的时候要亮。

我们先说第一个问题：中秋的月亮是否最圆。

农历每个月的十五叫做"望"，这一天的月亮叫做望月，也叫满月。习惯上都把这一天的月亮看做是最圆的，实际上，这是不对的。问题在于农历中的这个"望"和"望月"，与天文学上有着严格定义的"望"和满月，彼此之间是有关系，但不是一码事。

从地球上看太阳和月亮，它们相差整整180度的时候，叫做望，望是一个非常确定的时刻，就是说，它在哪天几点几分，一点不含糊。这个时刻，也只是这个时刻，月亮最圆。那么，望的这个时刻是否就在农历每个月的十五晚上呢？有可能，但在多数情况下，不是。

　　问题很简单：月亮从一次望到下一次望中间相隔的时间，平均是 29 天 12 小时 44 分多钟，而农历的月份小月是 29 天，大月是 30 天，有时是连着两个小月，或者连着两个大月，很不规则，使得天文学上的那个望的时刻，在一个农历年中，一般只有两三个月是在十五，多数是在十六，有时甚至是在十七。说实在的，农历八月十五晚上而恰恰也是天文学上的那个望，机会甚少，通常是天文学上的那个望在农历的十六，甚至十七。一般说，十六的月亮比十五的更圆，就是这个意思。

　　第二个问题，中秋时月亮是否离地球最近？答案总体是否定的。月亮绕地球运转的轨道是椭圆形的，它离地球最近时，也就是在轨道上的近地点时，只有 35 万多千米，最远时，也就是在轨道上的远地点时，可超过 40 万千米，而月亮从近地点或者远地点出发，再回到近地点或者远地点时，需要 27 天 13 小时多。前面说过，从一次望到下一次望是 29 天 12 小时 44 分多，显然，月亮最圆和离地球最近不大可能都赶在农历十五的同一天，也就是说，中秋时月亮并不一定离地球最近。

　　至于某一年的中秋月亮究竟是什么条件，什么情况，那就得具体情况具体分析。看它离天文学上的那个望的时刻有多长，看它离地球有多远等情况。

　　上面只是从天文科学的角度，实事求是地分析中秋月的情况，没有考虑到气象等其他方面的条件和情况。尽管如此，我们完全可以照常赏月，照常在清澈的月光下欢度节日、享受团聚的快乐，照常背诵那些著名的诗句："一年明月今宵多"，或者"但愿人长久，千里共婵娟"……

抬头望地球　低头思故乡

　　读者一定会觉得，"抬头望地球，低头思故乡"不就是从唐代大诗人李白那里借用来的诗句吗！是这样。原来的诗句是"举头望明月，低头思故乡"，说的是在地球上看月亮时的心情。这里改了几个字，想要说的是宇航员们在月亮上看月亮天空中的地球时的思乡之情。

　　对于我们生活在地球上的人来说，至多也只是在报纸杂志上看到过几张从一二十万千米之外拍摄的地球照片，对于地球的"庐山真面目"，尤其是从月亮上看地球时的情景，知道得还不是那么多，原因当然是因为我们是在地球上。

　　登上过月球的好些宇航员们，曾为我们描述过他们在月球上看地球的情景。一踏上月亮这片荒凉、寂静、死气沉沉的土地，令他们特别向往的、同时也充满着怀念和希望的，是高挂在黑洞洞月亮天空中的地球故乡。因为缺乏空气和它的散射等作用，即使太阳在天空中的时候，天空照样是黑糊糊的，就连明亮程度不同的众多星星，虽然只是些星点子，也一点没有被太阳光掩盖起来的意思，各自在自己的位置上，星光稳定地照耀着同样也是黑糊糊的月亮表面。

　　首先引起宇航员们注意的，当然是月亮天空中的地球，而且它也有我们很熟悉的、像月亮圆缺变化那样的形状变化，或者叫盈亏变化。所不同的是，在月亮上看地球的圆缺变化，和在地球上看月亮的圆缺变化，两者的圆缺变化模样基本上是一样的，在时间上则是互相差半个来月。也就是说，在地球上是看到上弦月和下弦月的时候，这时宇航员在月亮上看到的地球分别是"下弦地"和"上弦地"；在地球上是农历初一看不到月亮的时候，宇航员看到的是月亮天空中明亮和圆圆的大地球。也可以这么说，如果从地球上看起来，月亮刚好把太阳挡住了而发生日食时，这时，月亮上的宇航员们所看到的是，月亮影子落在了地球上，看到的是"地食"。

从大小等方面来说，月亮天空中的地球与地球天空中的月亮，看起来大不相同：同样是呈现为圆面时，月亮天空中的地球比我们看到的月亮，直径大 3.7 倍左右，面积几乎大了 14 倍，明亮的程度达到 70 倍上下，使人不大敢直接对着它看。这是很容易理解的，地球面积不仅比月亮大 14 倍，反照率也是月亮的 5 倍多，也就是地球将所接受到的太阳光向外反射回去的本领，比月亮的大 5 倍多。在月球上，在明亮的"地球光"照耀下，看书读报那是没有什么问题的。

月球上的宇航员们特别被月亮天空中的美丽地球深深吸引：地球周围是一圈青白色的透亮光晕，衬托着蔚蓝色和深浅不等土黄色的主调，构成了一幅有趣的图案。它们是被太阳光照亮了的大气层、海洋和陆地。最容易引起宇航员们遐思的，是那些飘浮在地球圆面上空的棉絮状白云。宇航员们对地球的形状和整体面貌是那么的亲切和熟悉，他们都认为地球是宇宙空间最美丽动人的天体。

宇航员们以激动的心情观赏地球故乡的同时，也向我们提到了令人颇为担心的事，那就是他们看到了地球高空飘荡着由于人类对地球管理不善，而产生的黄色尘埃云，它们云雾缭绕般地"缠绕"在地球的周围。这

从月球上看人类的家园

是地球大气受到严重污染的证据，也是人类的生存环境正受到越来越严重威胁的证据。可是，我们就这么一个经不起持续不断地打击的地球，保护好地球、保护好人类这个可爱的老家，是摆在我们面前刻不容缓和责无旁贷的义务。

还有一点应该说一说的是：一些报刊上曾报道说，在月亮上能看到地球上的惟一人造物体，就是我国的万里长城。我们为祖国雄伟的万里长城而感到骄傲，不过，这种报道是不真实的，也是不科学的。万里长城全长好几千千米，可是它并不宽，在月亮上是看不到它的。

认星星　定方向

　　外出旅行，走夜路，或者在近海进行捕鱼等作业，有时候需要尽快知道大概方向。利用太阳、月亮和星星等天体来定方向，是应该掌握的方法之一。

　　白天，主要是利用太阳来确定方向。早晨，太阳从东方升起；中午，太阳在正南方，而且位置最高；傍晚，太阳从西方地平线落下。这就为我们提供了最基本的方向。说太阳从东方升起和西方落下，这只是在春分和秋分附近才比较正确，从春分到夏至，太阳升起的方向逐渐偏北，而在夏至时最偏北，在北京地区和差不多的地理纬度上，这个东最偏北的角度大约是32度。秋分之后到冬至，太阳升起的方向逐渐偏南，冬至时，在北京等地区，太阳从东最偏南约32度的地平线上升起。太阳落山的方向正好与升起时的情况相反，太阳从东南升起，就在西南落下，从东北升起，就在西北落下，西最偏南和西最偏北的角度，在北京地区也都是32度。

　　晚间，自然得利用月亮定方向。农历初一即新月时，虽然看不到月亮，它与太阳一起升落。初八即上弦时，月亮在太阳东面90度，约比太阳晚升起来6个小时，也晚6个小时落入地平线，稍为说得具体一些，那就是中午太阳在正南方时，月亮刚从东地平线上升起，太阳在西地平线上时，月亮在正南方，半夜前后，月亮在西地平线上。十五即望月时，月亮升起的时候，太阳落山，第二天太阳升起的时候，月亮落山。二十二即下弦时，月亮在太阳西面90度，它比太阳早6个小时升起来，也早6个小时落入地平线。参照太阳升起和落下的方向，就不难根据月亮圆缺来定方向。

　　根据星星定方向的方法很多。著名的北斗七星是比较容易找到的，在我国中纬度以北的广大地区，几乎每天晚上都可以看到。它的七颗主要亮星组成带把柄的斗的样子，那部分天空没有其他这样亮的星，所以很容易识别。

北斗七星

夏

秋

北极星

春

南
西 ── 东
北

冬

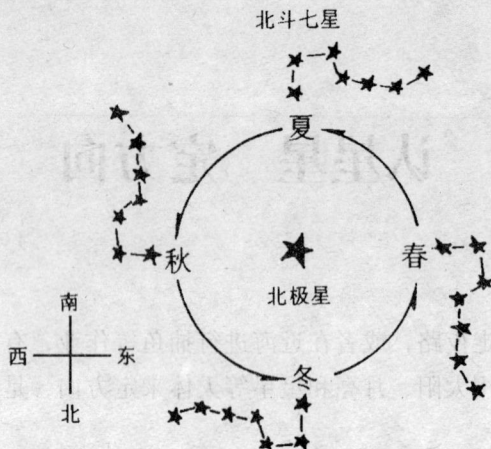

北斗七星为我们指示方向

斗的部分最靠外面的两颗星被称为指极星，这名称告诉我们，这两颗星的连线往北延长下去的话，就指向北极星，具体说来，那就是大体延长相当于那两颗星连线的5倍左右。北极星所在的地方是北，面对北，左西右东，背后就是南。

其实，北斗七星本身就可以用来指示方向。我国的古书上说："斗柄东指，天下皆春；斗柄南指，天下皆夏；斗柄西指，天下皆秋；斗柄北指，天下皆冬。"这就是说，在黄昏的时候，看组成斗柄的三颗星所指的方向，就可以知道季节。反过来当然也是一样的，即根据季节的不同，黄昏时的斗柄可以为我们指示方向。

在看不到北斗七星的时候，用一个与它遥遥相对的、叫做仙后座的星座，也可以找到北极星。方法是先找到仙后座中的最亮星，再在这个形状有点像阿拉伯数字"3"那样的星座前面，找到那颗不那么亮的星，附近没有别的星，所以不会搞错。把这两颗星用假想的线连起来，往北延长，也指向北极星。

认星星定方向的方法还有一些，有的比较复杂，这里我们就不作介绍了。

北京时间和北京当地的时间

看了这个题目，有人也许马上就要问：北京时间与北京当地的时间，不就是一码事嘛！每到正点，中央人民广播电台都要发出好几声"嘟、嘟、嘟……"的响声，这是我们大家都很熟悉的，接着是播音员亲切的声音："刚才最后一响，是北京时间7点整。"播音员说得很清楚，他报的是北京时间，不是别的什么时间，可是从来也没有听说过还有个什么"北京当地的时间"呀！

其实，北京时间和北京当地的时间是不一样的，两者之间相差10多分钟。我们先来说说北京当地的时间是怎么回事。

我们都知道，太阳在天空中的位置看起来是持续不断地自东向西移动，当它移动到了北京正南方，请注意，这里说的是严格意义上的正南方的时候，我们完全有理由说：现在是正午了。这样的时间叫做"地方时"。显然，北京的地方时对别的地方来说是不适用的，因为，在北京以东的地方，那里的太阳早已过了正南方，已经是下午，而对于在北京以西的地方来说，他们那里的地方时还是上午。严格说的话，同是北京，东城跟西城的时间有差别，东郊跟西郊的差别更大。

问题就很清楚了，如果每个国家，同一个国家的每个地方，同一个地方的每个地区，只要在东西方向上有差别，彼此的地方时就有差别。如果每个地方都只是以太阳到达自己地方的正南方作为正午，只使用自己的地方时，而不管别人用的什么时间，也不管这跟自己使用的时间有多少差别，这不就乱套了嘛！

为了解决这类问题，1884年的一次国际会议上，决定采用"区时"的办法，即在东西方向上，经度每15°就算是一个时区，这样，整个地球就建立了24个时区。在同一个时区里，尽管在东西方向上最大可以相差上千千米，规定都使用统一的时间，这时间一般就是时区中央经线上的时间，被称为区时或者叫标准时。你可以在这个时区里跑来跑去，只要不跑到时区东、西两头的两条界线之外去，就不用拨动手表改钟点，因为，在同一个时区里，到处用的都是同一个区时。

整个地球的 24 个时区都是编了号的，从西经 7.5°到东经 7.5°共 15°，算是 0 时区，用的是经度 0°上的时间，英国著名的格林尼治天文台就在 0°经线上，所以 0 时区的时间也叫格林尼治时间，或叫世界时。从 0 时区往东，经度每 15°，就是一个时区，依次是东 1 区、东 2 区……一直到东 12 区；从 0 时区往西，则是西 1 区、西 2 区……一直到西 12 区。东 12 区和西 12 区是重叠在一起的，实际上它们是一个时区。

我国幅员辽阔，从东到西跨越了 5 个时区，我国东部沿海地区都在东 8 区范围内，东 8 区以东经 120°经线上的标准时作为区时。东 8 区从东经 112.5°到 127.5°，在这东、西宽 15°范围内的地方，只要不出 112.50 和 127.50 的范围，也不论你是在北方还是南方，一律都用东 8 区的区时。我国首都北京位于东 8 区内，也用东 8 区的区时，习惯上就叫它"北京时间"。电台和电视台告诉我们的时间，都是北京时间，都是东 8 区的区时，即东经 120°经线的标准时。

北京的地理经度一般定为东经 116.5°，也就是在东经 120°的西面 3.5°，如果按北京当地的时间或者说北京地方时来算，东 8 区的区时是 12 点整的时候，北京当地的时间还没有到 12 点，还差约 14 分钟；北京当地的时间是 12 点整的话，东 8 区区时已经是 12 点 14 分。

东 8 区的时间比 0 时区早 8 个小时，比美国首都华盛顿所在的西 5 区早 13 个小时。譬如说，2000 年 1 月 1 日 0 时，北京已经进入了新的一年，英国首都伦敦还只是 1999 年 12 月 31 日下午 4 点钟，华盛顿则是那天上午的 11 时。我们在进行国际交往时，譬如说庆贺新年，或者想观赏在那里进行的体育比赛时，要注意这种时间上的差异。

地球环境与人

　　太阳系九大行星当中，地球上的生存环境无疑是最优越的。每颗恒星周围的一定距离范围内，都存在着一个最适宜于生命发生和发展的生态圈。这生态圈的大小与恒星的体积、温度等有着密切关系。一般认为，太阳系的生态圈，除地球外，还有金星、火星以及我们地球的天然卫星——月球。如果拿这些天体的生态条件简单地比较一下，就可以看出人类是处于多么美好的自然环境之中了。

　　空气混浊有碍身体健康，更不要说缺乏空气了。月球上没有空气；火星上虽有，但十分稀薄，其密度还不及地球上的1/150。大致相当于地球上3万米高空的大气密度，而且火星大气的97%以上为二氧化碳。金星大气周围有一层厚数十千米的浓硫酸雾。这样的大气具有很强的腐蚀作用。如此恶劣的环境，人是无法生存的。

　　水是生命不可缺少的。可是，月球上连一滴水也没有；金星、火星表面也许存在极少量的水，但对我们来说，那是远远不够的。

　　再说温度。金星表面温度达480℃左右，显然，机体细胞无法在这样的高温下生存；火星表面的平均温度约为零下二三十摄氏度；月球上白天最高可达100℃以上，夜晚则很快降到零下一百五六十摄氏度，不仅这样的高温、严寒，生命无法忍受，就连如此大的温差，生命要能抵御也是难以想象的。

　　地球大气主要是由氮和氧组成，二氧化碳约占万分之四左右，气压也较合适；水在地球上大量存在；地球表面平均温度为二十多摄氏度，日夜温差不大，年温差稍大些，但也都在人体组织能忍受的范围之内。

　　地球环境最适合于人类居住和从事各种活动。不仅如此，整个太阳系1万多亿平方千米的广阔区域内，可以肯定，只有我们地球是惟一有生命存在的星球了。至于更深远的宇宙空间范围内，从理论上说，有生命的星球应该是很多的。但到现在为止，我们所知道的，偌大的宇宙海洋中，也仅有地球这么一块宝地、一片绿洲。

让我们共同珍惜地球的环境，使人类健康地向前发展吧。

早晚的太阳为什么红得那么鲜艳

　　一轮鲜艳的红太阳从东方地平线上冉冉升起的壮观现象，你大概不止一次见到过；傍晚，太阳快落山时的那美丽的夕阳红，一定也会给你留下深刻和难忘的印象。

　　日出和日落时，看起来太阳红得可爱，如果太阳在天空中升得比较高的时候，你也去注意一下太阳的颜色，你会很明显地感觉到，这时的太阳一点也没有早晚的那种鲜红的色彩。这是为什么呢？

　　我们初步得出的结论自然会是这样：这绝不可能是太阳自己在短短的几个小时里，一忽儿从"红脸"变成"白里透黄"，一忽儿又从"白里透黄"变成了"红脸"。归根到底，是地球周围的大气在众目睽睽之下为我们变了个"魔术"。可以说，就是大气一忽儿把太阳打扮得那么漂亮，一忽儿又为它卸了妆，一忽儿又重新把它打扮起来。

　　大气本身是没有颜色的，它用什么东西把太阳"染"红，来为太阳梳妆打扮呢？

　　为太阳染色的染料是取之于太阳，而后又用之于太阳的。原来，我们看到的"白里透黄"、"黄里透白"的太阳光，并非是单色光，就是说它不是单一颜色的光，而是由七种主要颜色的光组成，它们是：红、橙、黄、绿、蓝、靛、紫。我们中间很多人可能都玩过用三棱镜来折射太阳光的游戏，手拿三棱镜对着太阳时，在另外一面的墙上就会出现一条由上面提到的那七种颜色组成的彩色光带，这就生动地告诉我们，太阳光是由这七种颜色组合成的。

　　所以会这样，主要因为各种颜色光的波长各不相同，红色光的波长最长，其次是橙色光，再其次是黄和绿，蓝、靛色光的波长比较短，紫色光的波长最短。这些不同波长的光经过三棱镜折射之后，就散开，并且依照波长长短的顺序形成一条彩色光带，这就是光谱。

大气也有这种把太阳光分解为七种主要颜色的本领。它靠的是飘浮在大气中的尘埃粒子、小水滴和气体分子等。夏天，雷雨过后，天气迅速转晴，有时就可以在天空中看到圆弧状的彩虹，它正是由这七种颜色组成的，因为，雷雨虽然已经过去，但天空中仍停留着许多细小的水滴，加上尘埃等，它们起着三棱镜那样的作用，使天空中出现了彩虹。

另外，不同波长的光，在天空中遇到尘埃粒子和气体分子时，被吸收的程度也不一样，紫、靛、蓝等最容易被挡住，或者被折射到另外的方向上去，其次是绿和黄，橙色和红色光的波长比较长，穿透本领最强，最不容易被吸收。这些情况我们都清楚了，再来说为什么早晚的太阳看起来是红的，就比较容易理解了。

早晨和傍晚时，太阳光是斜射到地面上来的，它在大气层中穿过的路径比较长，遇到尘埃粒子等的机会比较多，紫、靛、蓝、绿等光先后都被吸收掉了，剩下的主要是红色光，或者再带部分黄色光，它们克服种种困难，最后来到地面。于是，我们看到的是一个红得可爱的、红彤彤的红太阳了。

在烟雾弥漫、空气中尘埃等飘浮物比较多的地区，或者在大雾笼罩的日子，太阳就显得更红些，也是这个道理。

农历和阴历不是一码事

许多人都把我国广大人民使用的农历看做是阴历，甚至直接把农历叫做阴历，这都是不对的。

历法大体上可以分为三类：第一种是阳历，是依据地球绕太阳运行的规律制定出来的，目前绝大多数国家使用的公历，就是阳历的一种，阳历的一年是 365 天又四分之一天不到一些，阳历平年是 365 天，闰年是 366 天。第二种是阴历，是以月亮绕地球运行的规律制定出来的，阴历的大月是 30 天、小月 29 天，12 个月是一年，一年 354 天或者 355 天。阴历每年与阳历相差 11 天左右，如果某一年的元旦这两种历法都是在阳历的 1 月 1 日，那么，经过 10 多年之后，阳历的元旦还是 1 月 1 日，而阴历的元旦已经往前移了约半年；在阳历来说，1 月份是比较冷的一个月份，可是在阴历来说，这个比较冷的月份可以是在 7 月份、6 月份，或者一年中的任何一个月份。伊斯兰教使用的回历就是这样的阴历。

我国的农历并非刚才说的那种纯然的阴历，而是阴阳合历，它采纳了阴历和阳历的优点，并把它们协调起来，早在 2 000 多年前的春秋战国时期，我们的祖先就想出了用加闰月的办法来协调阴历和阳历之间的关系。前面说过，纯然的阴历每年要比阳历少 11 天左右，经过 3 年就差 30 多天，差了 1 个来月，于是就在这一年多加出来 1 个月，这个月就算是上个月的闰月，这一年就有 13 个月，叫做闰年，总共 383 天或 384 天。三年加出来 1 个闰月之后，还剩下好几天，再经过两年，又快是 1 个月的天数了，所以在第五年再加出来 1 个闰月。

经验的积累得出这样的结论：在 19 个阴历年里，加出来 7 个闰月的话，也就是 19 年里有 7 个闰年的话，阴历就和阳历协调得比较好了，这就是所谓的"十九年七闰法"。如果稍微说得具体一些，那就是这样：

19 个阳历年总共是 6 939 天又十分之六天。

19 个阴历年里加进去 7 个闰月之后，总共是 6 939 天又十分之七天。换句话说，在经过 19 年之后，农历只比阳历多算了大约十分之一天，相当于 2 个小时多一些。这么一点误差不算大，是很容易纠正过来的。

除了十九年加七个闰月的办法之外，我国还有一种更加精密的加闰月的办法，那就是在 391 年当中，多加出来 144 个闰月，这样，400 年当中只有 0.3 天的误差，平均起来，每 20 来年才只有一天的 1.5% 的误差。

大家可以看到，加了闰月之后，这时的阴历再也不是纯然的阴历，而是与阳历协调了的阴历，我们就说它是阴阳合历。我们平常所说的农历正是这样的阴阳合历。

星星为什么都在眨眼

你只要稍为注意一下，就可以看到天上的那些星星都在一闪一闪的，俗话说是星星在眨眼。在离城市灯光比较远的地方，天空比较黑，繁星满天，星光闪烁的现象更加明显些。

我们知道，星星都是遥远的太阳，都是跟我们太阳一般大，甚至还要大得多的天体，表面温度都有好几千度到好几万度，它们本身当然是不可能一忽儿亮些、一忽儿暗些在那里闪烁。可见，星光闪烁的原因不在星星本身，而是应该从我们地球上来找。说清楚了，星光闪烁是由于地球周围大气层的情况造成的。

地球大气层可以分为好几层，譬如离地面最近的对流层，在对流层上面的平流层等等。其实，对流层也好，平流层也好，也都不是一个条件一致的层次。在同一个层次里，大气密度和温度等都是随着高度变化的，风向也不是固定不变的，这么说起来，对流层可以进一步分为几百、上千物理条件各不相同的小分层。平流层等的情况也是这样。

如果地球大气从上到下在密度、温度等各个方面都是一致的，那么，来自遥远天体的星光就会顺利地通过大气，直接射在地面上。现在的情况不是这样，既然地球的大气层是由成百上千能起着小透镜那样作用的小分层组成，遥远恒星的星光在通过大气层时，就会随着小分层物理等情况的不同，被折射到不同的方向，折射的程度也不相同。我们在地球上看到的情况就是某颗星的星光忽隐忽现、忽亮忽暗、闪烁不停。一颗星是这样，所有的星都这样，而且闪烁的步伐也都不一致，就是这个道理，这也就是刚才说的星星在眨眼的原因。

同样的道理，在没有风的时候，星光闪烁得不那么厉害，在有风和风比较大的时候，星光闪烁得很厉害。从这个角度来说，根据星光闪烁的情况，可以在一定程度上预测天气情况。

有时候，我们也会在眨眼的星星当中，发现几颗与众不同的星，它们的星光并不闪烁，而是很稳定。如果是这样的话，你可以肯定，它们不是恒星，是行星，譬如说金星、火星、木星或者土星。同样是星，行星为什么不眨眼呢？

这当然是有道理的。从表面上看起来，恒星和行星似乎没有多大差别，事实上不是这样，如果你有一个看戏用的小小的双筒望远镜的话，拿来看一下恒星和那颗不眨眼的星，事情就会更清楚了。因为恒星离我们实在太远，用再大的望远镜看起来也只是个星点子。行星的情况就不一样，虽然它们离地球也有好几千万千米甚至更远些，但比起恒星来还是近得多。从望远镜里看起来，行星不是一个星点子，而是一个大小不等的圆面。圆面可以看成是由千千万万个"点子"聚集在一起组成的，它们也都在不停地闪烁，可是从同一个时间来说，一部分点子在闪烁，总有另外一些点子并不闪烁，或者让星光通过射向地面，这样，从整体来说，行星的光看起来就不在那里闪烁了。

地球也是颗星吗

我们居住的地球能算是颗星吗？如果拿这么个问题去问别人，你可能会得到各种各样的回答。概括起来是两种：一种是说地球是颗星，另外一种是说地球就是地球，是地，不是天上的星。

的确，不少人对地球是颗星的说法，都不以为然。理由是：我们都生活在地球上，地与天是根本不相同的，人造地球卫星发射成功，一般就说卫星上天，可见，卫星和宇宙飞船等都是从地球上发射上天的，地球不在天上，当然不是星。

也有人说，天上的各种各样的天体理所当然都是星，我们只是在地上，在地球上，我们可以仰望星空，熟悉和研究天上的那些星星，但我们只是"地"，不是"星"。

大概很少有人会不假思索地说地球是颗星，更不可能理直气壮地说地球是颗星，是我们人类居住的星。

应该承认，宇宙空间有各种各样的星。晚间在天空中看到的那些闪烁的星星，都是恒星，它们像我们的太阳那样，能够自己发光、发热，只是因为离我们实在是非常非常遥远，看上去才只是些星点子。根据物理性质等的不同，星星有各种不同类别，譬如说：双星，也就是成双成对的星；变星，亮度会变化的星；新星和超新星，它们原来都是很暗的星，由于突然猛烈爆发，成为很明亮的星；此外还有脉冲星、中子星等等。而且，在一般情况下所说的星，确实是专指这些恒星。

可是，我们不应该忘记，除了能自己发光的恒星之外，确实也存在许多自己不会发光，但也是名副其实的星，我们太阳系中的众多天体就是这样。以太阳为中心天体的太阳系中，太阳是惟一能自己发光、发热的天体，太阳是颗恒星。绕着太阳运行的有多种天体，它们自己全都不发光，仅仅靠反射太阳光而显得明亮，它们都是名正言顺的星，像大行星、小行星、卫星、彗星、流星等等。

在太阳系中已知有九颗大行星，它们是：离太阳比较近的水星和金星，其次是地球，远些的是火星，再远是木星和土星两颗巨行星，以及更远的天王星、海王星和冥王星。地球是九大行星之一，这不是很清楚地告诉我们地球是颗星吗！虽然地球不带个"星"字，这丝毫不妨碍它具有"星"的身份，它是颗不折不扣的星，是颗行星。

至于说到天上、地下的问题，这完全是相对的。我们居住的星球叫地球，我们就很自然地说自己是在地球上，在地上，说其他天体都是在天上。在月球上瞭望天空的宇航员，看到的是地球、太阳和其他星星一起都在月亮的天空中，都是在天上。

结论是非常清楚的，无论从什么角度来看，地球是颗星，是颗我们人类居住的星，说我们是在地上，或者说我们也是在天上，在宇宙空间，都是对的。我们人类是在天上，还是在地上，也是相对而言的，并非绝对的，问题在于我们是从什么角度来说的。

我们是孤独的吗

为什么要提出"我们是孤独的吗"这样的问题呢？

因为我们现在只知道地球上有生命，有人类，而人类多么希望能在宇宙间找到自己的同伴，找到其他星球上的智慧生物。这个愿望至少也已经有好几百年了，但直到今天，不管你叫它"外星人"，还是"地外文明"，仍是音信全无。于是，人们提出了问题：难道在宇宙间再也没有别的星球上存在智慧生物吗？难道我们在宇宙间是孤独的吗？

从道理上来说，地球上的生命是自然界物质发展和演变的结果。当然，物质不是随便都会发展和演变成为生命的，它需要一些条件。概括起来说：

第一，生命的诞生和演变要求有一个适当的温度环境，太高和太低都是不行的，否则，复杂的有机分子不是无法形成，便是形成了也无法维持下去，生命也就无从谈起。这也就是说，在表面温度达到好几千度的恒星上，不可能存在生命；生命只可能存在于环绕恒星运行的行星上，或者环绕行星运行的卫星上。这颗行星或者卫星应该离提供热能的恒星不远也不近，得到的热能适当。

第二，应该有个"好"太阳。它除了能提供热、光、紫外线等生命需要的各种辐射外，这种辐射不能太强，也不能太弱，而且一定得稳定。这就关系到恒星本身的一些情况，包括它的大小、质量、温度等。当然，这颗恒星必须是单颗的，也就是说，它不能是由两颗星组成的双星，更不能是由多颗星组成的聚星。要是有颗行星类的天体绕着双星或者聚星在转，它上面的情况将是非常复杂的，生命不可能在这样的行星上面存在。这颗恒星更不能是变星、新星或者超新星。

第三，生命的诞生和发展需要比我们所想象的多得多的时间。生命从低级到高级智慧生物，几亿年是远远不够的，这就要求那个"好"太阳是长寿命的，至少有几十亿到几百亿年的寿命，足以保证在孕育和发展生命的那个天体有足够的演化时间。

第四，上面说的那些条件再好，行星或者卫星本身的条件不具备，生命还是不可能诞生和发展。譬如说，行星或卫星得有一定的质量，足以在它的周围留住相当数量的大气，大气又可以保护天体表面的液体，使它不至于很快蒸发而逃到空间去，空气和水正是生命所不可缺少的；所说的空气和水都必须是适合生命取用的，有害的和有毒的都是不可想象的。

我们不可能把与生命有关的问题都列出来。总而言之，生命只可能存在于本身具备一定条件，而又从属于一个单颗的长寿命一"好"太阳的行星或者卫星上。

就目前所知道的情况来说，已经观测到的星系至少有10亿个，每个星系所包含的恒星从几十亿到几千亿不等。如果说，这些难以计数的恒星当中，有1/100的周围存在行星，这些行星当中的1/100发展起来了生命，而这些生命中，又只有1/100具备发展智慧生物的条件。如此七折八扣之后，仍旧可以得到一个巨大的数字，表明那么多的天体上可能存在一般所说的"外星人"。我们应该承认，生命是物质发展的必然，哪里具备了发展生命的条件，哪里就会产生出生命来。所以，从宇宙空间的角度来说，人类的近亲和远邻还是不少的，问题在于到目前为止，还没有任何"外星人"找上门来，而我们地球人的科学技术手段还不足以发现他们和跟他们取得联系。

影子"变"的戏法

好多人都见过日食这种不常见的天文现象：根据天文学家们在事前作出的预报，果然，不早也不晚，一个黑影从太阳的西面边缘外"溜"了过来，把太阳一点点遮住，越遮越大，有时甚至把整个太阳都遮住了。随后，黑影又一点点从太阳面上退出去，直到太阳恢复正常。这就是日食。

根据太阳被遮情况的不同，日食可以有三种类型：

1. 日偏食：自始至终黑影只遮住了太阳的一部分；

2. 日全食：在日食的全过程中，有一段不长的时间，譬如说数十秒钟到三四分钟，整个太阳圆面都被黑影遮住了，在太阳周围平常根本看不见的鲜红颜色的色球、从色球高高抛起的巨大"火舌"以及包围在更外面的银白色的日冕等，都变得一目了然，给人留下非常深刻的印象；

3. 日环食：在日食的全过程中，有那么短短的几分钟时间，黑影把太阳的中间部分都遮住了，太阳只剩下一圈明亮的窄环。

读者们可以看到，不管是发生哪种类型的日食，都跟那个黑影有着密切的关系，是它为我们"导演"了日食这出空间好戏。黑影来自什么东西呢？

它就是我们大家很熟悉的月亮，或者叫它月球。你也许会再叮问一句：确实是这样吗？我们平常看到的月亮都是亮亮的，怎么会成为一点亮光都没有的黑影呢？

那个黑影就是月球，这是千真万确的。发生日食的时候，月球绕地球转到了地球与太阳之间的位置，它冲着太阳的那半个月球自然是明亮的，背着太阳但却冲着地球的那半个月球，因为得不到太阳光，自然是黑暗的。只要月球是处在地球与太阳之间的这个位置上，它都是以黑暗的一面冲着地球，没有例外。主要问题是，对地球上的观测者来说，在每年的多数月份里，月球黑影不是从太阳的上方，便是从下方"走"过去，什么也

153

没有挡住，我们也就看不见它。如果不偏不歪，黑影从太阳前面经过，这就是我们在前面说的，黑影把太阳遮住，发生了日食。

月球走到了地球和太阳之间，不就是农历的初一吗！

正是这样。所以，根据我们刚才讲的发生日食的情况，要发生日食的话，那就是一定发生在农历初一那天，但多数的农历初一并不发生日食，其中的道理前面已经说了。

弄清楚了所以有时会发生日食、有时又不发生的道理，我们就再也不要去相信那些骗人的话了。至于说什么那黑影是"野狗"、日食不吉利、日食时要把井盖盖起来等均属无稽之谈。

日食是有规律的自然现象，一般每年都有两段时间会发生日食和月食，这两段时间相隔将近半年。如果第一段时间刚好在年初，这一年里就会有三段时间可发生日月食。天文学家们掌握了这类规律，就可以把将要发生日食和月食的时间和详细情况，预先计算出来告诉大家。下面摘录出2010年前我国可以看到的日食日期：

2002.06.11 日环食　我国可见日偏食

2003.05.31 日环食　我国可见日偏食

2004.10.14 日偏食　我国可见

2005.10.03 日环食　我国可见日偏食

2006.03.29 日全食　我国可见日偏食

2007.03.19 日偏食　我国可见

2008.08.01 日全食　从新疆到河南一线可见日全食，其余地区可见日偏食

2009.01.26 日环食　我国可见日偏食

2009.07.22 日全食　从西藏到长江口一线可见日全食，其余地区可见日偏食

2010.01.15 日环食　从云南到山东一线可见日环食，其余地区可见日偏食

更详细的情况，请读者注意天文台和报纸的有关报道。

莫忘观赏日全食

日全食是宇宙间最壮丽的天文现象，这样说并不过分。有人会说，倒是看到过几次日偏食，日全食可是从来都没见过。我们说：机会会来的。

看到过日全食的人，无例外地都留下了难忘的回忆。

日食照例是从太阳的西边缘开始的，因为月球在天空中自西向东移动位置，自然是它的东边缘首先接触到太阳的西边缘。即使是一次难得的日全食，刚开始时，尽管太阳被遮住的部分在不断地扩大，它还是那么耀眼，周围的一切也没有什么显著的变化，去注意日食的人不会很多。可是当太阳被遮去得越来越多，尤其是被遮得像农历初三四的月亮那样时，情况就完全不一样了。

这时，天空变得越来越暗，四周突然笼罩在一片越来越浓的黄昏景色之中，飞禽走兽为这突如其来的"夜"惶恐不安，乱鸣乱叫地寻找归巢。当太阳被全部挡住时，难以用笔墨形容的奇异景象出现了：天空一瞬间完全黑暗了下来，一些比较明亮的星星在头上闪烁，在那个"黑"太阳边上，一个明亮的红色"项圈"——色球格外引人注目，在它上面跳动着火焰般的红色日珥，形态千奇百怪，而且随时随地都在变化着。这一切又都被裹在柔和而又伸展得颇远的银白色光芒中，它就是日冕。日冕的形状跟太阳活动有着密切关系，每次日全食时，日冕形状都不相同，有时呈圆形，有时拉长，有时颇像个五角星，等等。

在太阳刚被全部遮住的日全食阶段开始瞬间，或者太阳边缘马上就要从黑影后面脱颖而出的日全食阶段终了瞬间，太阳边缘的某个地方有时突然大放光芒，有人把这比喻为像是镶嵌在指环上的金刚钻，它的正式名称是：倍里珠。所以会产生这种现象，是由于月球表面凹凸不平得厉害，如果凑巧太阳光刚好从两个山峰之间穿过，就会发生这种突然间大放光芒的奇观。

往往是一位观赏者正沉浸在这宇宙美景中时，一丝光芒从月球黑影后面突然出现，于是瞬息之间，色球、日珥、日冕连同那些星星都隐没不见，大地恢复了光明，气温略有回升，动物开始躁动，雄鸡引吭高歌，都在迎接"新"的一天的到来。这时，短短的日全食阶段结束了，日偏食还未结束，黑影继续在从太阳面上推出去。

一次长时间日食的全过程有三四个小时，而它的全食阶段再长也不会超过7分半钟，一般也就是二三四分钟。另外，这种机会难得的日全食并非每年都有，有时，一次机会不错的日全食将会发生，可是它偏偏只能在高山峻岭、原始森林、沙漠或海洋等人迹不易到达的地区才能看到，这种机会科学家们往往是不得不放弃。所以，只要日全食的观测条件比较好，科学家们都是好些年之前就开始做观测前的准备工作，包括开拓和论证新的观测项目，设计和制造专用的观测仪器和设备，以及调查和选择观测点，训练队伍等等。在日全食发生前的好几个月，他们就长途跋涉去观测点做好一切准备，等待到时候那几分钟的宝贵时间，去进行一些非得在日全食时才能进行的观测和研究。如果不巧，碰上阴雨天气或者太阳刚好被一块云挡住，那就前功尽弃，只能再去追逐另一次机会。

因为，每次日全食时，地面上能看到全食的区域是很小的，平均说起来，一个地方要三四百年才有一次看到日全食的机会，若在一个地方的话，也许几辈子都没有这种机会。这也就是前面提到的，许多人从来没有看到过日全食的原因。

我国境内近期观测日全食的好机会分别在 2008 年 8 月和 2009 年 7 月，第二次的机会更好一些。因为，能看到日全食的地区，有相当一部分是在我国长江流域人口稠密的地方。

一个国家首都的人民能看到日全食，实在太罕见了，因为，能看到日全食的区域本来就很窄，而它恰好又必须从这个城市经过。北京将得到这份殊荣，请你记住公元 2035 年 9 月 2 日这个日子，那天，日全食自己找上北京的门来，在北京的人将会观赏到极为难得的日全食。

白天的月亮

大白天，太阳还在天空中照耀着的时候，有时在上午或者下午，我们能在太阳附近不远的天空部分，看到一个淡淡的月亮，这是怎么回事呢？

如果你稍为留意一下，你就可以知道，在大白天看到月亮，月亮和太阳同时出现在天空中是常有的事。这是因为月亮绕地球转、地球又带着月亮一起绕太阳转的时候，我们从地球上看它们，它们的位置就在不断地发生变化。

当月亮与太阳在同一个方向，或者在方向上相差很小的时候，白天的天空中虽然太阳与月亮同在，但强烈的太阳光直接把不那么亮的月亮掩盖住了，我们就看不到月亮。在另外的情况下，如果月亮与太阳在方向上差得很远，譬如说相差180°左右，那么，在我们看起来，大体上是一个从东方升起，一个从西方落下，月亮只能在夜晚的天空中见到，白天也是看不到月亮的。

如果月亮与太阳在方向上离得不太远也不太近，譬如上弦或者下弦前后的那些日子里，月亮就会在大白天与太阳同时出现在天空中，出现在太阳的东面或者西面不远的天空部分。

先说从地球上看起来，月亮在太阳东面不太远也不太近时的情况。譬如说上弦前后，即农历每个月的初七八前后，月亮在太阳的东面，所以，当太阳升起来的时候，月亮一定还没有升出东方地平线。几个小时之后，太阳已经升得比较高了，月亮才开始升起，不过，这时月亮很暗淡，一般说来是很难看到的。再过几个小时，太阳又升高和偏西了一点，月亮也向西移过来了一点，而且已经升得比刚才高多了，我们就会比较清晰地看到它了。这时候，月亮在东，太阳在西，它们同时挂在天空中。农历每个月的初四五到十一二之间，从上午到下午，只要天气晴朗，我们就可以在太阳东面看到一个淡淡的月亮，点缀在蓝天白云间。

　　月亮在太阳西面的时候，譬如说下弦前后，即农历每个月的二十二三前后，我们也有可能在大白天看到它。这时，月亮既然是在太阳的西面，早晨太阳还没有升出地平线，它比太阳早升起来，譬如月亮是在半夜之后到日出之前的一段时间里升出地平线的。天还没有大亮时我们出门去上工，有时看到微亮的天空中挂着个月亮，就是这种情景。当太阳升起来的时候，月亮已经升得比较高。此后一直到月亮从西地平线落下去之前，太阳和月亮一直同时出现在天空中，耀眼的太阳在东面，黯然失"色"的月亮就在太阳的西面。这种现象一般出现在农历每个月的二十左右，直到二十六七。

地极并不固定

读者看了这个题目，也许会认为作者弄错了，或者是故弄玄虚。其实都不是，确确实实地球的北极和南极并不老是固定在一个地方，它们的位置经常在变动。

北极和南极的概念是非常明确的。地球绕地轴自转，地轴与地球表面接触的两个点，在北半球的称作"北极"，在南半球的就是"南极"。如果说北极和南极的位置并不是两个固定的点，那么，岂非应该承认地球的自转轴也不是一条固定的直线吗！

正是这样。

我们都知道，地球赤道的位置是由自转轴决定的，而赤道与南、北回归线以及南、北极圈有着密切的关系。如果地极位置真是变动的话，岂不是地球上任何一个地方的经度和纬度都没有一个固定的数值了吗！这不要乱套了吗？

地极位置常在那里移动，这种现象早已被证明了，称为"极移"。极移现象影响地球上每个地方的经纬度，不过这种影响是微乎其微的，在日常生活中我们完全可以忽略，但在要求严格的天文测量领域内，不仅必须予以认真考虑，也是一个颇不容易处理好的课题。

早在18世纪，科学家就从理论上得出结论：地球自转轴会在地球体内变动位置，主要是沿着一个圆锥面滑动。与此同时，地球两极应当各自在地面上画出一个近乎圆那样的图案。关于极移的这个预言直到100多年后的19世纪80年代，才从纬度变化的观测中得到证实。

纬度变化是否真是由于地球两极常常"搬家"而造成的呢？为了进一步确认这一点，一支科学家的队伍来到了太平洋中夏威夷群岛上的火奴鲁鲁（檀香山），他们在这里与德国柏林天文台合作，同时而分别作了大量的纬度观测。所以选择这两处地方，主要原因之一是它们在经度上几乎相差 180°。联合观测的结果是有说服力的。他们发现，当柏林的纬度减小时，在"地球另一头"的火奴鲁鲁的纬度在增大；相反，当柏林的纬度增大时，火奴鲁鲁的纬度却正好在减小。这充分说明：北极移动而靠近柏林时，离火奴鲁鲁就远一些；靠近火奴鲁鲁时，就离柏林远一些。从此以后，极移现象得到科学家们确认。

极移包括两个主要的周期成分：一个周期约 14 个月，主要是地球本身的自由摆动造成的；另一个周期是 1 年，主要是地球大气作用引起的。这两种周期合起来的结果是，北极的移动在地面上不超过 24 米见方的范围，影响到各地的纬度变化就地面距离来说，最大也只有 10 来米。对于周长超过 4 万千米的地球来说，实在是微乎其微的，对于包括交通运输、地质勘探和一般地面测量等部门，都可以不必考虑其影响。

除了上面提到的两种主要极移周期外，近些年来，科学家们还发现了极移的多种复杂的运动规律，包括长期极移，以及周期为 1 个月、半个月乃至 1 天左右的各种短周期极移。

不难理解，对极移的深入探讨无疑是研究地球的重要内容之一。极移与海洋学、气象学、地质学等众多学科有着千丝万缕的关系。

二十四节气

二十四节气是我们非常熟悉和关心的，我们常常需要知道，快是某个节气了，等等。尤其是广大农民十分注意节气，因为节气与农业生产有密切的关系，许多农谚就是他们宝贵经验的总结。譬如："惊蛰早、谷雨迟，清明春播正当时。"只有掌握好节气进行播种、耕耘，才有可能得到丰收，违背了农时就会减产，甚至颗粒无收。

二十四节气是我国古代劳动人民从生产实践中发明、创造的，是我国历法中的独到之处。

早在春秋战国时代，我国就已经从通过测量正午太阳的影子长短，来确定出冬至、夏至、春分和秋分四个节气了。后来，又在这四个节气间加插了一些节气。到了距今 2 000 多年前的秦汉之际，就已经有了完整的二十四节气的名称，一直沿用到现在。

二十四节气的顺序名称是：立春、雨水、惊蛰、春分、清明、谷雨、立夏、小满、芒种、夏至、小暑、大暑、立秋、处暑、白露、秋分、寒露、霜降、立冬、小雪、大雪、冬至、小寒、大寒。

为了便于记忆，下面这首节气歌是很有帮助的：

春雨惊春清谷天，夏满芒夏暑相连，

秋处露秋寒霜降，冬雪雪冬小大寒。

上半年来六廿一，下半年来八廿三。

大家可以一眼看出，前面四句基本上是从每个节气中取一个字；最后两句的意思是：阳历每年上半年，每个月的 5 日和 20 日前后，各有一个节气，下半年则是每月 8 日和 23 日前后也各有一个节气。

二十四节气的每一个节气都与气候及农事有着紧密的关系。比如立春，表示春天快开始了，立春后，天气逐渐暖和，雨水开始多起来了。因此，立春后的节气为雨水。又比如，夏至后天气炎热，称为小暑，然后天气更炎热了，就称为大暑，这就是歌诀中所说的暑相连。立秋则表示秋天快开始了，但立秋后仍有一段比较热的天气，故称为处暑。处暑后，天气逐渐转凉，会有露水出现，等等。

节气的日期

不少人认为节气属于农历，这是不对的。节气是属于阳历的范畴。古人是依据太阳的视运动推算二十四节气的时刻的。一年二十四节气，这"年"不是农历的"年"，而是阳历的"回归年"。笼统地说，将一个回归年平均分为24段，每段就是一个节气。如果知道一个节气的日期，就可以依次推算出其他节气的日期。这种用平均的办法来定的节气，称为"平气"。

将太阳运行的路线——黄道平分为24段，每段是15°。所以，太阳每走过15°，就是过了一个节气。规定春分时为0°，那么15°就是清明节气，30°。为谷雨节气。依此类推。一年共有24个节气。

用这样的办法定的节气，称为"定气"。

定气法能准确地表示太阳的位置。也就是说，每个节气太阳所走过的角度都是相等的，但是每个节气太阳所走过的日数是不相等的。比如，冬至前后太阳运行稍快，走完1个节气只需14.718日，而夏至前后太阳运行稍慢，走完1个节气则长达15.732日。仅以1995年的几个节气为例：

节气	月	日	时	分	节气	月	日	时	分
小寒	1	6	03	24	小暑	7	7	22	01
大寒	1	20	24	01	大暑	7	23	15	30

小寒至大寒之间长为14日20时27分，而小暑至大暑之间长为15日17时29分。两者相差近1天。这是太阳在冬天时运行得稍快些，而在夏天时运行得稍慢些的结果。太阳沿黄道运行得快慢，实际上是由于地球围绕太阳公转运动的轨道为椭圆形而引起的。在年初时，地球在绕日公转轨道的近日点附近，离太阳近，运行的速度就比较快；而在年中时，地球在轨道远日点附近，离太阳远，运行的速度就比较慢。因而反映出每个节气的长度不太一样。

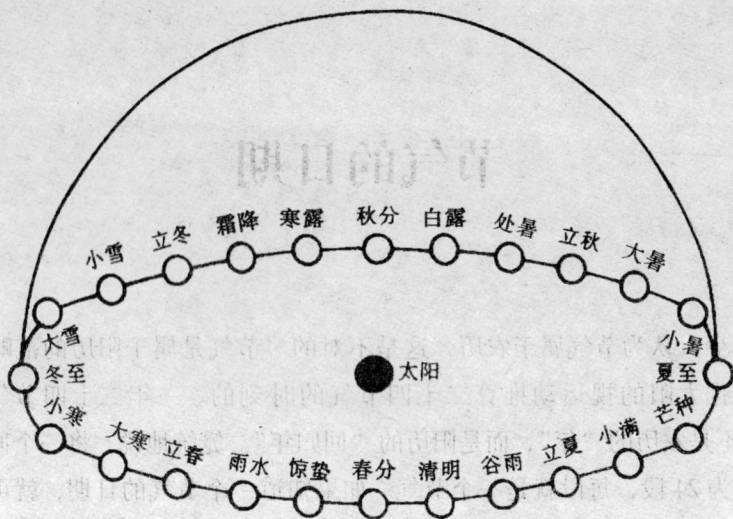

地球在轨道上的位置和二十四节气划分

编历时，采用定气来划分二十四节气，是比较先进的。但在农事活动中，要求节气的时刻精度不很高，所以采用平气仍是合适的。

综上所述，节气的日期在阳历（公历）中每年都差不多，每年上下只有一天的差别。如果采用农历来表示，因为阳历一年不是365天便是366天，而农历一年的长度可以是350多天，也可以是13个月共380多天。节气日期每年会相差很多天，且无法记忆。

冬至起九

　　农历中除了二十四节气之外，还有一些杂节气。杂节气一般都与气候、农事活动等有关，它们往往地区性较强，这样的话，就不一定适合全国各地，得根据具体情况分析和运用。杂节的确定一般都需要依靠日历，这里要说的"九九"就是这样的一种杂节。

　　"九九"是我国北方、特别是黄河中下游地区更为适用的一种杂节，它与天气、物候、农事活动等的关系很密切。它从冬至那一天开始算起，每九天算是一个时段，即一个"九"，如此经过九个时段，即九个"九"，共九九八十一天。由于过了冬至，就开始进入一年中最寒冷的日子，有人称这段时期为"数九寒天"。对于每个时段，即每个"九"，都用某种有代表性的气候和物候，或某种农事活动来概括，既形象和容易记住，又显得活泼有趣。

　　广泛流传的"九九歌"是这么说的：

　　一九二九不出手，

　　三九四九冰上走。

　　五九六九沿河看柳，

　　七九河开，八九雁来，

　　九九加一九，遍地耕牛走。

　　冬至是二十四节气之一。由于农历的历年长度有时是350多天，有时是380多天，它与其他节气一样，在农历中的日期年年都有变动，上下可相差个把月。尽管"九九歌"所反映的事物也是近似的，但以农历来估算各个"九"的日子，还是很不方便的。在阳历中，冬至的日期比较固定，从1901—2000年的100年间，有79年都是在12月22日，其余是4年在12月21日，17年在12月23日。我们完全可以以12月22日作为基础来计算每年各个"九"的日子。

这样，各个"九"的日子就可以大体这样固定下来：

一九：12 月 22 日~12 月 30 日，

二九：12 月 31 日~1 月 8 日，

三九：1 月 9 日~1 月 17 日，

四九：1 月 18 日~1 月 26 日，

五九：1 月 27 日~2 月 4 日，

六九：2 月 5 日~2 月 13 日，

七九：2 月 14 日~2 月 22 日，

八九：2 月 23 日~3 月 2 日（闰年）或 3 日（平年），

九九：3 月 3 日~11 日（闰年）或 3 月 4 日~12 日（平年）。

"九九歌"中说的"一九二九不出手"，表示那时天气已开始转冷，双手不宜再暴露在外面了。冬至之后一个月上下，正是黄河中下游地区一年中气温最低和天气最冷的时候，这儿说的"三九四九冰上走"和"冷在三九"的意思是一致的。"九九歌"中所说的

"沿河看柳"，表明那时天气已回暖，并将进一步回暖，先是柳树开始显露生机，接着是河流解冻，大雁从南方飞回来。待到"九九八十一"，再加 9 天即 3 月中旬，已可以开始春耕了，那就是"遍地耕牛走"的意思。

为了更好地逐日记住这 81 天的日子，有人事前画好了各有 9 瓣叶子的空心花朵，每天涂抹一片花瓣。也有人编了这么一句很贴切也很有意思的句子：

庭前垂柳珍重待春凰

请看，句子中的 9 个字各是 9 笔，写成空心字后，也可以每天涂抹一笔来帮助记忆流逝的日子。

春打六九头

　　"立春"是二十四节气之一。从天文学的角度来说，地球一年环绕太阳一周，可是，从地球上看太阳，好像是太阳在天空中一年运行一周天，周天360°。作为一个节气来说，立春与其他23个节气一样，都表示太阳在黄道上到达一定的位置。天文学上规定，黄经每15°是一个节气，太阳到达黄经315°时为"立春"。

　　我国习惯上把立春作为春季开始的节气，这样，立春也就成为新的一年开始的第一个节气。立春究竟是在农历中的哪一天，这一问题一向受到广大人民的关心。可是，由于农历的历年可以短到350多天，也可以长达380多天，有一个月左右的差异。在1901~2000年的100年间，农历中最早和最晚的两次立春分别是在甲子年（相当于1984年2月2日~1985年2月19日）的十二月十五日（1985年2月4日），以及丙午年（相当于1966年1月21日~1967年2月8日）的正月十五日（1966年2月4日）。

　　以阳历来推算立春这个节气，非常方便。它像所有其他节气一样，在阳历中的日期很固定，每年最多前后相差一天。同样，在1901~2000年的100年间，立春在2月4日的有66年，在2月5日的有34年。

　　"春打六九头"告诉我们，立春这个节气一般都是在"六九"的开头，如果使用农历的话，由于立春的日子不固定，实际查找起来就不那么方便。使用阳历时情况就完全不同。上面刚说了，立春不是在2月4日，便是在2月5日；"六九"的"头"则不出2月4~6日，不用多做解释，"春打六九头"的含义一目了然。

　　一般来说，离立春最近的那个朔日（初一）就是春节，春节则是我们民间最大的节日。照上面那么说来，立春和春节完全有可能在同一日子。实际情况也正是这样，在1901—2000年间，有4年就是立春和春节"喜相逢"，民间把这种现象称为"岁朝春"，认为是很吉利的事情。我们依科学办事，只能说立春和春节在同一天的情况确实不太多见，但这跟立春在其他的日子没有什么两样，根本谈不上什么吉利不吉利的问题。

同样的道理，从第一年的立春到下一年的立春，就阳历来说，都是365天上下，都是在每年的2月4日或5日，最多相差1天。农历就不一样，如果碰到一年是350多天的话，很可能该农历年就没有立春这个节气；如果那年是380多天，则很可能是一个农历年里有两个立春，即所谓的"一年两头春"。每逢碰到这种情况，不了解这种情况也不依科学办事的人，就大惊小怪，胡说什么吉利不吉利的，还莫名其妙地说什么结根红腰带、穿条红裤衩就可以避邪，真是荒唐。这类行为无异向别人表白自己的无知，同时也在那里宣扬迷信。事情本来就很简单么！只是由于阳历与农历在日子安排上的方法不同，一个农历年的立春"跑"到了另一个年份中去了，如此而已。

秋后一伏

"伏天",或者说"三伏天"是大家很熟悉的。在夏天天气变得特别热的时候,几乎每个人都会想到"热在三伏"这句话。那么,什么是三伏呢?

三伏是初伏(头伏)、中伏(二伏)和末伏(三伏)的统称。"伏"有隐藏、潜伏起来的意思,表示在阳气的驱逐和逼迫下,阴气收敛和藏伏起来了。这无异告诉我们,三伏天是一年中最热的季节,这正如谚语中说的:"热在三伏"、"小暑不算热,大暑三伏天"。

三伏天指的是一年中的哪些日子?这就关系到农历中的一些规定。根据规定,从二十四节气之一的夏至算起,依照干支纪日的排列,第三个带"庚"(十天干中的第七个)的日子为初伏开始,第四个庚日为中伏开始,立秋后的第一个庚日为末伏开始。由于从一个庚日到下一个庚日必然是差10天,所以初伏只有10天,末伏自然也只有10天,而从中伏到末伏可能是10天,也可能是20天,这就得看初伏是从什么时候开始的。

	夏至后第三庚日	第四庚日	立秋后的庚日
夏至(6月22日)当天为庚日的话	7月12日	7月22日	8月11日
夏至后九天为庚日的话	7月21日	7月31日	8月10日

从上表我们可以看到,如果夏至当天就是庚日,初伏就来得早,从7月22日开始的中伏就有20天,这一年的三伏天总共是40天。如果夏至的前一天是庚日,那么夏至后的第一个庚日将延迟到7月1日,第三个庚日将在7月21日,这样,从7月31日开始的中伏只可能是10天,这一年的三伏天总共是30天。由此可知,某一年的三伏天究竟是30天还是40天,

与夏至后的第一个庚日出现得早还是迟密切相关，如此而已。

这里我们假定夏至是在 6 月 22 日，实际上，在从 1901～2000 年的 100 年当中，有 68 年的夏至是在 6 月 22 日，另外 32 年是在 6 月 21 日，在这后一种情况下，三伏的日子将会有所改变，但最多前后相差一天，不过，确定三伏日子的道理还是一样的。

前面说到三伏天是一年中最热的日子，从具体日期来看，从 7 月中下旬到 8 月上中旬正是一年中气温最高的季节。三伏天除了表明气候上的这种特征之外，与农业生产有着密切的关系，许多农谚很清楚地说明了这一点，譬如："头伏萝卜二伏菜，末伏有雨种荞麦。"

超宽银幕和全天域电影

叹为观止的超宽银幕

来到美国华盛顿的人，没有不去国家航空与太空博物馆的，那里，应接不暇的实物展品，展示着人类征服空间的历程和业绩，极大地吸引着参观者。来到博物馆的人，无不争取搞到一张太空剧院的入场券，去亲自领受一下超宽银幕电影给予人的享受和惬意。

走进太空剧院，几乎所有的人都立即被前所未见的巨大银幕所吸引。20 世纪 50 年代，兴起宽银幕电影，银幕的高、宽比从普通银幕的 1：1.33，加宽到 1：1.66，甚至 1：3，尽管如此，银幕的实际高度和宽度也只是几米乘十几米，如五六米乘十三四米。而观众在宇航博物馆太空剧院里看到的银幕，高 14.6 米，宽 22.8 米，面积为普通宽银幕的 4 倍多。

特大的超宽银幕配备着特殊的放映机，使用特制的 70 毫米胶片。胶片容量之大，电影清晰度之高，为其他类型电影所不及。难怪在目前电视片挤电影片而拥有愈来愈多观众的情况下，惟独这种超宽银幕电影愈来愈受到欢迎。航空与太空博物馆太空剧院只有 480 多个座位，在开幕后的最初 7 年内，破纪录地放映了近 3 万场，光是购票的观众就在 1100 万以上，而且久盛不衰。常常是，观众在看到一些既清晰、又逼真、动人心魄的精彩镜头和场面时，情不自禁地鼓起掌来，甚至大声叫喊。

大胆的设想

早在 20 世纪 60 年代中，一批加拿大影视界人士，不满足于已发展起来的宽银幕，立志创造一种银幕更宽的电影。经过不长时间的努力，用多架放映机拼接放映的超宽银幕电影实现了，于 1967 年在加拿大蒙特利尔博览会中首先与群众见面，引起了一片赞誉声。

首战告捷所展现的广阔前景，大大地鼓舞了这些加拿大人，他们决定甩开膀子大干一番。他们在进一步加大银幕的同时，改革多机放映所带来的累赘，决定采用单机放映，以及过去电影界从未使用过的特制 70 毫米胶片。

大胆的设想带来了一大堆问题，因为这实际上无疑是将传统的 35 毫米影片工业推翻，另起炉灶。当时看来，这不仅缺乏必需的胶片和相应的放映设备，也缺乏制片技术和工艺，而且成本估计会很高。有人甚至预言，用单机以每秒 24 格的传统方式放映加大后的 70 毫米胶片，不拉断片子才怪呢！

困难很多，但加拿大艾美士系统公司是值得称道的。他们也很注意国际信息，从澳大利亚买进了一种被称为"循环放映"的专利。这项新发明的主要内容是，胶片在放映机上横向移动，而且不伤片子。以此为基础设计的艾美士（原文为 Imax，为英文 Image、maximum 两词的词头，即"极大图像"）电影放映机，在一位瑞典照相机专家的协助下，只用了两年左右的时间，就宣告完成。

一般宽银幕使用的 70 毫米胶片，每个画面的尺寸为 22.1 毫米 ×48.5 毫米、在垂直方向有 5 个片孔。艾美士放映机使用的 70 毫米胶片，尺寸为 48.5 毫米 ×69.6 毫米，水平方向有 15 个片孔，面积为一般宽银幕用 70 毫米胶片的 3 倍，为标准 35 毫米胶片面积的 10 倍。

艾美士于 1970 年在日本大阪国际博览会上，首次与观众见面时，立即成为博览会中最受欢迎的中心之一，几乎是人人都想先睹为快，一饱眼福，超宽银幕获得空前成功。当时的银幕尺寸为 13.1 米 ×18.9 米。从那时以来，在一些重要的博览会里，差不多都特意建立了专用的、临时性的艾美士电影厅，如 1974 年美国斯波坎国际博览会，1979 ~ 1980 年日本东京空间博览会，以及 1985 年日本筑波国际博览会和 1986 年加拿大温哥华世界博览会等。

最早用艾美士放映机建立起来的永久性超宽银幕电影院，1971 年在加拿大多伦多落成开幕，银幕尺寸为 18.3 米 ×24.4 米。对于观众来说，银幕的张角在垂直方向上都在 40°~80°之间，在水平方向上都在 60°~120°之间。10 多年来，建成的艾美士电影院已接近 50 座，银幕的尺寸发展成 24 米 ×32 米、26 米 ×35 米等多种规格，最多可容纳 1 000 观众。而银幕更大、容纳观众更多的艾美士电影院，也已在研究和设计中。

全天域电影

20 世纪 70 年代初，美国加利福尼亚州圣迭戈城在筹建天文馆的同时，向艾美士公司提出要求，希望将其超宽银幕改进后，用到天文馆天象厅的半球状圆顶天幕上去。艾美士公司不负所托，用很短的时间研制出一种专为半球形天幕使用的全天域电影放映机，叫 Omnimax，于 1973 年安装在圣迭戈空间剧院内。它成为世界上第一个兼起着天象厅和全天域电影厅作用的教育和活动中心。

根据设计原理，天象仪被安置在天象厅的中心位置，全天域放映机则略偏离中心，在天象仪的北面。天象仪投映出来的太阳、月亮和星星，自然是能覆盖 100% 的半球状天幕。全天域放映机的"鱼眼"镜头所投映出的画面，在水平方向上可达到 180°，由于它偏离中心，它实际在天象厅内可达 220° 以上，在南北方向上则可达 150°，也就是说，半球形天幕的 85% 都被覆盖了。

在圣迭戈太空剧院，兼作天象厅和全天域电影厅用的圆形大厅，直径为 23 米，地板作 25° 倾斜，安排成阶梯状的 350 个舒适的座位，都朝着同一个方向。在这种情况下，除了最后和最高的几排观众，其两侧和头顶附近的天幕未被覆盖外，其余观众都会产生一种似乎自己被包围在景物之中的感觉。

可以设想，在这样的一个特殊环境里，当天象仪和全天域放映机投映出是星和银河等天体的时候，观众会很自然地感到自己好像就在宇宙空间。同样，当看到自己的头顶和脚下都是流动着的水和游动着的鱼的时候，观众会觉得自己似乎是在海洋深处；变换周围环境，可以给人印象似乎在地层深处，在进行考古发掘，在火山内部，在空中遨游，以及本文开头提到的在航天飞机舱内，等等。

为避免全天域放映机在天象厅内占据太多的空间，尤其是最佳座位区的有限空间，放映机的全套设备都安置在地下放映室内，使用时，放映机沿升降轨道爬升到只让鱼眼镜头和最必要的机件升出地平。

10 多年来，单独建立的全天域电影院，或者附设在天文馆天象厅内的全天域放映机，已有好几十座。著名的有欧洲最早的全天域电影院——荷兰海牙的太空剧场，1983 年开幕。1985 年建立在法国巴黎维莱托公园内科学与工业城中的全天域电影院，为目前此类电影院中最大的，直径达 26 米，安排 334 个座位，它的外形很别致，是个大圆球，全部用不锈钢铺盖，光亮照人。我国香港太空馆和台湾省台中市的自然博物馆太空剧院，分别在 1980 年和 1986 年装备了全天域放映机。

有特色的 70 毫米影片

牡丹虽艳，还得有绿叶相衬，艾美士和全天域放映机与精心制作的 70 毫米影片是相辅相成的。这类影片容量大，需特别拍摄与制作以发挥其优势，而决不可以从原来的 35 毫米或普通 70 毫米片扩印。

艾美士系统公司从一开始就抓 70 毫米影片的制作和生产，分别与艾美士和全天域两类放映机配套，他们主张把电视和一般影片所无法容纳进去的内容和场面，作为 70 毫米影片的重点内容。为此，摄影师们飞到了闻名全球的美国—加拿大尼亚加拉瀑布的上空，或抱着摄影机深入海底，或来到火山附近，乃至把摄影机带上了航天飞机。

20 年来，为艾美士和全天域放映机专用的影片各有数十部，如超宽银幕片《火山》（1973 年）、《能源》（1975 年）、《飞行》（1976 年）、《祝福你，哥伦比亚航天飞机！》（1982 年）和《梦幻成真》（1985 年）等；全天域影片《宇宙》（1974 年）、《海洋》（1977 年）、《空间探测的展望》（1982 年）和《梦幻成真》（1985 年）等。此外，为适应各国和一些地区的全天域电影院的需要，艾美士公司还专门摄制了加拿大、美国、日本、印度尼西亚等地的风光片。

并非一时热潮而是长期趋势

现在这样的电影院越来越多了。1980 年以来，大致有近 30 家影院开放，有的设在博物馆或科技馆里，有的设在天文馆和文化中心，致使影院总数增至 34 家（20 多家设在游乐园的还未计算在内）。另外还有 15 家附设在国际博览会和展览会，观众总数每年大约增加 200 多万。

然而场场满座的电影院和人潮汹涌的售票口，所代表的究竟是一时的热潮，还是电影发展的大势所趋呢？这些问题确实使不少文化科学机构，徘徊犹豫而拿不定主意。

当 1970 年超宽银幕电影诞生之初，大家只把重点放在国际博览会和游乐园。但到了 1973 年圣迭戈科学馆的太空剧院，也就是第一家的全天域影院开幕时，整个市场都起了变化。这架全天域放映机是用来配合半球形银幕上放映的宇宙景象，观众可置身于太空之中。

从这以后，大多数博物馆都走全天域放映的路线，因为这样还可以同时进行星空表演。但是这两种放映设备的费用相差不多（约 100 万美元），但全天域的圆顶建筑几乎比超宽银幕影院贵一倍。也有的博物馆喜欢用超宽银幕设备，因为投资额较低，而且影片放映效果更为清晰，因为它可以直接放映而不必通过鱼眼镜头。

影院既然建立起来，影片的供应就是一个紧迫的问题。据说这种大型影片在 1992 年之前将增加一倍，和普通电影片增加的速度相仿。

圣迭戈太空剧院的负责人认为："这不是一时的潮流，这是文化机构所能提供给大众节目中极有价值的一环。不仅引人入胜，还能引导大家去思考我们周围的世界。"

中国科学技术馆的穹幕厅可放映全天域电影

美国加州科学工业博物馆馆长表示："这种影片的寿命比我们所预期的要长得多，服务基本观众能不断增加，那么前途更加光明。"同时也要指出，有这种设备的影院，最好建立在百万人口以上的城市。

还在发展前途无限

1986 年的温哥华博览会上，艾美士公司拿出了新发展的成果——艾美士超宽银幕立体电影，它使好奇的观众们看到了魔术般的立体图像。全天域电影也走向了立体化，1985 年筑波博览会上与观众见面的就是第一部全天域立体电影《我们从恒星中诞生》，影片讲述了从宇宙大爆炸直到水的分子和原子结构，展示了太阳系 50 亿年来的演化和发展。在全长 11 分钟的放映过程中，影院内到处似乎都漂浮着星系、恒星以及分子和原子，充满着惊讶声和欢笑声。有人以赞赏的口吻说：电影中演示的如此丰富多彩的宇宙现象，要用动画来表示的话，即使是一百位画家工作一辈子，恐怕也不会有这样的效果。

为满足更多观众的要求，艾美士放映机将进一步改进，超宽银幕将进一步加大，艾美士电影院的座位数将从目前最高额的 980 座扩展到 1 400座。全天域电影院的发展方向是：直径突破 27 米，座位数突破 500，全天域电影对半球形天幕的覆盖率突破 85% 。

（与李元共同编译，原载《知识就是力量》1988 年第 9 期）

只有一个地球

只有一个地球

地球，这颗人类赖以生存的星球，是个极其普通的天体，同时也是个我们应该予以另眼看待的天体。

说它是个普通天体，那是有充足理由的：我们所在的银河系包含 2 000 多亿颗恒星，太阳是恒星中的普通一员；就在这颗普通恒星周围，数以万计的各种天体秩序井然地运行着，其中已知的大行星有 9 颗，已发现并编了号的小行星有近万颗，据说这只是小行星总数的 1%～2% 左右，此外还有卫星、彗星、流星体等等。

无论从大小、质量等方面来看，地球是 9 大行星中普通又普通的行星。这颗离太阳第三近的星球，赤道直径只有 12 750 多千米，是最小大行星——冥王星直径的 5.5 倍，是最大大行星——木星的 9% 弱；就质量来说，地球分别是它们的 500 倍和 1/318。

从另外的角度来看我们地球，它又是一颗非常难得的得天独厚的星球：

只有一个地球

——地球周围有大气层，主要成分是氧和氮，其中，人类和动植物呼吸和生存所不可缺少的氧占了约 20%，不适合呼吸用的二氧化碳只占万分之三左右，如此成分的大气对人类来说太重要了，它对地球表面的物理状况和生态环境，有着决定性的意义。其余大行星或者没有大气层，或者 90% 以上都是二氧化碳和别的有害气体。

——70% 以上的地球表面被水覆

盖，而对于生命的起源和发展来说，水是绝对必需的。在太阳系9大行星中，拥有如此丰富水源的，地球是独一无二的。

——地球具备适合生物生存和发展的温度条件，在一天或者一段时间内，温差的变化不大而能被接受。不像其他各行星，有的是常年温度都在好几百摄氏度，有的则是永恒的零下一二百度，生物无法承受这样严酷的温度条件。

再加上地球有个"好"太阳，它不仅离我们不远也不近，而且长寿，这就为需要若干亿年才能发展起来的地球生命，提供了可靠的保证。

从当前探测和研究的进展情况看来，太阳系范围（半径姑且算是20多万亿千米）内的茫茫空间，再也没有像地球这样可居住的天体了。至于太阳系外的某颗恒星周围，是否存在生命的"绿洲"，这绿洲里是否孕育着生命，从道理上来说，应该是有的，地球上的人类不可能是宇宙间独一无二的。可以说，科学家们一直在想尽办法寻找宇宙中的另一片绿洲，或者说像我们地球那样的另一个"地球"。只是，到目前为止，还没有发现哪怕一个这样的天体。

作为一颗行星，地球在过去数十亿年的历史中，遇到些危险乃至"灾难"，那是很平常的事，包括多数科学家认为的6500万年前某颗小行星对地球"袭击"那种事件。两个天体的这次碰撞，使得当时"统治"着地球的庞然大物恐龙以及其他许多物种，在很短的时间内趋于灭亡。

尽管从宇宙尺度看来，地球实在是个很小的星球，但保护好它乃是全人类头等重要的共同任务。科学家们对地球本身和周围环境的观测和探究，其最终目的都是为了使地球更加美好。譬如说，对近地小天体等的研究和注意它们的动向，以避免在毫无准备的情况下，再次发生6500万年前的那种突然事件；研究地球本身，以求更全面地掌握各种自然灾害的规律；提出警告和采取措施，以防止地球生存环境被人为地不断破坏，等等。

地球受到自然界的威胁和人类自己无知的破坏，这是客观存在的。对此应有充分的认识，并建立起"保护地球"这个当代特别受人关注的概念。为了地球，更为了人类，努力去排除正威胁它生存的种种因素和根源，是全人类的当务之急。

我们必须牢记：只有一个地球！

地球上存在生命

看到这个题目，大家一定会发笑，地球上存在大量生命这种现象，谁还不知道！

说得对！可是，从地球之外或者说从地球附近的空间飞行器上，来探测地球上是否存在某种形式的生命，那还真是个问题。

问题是从我们想知道别的天体上有没有生命引出来的。单单以我们太阳系的天体来说，土星的第六颗卫星，乃至土星本身和木星等，都被认为是很有可能在其表面上存在生命的天体。20世纪七八十年代飞越这些天体的探测器曾进行过探测，希望获得那里存在生命的可靠证据。可是，探测没有得到预期的结果。

人们很自然地会问：是这些天体上确实不存在任何形式的生命呢，还是探测器所携带的仪器设备的灵敏度不够？1989年10月发射的"伽利略号"木星探测器，被赋予了寻找地球上生命的任务，来验证探测器所提供结论的可信程度。

"伽利略号"的主要任务是探测木星和它的许多卫星，为了使它的速度大到足以飞向木星，科学家们为它设计了一条很别致的轨道，让它先绕地球转两圈，在这过程中，受到一些天体引力的影响而得到加速，最后再飞向木星。这情况跟铁饼运动员先转圈再把铁饼掷出去的道理是一样的。在它于1990年12月和1992年12月两次回到地球附近时，对地球进行了探测，寻找生命的痕迹。

探测器发现地球大气中存在着数量可观的氧气，任何科学家都会由此得出这样的结论：这肯定是地球上植物那样的东西从光合作用中产生出来的。探测器也发现了大气中的笑气，这种气体的分子由一个氧原子和两个氮原子组成，多数是由微生物和植物的寄生物，以及生长在水里面的藻类等绿色植物产生的。

在从探测器传回到地球来的照片上，可以很容易地辨认出大片陆地和海洋，以及一些湖泊等，给人的印象是地球表面充满着生机。

"伽利略"号还意外地接收到了一些讯号，它们既不是自然现象，也不是特地为探测器发射的，完全可以认为是由地球上某种掌握着无线电发射技术的生物向外发射出来的。

总而言之，从照片图像、光谱分析等来看，可以合理地得出这样的结论："伽利略号"探测器肯定地发现了地球是个存在着生命的星球，这是主要的。至于这是一种什么样的生命，则单凭探测器取得的信息和资料，还无法最后确定。

日期就在那里变更

葡萄牙航海者麦哲伦的名字，你大概听说过。他带领船队于 1519 年从西班牙出发，一直向西航行。经过 3 年左右的时间，个别船只于 1522 年最终完成了第一次环绕地球的航行。而麦哲伦本人已在此之前的归途中去世。

航海上有规定，船上每天都必须认真填写航海日记，把一些最重要的事记录下来。从航海日记来看，水手们回到西班牙的那一天应该是星期四，可是当地的日历上明明白白地写着星期五。这是怎么回事呢？

水手们咬定自己没有漏记过一天，而且从检查航海日记的情况来看，确实也找不出什么毛病。但在事实面前，他们最后不得不承认错误，一场风波暂时告一段落。其实，水手们并没有犯漏记日记的错误，只是当时大家都不清楚船队在向西航行时，也就是循着与地球自转相反方向航行时，应该怎样处理日期的变更。

3 个多世纪之后，海上交通已经变得越来越频繁，环球航行已不再是那么稀罕的事，麦哲伦船队那种糊里糊涂丢失一天的事，再也不能让它频频发生了。1884 年的国际会议上作出决定：把经过英国格林尼治天文台的经线定为本初子午线（经度 0°），与此同时，在太平洋中东、西经 180°处设立一条国际日期变更线，规定各国必须共同遵守。国际日期变更线也叫日界线。

无论是哪个国家的船只，在经过国际日期变更线时，不管是从东往西还是从西往东，都必须将日期作相应的变更。说得具体一些，那就是：船只从东往西越过日界线时，必须在日期上加上一天，其他不变，即如果原来是 5 月 1 日星期一上午 10 点钟的话，船在从东向西超过日界线之后，就立即成为 5 月 2 日星期二上午 10 点钟，相反由西往东越过日界线的船只，则应将日期重复一天，将 5 月 2 日改为 5 月 1 日。

如果你找本地图来看一下，你就会一眼看到，尽管在东、西经180°经线上没有大片土地，岛屿还是有的。为避免日界线从岛上通过，造成同一个岛两种日期、乃至同一户人家两种日期的不方便现象，日界线在某些地方拐了一点弯。日界线从地球的北极开始，沿180°经线往南，在快接近白令海峡时向东曲折通过，接着向西绕过阿留申群岛西部后，再回到180°经线上一直往南，过赤道后，再一次向东曲折并经过萨摩亚和斐济、汤加等群岛之间，以及新西兰的东边，此后，它就沿180°经线一直往南直到南极。这就是我们现在在地图上看到的国际日期变更线。

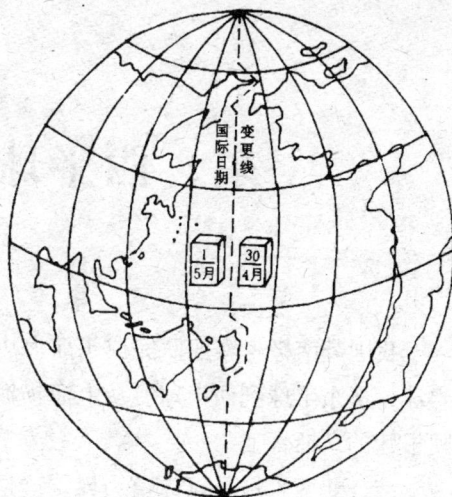

国际日期变更线

东、西半球何处为界

我国赴南极考察船队完成了航海史上的一次壮举，它们从北半球到南半球，从东半球到西半球，从上海横渡太平洋直插世界最南端的城市——阿根廷的乌斯怀亚。

南、北两半球是以赤道为界，这是无可怀疑的；东、西两半球如何划分呢？从最近的报道看来，有必要多说几句。先摘抄两段：

"船队已于当地时间 12 月 4 日 15 点 20 分通过了国际日期变更线，进入西半球。"

"……先通过东经 160°进入西半球，然后于 12 月 1 日在瑙鲁共和国以东海域穿越赤道，接着又通过国际日期变更线。"

问题是：过了国际日期变更线之后，算是进入西半球呢，还是过了东经 160°之后，算是进入西半球？

一种见解是：本初子午线，即零度经线，为东西两半球的分界线。这么说来，东经、西经 180°，即国际日期变更线，自然也是东、西两半球的一条分界线。如果这样的话，许多国家都将是跨在两个半球上，如英国、法国、西班牙、阿尔及利亚等国，这会对这些国家带来诸多不便。因此，这种见解并不是惯用的定义。为了使欧洲和非洲的全部都是在东半球，使上面提到的那些国家不至于地处两个半球，习惯上通常把西经 20°以东，到东经 160°的半个地球算做是东半球；另外半个地球为西半球。

星星都是遥远的太阳

青石板，

板石青，

青石板上钉铜钉，

千颗万颗数不清。

小刚和姐姐正在院里念儿歌。

爸爸听到了，就说："把星星比作铜钉，在儿歌里是可以的。用科学家的话来说，星星可能是些个大太阳呀！"

"星星是大太阳！"小刚和姐姐都发出了惊讶的声音，"它们一点都不像呀！"

爸爸没有直接回答，却提出了一个问题："你们看见过飞机在天空中飞吗？"

姐弟俩一起回答："谁没见过！像个大鸟。"

"飞机是这样大吗？"

姐姐领会了爸爸的意思："飞机可大了，去年我们全家送爸爸上飞机，那飞机比我们学校的篮球场还长呢！天空中的飞机看起来小，那是因为……"小刚蛮有把握地说，"因为飞机飞得高，离我们远呗！"

"回答得很好。星星也是这样。它们都像我们的太阳那样，自己能够发热、发光，它们有的比我们的太阳小些，但很多很多星星比我们的太阳要大得多呀！太阳比我们地球大得多了，论体积，太阳是地球的130万倍，可是，最大的星星比太阳还大好几百亿倍呢！

"尽管星星很大，可是离我们很远。地球离太阳有1.5亿千米，够远的吧！如果把这么大的距离看做是'1'，那么，太阳之外，离我们最近的一颗星就是26万，更远的还要远上千百倍以上，只有研究天文的人才说得清楚。"

"这下子我们懂了不少。"

"记住：星星都是遥远的太阳，太阳是星星中离我们最近的一颗。"

星星数得清吗

有一首儿歌唱道:

天上星,亮晶晶,

千颗万颗数不清……

是的,宇宙是浩瀚无际的,宇宙中的天体自然是难以数清的。但就儿歌中所唱的,亮晶晶的星星来说,应当说是数得清的。全天的星星就不过6 000多颗。这个"全天"是指整个"天球"或"天穹"来说的。任一时刻,我们看见的半球形的天穹中,大约有3 000多颗星星。由于地球的自转,人们看见的星星在一昼夜中自东向西旋转一周,所以要想看到全部天穹的星星,还得等地球转到另一半天球的时候。此外,还有一个所在地的地理纬度问题,在我国中部地区就难于看到南极上空的若干星星。如果在南极的"长城站",就可以看见这些星星。

全世界能看到星星最多的地区是地理纬度为0的赤道地区。在那里,北极星位于北方地平线上,南极则位于南方地平线上。夜晚看到的所有天体均垂直于地平线从东方升起,西方落下。

而全世界能看到星数最少的地区是地理纬度为 + (-) 900 的北极(南极)地区,在那里,北(南)极位于头顶上方的天顶,在半年漫长的黑夜中只能看到天球北(南)半的3 000多颗星星。

星星有明暗的差别。显然亮星比暗星要多得多。为了表示星星的亮度,人们用"星等"给全天的星星划分了等级:肉眼可见的最暗的星为6等,比6等亮的星为5等,再亮的为4等……最亮的为1等。而1等星的亮度是6等星的100倍。这样,星等差1等,亮度就差$(\sqrt[5]{100=})$2.512倍。比如,1等星比2等星亮约2.5倍,比3等星亮约6.2倍(2.512^2倍)。

牛郎星是 1 等星。而织女星比牛郎星还亮些，定为 0 等。比 0 等星还亮的为 −1 等、−2 等，等等。全天恒星中最亮的天狼星，它的星等为 −1.6 等。

另一方面，比 6 等星更暗的星，则是 7 等、8 等、9 等……它们就得用望远镜来观测了。望远镜的物镜口径越大，就能观测到越暗的星。现在世界上最大的望远镜能观测到（照相观测）24～25 等的暗天体。

将天上每颗星的星等测量出来后，就可以统计某一星等范围内的星数了。比如我们将大于 1.5 等的星归于"1 等星"，将 1.5～2.4 等的作为"2 等星"，将 2.5～3.4 等的作为"3 等星"。依此类推。根据天文观测的结果，各星等的星数大体上如下表所示。

星等与星数

星　　等	星　　数	比　　率
1	21	
2	45	2.1
3	134	3.0
4	458	3.0
5	1476	3.4
6	4840	3.2
总和	6794	

表中的比率是近似值。一般地，星等数越小，比率越小些。

一般说，肉眼视力 1.5 的人，可见到的最暗星近于 6.5 等。这是在远离城市灯光，天空完全黑暗的高山上才能达到的。

漫说夏夜星空

闪烁着的星星，轻纱般的天河，一轮明月高照及其倾泻在大地上的皎洁的月光等等，可以毫不夸张地说，对于人类来说，星空有着永恒的魅力。诗人从日月星辰那里得到灵感，音乐家们为它们谱写了优美的乐章；对于包括天文学家在内的科学家们来说，遥远的天体无疑都是些巨大的天然实验室，它们所提供的高温、高压、物质密度异乎寻常之大或之小等极端条件，是地球实验室里无法达到的。

很多人，尤其是青少年，往往被动人的星座神话传说深深地吸引着。神话不仅是各个民族文学遗产中的瑰宝，在文学发展史上闪耀着引人注目的光辉，而且很多神话传说至今仍具有积极意义，为广大人民群众所喜爱。

天 河

夏天，天黑之后不久，只要抬起头来，就可以看到一条白茫茫的、似云非云的光带，由北而南横贯天空，古人把它看做是一条水量丰富的天上的河流，一泻千里，叫它"天河"，或者叫"银河"。天河还有许多有趣的别名，像星河、长河、秋河、星汉、银汉，以及天杭、白练、高寒等等。有意思的是，欧洲人把它叫做

"奶色的道路"。不管叫它什么，把天河当做天上的河流观点是很普遍的。

我国的一则神话还说天河是与大海连通的。说是有个住在海岛上的人，乘坐木筏，恍恍惚惚地在海上随波漂流了若干天之后，来到了一个像城镇那样的地方。他不清楚自己究竟到了哪里，只看见妇女们都在纺纱织

布，而一个像牧童那样的人牵了条牛朝水边走来，见了他惊奇地问："你怎么会到我们这个地方来的?"那个海岛上去的人一下子不知道怎么回答才好。

后来，据说他也没有上岸去看个究竟，重新又恍恍惚惚地乘坐自己的木筏回来了，而且还弄清楚了原来自己已经到了天河，那里住着的就是织女和牛郎。

这就是我国《博物志》一书里说的乘星槎去天河的神话。别的书上也有记载，内容大同小异。

在大家很熟悉的牛郎织女的神话传说里，天河是一条把他们分开而不可逾越的鸿沟，只有农历每年七月初七即七夕的那一天，牛郎和织女才被允许在喜鹊的帮助下，渡河相会一次。

神话传说是人类文化的瑰宝，它们的故事性内容有着很大感染力，但不能拿它当作科学事实来看待。用科学的方法研究银河才是几百年的事，科学家们正在逐步揭开银河的秘密。

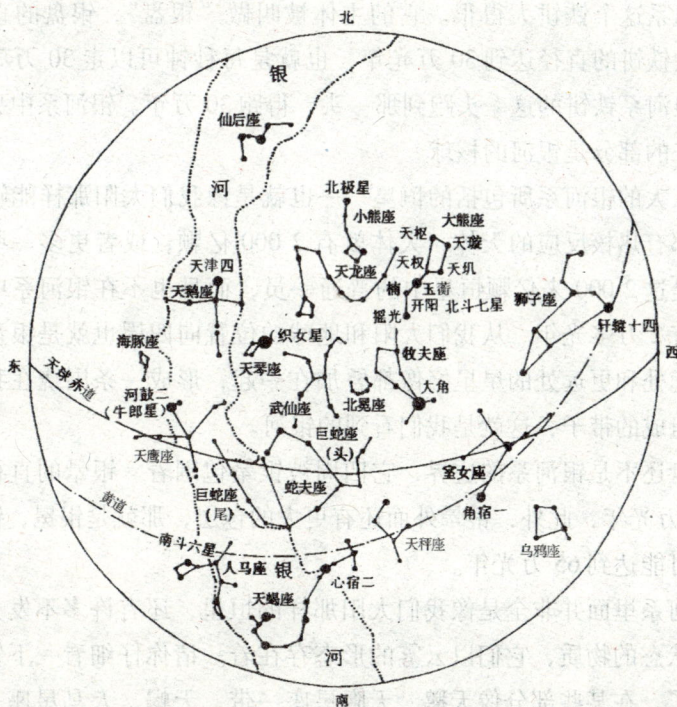

夏季夜空

银 河 系

如果你有一架不论多大的望远镜，对准银河的各个部分看一看，保证你会惊奇地叫起来。因为它既不是白茫茫，更没有一点一滴的水，而是数也数不清的星星，密密麻麻。有亮一些的星，有暗一些的，大体上都聚集在一条围绕天空一周的带子里，这就是银河。银河环天一周经过 23 个星座，其中夏天能够看到的，我们在下面会讲到的主要星座，有天鹅座、天鹰座、人马座、天蝎座等。

为什么星星爱聚集在环状的天空区域里呢？问题的实质是这样的：我们的太阳系只是一个更加庞大的天体系统的很小一部分，这个庞大的天体系统就是银河系。从整体上来说，银河系的外形是扁平而中间稍微有点凸起来的样子，有人把它说成是像个运动员用的铁饼。

银河系这个铁饼大得很。它的主体被叫做"银盘"，银盘的直径或者说这个大铁饼的直径达到 30 万光年，也就是每秒钟可以走 30 万千米的光线，从银河系铁饼的这一头跑到那一头，得跑 30 万年。银河系中央稍微有点鼓起来的部分是银河的核球。

这么大的银河系所包括的恒星——也就是像我们太阳那样能够自己发光、内部有热核反应的天体，大体就有 2 000 亿颗，或者更多一些。我们太阳只是这 2 000 来亿颗恒星中的普通一员，而且也不在银河系中心，距离中心有 2 万多光年。从我们太阳和地球的位置向四周也就是银盘方向看过去，远处和更远处的星星好像都叠加在一起，形成一条围绕在我们四周由星星组成的带子，这就是我们看到的银河。

银盘还不是银河系的边界，它四周被银晕包围着。银晕的直径大体上也是 30 万光年，此外，银晕外面还有更大的包层，那就是银冕，银冕的直径据信可能达到 65 万光年。

银河系里面并非全是像我们太阳那样的恒星，还有许多不发光的、处于弥漫状态的物质，它们以云雾的形态存在着。请你仔细看一下银河就可以知道了，在某些部分像天鹅、天鹰星座一带，天蝎、人马星座一带，银河并非一整片，而是分成了枝杈，或者夹杂着一些黑暗的区域，特别黑的地方往往被叫做"煤袋"，你可以想象那有多黑。之所以如此，就因为银河的这些部分包含着大量的尘埃云等不发光物质，它们把在它们后面的星光挡住了。

我们对银河的介绍暂且告一段落，让我们顺着银河的方向由北向南看过去。

织女星和天琴座

每年 8 月间，晚上八九点钟前后，对于在北纬三四十度左右地区的人来说，一颗很亮的发射着白色光芒的星几乎就在我们头顶附近的天空中，紧挨在银河西面的边上，它就是鼎鼎大名的织女星，也是天琴星座中最亮的一颗星，在全天最亮的 20 颗 1 等星中，它名列第五。

在希腊神话中，天琴是太阳神阿波罗送给琴手奥非斯的礼物。这位杰出的琴手用其奇妙的琴声，鼓舞了一些英雄克服困难，取得胜利。可是，他所爱的姑娘尤莉提斯不幸死了，他悲痛欲绝，用琴声感动了冥府之神，答应把尤莉提斯放归人间，条件是在到达人间之前，不允许琴手回头看尤莉提斯，哪怕是看一眼也不行。可是，就在离人间只有一步路的时候，奥非斯忘记了所答应的条件，就在他回头的瞬间，尤莉提斯突然消失了。琴手懊丧到了极点，他的那把七弦琴后来由阿波罗移送到了天上，这就是天琴星座。

织女星不仅仅由于美丽动人的神话故事而引起大家的兴趣，还为天文学家们带来了轰动的消息。1983 年 1 月，以观测研究红外源为主要任务的"红外天文卫星"发射成功，它很快传回来消息，发现织女星周围存在着由固体物质组成的尘埃云。尘埃云的温度很低，而且体积大体上相当于太阳系中的一颗普通行星。于是，这一消息很快传开，说这可能是织女星周围的行星，或者是由好几颗行星组成的行星系。

实际情况究竟怎么样？现在还没有最后结论。有人相信，这也许是正在形成中的行星类天体。至于织女星本身，它的直径和质量都比太阳大一些，直径是太阳的 2.76 倍，质量是太阳的 2.4 倍左右，织女星的表面温度超过 9 000℃，比太阳高出 3 000℃ 左右。织女星离我们约 26 光年。

牛郎星和天鹰座

从织女星再往南看，在银河东面边缘附近有颗几乎与织女星一样亮的星，它就是天鹰星座中最亮的一颗星，大家叫它"牛郎星"，天文学上的正式名称是"河鼓二"。把牛郎星比喻为织女星的小弟弟，那是比较恰当的，因为不论是牛郎星的直径（等于太阳的 1.68 倍）、质量（等于太阳的约 1.6 倍），还是表面温度（约 8 000℃），都小于织女星而略大于我们的太阳。牛郎星距离我们约是 16 光年。

牛郎织女的故事在我国是家喻户晓的。在希腊神话中，天鹰座是一只力大无比的雄鹰，是由众神之王宙斯变成的。它飞到人间，驮回了一个美少年，少年后来成为众神宴会上手拿宝瓶为人斟酒、倒水的角色，这就是宝瓶星座。

天津四和天鹅座

现在，我们已经认识了织女星和牛郎星，假设用一条线把它们连接起来，在这条线东面偏北不远的天空中，还有颗比织女星和牛郎星稍暗、但暗不了多少的亮星，它叫天津四，是天鹅星座中的最亮星。这三颗星都是 1 等星，是全天最亮的 20 颗 1 等星中的 3 颗。它们组成了一个很引人注目的大三角形，即所谓的夏季大三角形，很容易辨认和识别。

天鹅座也是一个很著名的星座，它的一些主要亮星排列在互相垂直的两条线上，古人把它想象成为一只伸长着脖子在银河上空翱翔的天鹅，亮星天津四是在天鹅的尾部。因为南天有个南十字星座，天鹅座有时被人称为"北十字"。

天津四这个名称中的"天津"两字，与天津市的"天津"毫不相干。"津"字是渡口和渡船的意思，我国古代把天鹅座的那些星看做是银河上的一座桥，"天津"的名字就是这么来的。

看起来，天津四没有织女星和牛郎星那么亮，其实，它是颗很了不起的恒星。请看：天津四的直径比我们太阳大 100 倍以上，质量在 20 倍以上，表面温度比织女星还高，超过 1 万℃。那么，为什么看起来天津四不那么显赫呢？道理很简单，它离我们太远了，约 1 600 光年。可见，一颗恒星看起来的亮度，即所谓的视亮度不仅与其本身的发光能力有关，而在更大的程度上取决于它的距离。

心宿二和天蝎座

顺着天河的方向，从天鹰座继续朝南看过去，在南方地平线上有好些比较亮的星，而且比较集中。如果你仔细看并施展一下你的想象力的话，你会很容易把其中一部分星看成是个大蝎子，它的一对大螯冲着西面，而它那条弯得高高的尾巴在东面。它就是天蝎星座。

不要以为蝎子的那对大螯很可怕，它并不毒，可怕的是它那带着毒液的尾巴部分。关于天蝎座的希腊神话正是这样说的，说猎人奥利翁曾经夸下海口，说没有一种动物是他的对手，谁都不在话下。这话可把神后赫拉恼怒了，她派了一只大蝎子去刺伤了奥利翁的脚，猎人就这样被毒死了。后来，猎人和蝎子都被安排到天上，成为两个星座，这就是猎户座和天蝎座。

因为猎人和蝎子之间结下了深仇大恨，就是到了天上，还是不愿意把仇解开，不愿意相见，成为两个永不同时出现在天空中的星座。猎户座是冬天天空中的主要星座，天蝎座则是在夏天出现。每当天蝎座从东方升起来的时候，猎户座就从西方没入地平线，反过来也一样。

有意思的是，无独有偶，猎户座与天蝎座永不相见的传说故事，在我国也有。

我国古代把猎户星座称为"参（shēn）宿（xiù）"，现在天蝎星座中间的那部分在古代叫"心宿"，心宿中那颗最亮的星是"心宿二"，也叫"商星"。

《左传》里有这么个故事：古代，一个叫高辛氏的部落领袖有两个儿子，大的叫阏（yān）伯，小的叫实沈（chén）。可是，兄弟两人不仅不和睦，还经常动干戈，人民得不到安宁。高辛氏最后下了决心，让他们兄弟两人永不相见，把小儿子实沈放到一个叫做大夏的地方，大致相当于现在山西省太原市西面，那里归参星主管。把大儿子放到了商丘地方，就是现在河南省商丘县，那里归商星主管。高辛氏用这种办法使兄弟俩永不见面。

唐代著名诗人杜甫在他的一首标题为"赠卫八处士"的诗里，开头两句就是："人生不相见，动如参与商"，指的就是这个意思。

天蝎座的最亮星——心宿二也是一颗1等星，是全天20颗1等星中的第16颗。它的表面温度比较低，只有3 600℃左右，所以，看起来它呈现像火焰那样的红颜色，很引起人们的注意，我国古代也把它叫做"大火"，就是这个缘故。

大火这颗星在我国古代特别有名，也特别重要。在殷墟卜辞中能够明确认定的恒星记载只有两颗星，其中之一就是大火，即心宿二，它是我国古代常用来确定季节的一颗重要恒星。另外值得一提的是，它是银河系中一颗著名的红巨星。所谓红巨星，是一种体积很大，密度很小，表面温度很低，而光度又很强的恒星。

心宿二是银河系中最大的红巨星之一，它的直径超过8亿千米，大体上是我们太阳直径的600倍左右，真是一颗难以想象的巨大恒星，如果把它放到太阳的位置上来，那么，不仅是水星和金星都将在它的肚子里，就连地球、火星和绝大部分小行星，也都只能在它的表面以下去运行了。

可是，这么大的心宿二，它的质量却只有我们太阳的25倍左右，可见其物质密度稀薄到了何等程度。心宿二与我们的距离约520光年。

南斗六星和人马座

在观赏天蝎星座之后，我们把注意力转向它东面的人马星座。这两个星座的共同特点是：星座内没有特别亮的星，尤其是人马星座，连一颗1等星都没有。可是，天蝎座和人马座中，肉眼就能直接看到的亮于6等的星，分别有120多颗和150多颗，更亮些的，譬如亮于4等的星，分别有22颗和20颗，使得这一部分天空成为天球上最亮的天区之一。

人马座中十来颗比较亮的星组成了一个别致的图案，两个不太规则的四边形加上它们上面的两颗星组成的图案，有人说它像副担子，也有人说它像把茶壶。古人把东面的那个四边形再加上那上面的两颗星，共六颗星连在一起看，说它像个斗，叫它"南斗六星"。南斗六星与北斗七星遥遥相对。

南斗和北斗都很著名，关于它们的故事也就不少。熟悉古典名著《三国演义》的读者，一定会立即想到第六十九回中"赵颜借寿"的故事。据说赵颜本来只能活到19岁，根据别人的指点，他去求两位老者添寿，果然如愿以偿，增寿到99岁。后来他才知道那位穿红袍的长者是南斗，南斗注生；穿白袍的是北斗，北斗注死。当然，这都是传说故事。

故事确实很吸引人，被罗贯中一描述，知道这传说故事的人就更多了，但我们毕竟不能把故事看做是科学事实。

天蝎和人马这片天区的银河也该好好观赏一下，你不仅可以看到银河中有许多暗黑的区域，这里同时也是全天最亮的银河部分。用小望远镜观测这部分天区的银河是件很愉快的事，这里有各种类型的恒星、双星、变星，已经爆发过的新星也不少；各种星云、星团更是丰富多彩。银河系的中心就在人马星座方向，只是这里尘埃般的物质太多，挡住了我们的视线，就连世界上最强有力的光学望远镜也都无法直接看到银河系的核心部分，那里的真实情况如何，对于科学家来说，好多仍旧是有待去揭开的谜。

天蝎和人马都是黄道星座，是日月行星经常经过和出没的地方。黄道上最南面的那个点，也就是冬至点，就在人马星座。太阳每年12月22日前后经过冬至点。

夏天晚上南面天空的一些主要星座，大体上先介绍到这里，稍偏东或偏西的星座再交代几句。

八角琉璃井和北冕座

织女星、牛郎星，再加上天蝎星座的心宿二，这三颗星也可以连成一个很大的三角形，而在织女与心宿二连线的中间、稍偏向织女的地方，有一颗比较亮的星。这部分天空中亮星很少，蛇夫星座的这颗最亮星也就比较显眼。认识了蛇夫座后，周围的武仙座、巨蛇座、天秤座和北冕座等，就都可以一一辨认出来了。

这里说一下北冕座，它的七颗主要亮星组成很别致的半圆形，其中还有一颗比较亮的星，你一定不会找错。你也可以从天津四向西到织女星连一条线，再往西延长出去一倍多，也可以找到北冕座。

在希腊神话里，北冕座代表新娘的花冠，是吉庆的象征。七颗星当中有六颗都是二三四等星，勉强加上一颗 5 等星，还是凑不起来一个完整的圆环，因此，古代阿拉伯人把它看成是只破碗，是件无足轻重的东西。我国古代叫它贯索，意思是用来捆绑囚犯的绳索和铁链。可见，同样一个星座或者一件什么东西，有人说它吉利，有人说它不吉利，都是从想象出发，甚至牵强附会罢了。

我国民间把北冕座叫做"八角琉璃井"。为什么七颗星说成是八角琉璃井呢？传说原来是八颗星，其中一颗被常去井里打水的人踩掉了，就只剩下七颗。这倒是一个很有趣的民间故事。

至于已经从东方升起来的星座，有海豚、摩羯、宝瓶等，有的还很低。

认识星座是件很有趣的事，你会从中得到许多知识和启迪，同时也陶冶了情操，可谓一举多得。

六十多吨重的一枚"硬币"

看了题目以后，你一定会想：准是编辑搞错了。哪里有这么重的硬币呢？

当然，这么重的硬币是没有的，但是，可以用来制造这种硬币的"材料"是有的。

这种"材料"在哪里呢？

从一杯水和一杯酒精说起

用同样大小的两只杯子，一只盛水，一只盛酒精。用秤来称一下，你就会知道，如果盛水的有 1 千克重，而那杯酒精却只有 0.8 千克左右。要是在这样的杯子里盛满水银，你就可能连杯子都举不起来了，它有 13 千克重哪！

杯子大小相同，水、酒精、水银的体积也一样，为什么重量不相等呢？这是因为它们的密度不同。体积同样是 1 立方厘米（长、宽、高都是 1 厘米）的水、酒精和水银，它们的重量各不相同：水的重量是 1 克，酒精是 0.8 克，水银是 13 克多。

还有比水银更重的东西吗？有。

1 立方厘米的金子是 19 克多，白金则超过 21 克。

如果有人告诉你，有一种"材料"1 立方厘米不是 1 克，也不是 1000 克，而是 1000 千克，你相信吗？

不要以为这是说着玩的。在宇宙空间有一种"奇怪"的星，叫白矮星的，它上面的物质就有着这么大的密度。

白矮星的故事

冬天的傍晚，可以在东南天空看到一颗星，它比天空中所有的星星都亮，那就是全天空看起来最亮的星——大犬星座的天狼星。在一百二三十年前，有一位天文学家对天狼星进行了细致的观测，发现了一件迷惑人的事情：尽管它运行的位置变化很小，但奇怪的是它并不走直线，而是歪歪扭扭，有点像刚学走路的孩子那样；跌跌撞撞。这是为什么呢？什么原因使它这样运行呢？

经过再三再四的研究以后，这位天文学家大胆地预言：一定是有一颗看不见的星在天狼星的周围绕着转，就是它"拉"着天狼星，影响着天狼星的运动。

可是，到哪里去找这颗星呢？既然望远镜都不能看到它，又怎么能知道它是不是真的存在呢？有不少的天文学家对这个预言很感兴趣，想尽办法找寻它，终于在 20 年后，用当时新造的最大的一个望远镜，找到了先前看不见的天狼星的"伴星"。

被发现的天狼星的"伴星"是一颗令人捉摸不透的星，它和太阳几乎一样"重"，可是却很暗，真正的明亮度只有太阳的三百五十分之一。但是，使得科学家惊讶的却又是它的表面温度反而比太阳高些，达到 8 000℃。这说明，天狼星的伴星很小，只相当于太阳直径的三十分之一。这么小的一颗星倒和太阳一样"重"，它的密度就一定很大。研究的结果告诉大家，这颗星的密度是太阳的 2.5 万多倍，大约是水的 4 万倍。

天文学家给这种温度高，但看来却很暗的星取名叫"白矮星"。白矮星一般都是体积很小，而密度特别大。

白矮星的密度

一百多年来，天文学家发现了上百颗白矮星。譬如，有一颗名叫范马南星的，密度是一立方厘米四十万克（400 千克），差不多等于十多个小朋友的重量。现在发现的最小的白矮星，它的密度是一立方厘米二万万克（200 吨），比好几个火车头还重！

这不是越说越离奇么？真的会有这种物质吗？

原子的构造

我们说，前面讲的既不是神话传说、也不是童话，而是的的确确的事实。这个事实可以从原子构造的角度来解释。

我们都听说过"原子"，原子是什么组成的呢？每一个原子的中央有一个原子核，原子核的周围，有少到一个、多到几十个或者上百个叫做"电子"的小粒子在绕着转，有一点像打靶用的靶纸那样，中间有一个靶心，周围是一圈一圈的圆圈，"电子"也是这样绕着原子核转的，不过，有的圈上只有一个、两个……有的圈上却多达二三十个。另外，整个原子的直径很小，大约四千多万个原子并列排起来，等于我们这篇文章中的一个字那么宽；而原子核的直径只占整个原子直径的一万分之一还不到，原子核的体积只占整个原子体积的万亿分之一以下。原子核虽小，但很"重"，它比电子要重一两千倍。

在温度几百万度或者几千万度这种难以想象的高温下面，原子会失掉一个或好些个电子，这样，它的体积就大大缩小，而"重量"基本不变。如果原子失去了它的大部分电子，只剩下原子核和少数电子，它们又"挤"得比较紧些，这样的物质 1 立方厘米有好几吨重，也就不是什么稀罕的事情了。

据说，白矮星的内部，就是由这类原子核组成的。

前面说过，现在已经发现的，密度最大的白矮星是 1 立方厘米 200 吨，比水的密度大了 2 万万倍，用这种物质制造壹分"硬币"的话，就有 60 多吨重，10 辆大卡车也拉不动它！

附记：

上面这篇文章最早发表在 1964 年第 24 期《儿童时代》中。1999 年重读 30 多年前写的这篇文章，感想颇多，集中到两点来说：一是这篇小文章曾多次被不同的文集选用，受到读者们的欢迎，但深感愧疚的是，这样的文章自己写得不多；二是，30多年来，科学技术的发展远比我们想得要快，天文学领域也不例外。为保持文章原来的风格，这里只在个别地方作了些最必要的改动，但有关中子星的事实必须在这里补充和提到，增加此附记供读者参考。

如果我们今天来"铸造"同样的这么一枚一分硬币，用的是现在所知道的最"重"物质，那它就不是60吨重，而是要重得多。

20世纪60年代天文学的四大发现是：星际有机分子、类星体、微波背景辐射和脉冲星。脉冲星是在1967年发现的，后来它被证实为是科学家们一直在寻找的一种新型天体，即快速自转的中子星。所以被称为中子星，因为它主要是由中子这种基本粒子组成的。这是一种物质密度非常、非常之大的超密恒星，大到了我们简直无法想象的程度。中子星的质量不算大，一般只相当于我们太阳的十分之一到3倍，可它的直径很小，只有譬如说10千米，这样的话，就只及太阳直径的14万分之一上下。那么多的物质都"挤"在了那么小的空间里，那里的物质密度自然是大得惊人！

中子星的密度每立方厘米超过1亿吨，比前文中提到的用来铸造60吨重硬币的白矮星密度，还要大50万倍以上。读者们完全可以想象得到，如果用组成中子星的物质来铸造我们这枚一分硬币的话，它就会"重"达3 000万吨以上，甚至还要"重"得多！假定我们让载重30万吨的大油轮来运送这枚硬币，得使用100多艘这样的油轮！

这大概是20世纪人类所知道的密度最大的物质了，至于中子星的这种"头衔"能保持多久，能保持到21世纪的什么年代？现在还很难说。

成双成对的星

满天星斗在夜空中闪烁，好比是一颗颗璀璨的明珠。你可曾想到过吗，有些星看上去是单颗的，实际上却是成双成对地组成的？

在天文学上，人们把这种星叫做"双星"。

开阳星就是一个比较著名的双星。开阳星是北斗七星斗柄三星的中间那颗，也叫北斗六。它是颗 2.1 等星，距离地球约 88 光年。请你在紧靠着开阳的地方，找一颗比它暗些的星。这是颗 4 等星，名字是"辅"。它和开阳星的距离约为 12′（1°=60′），大约相当于满月视直径的三分之一。无论是在中国还是在外国，辅这颗星都很早就被发现了，往往还被用来检验一个人的视力是好还是坏。开阳星和辅星之间存在引力的作用，互相围绕着旋转，它们组成一对双星。

如果你有一架小型望远镜，还可以对它做进一步观察。你会惊奇地发现，原来即使把辅星抛除在外，开阳星本身还是由两颗星组成的。它们的距离约为 14″，只有满月视直径的一百三十分之一。这两颗星的亮度差不太多，约为 2.4 等和 4.0 等。这两颗星也组成一对双星，我们把它们分别叫做双星的"子星"。它们之间的实际距离是 380 个天文单位以上，要几千年、甚至上万年才能互相围绕着转一圈。

如果在组成双星的两颗星星中，一

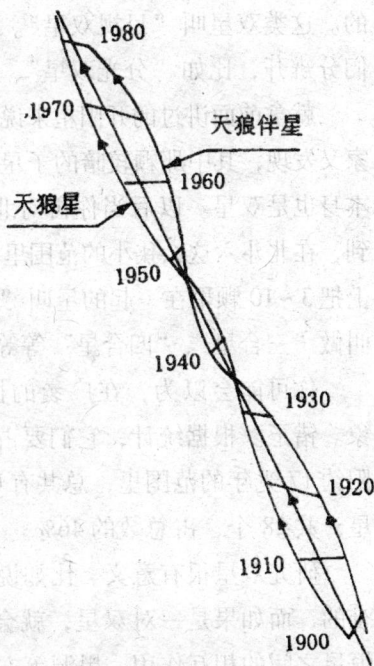

天狼星运动路线图

201

颗较亮，一颗较暗，亮的那颗就叫"主星"，暗的那颗就叫"伴星"。在这种情况下，由于伴星的光泽被主星遮没了，即使用望远镜观测，也很难发现它。全天中最亮的星——天狼星，就是一个著名的例子。

1834年，德国天文学家贝塞尔在精密地测量恒星位置时发现，天狼星在天空中的运动路线不是一条直线，而是波浪式的。他经过研究之后宣布，天狼星是颗双星，它是由一颗可以看见的亮星和一颗看不见的暗星组成的。天狼星的运动所以呈波浪式，是由于那颗暗星在起干扰作用的缘故。

1862年，美国科学家克拉克制造了一架当时世界最大的望远镜。为了检验这架望远镜的质量，他用它来观测天狼星。使他喜出望外的是，在光亮耀眼的天狼星旁边，果然有一颗发射着微弱光芒的暗星。它就是贝塞尔预言、人们寻找了20多年的天狼伴星！现在人们已经知道，天狼伴星的亮度只有天狼星的万分之一，它的直径只有太阳的千分之七，而质量却与太阳相等。

上面介绍的几个双星，都是人们通过望远镜，可以用眼睛直接分辨开的。这类双星叫"目视双星"。还有一些双星，要利用其他仪器才能把它们分辨开，比如"分光双星"、"光谱双星"、"干涉双星"等等。

就拿前面讲过的开阳星来说，它的两个子星都是分光双星。后来天文学家又发现，其中那颗较暗的子星竟然是由三颗星组成的"小组"！另外辅星本身也是双星。以后当你再对北斗七星进行观测的时候，你一定会立刻想到，在北斗六这么狭小的范围里，竟然密集着7颗恒星。多么有趣！天文学上把3~10颗聚在一起的星叫"聚星"，或者根据星星的具体数量，把它们叫做"三合星"、"四合星"等等。开阳就是一颗聚星，也叫七合星。

你可能会以为，在广袤的恒星世界中，双星和聚星只是一些偶然现象。错了。根据统计，它们要占恒星总数的一半以上！举例来说，在离太阳约17光年的范围里，总共有60颗恒星，其中包括11对双星，两组三合星，共28个，占总数的46%。

研究双星很有意义。比如说，要想求得单个存在的恒星的质量是很困难的，而如果是一对双星，就会容易得多。另外，在恒星的起源和演化、恒星之间的相互作用、黑洞等方面的研究中，双星也都发挥着十分重要的作用。在现代天文学中，双星正越来越受到人们的重视！

"变化多端"的星

在茫茫宇宙中，除了那些突然爆发的"新星"和"超新星"以外，别的恒星的亮度会不会有什么变化呢?

1596 年 8 月，荷兰一位天文爱好者法布里修斯在鲸鱼星座中，看到了一颗 3 等星。他很奇怪:在过去的星图上，从来没有记载过这颗星。更使他惊奇的是，这颗星的亮度在一点一点地变暗，两个月后竟变得看不见了。他搞不清这究竟是怎么回事。事情就这样过去了。

1603 年，一位德国天文爱好者在绘制星图时，又发现了这颗星，当时它的亮度是 4 等。他根本不知道 7 年前曾经有人看到过它。他用希腊字母 O 来表示这颗星。

直到 1638 年，天文学家赫维留注意到这颗时亮时暗的星，才肯定它是颗变星。

亮度发生起伏变化的恒星叫做变星。前面提到的鲸鱼座 O 星就是一颗很奇怪的变星，它的位置就像鲸鱼的脖颈。它的亮度一般在 2~10 等之间变化，最亮时，到过 1 等星，变光周期平均 332 天。我国称它"蒭（chú）藁（gǎo）增二"。

这颗变星周期性地变光，是因为它的星体周期性地膨胀和收缩，它的直径在太阳直径的 400~500 倍之间变化。这种由于本身的物理原因而发生亮度变化的变星，叫做脉动变星。蒭藁增二在达到最大亮度后，在最亮阶段大约停留几个星期。

历史上发现的第二颗变星是英仙座的 β 星。

英仙座

我国叫它"大陵五"。英仙座是银河附近最美丽的星座之一。英仙是古希腊神话中的英雄珀耳修斯,传说他受智慧女神雅典娜的委托,砍下了女妖墨杜萨的头。后来他被提升到天界,得到了一个宝座,就是英仙座。珀耳修斯在天空中,仍然一手高举宝剑,一手提着墨杜萨的头。在英仙座中,β星就是可怕的墨杜萨的头,人们称它为"魔星"。它是一颗光度变化很大的变星,每隔2天20小时59分,它便从2.13等到3.40等之间变化一次。

17世纪60年代末,人们就发现"大陵五"的亮度有变化,但是由于没有系统地去观测,所以大陵五变光的原因直到1783年才得到正确解释。年仅19岁的英国聋哑青年古德利克,用了半年的时间对大陵五进行观测,他提出:大陵五星是一对双星,一颗小而亮,另一颗较大而暗,它们互相围绕着旋转时,如果亮星挡住了暗星,大陵五就显得略微暗一点;如果暗星挡住了亮星,大陵五就显得很暗;如果互不遮挡,大陵五就显得最亮。

变星可以分成三大类:一类就是鲸鱼座O星那样的脉动变星;一类是亮度突然发生巨大变化的新星;再有一类就是这种由于双星互相掩映而发生亮度变化的星,这叫几何变星。大陵五就属于几何变星。

变星的发现只有不到四百年的历史,而对变星的真正研究只是最近一二百年的事。1786年出版的一本变星星表,只包括了12颗变星;1896年的一本变星星表,也只有393颗变星;而到了1985年被发现的变星已经达到28 450颗。现在,暗的变星还在不断地被发现。研究变星,对于人们了解恒星的演化和发展是有很大帮助的。

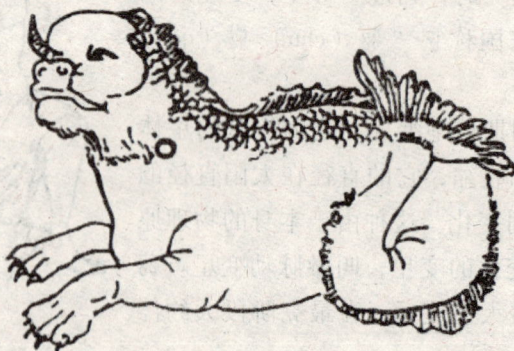

鲸鱼座

真正的"新星"

电视剧《新星》曾经吸引过众多的观众，剧里把新出现的一位改革家比喻成一颗新星。我们现在来谈谈真正的"新星"。

1987 年 2 月的一天夜里，一位在智利工作的加拿大天文学家，正在用望远镜进行观测。突然，他在南天著名的云雾状天体——大麦哲伦星云中，看到了一颗过去从没见过的星。这颗星亮得用肉眼都清晰可见。这到底是什么星呢？难道是一颗从没发现过的新星吗？

它确实是一颗新星，但不是新有的星，而是原来就有，但很暗，因为突然爆发，才变得很亮。如果在很短的时间里，一颗星的亮度增加几千到几百万倍，即亮度增加 10 个星等左右，我们就叫它新星（每增加一个星等，亮度增大约 2.5 倍）；亮度增加千万倍到上亿倍的，即增加十七八个星等以上的，就是超新星。1987 年 2 月发现的那颗亮星就是超新星。

超新星出现的机会很少，很亮的不用任何仪器就可以看到的超新星出现的机会更少。从 1885 年到 1979 年的 94 年间，在和我们银河系差不多的恒星系统——星系中，一共才出现过 501 颗超新星；比较亮的星系平均290 年出现一个超新星。拿银河系来说，上次出现肉眼可以看见的超新星是在 1604 年，我国把它叫做"尾分客星"，它最亮时比木星还亮。已经证实，到现在为止，银河系出现亮超新星 6 次，出现的时间分别是公元 185年（半人马座）、1006 年（豺狼座）、1054 年（金牛座）、1181 年（仙后座）、1572 年（仙后座）和 1604 年（蛇夫座）。其中 185 年和 1006 年的两颗超新星最亮，亮度最大时，比金星还亮几十到上百倍。

有人认为，银河系出现特亮超新星的机会，大约千年一次。因此，很长一段时间以来，天文学家们一直议论，哪颗星会是下届超新星的"种子选手"呢？它将何时出现呢？所以，当那位加拿大天文学家最初发现超新星时，一时竟不敢相信自己的眼睛。他立即把前一天拍的同一天区的照片拿来比较，又一次次跑到室外去看那颗闪烁着的星星，终于相信：自己确实赶上了个千载难逢的机会，真是 380 多年来最大的幸运儿。

发现大麦哲伦云中的超新星的消息，立即传遍了全世界。这颗超新星被命名为"1987A"。1987A 虽然不是我们等待的银河系里的超新星，但它出现在离银河系最近、距离只有 16 万光年的大麦哲伦星云之中，也是十分难得的。

超新星一般是在达到最大亮度时或之后才被人们发现，而 1987A 被发现之后，又经过了两个多月，才达到最大亮度，这就为人们用各种方法观测它，提供了宝贵的时间。

超新星的爆发是现在人们知道的恒星世界中最激烈的爆发，恒星爆发之后或者是崩溃，变成一片星云；或者是抛掉了大部分质量后，变成一种性质完全不同的天体。

有人担心：太阳会不会有朝一日也突然爆发成超新星呢？天文学家发现，并不是任何恒星都会爆发。爆发成新星的星大致有两种情况，一是它原本是两颗挨得很近的双星中的一颗；或者是一些大质量的星，而且"年纪"都非常老了。而我们的太阳不属于这两种情况，所以不必担心太阳会"爆炸"！

寻找“地球”

我们都生活在地球上，还要找什么“地球”呢？

科学家们想找的，是我们太阳系之外的、环绕其他遥远恒星运转的、像我们自己的地球那样、上面有智慧生物从事各种活动的星球。这种星球当然不可能是表面温度达好几千度的恒星，也不可能是它上面经常处于零下好几百度低温的小行星、卫星等。它们只可能是距离自己太阳不远也不近的某颗行星，而且本身得具备生命存在所必需的各种条件。

如果能找到一颗各种情况和条件与我们地球相像的行星，更不要说一致了，我们大概就可以八九不离十肯定它上面会有生命。这样的一颗行星简直像是我们地球的复制品，说它是“第二地球”，也未尝不可。不过，这种可能性实在太小了。即使遥远的宇宙空间存在这种“第二地球”，因为太小，要想用当前的观测设备去发现它，是难以设想的。

“第二地球”必须与我们的地球相像吗？

也不一定。比我们地球大些或者大得多的行星，譬如像九大行星之一的、比我们地球大 1300 倍左右的木星，也是可以的。当然，它对自己太阳的要求，以及它本身的情况，甚至那里的智慧生物该具备哪些大大有异于我们的特殊条件，都得重新考虑。

因此，归根到底，首先要找到哪颗恒星周围确实存在的行星。这样的搜寻工作少说也已有百年的历史。

比较早的有“巴纳德星”。天文学家巴纳德于 1916 年发现了一颗表面温度很低、离我们是第四近的恒星，距离只有 5.9 光年（1 光年 = 约 9.5 万亿千米）。对这颗可说是近在“咫尺天涯”的恒星，经过一代又一代科学家的潜心研究，至今已 80 多年，仍不能哪怕稍微肯定一点儿地说，它究竟有两颗还是 3 颗行星在绕着转，还是像不同观点者所说的那样，它根本就没有什么行星。

　　时至今日，被认为可能有行星绕着转的恒星不下数十颗，而且近些年来至少有二三次，有人慎重地宣布：发现了我们太阳系外的第一颗行星，有人还肯定在一种叫做"脉冲星"的周围发现了行星，而脉冲星是一类比较特殊的恒星，早些时候一直认为在它周围存在行星是不可想象的。

　　从目前情况来看，天文学家们对空间望远镜寄予很大希望。空间望远镜是在1990年4月发射上天的，由于在制作过程中的疏忽，望远镜的镜片存在不少问题，不得不于3年半之后对它进行"视力"矫正工作。矫正后的空间望远镜正发挥着很大的作用。它的直径虽只有2.4米，由于是在好几百千米的高空，比地球上任何观测设备都能看到更多、更暗的天体。天文学家们希望，再为它增加一些附属设备，使它的威力更上一层楼，也许有可能在其他恒星周围找到地球般行星的确凿证据。

　　存在"第二地球"吗？我们大家都来关注搜寻工作的发展吧。

也说 "人生星座"

也说"人生星座"

常听到一些人在谈论"我是××星座"、"你是什么星座"之类的事，尤其是在青年人中间，似乎谈论得更多些。因为是××星座，就联系到性格、情缘、机运、婚姻、前途、归宿等等，好像人的一生就因为"我是××星座"，一辈子的"命运"就一切都确定了似的。

关于"星座和人生"方面的书，在书摊上几乎是到处可见，什么《你的星座》、《星座和你》，有的甚至是一个星座一本书，12 个星座出版了 12 本书。这些书是在指导你认识天上的星座吗？不是！是在向你普及天文基本知识，或者告诉你空间科学的最新成就和发展吗？更不是！那么，它们是干什么的呢？这类书无例外地都是利用人们想知道自己未来将会是怎么样的好奇心理，以此为诱饵，大量散布不负责任的、毫无科学依据的封建迷信和种种谬论，宣扬听天由命的观点，从思想上进行毒害，把人们引入歧途，使人们从精神上到行动上成为它的俘虏。

这不是随便说的，说话得负责，得摆事实、讲道理。

什么是星座

既然说是星座跟人生有关系，我们就得先说说：星座是什么？它到底与人生有什么关系?!

我们居住的地球是太阳系九大行星之一，除地球外，其余八大行星以及太阳与我们之间的距离，从宇宙空间的角度来看，都是比较近的：水星和金星一般只有几千万千米，离我们最远的冥王星平均约 60 亿千米。太阳与地球之间的平均距离约 1.5 亿千米，被称为 1 个天文单位，滴答一秒钟光线可以"跑"30 万千米，太阳光从太阳来到地球需要约 500 秒钟。光跑完从太阳到冥王星这么一段距离，得花五六个小时。

比起太阳系天体来，恒星，或者说晚间看到的那些星星，它们就都远得多得多。太阳是离我们最近的恒星，第二近的那颗恒星的星光来到我们这里，得在空间长途跋涉1.3亿秒钟以上，或者说4年多，我们就说它的距离是4光年多，用千米来表示的话，那就是约40万亿千米。光年和天文单位都是天文学家们常用的表示天体距离的长度单位，1光年约为9.5万亿千米，相当于63 000多天文单位！

上面提到的那颗第二近的恒星，就是半人马星座中的"比邻星"，距离是4.3光年。可不要忘了，这只是第二近的恒星。单凭我们的眼睛，看到的多数恒星一般离我们数十光年到数百光年，数千光年以上的也不少。离我们数万光年、数十万光年、数十万万光年或者更远的天体，还有的是，不过，这些天体都得用专门的设备才能观测到。

说实在的，当一些物体与我们之间的距离远到一定程度时，我们的眼睛就分不清楚哪个离得近，哪个离得远，哪个离得更远。恒星的情况更是如此，看起来它们好像都一样远，似乎还组成了一些图案。为了便于认识这些星星，人们在一些亮的星星之间人为地加上些线条，并想象成动物、工具、人物等图案，而且一一给取了名字，这就是星座名称和图案的来源。这就有了狮子座、金牛座、天蝎座、白羊座、宝瓶座、天秤座、猎户座等。也就是说，星座只是我们从地球上看起来的现象，它们并非实体。

有人承认自己是"狮子星座"，这怎么可能呢?！组成狮子星座的主要亮星共9颗，按距离远近排列的话，是这样的：

狮子	亮度（星等）	距离（光年）
β	2.14	43
δ	2.57	82
α	1.36	84
γ	1.99	90
θ	3.34	90
ζ	3.46	130
μ	4.10	160
ε	2.99	340
η	3.58	1 900

请看，组成狮子座的那几颗亮星，最远和最近的相差1 800多光年，用千米来表示的话，就是1.7亿亿多千米。有这么大的狮子吗！

如果有朝一日，宇航员有机会来到狮子座某颗星的附近，他根本就看不到狮子座。有人以为，所以叫它狮子座，是因为它具有什么狮子的性格，那里有大量的狮子。明摆着的这不是在胡说八道吗！

黄道星座和黄道十二宫

由于地球环绕太阳运行，一年运行一周，我们在地球上看到的是太阳在星座间一年移动一大圈，太阳移动的这条路线就是黄道。黄道全长360°，太阳平均每天在黄道上移动1°不到一些。

黄道经过的12个主要星座，被称为黄道星座。黄道十二星座和现在国际公认的所有星座一样，在大小上有很大差别，黄道十二星座的名称和它们各自在黄道上的长度是：双鱼座（在黄道上长36°）、白羊座（25°）、金牛座（37°）、双子座（28°）、巨蟹座（20°）、狮子座（36°）、室女座（44°）、天秤座（24°）、天蝎座（25°）、人马座（33°）、摩羯座（28°）和宝瓶座（24°）。

我们不难看出，太阳经过每个黄道星座的时间是不一样的，绝不可能像所有的《你的星座》之类的书那样，统统说成是30~31天。

正是因为这样，为了表示太阳在黄道上的运行情况和所处的位置，在古代巴比伦和古希腊，就从黄道上的春分点开始，把黄道分为12个等分，各长30°，每个等分被称为"宫"，12个宫总长360°。这样，太阳每个月基本上是在一个宫中，一年轮流在每个宫中经过一次。

在两千多年前，在确定用宫的这种办法来表示太阳位置的时候，宫的名称就用在它附近的星座名称来称呼，所以，当时同名的黄道十二宫与黄道十二星座大体上是一一对应的，即白羊宫与白羊座大体上对应，金牛宫与金牛座大体上对应，其余的宫与座也是这样。我们所以说是"大体上"而不是完全对应，理由在前面已经说过，因为黄道星座的长度都不是30°。那时，春分点在白羊宫，被称为"白羊宫第一点"，当时，春分点自然同时也在白羊座。

在确定黄道十二宫的年代里，有一种现在叫做"岁差"的现象是不知道的。所谓"岁差"现象，主要指的是地球自转轴方向的改变。我们地球并非是个正球体，而是一个旋转椭圆球体，赤道直径比两极直径要大；另外是地球的赤道面与黄道面相交成23°多的角。这样的一个天体在日月行星等天体引力作用下，自转轴就会发生变化，它所指的方向就会变化。这种被称为"岁差"的变化是很缓慢的，它使得春分点在黄道上的位置每年向西移动约50″，即1°（=3600″）的约1/72，25 800年左右，春分点就在黄道上移动一周。一年两年，春分点的这种位移不会产生显著影响，时间长了就不然。从古代巴比伦和古希腊到现在的两千多年当中，春分点已经向西移动了30多度。

这就产生了一种所有《你的星座》之类书上都没敢提、但都在错误地混用的现象。

情况是这样的：在两千多年前，同名称的宫与座大体上一一对应的情况，现在已经不复存在。由于岁差的缘故，白羊宫已在两千多年中随着春分点西移了30多度，而同名黄道星座的位置没有变。现在的情况是：白羊宫大体上与原先在它西面的双鱼座吻合。春分点仍是"白羊宫第一点"，当然是在白羊宫中，但它现在不是在白羊座，而是在双鱼座中。同样的道理，原来宫与同名星座基本上相对应的现象，都已改变成为宫与同名星座以西的那个星座大体匹配。

"人生星座"可信吗

除非有人仍旧相信星座是实体，宇宙空间存在那么大的狮子、那么大的白羊、金牛和蝎子等，愿意相信星座与人生有关，愿意把所谓的"命运"交给它们而不是自己来掌握，那么，我们认为，在了解和明确了星座的概念之后，星座与人生究竟有没有关系的问题就好说了，很可能自己就解决了这个问题。

作者还想在这个问题上说上几句。

特别是改革开放以来，我国经济的增长之快是有目共睹的，遗憾的是，各种迷信思想也大大地抬头，除了算命和求签问卜之类的"传统"迷信外，洋迷信也开始盛行。邪恶之辈更是利用人们的轻信和愚昧，骗钱骗物，乃至毒害人们的身心。

所谓的"人生星座"大概可以归入这一类。总起来说，它至少在以下这些方面错误百出：

1. 星座与黄道十二宫是两个完全不同的概念，不能混淆，"人生星座"之类的迷信在这点上蒙骗了不少人。

2. 黄道十二宫与太阳位置、或者说与日期有关，星座与此无关，而"人生星座"在每个星座旁边都注明每年太阳从哪天到哪天就在这个星座中。这是睁着眼睛说瞎话。

3. 从地球上看过去，离我们1个天文单位的太阳在一年中的某个时候，运行到了譬如说以狮子座为背景的天空部分时，我们怎么能说远在数十到数百光年的那些星星就会影响这时候出生的人的一辈子呢！这是什么逻辑?!

从满是错误概念出发的"人生星座"之类的洋迷信，为善良的人们所作的种种"预测"能是正确的吗?! 它们除了是胡扯，还能是什么呢！

退一万步说，全世界人口增长每年以1亿计算，每个月就接近1 000万，能说这些人因为是同一个月出生，用"人生星座"传播者的话来说属"同一星座"，就会是同"命运"吗？你能相信这一点吗?!

其实，"人生星座"也好，求签算命也好，烧香拜佛也好，这些都没有任何科学道理可讲，都是迷信，实在要不得。相信这些实在是有百害而无一利，这只能使人丧失勇气，丧失理智，意志消沉，无所作为。

在时代飞速发展的今天，我们迎头赶上尚且觉得时间很紧迫，哪有精力和时间再去参与那些迷信活动！我们应把宝贵的时间用到学习科学文化知识上去，努力多掌握最新的科学和技术，树立科学态度、科学意识，成为具有高度科学素质的人才。

谈谈所谓"黄道吉日"和"凶日"

我们常常能看到，有些人在结婚选日子、在盖房上大梁、在外出旅行或者去做买卖的时候，愿意选个"黄道吉日"，图个吉利。这种对美好愿望的向往和祝福，是可以理解的，也是人之常情，但所谓的"黄道吉日"，实在是没有什么科学道理，还带着很浓厚的迷信色彩。它只是把"黄道"这个天文学上的名词，跟另一个与天文学毫不相干而迷信味道十足的名词"吉日"，硬拉在了一起。

从天文历法来说，黄道的概念是非常明确的。我们的地球绕着太阳转，地球在绕太阳轨道上的位置在不断变化，就这样一年转一个圈子。因为我们是在地球上，没有感觉到地球在绕太阳转，看到的只是太阳在天空中慢慢地移动着位置，一年移动一大圈。这个大圈，就叫黄道。在古代的星空图上，习惯上黄道都是用黄颜色来画的。

说白了，太阳在黄道上的每个位置各代表一年中的某个日子，一年是365天也好，闰年是366天也好，太阳缓慢地在黄道上移动，日子就这么一天天过去，天天都一样，哪来的这一天吉利，那一天不吉利的道理呢！

硬是把日子分成所谓的"吉日"和"凶日"，真是一点道理都没有。可是，为别人算命、看面相和看手相的人，搞迷信活动的人，很需要这一套迷惑人的把戏，不然的话，他们怎么能蒙蔽别人，怎么能骗到钱呢！

其实，他们的办法也很简单，主要是把一年365天分成若干组，每一组都规定一些内容相同或者类似的事，再就是给每个组安上"吉利"、"不吉利"、或者其他模棱两可的话。譬如说：宜结婚、宜远行、宜新建、宜沐浴、开业大吉，等等，或者是安上忌殡葬、忌诉讼，或者干脆来个"诸事不宜"，就是说，这一天，要是听它的话，你什么都不能干。至于这些组也就是这些日子的具体安排，算命先生都是利用一般人不熟悉的干支，而且是交叉进行。还有一些特别的日子，包括所谓的"吉日"和"凶日"，

215

则另有安排，穿插在中间。我们可以看到，所以把一年 365 日的日子安排得那么复杂，一是让外人看不透其中的奥妙，再则显得很科学，更容易迷惑人，使更多的人上当受骗。我们看到的所谓《黄历》就是这么一本五花八门、杂乱无章、无所不包、又毫无科学根据的大杂烩。

其实，即使是在过去，提倡乃至搞"黄道吉日"和"凶日"的那些人，自己也不是严格遵守的。部队出兵、奇兵出击，都不可能等来了"黄道吉日"后才进行，这样会贻误战机的。过去，婚姻大事必须看《黄历》行事，挑个"黄道吉日"才行，这是一条不成文的但又毫无道理的规矩。现在，一般都是什么时候方便就选在什么时候，五一节前、国庆节前后、中秋节附近等等，不是都很好吗！

总而言之，地球绕着太阳运动，我们看到太阳在黄道上一点点移动位置，无所谓"吉日"和"凶日"。人民群众的日子过得好还是不好，不是《黄历》决定的，是由社会制度决定的。事实胜于雄辩，在旧社会，老百姓的命难道都不好，每天难道都只能是"凶日"！解放后，老百姓的命难道一夜之间统统都变好了，"凶日"立即都变成了"吉日"！都不是！老百姓能过上好日子，这是因为在党和人民政府的领导下，我们共和国半个世纪的历史可以作证。

从天干和地支说起

春节是我国人民非常重视的传统节日。春节也就是农历的正月初一，是农历年的开始。农历采用干支纪年，譬如说头一年是癸亥年，第二年就是甲子年。

天干和地支

一提起甲、乙、丙、丁和子、丑、寅、卯这些天干和地支，有人就把它们与封建迷信现象混在一起，等同起来。之所以会有这种情况，是因为搞迷信活动的人也大量地使用这些天干和地支，使人产生了错觉。其实，天干、地支与封建迷信毫不相干，它们好比阿拉伯数字1、2、3、4一样，只是一种符号，或者被用来作为标志，或者被用来表示一种事情的顺序，如此而已。

天干实际上包括 10 个字，它们是：甲、乙、丙、丁、戊、己、庚、辛、壬、癸。地支包括 12 个字，它们是：子、丑、寅、卯、辰、巳、午、未、申、酉、戌、亥。一个天干和一个地支搭配在一起，天干在前，地支在后，这样就组成一个包括两个字的字组，如甲子、乙丑等，也就是一对干支。

天干从甲、乙、丙的甲开始，地支从子、丑、寅、卯的子开始，一对一地搭配。由于天干是 10 个字，地支是 12 个字，成双搭配的话，天干六遍配地支五遍，可以得到 60 对干支，也就是 10 和 12 这两个数的最小公倍数 60。

| 甲子 | 乙丑 | 丙寅 | 丁卯 | 戊辰 | 己巳 | 庚午 | 辛未 | 壬申 | 癸酉 |
| 甲戌 | 乙亥 | 丙子 | 丁丑 | 戊寅 | 己卯 | 庚辰 | 辛巳 | 壬午 | 癸未 |

甲申	乙酉	丙戌	丁亥	戊子	己丑	庚寅	辛卯	壬辰	癸巳
甲午	乙未	丙申	丁酉	戊戌	己亥	庚子	辛丑	壬寅	癸卯
甲辰	乙巳	丙午	丁未	戊申	己酉	庚戌	辛亥	壬子	癸丑
甲寅	乙卯	丙辰	丁巳	戊午	己未	庚申	辛酉	壬戌	癸亥

六十干支也叫"六十花甲"，从甲子、乙丑开始，一直到癸亥为止，形成了一个以60为周期的循环序列。在我国古代，这个序列被用来纪年、纪日，而且一直延续到现在。这个序列也被用来记月份和记时间，这样的用法现在知道的人已经越来越少了。

干支纪年

用干支来记载年代的这种做法，叫做"干支纪年法"。最迟在东汉初期，也就是约2000来年前，我国已经普遍使用干支纪年了。就是按照刚才说的六十干支的顺序，每年用一对干支来表示，第一年是甲子年，第二年是乙丑年，下一年是丙寅年，再往下依次是丁卯年、戊辰年等等，第六十年是癸亥年，是这一轮"花甲"的最后一年。再往下，又是"甲子"年，那是又一轮"花甲"的第一年。就这样循环往复，一轮又一轮地延续下去。这种干支纪年法，两千多年来一直没有间断过，一直沿用到现在，成为研究历史、研究科技史、进行考古和阅读历史古籍时，确定其时间的重要手段和依据。

现在在我们使用的日历上，还可以看到这种干支纪年法。一般的日历分为上下两部分，上面的是阳历，下面的是农历，在上下两部分之间，或者在下半部分的边上，往往可以看到"农历癸亥年十二月大"、"甲子年正月大"等字样。这里说的癸亥、甲子就是干支，表示农历这一年是癸亥年、是甲子年的意思。

干支纪年法有它的优点，它在历史、考古、历法的研究等方面，得到广泛的使用。很多历史事件常常用干支纪年法来表示，绝对不会发生差错，如："辛亥革命"，指的是1911年10月孙中山先生领导下的武昌起义，因为那一年的农历是辛亥年，这次革命就被称做"辛亥革命"。还有像"甲午战争"、"戊戌变法"等等，分别指的是发生在1894年和1898年的战争和变法等重大历史事件。

我国古代历法很重视甲子年，其实，这只是60年周期的一个开始年而已，没有什么可牵强附会的。倒是干支纪年法在人民群众中间得到较为普遍的应用之后，民间对它作了生动活泼而且影响深远的改造，那就是用十二种动物与十二地支相配，这就是我们大家都很熟悉的十二生肖。十二生肖中，以老鼠配地支中的子，以牛配丑，以老虎配寅等等。关于十二生肖的问题，历来被封建统治阶级进行了种种歪曲，说属什么生肖就不好，什么生肖又和什么生肖相克等。其实，这些都是没有科学依据的，与干支、生肖也都没有什么关系。

建国以后，我国采用了世界各国都通行的公历纪年法，简称为阳历。这种用数字来纪年的做法，如1983年、1984年，有很大的优点，可以延续使用，不会重复，也不会互相混淆，简单明了。因为照顾到历史的原因和人民群众的习惯，农历中的干支纪年法仍在使用，十二生肖也还比较普遍流传。

根据传统的习惯，农历年当然是从农历正月初一开始。譬如，大体与阳历1984年相当的农历年是甲子年，正月初一相当于阳历1984年2月2日，从这一天开始，农历进入新的一年。可是有人把农历与阳历混淆起来，认为农历甲子年也是从阳历1984年1月1日开始，也有人把1984年1月1日以后出生的孩子，一律说成是属老鼠，这就不对了。

农历与阳历是两码事。阳历每年固定在1月1日是新年，也叫元旦。农历正月初一为春节，是农历一年的开始，也是没有问题的。只是阳历一年365天或366天，农历一年350多天，或者13个月380多天，每年的农历正月初一相当于当年阳历的哪一天，并不固定，需要查专门的历书才知道。

干支纪日

除了干支纪年之外，我国还有干支纪日，也就是把六十干支，从甲子开始，顺着先后次序每天用一对干支来表示，60天一个循环，周而复始。干支纪日在我国的应用是很早的，比干支纪年要早。在已经发现的商朝和西周的甲骨文里面，就有大量的干支纪日记载，到现在已有3 000多年的历史。根据初步考证，从春秋鲁隐公三年开始，也就是从公元前720年开始，两千七百多年间，我国的干支纪日从没有间断过。这样长时间而不断也不乱的纪日法和记日资料，在世界历史上无疑是首屈一指的。

跟干支纪年一样，干支纪日在历史上的作用也是非常大的。大量的科技、历史事件以及各种历史人物的活动，都因为有了干支纪日法而得到详细的记载，得以确切地根据历史本来的面貌而保存下来，成为我们宝贵的历史财富。

干支纪日在我们一般生活中已经不常用了，但有些历法上的事，仍需要考虑到干支纪日这一因素。比如三伏天的算法，究竟是哪一天，就是根据天干定出来的，按照农历的规定，夏至以后第三个带"庚"字的日子作为初伏开始，第四个"庚"日是中伏开始，立秋以后的第一个"庚"日是末伏开始。

干支纪月和纪时

除了干支纪年和干支纪日之外，我国历史上曾经有过干支纪月和干支纪时间。不过，这些主要用的是地支，而把天干的成分都略去了，如农历每年十一月称子月，十二月是丑月，正月就是寅月等等。

纪时方面，一天24个小时分为12个时辰，半夜11点到第二天凌晨1点是子时，1点到3点是丑时等等。

不过，干支纪月、干支纪时现在基本上已不用，这里就不多说了。

谨防假冒

生活中能碰到许多假冒伪劣的事，吃、穿、用方面的都有。弄虚作假者的目的很明确，要钱，不择手段地骗钱。科学中，也包括我们这里所涉及的天文学范畴中，兜售假货又是为的哪一桩呢？说实在的，也有为钱的；有一种则是把不科学的东西作为科学的东西来推广；更有甚者，有的竟把伪科学"吹"成真科学的模样，为的是想达到一些不可告人的目的。

我们为读者们举三个例子。

月亮骗局

月亮，我们地球的这个惟一卫星，就曾经不止一次地被人用来设置骗局。其中闹得最凶的一次是在 1835 年。

为了从读者的好奇心那里打开缺口，捉弄读者取乐，而更主要的自然是为了制造轰动效应，扩大自己报纸的影响和销路，多赚钱，那年 8 月 25 日的《纽约太阳报》上，开始刊登长篇连载《美国的纽约》，作者和编者的出发点似乎在向读者作连续的最新科学报道。他们抓住的一点科学事实是：太阳系第七大行星——天王星的发现者是英国著名天文学家赫歇耳，他的儿子于 1834 年带着当时非常优良的望远镜等观测仪器，来到了非洲南端的好望角，准备在这里进行几年的观测。从这里开始，他们就偷梁换柱了，说什么望远镜威力巨大，可以看清月亮上长约 45 厘米的东西，肯定会有所发现，等等。

实际情况则是，在当时来说那架望远镜的威力确实不小，但绝不可能看清月亮上长约 45 厘米的东西，即使是今天的望远镜也很难做到。作者的手法很"高明"，他是在为"有所发现"打埋伏。

果不其然，从第二天的报道开始，作者在文章中大谈在月亮上看到了奇花异木，地球上从未见过的飞禽走兽，以及童话中才有的那种诗情画意般美景。作者还告诉大家，月亮上有长着翅膀的飞人，住在用宝石盖的宫殿里，过着神仙般的生活等等。《纽约太阳报》的销路一时直线上升。

作者和编者抓住读者的好奇心理，肆无忌惮地大肆贩卖假货，不仅在美国，同时也在好些西方国家里，赢得了一时的轰动效应。但谎言终究是谎言，说一千遍也成不了真理，被称为"月亮骗局"的这场骗局闹剧，很快就被识破了。骗局迟早会被识破，作者和编者早有预料，识破得愈晚，对他们来说自然是愈有利，这不是明摆着的嘛！他们奉行的哲学是：被别人指着鼻子骂，那算得了什么，把钱装进口袋，这是最主要的。

关于"九星联珠"

太阳系九大行星在环绕太阳运动的过程中，有时自然会出现这样的情况，即假定有一位观测者站在太阳上眺望这九大行星，它们都在相差不太多的同一方向上。所谓"相差不太多"，用角度来表示的话，可能是几十度，也可能是百十来度。不难理解，如果这位假想的观测者，要求九大行星看起来都会聚在一个不大的角度内，那么，这个角度愈小，就愈不容易。不管九大行星究竟会聚在多大的角度内，我们都称之为"九星联珠"。

1982 年曾经有两次九星联珠的机会，第一次是 3 月 10 日，九大行星会聚在太阳同一侧 96°的范围内"联珠"；第二次在 5 月 16 日，"联珠"范围为 104°。

这些本来都是比较罕见的天文现象，发生这种现象的近似周期为 179 年，所以，抓住机会尽情观测就是了。

可是，早在 1974 年，就有两位科学家写了一本叫做《木星效应》的书，说是 1982 年的九星联珠会使太阳活动加剧，太阳黑子增多，太阳耀斑频繁发生，会影响到地震活动，导致世界上一些地区发生前所未有的大地震和大火山爆发，影响并刹住地球自转速度，甚至使地球突然停止转动，等等。总之，根据这本书的说法，九星联珠将为地球和人类带来难以想象的灾难，在地球突然"刹车"而停止自转的瞬间，地球上的人将随着其他一切被抛出地球，抛进无底深渊般的太空。这样的观点引起了恐慌和混乱，那是很自然的事。问题更加严重的是，这两位作者本身都是搞科学研究的，他们的话所产生的影响与一般人随便说说的完全不一样。一位是英国《自然》杂志的编辑格里宾，另一位是美国宇航局戈达德空间中心的布雷西曼。

他们的非科学观点自然遭到激烈的反对、无情的批驳。在摆事实、讲道理、作实事求是的科学分析后，格里宾于 1980 年 6 月公开发表声明，撤回自己的观点："《木星效应》现在已经证明是错误的。"

事情已过去 10 多年，那段过程已成为历史，地球没有因为九星联珠而停止转动过。教训是应该吸取的，不能以不科学的东西当做科学的东西加以宣传，在任何时候、任何问题上都是这样，不论它是一个很小的具体问题，还是涉及"地球停止转动"、"人类被抛出地球去"这样一些所谓的"地球末日"、"人类遭灭顶之灾"之类的问题。

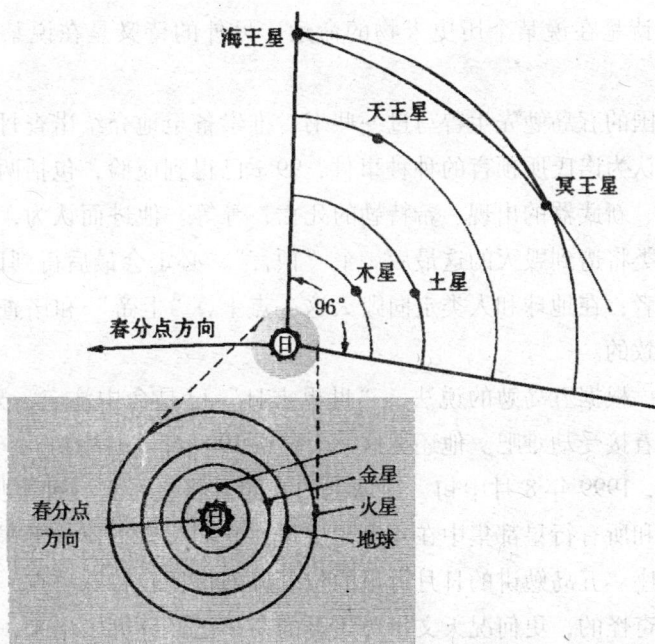

1982 年 3 月 10 日，从太阳上看起来，九大行星都位于一个 96°的扇形区域内

所谓的 "1999 年人类大劫难"

正当科学家们就天体相撞会给地球和人类带来什么严重后果的问题，进行科学的、说理的探讨，苦口婆心地提醒世人千万不要忽视这类宇宙事件的时候，早已被严厉批判了的、所谓的 "1999 年人类大劫难"（以下简称 "大劫难"），又想从阴暗角落里爬出来，再次兴风作浪一番。

"大劫难" 的主要意思是：1999 年，"上帝" 将严厉惩罚人类，人类和地球将遭受到毁灭性的打击，地球上将发生一系列大的自然灾害，人类趋向灭亡，在劫难逃。

"大劫难" 的风至少在 10 年之前就从日本国吹到中国来了，而更早的源头据说是在 400 年前的法国。一位叫诺查丹玛斯的法国医生，于 1555 年出版了一本预言诗集《诸世纪》，包括 1200 首四行诗。诗都写得含糊不清，晦涩难懂，可是，400 多年来，还不断有人为诗集做注释，认为某首诗是在说某个历史人物的命运，另外的诗又是在说某个历史事件，等等。

日本国的五岛勉先生曾写过一些书，推崇备至地介绍诺查丹玛斯的诗和预言，认为诺氏所预言的种种事件，99% 已得到应验，包括两次世界大战的发生、新武器的出现、希特勒的死亡，等等。他进而认为，诺氏关于地球和人类将遭到毁灭的这最后一个 "预言"，必定会最后得到证实无疑，并告诉读者：在地球和人类走向毁灭这一点上，"上帝" 和诺查丹玛斯的预言是一致的。

请看，根据五岛勉的说法，"世界末日" 已是命中注定，无可挽回，人类就等着接受劫难吧。他还把这一天定在 1999 年 8 月中旬。

据说，1999 年 8 月中旬，地球上的观测者将会看到一种罕见的天象，即日、月和所有行星都集中在 4 个星座里，它们是狮子座、天蝎座、宝瓶座和金牛座。五岛勉讲的日月行星的位置排列得比较特殊一点，这本来没有什么可奇怪的，更何况天文年历之类的书早已经计算了出来，明白地告诉了大家。可是，五岛勉以及诺氏的追随者们却不这么看，他们说天体排列成了可怕的 "十字架"，是最凶兆的表现，是 "上帝" 惩罚人类的信号。

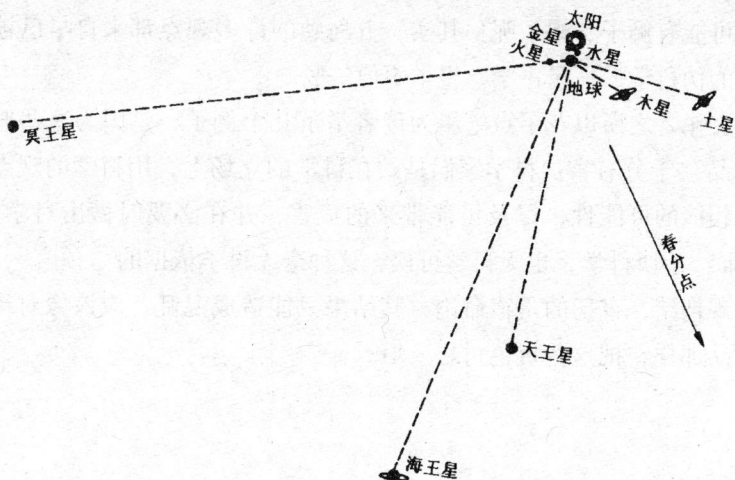

1999 年 8 月 18 日，从地球上看起来，日月行星所处的方位示意图

他们还有自己的一套观点。这套观点很离奇，但没有任何科学解释。归纳起来是这么些方面：

1. 日月行星等各有特性，如太阳代表大国、领导人、权力等；火星意味着战争、干旱、军备；等等。

2. 天体都暗示着某种东西，如月亮就暗示着核潜艇之间的厮杀，因为月亮与潮汐有关，潮汐与海洋有关，海洋是核潜艇的活动场所。

3. 星座也各有特性，如狮子座好强，宝瓶座固执，两者的关系非常恶劣；天蝎座消极，金牛座积极，两者是针锋相对。

4. 星座都是实体，"世界末日"时，"上帝"还将从狮子座派出猛狮，从天蝎座派出毒蝎等，到地球来施虐，惩罚人类。

5. 各天体都有自己的"本命"星座，两者结合时，另有加强和发挥。

6. 天体和星座两者位置之间形成不同角度时，就各有不同的表现。

运用如此这般毫无科学根据的观点，再加上对诺氏诗句的随心所欲的解释，五岛勉描述了"地球末日"的种种悲惨景象之后，得出结论：地球彻底毁灭，人类彻底毁灭，只有那些坚决信奉"上帝"的人，才有希望获救。

稍有点天文知识的人，很容易识破此中的谬论：各天体都有其物理性质和化学组成，没有"特性"；星座中的恒星彼此间的距离相差很多，那里怎么可能有狮子、蝎子呢！其实，五岛勉的许多观点都来自早已被人们唾弃了的伪科学——星占学，根本不值一驳。

　　本文作者之所以花了点笔墨为读者举了几个例子，是因为这些假冒伪劣"产品"十分有害。科学家们是站在科学的立场上，用科学的观点研究两天体相撞的可能性，以及可能带来的危害，并在必要时做出科学预报，"大劫难"不谈科学，也无科学可谈，这种毫无科学依据的"预言"，散布的是悲观情绪，宣扬的是宿命论，其结果只能造成混乱。应该像对待假冒伪劣产品那样，把这些货色付之一炬。

第十大行星之谜

RIDDLE OF THE X PLANET

下

卜德培 著

北方联合出版传媒（集团）股份有限公司

辽宁少年儿童出版社

"生辰八字"并不神秘

　　说起"生辰八字",有些人就觉得这是个很神秘的问题。过去,不是有人用"八字"的好坏作为压迫别人的借口和理由吗!胡说别人"八字"不好,理该受他的欺侮和剥削,理该一辈子受苦等等。那么,所谓的"八字"究竟是什么东西呢?

　　所谓"八字",实际上就是代表年、月、日和时间,或者说时辰的四对干支。一对干支是由两个字组成的,一个天干,一个地支,四对干支共8个字,这就是所谓的"八字"。一个人的出生时间如果用干支来表示,很少有人看得懂,显得很神秘,算命先生就用这来骗人;如果用通常的方式来表示,譬如说,我是1978年11月15日16时出生的,这哪里还会有迷信活动的空间呢!

　　天干的10个字和地支的12个字,我们都是熟悉的,它们一个对一个地搭配起来,就成了60对干支,相当于我们现在用阿拉伯数字1~60。前面说过,所谓"八字"由四对干支组成,即纪年、纪月、纪日和纪时辰的四对干支,我们分别作些介绍。

　　先说干支纪年。一般认为,大约从东汉时代开始,我国就用干支来纪年,已有两千来年的历史,从未间断过。每隔60年,从开始到结束——对应的两个年份,从干支来说是完全相同的。在描述和记载历史事件时,常用干支纪年,譬如说:辛亥革命,这当然是指1911年推翻清朝政府的那次革命,因为那一年的农历是辛亥年。这种干支纪年的方法现在仍在使用,譬如,大体上与公历1998年相当的农历是戊寅年,是虎年,第二年该是己卯年,是兔年。

　　上面说的是干支纪年法。干支纪日法也是每天用一对干支,60天一个循环,周而复始。干支纪日法的历史更加悠久,最迟从公元前720年到现在,在长达2700多年的历史中从来没有中断过。这是世界上最长和最完善的纪日资料，也是我国对世界历史文化的重大贡献。只是干支纪日现在已经不那么使用，大家都不熟悉，在专门的书里是可以查到的。

上面说了干支纪年和纪日，再说干支纪月和纪时辰。从天文历法的角度来说，纪月份和纪时辰，单用地支而不用天干。就是说，一年 12 个月，每天 12 个时辰，刚好是每个月和每个时辰都有一个固定的地支。说得具体一些，那就是农历的十一月是"子"，十二月是"丑"等等，每年都是这样。时辰的问题基本上也是这样，一天 12 个时辰，每个时辰相当于现在的 2 个小时，根据规定，从 23 时到 1 时为子时，23 时是子初，24 时即 0 时是子正；1 时到 3 时是丑时，3 时到 5 时是寅时，等等，一天一个循环。

应该说明的是，月份和时辰的那两对干支是算命先生编造出来的。他们在表示月份和时辰的那个地支的字前面，凭空加了个天干的字，而且把加字的办法搞得很复杂，一方面，可以凑足所谓的"八字"，另外方面，也可以起到把局外人搞糊涂，把群众唬住的作用，以为那里面真有多么高深的学问和道理。其实，一个算命先生装模作样掐手指头给别人算"八字"，实际他是在根据一套既定的而又没有什么科学根据的办法，给月份和时辰加个天干的字。再加上一些所谓的干支对五行，以及"相克"、"相冲"、"相生"等，就形成了他的那一套从"八字"推算流年吉凶、事业前程、婚姻家庭、富贵贫贱的荒谬说法了。

说到底，所谓"八字"定终生，就是用干支来表示的你的出生年月日和时辰，没有什么神秘可言，算命先生钻了你不熟悉干支的空子，在那里胡言乱语一通，如此而已。这种毫无科学依据的迷信活动，千万不要去相信。

算卦(于世铎绘)

天文学家的故事

浑天说和浑天仪

　　宇宙构造究竟是怎么样的？这是一个长时期以来大家共同关心的问题。东汉时代，在这方面有三个主要派别，各代表一种学说，即：盖天说、浑天说和宣夜说。用今天的观点来看，这三种学说都不正确。我们评论一件事不能脱离当时的历史环境和条件。从张衡所处的历史环境来说，浑天说有其进步意义，而张衡（78～139年）是浑天说的杰出代表。

　　浑天说把天比作鸡蛋壳，把地比作蛋黄，天大地小。尽管如此，张衡并不认为"鸡蛋壳"就是宇宙的边界。在其主要学术著作《灵宪》一书中，张衡作了进一步的说明："宇之表无极，宙之端无穷"，意思是：宇宙在空间上是无限的，在时间上是无穷无尽的。在当时来说，这是一种进步的观点。

张　衡

　　张衡很注重实践，他亲自设计、制造的浑天仪和候风地动仪，是两件杰出的仪器，并处于当时世界的领先地位。

　　浑天仪相当于今天的天球仪，原先是西汉时期的耿寿昌发明的，张衡对它作了不少改进。浑天仪主要部分是一个大圆球，上面画有恒星以及天极、赤道、黄道等。浑天仪是浑天说的演示仪器，张衡用一套设计精巧的漏壶与浑天仪结合起来使用，让漏壶推动浑天仪转动。这样，在屋里观察浑天仪的转动和圆球上恒星的升落，就可以知道天空中天象的真实情况。张衡的另一篇重要学术著作《浑天仪图注》，既是浑天仪结构的详细说明书，又是浑天说的代表著作。

候风地动仪实际是世界上第一架地震仪，它的灵敏度很高。公元138年的一天，地动仪上八条龙中冲着西面的那条，突然张嘴吐出铜球，"哐当"一声，铜球落在下面蹲着的蛤蟆嘴里。没过几天，从陇西（今甘肃西部）传来消息，就在龙吐铜球的那天，那里发生了地震。当时，京城洛阳谁都没有感觉到地震，地动仪却测出来了。

对一些具体的天文现象，张衡也作了细致的观测和分析，得出了正确的结论。他指出月球本身不发光，是由于反射太阳光而发亮，才被我们看到。在这个基础上，他掌握了月食的原理，并作了详细而正确的阐述。

他还测得太阳和月球的角直径是周天的 1/136，即约 $29'24''$。现在采用的太阳和月球的平均角直径值，分别是 $31'59''$ 和 $31'5''$。两千多年前，张衡的测量值分别是现今值的 92% 和 95%，可见张衡的测量是相当准确的，所得到的结果也是相当精确的。

张衡在反图谶（chèn）的斗争中取得胜利，是我国天文历法史上的大事，有着重要意义。所谓"图谶"，指的是一些巫师、装神弄鬼的人把历法和自然界的某些现象神秘化，作为预卜吉凶安危的手段和工具，来达到其不可告人的目的。在当时，有两大派别围绕历法问题进行激烈的斗争，一派认为当时使用的《四分历》不符合图谶的要求，应该废弃；另一派则认为《四分历》就是根据图谶要求编制的。张衡以自己的胆识和学问驳斥了两派的错误观点，认为历法的改革只有一条标准，就是应该根据天象和对它的观测结果来编制，而不应该以是否合乎图谶为依据。

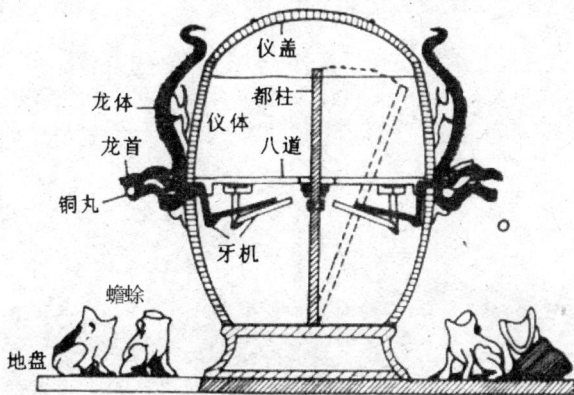

候风地动仪剖面图

张衡还进一步提出，应该禁止这类图谶的书在社会上泛滥，并且反对把图谶作为国家考试的内容。在图谶学说十分猖獗，而且与政治斗争联系在一起的情况下，张衡的这种主张和做法，没有点大无畏的精神是不行的。

张衡的著作很多，根据记载，他至少留下了各方面的著作32篇，内容涉及科学、哲学、文学等方面。

1956年，当时中国科学院院长郭沫若为张衡所题的碑文中，有这样的话："如此全面发展之人物，在世界史中亦所罕见。万祀千龄，令人景仰。"为了表达世界人民对这位伟大科学家的仰慕与敬重，月球背面有一座环形山，就是以张衡的名字命名的。环形山的月面坐标是：东经112°，北纬19°。以他名字命名的天体，还有我国紫金山天文台于1964年10月发现的一颗小行星，它的国际编号是第1802号。

岁差与历法

公元 5 世纪，中国正处于南北对峙的局面，称作南北朝。祖冲之（429～500 年）是南朝科学家，生于宋文帝元嘉六年（429 年）。他的主要贡献集中在数学和天文学方面，尤其是对圆周率 π 值的计算，达到了出类拔萃的程度。

他算得圆周率 π 的值在两个近似值之间，即在 3.14159263.1415927 之间。现在所定 π 值的最初 10 位小数点后的数字为：3.1415926535，可见，祖冲之圆周率的精确度已达到千万分之一。

他还确定了 π 的约率为 22/7（≈3.14），密率为 335/113（≈3.1415929）。

正因为如此，有人建议把圆周率称为"祖率"。

祖冲之在天文学上的主要贡献是创制了《大明历》。

通过长期观测，并与古代的观测记录互相比较，祖冲之证实"岁差"现象是确实存在的。所谓岁差，是指地轴的一种运动，使天球上的两个极点——北天极和南天极，以及恒星的位置发生缓慢地变化，变化的周期约 25 800 年。这种现象最早是公元前 150 年前后，由希腊天文学家喜帕恰斯发现的。公元 4 世纪的时候，我国晋代天文学家虞喜根据对冬至日恒星的中天观测，也独立地发现过。

祖冲之把岁差的因素引入到历法的

祖冲之

计算中，这对历法是个改革，是我国历法史上的重大进步，也是前所未有的创举。这样不仅提高了历法的精确性，而且在我国历法史上为后来者提供了一种颇有影响的做法。他测得的岁差值是每45年11个月差1°，目前使用的精确值是每年50″.2，合每70多年差1°。

祖冲之还改变了历法中加闰月的办法，使历法更加符合实际的天象。我国古代人民从实践中发现并一直使用19年7闰的闰法，即在19个农历年中，有7个闰年12个平年。经过认真研究和计算，祖冲之发现这样的闰法经历200年，就会比实际多出一天来。根据自己的实测，他改为在391年中设144个闰年和247个平年，从而提高了历法的精度。

《大明历》所规定的一个回归年的长度为365.2428日，比现在采用的365.2422日只差0.0006日，即一年多算了约52秒钟。从宋孝武帝大明六年（公元462年）《大明历》完成之后的700多年间，没有一种历法的精确度能超过它。《大明历》中使用的其他各种数据，也都比当时其他历法精确得多，很接近现在采用的数值。如他把木星绕太阳的公转周期定为11.858年，现代的测定值是11.862年，相差是很少的。

祖冲之在机械等方面也有不少贡献，如设计制造了指南车和利用水力作为动力的粮食加工工具，能日行百十里的"千里船"等。他还设计了计时器，精通音律等。他是个博学多才的杰出科学家。

为纪念他对科学发展所作的贡献，月球背面的一座环形山取名为"祖冲之"环形山；1964年发现的第1888号小行星被称做"祖冲之"小行星。我国还在1955年发行了"祖冲之"纪念邮票。

子午线究竟有多长

公元 690 年，武则天称帝，为了避开武则天的侄子武三思的拉拢和纠缠，一行（683 或 673 ~ 727 年）出家当了和尚。一行是法名，真名叫张遂，他是唐代的高僧，人们习惯上叫他僧一行，他的真名反而被遗忘了。他先后在河南嵩山和浙江天台山等地学习佛教经典和天文、数学，颇有成就。

唐开元五年（717 年），一行被召回到京城长安，主持修订历法。当时使用的《麟德历》是唐初天文数学家李淳风（602 ~ 670 年）编订的，是一部比较好的历法。但经过几十年之后，在一些方面出现了误差，譬如计算日月食就不准。原来的历法已经不能满足需要，修改和编制新历法的任务交给了一行。

一行主张在实际测量的基础上编制历法。为了进行观测，他与天文学家梁令瓒（zàn）等一起创制了好几种仪器，像黄道游仪、利用水力来推动的水运浑象等，用来观测太阳、月球和行星等的运行，测量恒星的位置。值得一提的是，水运浑系还附有报时装置，可以自动报时，足见其制造是相当精细的。

科学家们一直很想知道，从南到北的子午线究竟有多长？早在公元前 3 世纪，希腊学者曾经进行过测算，但没有经过实际测量。最早

一 行

235

进行这种实测工作的是一行。

从公元724年开始，一行组织和领导了大规模的全国天文大地测量。他陆续在全国设立了12个观测站，他自己则坐镇长安，统率全局，所有的测量结果都要集中在他那里做统一整理和研究。其中以南宫说等人在相当于现今河南登封、上蔡、扶沟、滑县和开封市所作的测量结果最好，换算成现在的表示法，得出经度1°的弧长是132.03千米，略大于现在采用的精确值，但在当时这样的精度已经很了不起了。如果根据得出的数值作进一步的计算，就可知道地球的真实大小。为此，国内外科学史家们把一行的这项世界首次子午线实测的杰出活动，誉为"科学史上划时代的创举"。

一行领导的天文大地测量，为他下一步的编制历法打下了基础。紧张的测量工作结束后，从公元725年开始，一行又组织领导了一项繁重的工作——编制新的历法。这项工作大约进行了两年，727年《大衍历》完成。从729年开始，根据《大衍历》编制出来的历书在全国颁行。

《大衍历》的优点是很明显的，以节气的安排作为例子。我国历法十分重视一年二十四节气的安排，在《大衍历》以前，一般都是把一年的长度平均分为二十四段，每两段之间的分点就是一个节气，这叫平气。实际上，因为地球绕太阳公转的轨道是椭圆，公转速度有快有慢，太阳连续经过两个分点的时间是不均匀的，或者说，平气显然是不合适的。一行主张应该按太阳运动的实际快慢，即按太阳经过分点的确切时刻来安排节气，这叫做定气。定气的采用提高了历法和二十四节气的精度。经过检验，《大衍历》比唐代已有的其他历法都更精密。

为纪念一行的功绩，我国于1955年发行了"僧一行"纪念邮票；紫金山天文台则将1964年发现的第1972号小行星，以他的名字命名。

郭守敬和他的简仪

以元代大都东南角城墙为基础的北京古观象台，闻名全世界。它现在位于我国首都建国门的西南角，泡子河旁。北京古观象台于明代正统年间（1436～1449 年）兴建，从那时起，开始了正规的观测工作，到 1929 年止，连续从事观测达 500 年之久，在世界天文台史上是极为罕见的。

古观象台上的 8 件铜铸天文仪器，堪称科学与艺术结合的结晶，吸引了大量的国内外参观者。其中有 6 件是 1673 年制成的，另外两件分别制造于 1715 年和 1744 年。现存放在江苏南京紫金山天文台的浑仪和简仪是明代正统二年（1437 年）制造的仿制品，也已经有 500 多年了。

浑仪是我国古代测量天体位置的一种仪器，随着天文学的发展，观测项目越来越多，浑仪的结构也就越来越复杂。从北宋开始，就有人对浑仪进行改革；到了元代，又经过元代大天文学家、数学家、水利专家和仪器制造家郭守敬（1231～1316 年）的大胆革新和发展，终于于至元十三年（1276 年）富有创造性地制造了简仪，即现存简仪的仿制蓝本。

简仪从复杂的环圈交错中解放了出来，而且分解为彼此独立的赤道装置和地平装置两部分，既简化了仪器的结构，又使得观测的时候各环圈之间不再互相遮挡视线。特别值得一提的是，简仪的窥衡两端各有一条细丝，用来更精确地确定视线方向和瞄准所要观测的天体，这样的巧妙构思已被现代望远镜普遍仿照使用；简仪的赤道装置是后来望远镜赤道装置的鼻祖。

除简仪外，郭守敬还创建和监制了各种新仪器 10 多件，比较重要的有高表、候极仪、浑天象、玲珑仪、仰仪、立运仪、证理仪、景符、窥几、日月食仪和星晷定时仪等。以高表为例，郭守敬所制高表的高度达 40 尺，是个很高大的仪器，用来观测太阳及其投影，其误差只是过去同类仪器误差的 1/5，使观测精度提高了很多。此外，他还制造了一些便于携带的仪器，像正方案、丸表、悬正仪和座正仪。可惜的是，这些仪器中有的现在已经失传。

简仪（现存于南京紫金山天文台）

郭守敬还和别人一起编制了我国古代最先进的《授时历》，它被沿用达400年之久。

《授时历》的精确度很高，以365.2425日作为一个回归年的长度，这个值与现在世界上通用的公历所采用的回归年值完全一致。

太阳在天球上，也就是以观测者为中心、以无限大为半径的一个假想圆球面上移动，它在众星间的周年视运动路径就是黄道，即地球绕日公转轨道平面与天球相交的大圆，黄道与天球赤道互相交错，交错而成的角度即是黄赤交角。黄赤交角是变化的，郭守敬测量的结果是23°33′23″～23°33′24″。用近代所列出的精密公式反推回去，那时的黄赤交角应该是23°31′58″，郭守敬所测黄赤交角的误差只有1′多，可见，他测量的精确度很高。法国著名天体力学家拉普拉斯在研究黄赤交角值的变化时，曾引用郭守敬的测定值作为理论依据，并予以很高的评价。

晚年，郭守敬致力于水利工程等工作。至元二十八年到三十年，即1291～1293年，他提出并完成了自大都到通州的运河工程，即白浮渠和通惠河。他还多次参加过整治华北水道工程等工作，颇多建树，作出了贡献。

为了纪念郭守敬，月球背面的一个环形山和第2012号小行星，都是以郭守敬的名字命名的。我国于1962年发行的"中国古代科学家"邮票中，有两枚分别以郭守敬画像和简仪（局部）为图案。

一生重视科普的天文学家李珩

李珩（1898～1989 年）是我国著名的现代天文学家，长期从事教学和天文学研究工作，著译都很丰富，先后发表了专著《造父变星统计研究》、《红巨星模型》、《五个银河星团的照相研究》和译著《普通天体物理学》、《宇宙体系论》、《天文学简史》等。

他一生重视科普，科普讲演生动有趣，著作丰富多彩。从 20 世纪 20 年代开始，他在《科学》等杂志上发表了大量科普文章，如《业余天文学之发展》、《科学的人生观》等，他也是 1958 年创刊的《天文爱好者》杂志的特约撰稿人和积极支持者。他发表了许多高质量的科普著作，《天文简说》是一本袖珍式的天文基础读物，《哥白尼》、《伽利略》、《牛顿》是三本优秀的人物传记。

他倾注了最大心血的科普译著是《大众天文学》一书。这部百万字的巨著是世界天文科普名著，先后被 10 多个国家翻译出版。在著名科普作家李元的推动和协助下，中译本分 3 册出版，是我国近数十年来内容最全、篇幅最大、插图最多的经典性天文科普图书。此外，他发表了数以百计的科普文章。这些图书和文章在相当一段时间内影响着青年一代天文爱好者们的成长。

李珩曾任前中央研究院天文研究所研究员和好几所大学的教授。中华人民共和国成立后，曾任中国科学院上海天文台台长、名誉台长等职。1953～1960 年主编《天文学报》。他为我国现代天文事业的创建和发展作出了贡献，在国内外天文界享有盛誉。

李珩

终生关注天文普及的陈遵妫

陈遵妫（1901~1991年）是我国现代天文学发展史上一位比较突出的天文学家，为中国现代天文事业的创建和发展，付出了毕生的精力，对中国天文事业和天文普及作出了很大贡献。从20世纪30年代开始，他先后参与了一些重要天文机构的筹建工作，其中包括我国第一座现代化天文台——南京紫金山天文台，在艰难环境中建立起来的昆明凤凰山天文台，于1957年落成的我国第一座现代化大型天文馆——北京天文馆等。

他曾任大学教授，前中央研究院天文研究所研究员，中国天文学会总秘书、总干事、理事长，《宇宙》杂志总编辑等职务，主持过《天文年历》的编算工作。中华人民共和国成立后，曾任中国科学院紫金山天文台研究员兼上海徐家汇观象台负责人，1955年起，任北京天文馆馆长、名誉馆长、中国天文学会名誉理事长等。

天文普及是他贯穿终生的重要工作，他在这方面的著译甚多，主要有《恒星图表》、《宇宙壮观》、《星体图说》、《天文学纲要》、《天文学名人传》等，有的还得到了中国天文学会等的高度评价和奖励。在他的倡导下，《天文爱好者》杂志于1958年创刊，迄今已出刊40多年。1955年，他编写了《中国古代天文学史简编》、《中国古代天文学成就》，前者被好几个国家翻译出版。20世纪80年代，在一目失明和视力极度衰退的情况下，在长达10年的岁月中，他坚持完成了编著《中国天文学史》巨著的工作，实现

陈遵妫

了平生宿愿，书共 4 卷，达 160 多万字，资料之丰富，引证之详尽等都堪称"之最"。

陈遵妫一生的工作和他的著作，不仅为我国天文学的发展作出了不可磨灭的贡献，在一代人乃至更长时间的人才培养和成长等方面，影响是巨大的，其作用和意义是很难用几句话做确切评论的。

第 2051 号小行星以他的名字命名

张钰哲（1902～1986 年），我国著名的近代天文学家，我国近代天文事业的主要奠基人之一。1928 年冬天，在美国学习期间，他发现第 1125 号小行星，取名"中华"，是发现小行星的第一位中国天文学家。他一生致力于小行星和彗星等的研究工作，仅在新中国成立后紫金山天文台设备检修和恢复观测以来的二三十年间，他和他所领导的行星研究室人员，就进行了 5 000 次以上的小行星观测，其中有一大批是新发现的小行星。1978 年 8 月出版的国际《小行星通报》公布：新发现和编号的第 2051 号小行星定名为 Zhang，即张钰哲，以纪念和表彰他在天文学领域，特别是在小行星等研究领域所作的杰出贡献。在他的领导下，紫金山天文台工作人员还发现了以"紫金山"命名的三颗新彗星。

张钰哲的学术论文等著述很多，多数是关于小行星、彗星、变星等的。1978 年 6 月，在"哈雷彗星轨道的演化趋势和它的古代历史"论文中，他提出了可能是人类历史上最早的一次哈雷彗星记录，见于我国古籍《淮南子·兵略训》，时间有可能是在公元前 1057～前 1056 年。他的论断引起了国内外天文界的很大兴趣和关注。

他很关心天文普及工作，在这方面也倾注了很大的注意力，颇有贡献。早年出版了《天文学论丛》、《地球的天体观》等科普著作，特别是《天文学论丛》，文笔优美，受到高度好评，引起了有志于从事天文工作的人的关注。20 世纪 40 年代，他出版了《宇宙丛谈》天文科普作品集；当有人大吹大擂说是用八卦发现了太阳系的第十大行星时，他在重庆《大公

张钰哲

报》发表了著名的星期论文《你知道行星是怎样发现的吗?》予以痛斥。20 世纪 50 年代以来，他不仅出版了《小行星漫谈》、《哈雷彗星今昔》等优秀科普著作，还长期为《天文爱好者》杂志撰稿。

他曾任物理学教授，前中央研究院天文研究所所长。中华人民共和国成立后，曾任紫金山天文台台长，连续当选为中国天文学会理事长。为纪念他对中国天文事业所作的杰出贡献，我国于 1990 年发行了"天文科学家张钰哲"纪念邮票。

掀起天文学的伟大革命

中世纪末期，欧洲文艺复兴的浪潮冲击着一切旧思想、旧制度、旧传统，到处燃烧着反封建、反宗教束缚的熊熊火焰，社会处于变革和进步之中。波兰伟大天文学家哥白尼（1473～1543 年）就生活在这样一个伟大的、要求出现杰出人物的历史时代。

文艺复兴运动的领导人之一诺法腊，是波洛尼亚大学的天文学教授，他反对托勒玫的地球中心说。可是，那时的地球中心说早已不只是个天文学说，而是被教会当作教义和专制统治的支柱。无论是谁，不论从天文还是其他什么角度，凡是对地球中心体系提出异议的，都会无例外地受到残酷迫害。哥白尼在老师诺法腊的熏陶和影响下，接受了"太阳中心"这种被禁止但私下却很活跃的思想。就在这个阶段，他阅读了大量的天文学和哲学书籍，使他对地球中心说从怀疑到舍弃，转而初步建立起以太阳为中心的概念。

当时在托勒玫的地心体系里，已经逐步增加到了 80 个左右的本轮和均轮。托勒玫设想行星是在一个小圆圈式的轨道上运动，这个小圆圈被叫做"本轮"；本轮的中心则沿着一个大圆运动，这个大圆叫"均轮"。由于这种设想不符合客观实际，自然不能反映出行星的准确位置。为了"凑合"，后人就在第一个本轮上添加了第二个、第三个乃至好多个，把事情搞得很复杂。即使这样，仍无法说清楚，为什么行星在星空中是那样运行的？尽管如此，本轮和均轮的数量存在着继续增加的趋势。

哥白尼和他的签名

很多具有进步思想、不怕推翻过时旧事物

的哲学家和天文学家，对这个复杂的体系越来越不满意。哥白尼了解到古希腊学者阿利斯塔克曾提出过日心说的见解，很受鼓舞和启发。他认识到，只要把各行星都有的周日、周年运动，全归到托勒玫认为是静止不动的地球上去，地心体系里存在着的那些复杂问题，基本都可以解决。

大致在1507年前后，哥白尼按照当时的习惯做法，将自己的主要观点写成一篇类似解释那样的文章——《浅说》，分送给知己朋友作参考。《浅说》明确提出，应当把太阳看做是宇宙的中心天体，地球只是围绕太阳运

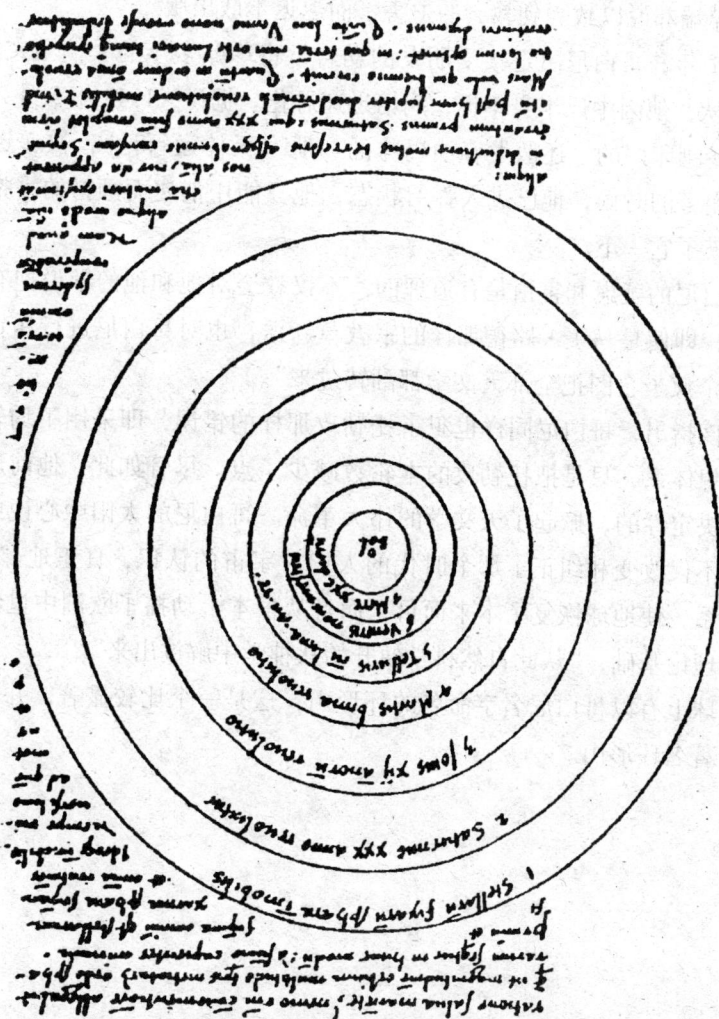

哥白尼《天体运行论》手稿

行的一颗普通行星。

对于这个问题，哥白尼反复思考达30年之久，用他自己的话来说，用了"将近4个9年的时间"去观测、计算、考虑、修订。他越来越感觉到，托勒玫的意见肯定是错误的，根本不需要加那么多的本轮，把问题搞得那么复杂，只要把原先以为是在行星系中心位置上的地球，换成太阳，许多看来很复杂的问题，就都会迎刃而解了。

他的不朽著作《天体运行论》，大约在1533年完成，由于怕被看做是危险的异端邪说以致受到教会的迫害，而迟迟不敢出版。

1541年，哥白尼决定接受朋友的劝告，将珍藏多年的手稿全文发表。1542年秋，他因中风半身不遂，病情迅速恶化。据说，1543年5月24日，在纽伦堡刚印好的、还散发着油墨味的一册《天体运行论》，快递送到哥白尼病榻旁的时候，他已进入弥留状态，他只能用消瘦而颤抖的手指，轻轻地触摸了它一下。

哥白尼的疑虑和害怕是有道理的，不仅教会对他和他的学说抱有很大的敌意，即使是马丁·路德那样的宗教革新派，也对哥白尼进行斥责，骂他"这个疯子企图把全部天文学都翻转过来"。

应该指出，哥白尼同样也犯了托勒玫那样的错误，即采用了均轮、本轮的思想体系，只是把托勒玫的本轮数减少了点。尽管如此，他前进的那一步是决定性的，掀起了天文学的伟大革命。哥白尼的太阳中心说或叫日心说，不仅改变和纠正了那个时代的人们对宇宙的认识，真正地"发现"了太阳系，使地球恢复了本来面目，而且从根本上动摇了欧洲中世纪宗教神学的理论基础，"从此自然科学便开始从神学中解放出来"。

月球上有以哥白尼名字命名的环形山，这是一个比较显著，并带有辐射纹的著名环形山。

为行星运动立法的天文学家开普勒

德国天文学家开普勒的名字是大家比较熟悉的，他在好些方面都取得了杰出的成就，最大的贡献则是发现了行星围绕太阳运动的三大定律，也叫开普勒定律。

16 世纪 40 年代，伟大的波兰天文学家哥白尼创立了太阳中心学说，正确地反映了地球围绕太阳运动的客观事实。可是，地球究竟是怎样围绕太阳运动的呢？哥白尼没有解决这个问题，他被传统的概念所束缚，认为行星都是以太阳为中心作匀速圆周运动。因为这与行星的真实运动不符，因此，计算出来的行星位置与实际观测到的位置，总是对应不起来。

当时，好些科学家都在思考这个问题，其中有丹麦天文学家第谷和德国天文学家开普勒。

第谷在天文学上是有贡献的，但是，他的关于地球与太阳关系的宇宙体系却是错误的。为了想用观测事实来论证自己的设想，第谷数十年如一日进行勤奋的观测，积累了大量的、非常精确的观测资料。怎么从这些观测资料来推导他所希望的论证呢？第谷把这希望寄托在开普勒身上。

开普勒还不到 20 岁，就已经成为哥白尼学说的忠实维护者，25 岁时，他写了一本书，叫《宇宙的神秘》，主要是宣传哥白尼的太阳中心说。对于第谷这位前辈，开普勒是久闻大名，于是，怀着对第谷的敬意，开普勒将《宇宙的神秘》一书寄给了第谷。

第谷当然不会同意开普勒的见解，但是他看出这位青年开普勒是位很有前途的天文学家，是一匹"千里马"。在互相通信两年之后，开普勒终于接受了第谷的邀请，携家带口，从奥地

开普勒

利的格拉茨长途跋涉来到捷克的布拉格。公元1600年2月，两位著名天文学家，55岁的第谷和30岁的开普勒抱着互不相同、甚至互相矛盾的目的走到一起来了。

两位天文学家的合作本应带来更多的成果，遗憾的是，师徒两人在一起只有一年零八个月的时间，其中还包括不少因观点不同而争论不休的时间在内。1601年10月，第谷过早地离开了人间。他把大量精密观测资料留给了开普勒，开普勒意识到自己的责任重大，要以这些资料为基础来正确地回答：行星究竟是怎样环绕太阳运动的？

起初，开普勒根据传统的概念，即认为行星都是以匀速圆周运动绕着太阳转，对第谷的观测资料进行了长时间的、认真而又细致的分析。可是，计算出来的结果总是与实际观测的结果对应不起来，以火星来说，位置误差最大可以达到8分的角度。8分，这是多大的一个角度呢？取一个一分硬币，把它放在7.5米远的地方，看起来的大小约相当于8分的角度。要在星空中把观测到的行星位置定得那么准，可不是一件容易的事。那么，是第谷的观测资料错了呢，还是观测位置没有错，只是预报的位置不对，换句话说，只是所假定的匀速圆周运动不符合事实？

开普勒作了大量的计算、反复的思考、认真地思索，日复一日，年复一年，终于开了窍，他自己问自己：为什么行星围绕太阳必须是匀速而不会是变速呢？为什么必须是圆周运动而不会是椭圆运动呢？他发现，如果火星沿着椭圆轨道绕太阳转，速度是可变的，那么理论计算的位置就与第谷的观测位置符合得很好。以此为出发点，开普勒建立了行星运动的第一、第二两条定律：

一、所有的行星都在大小不同的椭圆轨道上围绕太阳运动，太阳则在椭圆的两个焦点中的一个上面。

二、太阳和行星的连线，在相等的时间里扫过的面积相等。

这后一条定律告诉我们，行星离太阳近的时候，要跑得快一点；离得远的时候，就走得慢一点。

1609年，开普勒38岁，他的新著《新天文学》一书公布了这两条不朽的定律。

又经过了整整十年的探索，开普勒在1619年出版的《宇宙谐和论》一书中发表了行星运动的第三条定律：行星绕太阳公转周期的平方等于其轨道半长轴的立方。所谓半长轴是指椭圆的长短两条轴线中长轴的一半。

数十年的探索一旦成功，其欢乐的情绪是难以用笔墨来形容的，可是，数十年的道路却是十分艰难的。

1571年12月27日，开普勒生于德国威尔城的一个穷苦家庭。先天的不足，后天的失调，使开普勒从小身体孱弱多病，一场天花几乎夺去了他的生命。

开普勒从小爱学习，九岁的时候，他母亲带领他观测月食，给他一生留下了深刻的印象。他天资聪颖，学习刻苦，不论在小学，还是在好不容易进入的大学中，学习成

德国威尔城的开普勒故居，现为开普勒博物馆

绩都名列前茅。在大学期间，他就受到热情而秘密宣传哥白尼学说的影响，成为哥白尼学说的忠实信徒。

尽管他与第谷的观点不合，但他与第谷相处的一年多无疑是开普勒一生中最愉快的日子。除此之外，他的一生几乎都是在贫穷、疾病和不欢乐的家庭生活中度过的。恶劣的环境磨炼了他的意志，勤奋而严肃的治学态度使他作出了多方面的贡献。

1604年，他观测了后来被称作"开普勒新星"的超新星爆发达17个月之久。1607年，他观测了哈雷彗星，为后来确定哈雷彗星轨道提供了依据。开普勒对光学有很深的造诣，他发表了《光学》一书，解释了近视和远视的原因，并建议用眼镜进行纠正，他设计了一种望远镜，一直到现在还在应用，被称为"开普勒望远镜"。

开普勒不仅是个天文学家，也是个科学普及的积极分子，他还曾经编写了一本科学幻想小说，描述飞向月亮的有趣旅行。可是，他的人生道路却并不愉快。1612年，他在布拉格被辞退之后，来到奥地利的林茨，在一

所大学里任教，但收入微薄，有时甚至薪水被拖欠，开普勒一家的生活真可以说是到了山穷水尽的地步。长时间的煎熬使得开普勒很快地衰老，1630年，还不到60岁的开普勒，看上去已是一位饱经风霜的老人了。

就在这一年，他还不得不亲自前往自己诞生的地方——德国去碰碰运气，可是他奔走无门，想得到一点经济援助的愿望完全落了空。而就在路途中，常年的劳累、心头的忧郁，使他突然病倒在雷根斯堡的客舍里。第二天，1630年11月15日，他的热度急剧上升，昏迷不醒，就这样悄然地离开了他为之耗尽了毕生精力的世界。

这位在逆境中艰苦奋斗、为人类作出杰出贡献的科学家，留给后人的岂止是三条行星运动定律呀！

用自制望远镜观测天空的伽利略

最早的天文学家是用肉眼来直接观测星空的。后来，多数天文学家则是用别人制造的望远镜进行观测，而伽利略（1564～1642年）却是用自己设计制造的望远镜观测天空的。

望远镜最初是在荷兰发明的，伽利略得到消息后，运用自己丰富的光学知识，于1609年设计制造了自己的望远镜，并用来观测天空。通过望远镜，他发现月球表面崎岖不平，既有高耸的山脉，也有低洼的平原，伽利略以为这是月球上的海并给它们取了名字，而更多的是环形山；在几天的连续观测中，发现木星周围有4个小卫星环绕着，活像是太阳系的缩影，它们就是后来被称作"伽利略卫星"的木星的4个最大卫星；金星和水星都有盈亏变化，说明它们都在地球轨道的内侧，又都是环绕太阳运动的；银河是由无数密密麻麻的恒星组成的；恒星的数目随着望远镜倍率的增大而迅速增加。

他还发现太阳面上有黑子，并确认这是出现在太阳上的现象，而根据黑子位置的逐日变化，他测得太阳自转周期为28天（实际上是27.35天）。他看到了土星光环，但由于望远镜倍率太小，而光环刚好处于特殊位置，从地球上看起来呈现为有点古怪的形状，他没有能识别和理解这究竟是怎么回事，而误认为土星两侧各有个附属物。

这些杰出的发现开辟了天文学的

伽利略

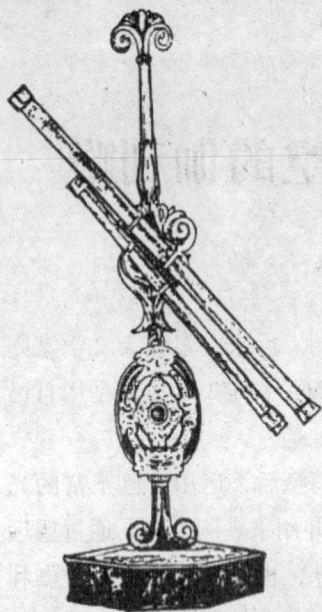

伽利略制作的天文望远镜

新时代，是对日心说的强有力支持。可是，这些发现当时并没有被多数人承认。相反，在教会严酷统治下的意大利，伽利略的发现却被看做是错误的东西、违背教义的，甚至被污蔑为是假的和捏造出来的。有人甚至想"证明"：伽利略是靠了巫术和咒语，把新的现象从魔鬼那里弄来的。

在作出重大天文发现的当年（1610 年），伽利略出版了《星际使者》；三年后又发表了《关于太阳黑子的书信》。两书都是以他的发现作为证据，直率地表示哥白尼学说是正确的。

在当时，惧怕真理的教会不承认哥白尼学说，也怕伽利略拥护和传播哥白尼学说，曾对他提出警告，但伽利略并不屈服，仍然写成一本进一步阐述哥白尼观点的书：《关于托勒玫和哥白尼两大世界体系的对话》，尽管书中采用三人对话方式，但赞同哥白尼的主张的观点是不变的。由此，引来了对他的迫害，宗教裁判所判处他终身监禁，并直接置于裁判所监督之下，不得私自活动。虽然他们监禁了伽利略本人，但是"地球仍在转动"的真理是任何人也改变不了的。

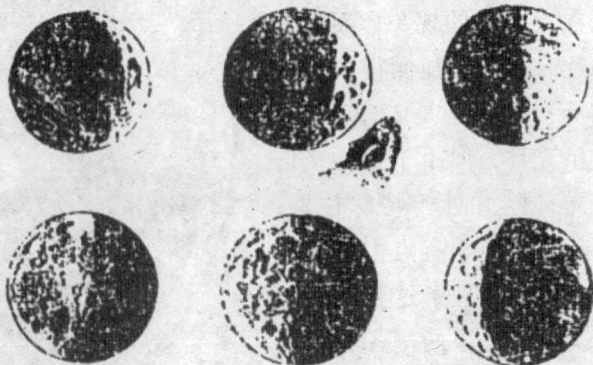

伽利略画的月面图

　　这场关于宇宙体系的争论过了半个世纪以后，通过牛顿的工作才作出结论。但我们不应该忘记，是伽利略和开普勒等人为此奠定了基础。伽利略的冤案在经过三个多世纪之后，在太阳中心说早已取得决定性胜利之后，教会才于 1984 年宣布给伽利略平反。

"站"在巨人肩上

　　伟大的英国科学家牛顿（1643～1727年）被誉为所有时代的最杰出数学天才，这并不过分，他的工作无疑为现代天文学的发展打下了扎实的基础。他既是天文学家，又是物理学家、数学家，在天文方面的主要成就是万有引力定律的发现和对天文光学的研究。

　　从1684年开始，皇家学会内经常开展有关行星运动的辩论。开普勒早就提出行星绕日轨道是椭圆，但是他没有用数学来证明。当时牛顿的朋友、另一位英国天文学家哈雷，正在研究彗星的运动等问题，急切需要这方面的知识，他决心去拜访牛顿，他认为牛顿是惟一有能力来解决天体运动规律问题的人。果不其然，当哈雷在剑桥见到比他大10多岁的牛顿的时候，他不仅发现牛顿确实能解决这个力学问题，而且事实上已经解决了。

　　哈雷敦促牛顿把后来称为《自然哲学的数学原理》一书尽快写出来。牛顿为此用了大约15个月的时间，最后在哈雷等人的帮助下于1687年出版，书中用数学语言详细解释了天体运动的规律，发表了他的力学三定律和万有引力定律。如果说，开普勒三定律只是阐明了行星是怎样环绕太阳运动的，那么，牛顿的万有引力定律则进一步回答了：行星为什么必然是这样环绕太阳运动。万有引力定律把人类对行星运动本质的认识，推进了一大步。

　　1666年，牛顿用三棱镜分析日光的办法，发现白光是由红、橙、黄、

牛顿

绿、蓝、靛、紫七种不同颜色的光组成的，这一发现成为后来光谱分析学的基础。关于光的本性，牛顿提出了光的微粒说。1672 年，牛顿创造发明了一类新型的天文望远镜——反射望远镜，他曾将这类望远镜的一个小模型，呈送给英国皇家学会，它现在还很好地保存着。牛顿的最后一本著作是《光学》，于 1704 年出版。

除了其杰出的工作和成就之外，牛顿也表现出很多弱点。他很相信星占学和炼金术等伪科学，前者企图从星的位置来预测人和一些事物的吉凶祸福，后者则想用比较便宜的物质和普通金属，通过某种方法转变为金银。即使在天体运动这个问题上，虽然牛顿作出了杰出贡献，但是，仍然存在着局限性，唯心主义的世界观使他认为一切都应归功于上帝。

不管怎么说，值得庆幸的是，牛顿的生活并不像伽利略和第谷那么坎坷和多变，否则的话，只有像牛顿那样的科学天才才能写得出来的《自然哲学的数学原理》，是否会有人来写，什么时候来写，都将是不定因素。不过，牛顿对于自己的那些杰出的发现还是很谦虚的，他自己就说过："我是站在巨人的肩上，所以才能比他们看得远些。"牛顿所说的"巨人"，指的是哥白尼、伽利略和开普勒等。

牛顿和他的反射望远镜

测量星星距离的人

　　天文学书上都给出一些星星的距离，譬如说牛郎星离我们16光年，织女星的距离是26光年多，等等。星星的距离是怎么算出来的呢？这个问题曾使科学家们伤脑筋伤了几百年都不止，而一直到一个半世纪之前才得到初步解决。我们这里要向大家介绍的，就是测量恒星距离的先驱者之一，德国天文学家和数学家贝塞尔（1784～1846年）。

　　贝塞尔是怎样测量恒星距离的呢？我们先从伟大的波兰天文学家哥白尼提出"太阳中心说"说起。公元1543年，哥白尼在他的不朽著作《天体运行论》这本书里面，提出太阳中心说，主张地球是围绕太阳运动的，而不是像以前认为的那样是静止不动的。

　　哥白尼的这种观点立即受到了一些人的责难。他们说，既然地球围绕太阳运动，那么，当地球在轨道上两个不同位置的时候，看到的星星位置也应该有变化而不完全相同。这种情况跟我们分别用右眼和左眼去看同一个物体时的情景有点相像。把手臂伸直，伸出一个手指，先用右眼去看，譬如说，手指刚好在一颗亮星的前面；闭上右眼，再用左眼去看，你就会发现手指与那颗亮星已经不在同一个方向上，手指是在那颗亮星的右面。

　　为什么会发生这种情况呢，手指和星星的位置不是都没有变化吗？主要是因为两个眼睛之间有一段距离。我们先后从两个不同的地方去看手指的，离我们近的手指相对于离我们很远的星星来说，就发生位置变化，这种现象叫视差。

　　哥白尼提出太阳中心说之后，有人就立即提出，如果承认地球围绕太阳运动，为什么看不到恒星的视差呢？在哥白尼那个时代，的确没有发现恒星有视差。哥白尼却是满有信心地回答：恒星应该有视差，现在没有发现，那是因为观测不够精密，发现不了，或者是因为恒星太远，视差太小，不过，今天没有发现视差，将来会发现的。

　　哥白尼之后，好多科学家想方设法测量恒星的视差，企图为证明太阳中心说的正确性提供无可辩驳的证据。但是，都没有成功，恒星视差问题一直是个悬案。直到 19 世纪 30 年代末，也就是哥白尼逝世三百年之后，事情有了转机。在短短的几年里，先后有三位科学家发现了恒星的视差。

　　第一个宣布发现恒星视差的人，是俄国著名天文学家斯特鲁维，他在 1837 年发表了对织女星视差的测定结果，视差的数值与现代的数值很接近。

　　贝塞尔是测量恒星视差的另一个人，他并不知道斯特鲁维在进行同样的工作。他在 1837 年选定了一颗星开始进行测量，这颗星叫做天鹅星座第 61 号星，是一颗比较暗的 5 等星。我们肉眼能看到的最暗的星是 6 等星，所以这颗天鹅星座第 61 号星不是很容易看到的。贝塞尔所以选中这颗星，是因为从别的一些方面的种种现象表明，这可能是一颗离我们比较近的星。如果真是这样的话，视差的角度就应该大一点，测量起来也应该容易一些。贝塞尔对这颗星进行了长达八个来月的不间断的观测。观测是很辛苦的，他当时是柯尼斯堡天文台台长，而柯尼斯堡的地理纬度是北纬 54° 左右，可以想象得到，在这么高纬度的北欧，冬季是十分寒冷的，贝塞尔不仅要在凛冽寒风中作精细的观测，而且还要用冻僵了的手作认真的记录，这对于贝塞尔来说，是对他意志和毅力的莫大考验。1838 年，贝塞尔终于满意地测定了天鹅星座第 61 号星的视差，为 0.31 角秒。这个数值很精确，与现在采用的数值很接近。

　　0.31 角秒，这是多大的一个角度呢？我们知道，太阳和月亮的圆面，用角度来表示的话，都是半度的样子，即约 30 角分，或者说 1 800 角秒，而天鹅星座第 61 号星的视差只有月亮圆面直径的约六千分之一，多小的角度呀！有人说，这大约相当于在十五六千米之外，看一颗纽扣那么大小的东西。要不是有精密的测量仪器和娴熟的测量技巧，是很难测量出这么小的一个角度的。

　　恒星视差的大小代表了它距离的远近，恒星视差小，说明它的距离远；恒星视差大，说明它的距离近。大家都听说过天文学上常常用光年这个单位来表示一个恒星的远近。测量出了恒星的视差之后，只要用一个简单的公式换算一下，就可以得出这颗恒星的距离是多少光年了。我们现在知道，织女星的距离大约是 26 光年多，而天鹅星座第 61 号星大约是 10 ～

11 光年。

贝塞尔是天体测量的奠基者之一，他在天文学上的贡献是很多的，测量恒星视差只是其中比较突出的一项。

贝塞尔在编制星表方面做了大量的工作。所谓星表是天文学家需要的一种重要参考工具书，它一般包括几千甚至几万颗星的一些最必要的数据和资料，譬如星的位置、亮度、运动情况、光谱类型等等。星表是天文学研究所必不可少的，因此，通过观测编制星表历来是天文学家的一项重要工作。但是，由于观测仪器的不完善，地球大气的干扰，观测者个人的各种因素包括情绪、疲劳程度等的影响，观测精度就会受到一定的损害。为此，贝塞尔对过去的星表作了认真的修订和改正，这是一项非常繁杂而细致的工作。经过几年的努力，1818 年贝塞尔 34 岁的时候，发表了经过修订的新的星表。后来，他又经过 12 年的不懈努力，准备编制一本包括 6 万多颗星的星表。这项工作后来由他的助手和继承人最后加以补充和整理完成的，这本星表叫做《波恩巡天星表》，在天文学上是一本很著名的星表。

在贝塞尔 60 岁的时候，他根据自己的观测，发现有两颗亮星在天空中的运动轨迹不像其他恒星那样是直线，而是呈波浪形。这是为什么呢？

他经过分析、核实之后，认为这是由于这两颗星旁边都存在着一颗看不见的暗星，是这颗暗星在影响着那颗亮星的运动。我们这里说的那两颗亮星是天狼星和南河三，天狼星是大犬星座中最亮的星，也是整个天空中看起来最亮的星；南河三则是小犬星座中最亮的星，它也是全天第九颗亮星。贝塞尔在 1844 年的这两个预言，后来分别在 1862 年和 1896 年得到证实。那时，贝塞尔已经去世。

贝塞尔的贡献是多方面的，在天文方面，他还提出了用于天文计算的内插法贝塞尔公式；在日食理论方面，他引进了被称为贝塞尔要素的基本量；在彗星理论方面，他也有重大贡献；在关于地球形状的理论方面，他提出了著名的贝塞尔地球椭球体；在数学研究中，他提出了很多人都熟悉的贝塞尔函数。这些，都在一定程度上推动了天文学和有关学科的进步和发展。贝塞尔所以能够取得如此广泛和多方面的成就，是与他的刻苦学习和不懈努力分不开的。

贝塞尔于 1784 年 7 月 22 日生于德国明登。他只念过四年书，就因为家庭经济状况不好而进入社会。贝塞尔 15 岁来到德国不来梅的一家进出口公司当学徒，他渐渐对国际贸易、对航海发生了兴趣，就自学天文、数学、航海地理等知识。他不仅学书本知识，还亲自观测月掩星等，锻炼和提高自己的才能。20岁时，他通过自学推算出彗星轨道，并取得成就。对于一个只有20岁而没有正规地上过学的青年来说，能推算出彗星轨道是件了不起的事情，他的才干很快地被当时著名天文学家奥伯斯发现，推荐他到一处天文台当助手。从此，他如鱼得水，很快成长起来。只几年时间，他就被任命为新建的柯尼斯堡天文台台长，直到1846年3月17日逝世。

中国天文科普作家剪影

1992 年正是中国天文学会成立 70 周年。该会成立之初在会章上明确提出学会成立的宗旨是："以求专门天文学之进步及通俗天文学之普及。" 70 年来，中国天文事业有了很大发展。本文专就在天文科普创作和天文科普事业中工作时间较长、作品较多、质量较好、影响较大的 21 人，作一轮廓性的简介，故用"剪影"为题。虽然经过一些调查搜集，但限于时间紧迫和本文作者的水平，疏漏和错误及欠妥之处难免，敬请批评指正。

先驱者的足迹

中国近代天文科普工作可以说是从传播太阳中心学说开始的。1859 年李善兰（1811～1882 年）等翻译出版了当时天文学名著《谈天》一书之后，科学的天文知识才得以逐渐传播。辛亥革命以后，科普书刊日益增多，在中央观象台台长高鲁的倡导与推动下，天文科普活动日趋活跃，特别是 1922 年中国天文学会成立后，天文科普更加广泛地开展起来。继高鲁之后，李珩、陈遵妫、张钰哲均先后担任过天文通俗期刊《宇宙》的主编，并撰写过大量科普文章和书籍，从 20 年代到 30 年代天文科普已有相当规模。40 年代初，戴文赛也加入了这个行列，积极从事天文普及的编著创作，他们 5 位可以说是中国天文科普作家中的先驱者，他们的足迹成为后来者的向导和榜样。

高鲁（1877～1947 年）　字曙青，福建长乐县人。虽为比利时布鲁塞尔大学工科博士，但非常喜爱天文，后长期献身于天文事业，成为中国近代天文事业奠基人。曾任中央观象台台长、中央研究院天文研究所第一任所长、中国天文学会首任会长等职。他积极倡导和推动天文普及的创作和活动。1915 年创刊的《观象丛报》是我国最早的天文与气象刊物。先后连载他的科普散文"晓窗随笔",以及"二十八宿考"和与他人合译的《图解天文学》等。在他的倡导下还翻译了《空中世界》科普名著及儒勒·凡尔纳的科幻小说。20 年代初《图解天文学》出版,是当时资料最丰富的天文观测指南,有详尽的星图和天体照片等,使读者从谈天走向观天,影响较大。20 年代,还编写和出版了《中央观象台的过去和将来》。1933 年出版的《星象统笺》是我国最早的中西对照的星座专著之一。1930 年高鲁等人发起创办的《宇宙》杂志发表了大量科普文章,大大推动了我国的科普事业。此外高鲁还是中国天文馆事业的最初倡导者。

李珩(1898～1989 年)　字晓舫,四川成都人。留学法国,1933 年获博士学位。曾任大学教授多年,继任中国科学院紫金山天文台研究员、上海天文台台长。一生重视科普,著译很多。早在 20 世纪 20 年代就开始在《科学》等杂志上发表科普作品。30～40 年代用李晓舫的名字发表了大量科普文章:《业余天文学之发展》、《数学讲话》及《科学的人生观》,影响很大。他也是《宇宙》、《天文爱好者》的最热心支持者和撰稿人。1957 年国际地球物理年之际,与他人合作出版有关宇宙、地球物理年、人造卫星等内容的书。1963 年出版的《天文简说》是一本袖珍式天文基础读物;他从 60 年代起还陆续出版了《哥白尼》、《伽利略》、《牛顿》等三本传记,还翻译过《天文学简史》。李珩在科普著译中最倾注心血的要数《大众天文学》,是世界天文科普名著,这部百万字巨著中译本由科学出版社于 1965～1966 年出版,是我国篇幅最大、内容最全、插图最多的经典天文科普图书。此外李珩与李元合译了《星图手册》,是天文爱好者的重要工具书。

陈遵妫(1901～1991 年)　字志元,福建福州人。留学日本,学数学。对中国天文事业与天文普及有很大贡献。曾任大学教授、紫金山天文台研究员、北京天文馆馆长等职。30 年代先后出版了译著《星体图说》、《宇宙壮观》、《天文学概论》、《天文学纲要》、《天文学名人传》等科普图书。《星体图说》一书曾获中国天文学会普及作品奖。1935 年出版的《宇宙壮观》是一部受到天文爱好者欢迎的天文学佳作,被商务印书馆选为"星期标准书",得到著名天文学家余青松的高度评价。新中国成立后他对中国天文馆事业和中国天文学史的普及作出了很大贡献。

从 1955 年起他主持北京天文馆的筹建工作，1957 年任馆长。1958 年在他倡导下创办了期刊《天文爱好者》，1955 年出版了《中国古代天文学史简编》、《中国古代天文学成就》，20 世纪 80 年代出版了《中国天文学史》。

张钰哲（1902～1986 年） 笔名问天，福建闽侯人。1928 年获美国芝加哥大学博士学位，专攻天文学，是第一个发现小行星的中国人。他因 1928 年发现"中华"号小行星而享誉世界。历任中央大学教授、天文研究所所长、紫金山天文台台长、中国天文学会理事长等职。张钰哲是中国近代天文学事业的主要奠基人之一，在天文普及上也颇有贡献。30 年代，他出版了《天文学论丛》、《地球之天体观》、《白拉喜尔自传》（译）等天文学科普图书。其中《天文学论丛》因文词优美，受到很好评价。该书第一次向我国读者介绍了天象仪和天文馆，对后来的北京天文馆兴建起了促进作用。40 年代，他出版了《宇宙丛谈》科普作品集，并在重庆《大公报》发表了著名的星期论文《你知道行星是怎样发现的吗?》，抨击了认为用八卦就能发现新行星的人。他发表的《小行星漫谈》、《哈雷彗星今昔》等科普作品受到了社会的好评。

戴文赛（1911～1979 年） 福建漳州人。20 世纪 30 年代后期留学英国，专攻天体物理学，1940 年获剑桥大学博士学位。1941 年回国，历任天文研究所研究员、燕京大学教授、北京大学教授、南京大学教授、南京大学天文学系主任等职，是我国现代著名天文学家和天文教育家。戴文赛在科普方面做了大量工作。从 20 世纪 40 年代以来，他写了近百篇科普文章。1947 年他出版了天文普及读物《星空巡礼》，把天文新成就写成优美的散文，使人耳目一新，是一部优秀的科普读物。1948 年出版了《天象漫谈》科普文集。新中国成立后，他先后出版了《太阳和太阳系》（1951 年）、《天文知识》（1953 年）、《新星》（1965 年）、《天体的演化》（1977 年）等许多科普书籍。1980 年，《戴文赛科普创作选集》出版，收入包括天文、数学、航天、哲学等方面的科普代表作品 40 篇。他在逝世前一个月为该书写的前言中说："我一直认为，科学工作者既要做好科研工作，又要做好科学普及工作，这两者都是人民的需要，都是很重要的工作。"

从爱好天文起步

  成长于 20 世纪 40 年代的一些天文科普作家，很多是从爱好天文起步的，他们是在前面介绍的几位先驱者的影响和指导下成长起来的。

  他们继《宇宙》之后出版了《大众天文》期刊（1949 年），后来又创办了《天文爱好者》（1958 年）。他们组织了大众天文社，对我国天文普及事业起到了积极的推动作用。其中许多社员后来成为我国一些天文台、系、站、馆的骨干力量。

  在他们的努力推动下，北京天文馆于 1957 年建成开放，成为新中国的天文科普中心。

  在他们中间，有的人在台湾省也建立了台北天文台和天象馆，进行了大量科普工作。

  这些从爱好天文起步的天文科普作家和天文科普工作者，起到了承前启后、继往开来的历史作用。

  蔡章献（1923 ~   ） 台湾万华人。少年时代就爱好天文，20 世纪 30 年代曾在日本华山天文台拜山本一清博士为师，学习天文。20 世纪 40 年代起就在台湾从事天文工作长达 40 年，长期担任台北天文台台长，是台湾天文事业的奠基人和开拓者。自幼勤于天文观测，终身从事天文普及和教育，辛劳备至，成绩显著。1952 年 1 月 19 日曾发现麒麟座 BD $-8°1642$ 为变星。1980 年国际天文学联合会将 2240 号小行星命名为 TSAI（蔡），以表彰他对天文事业的贡献。他创立台北天文台、天象馆，主编台湾惟一的天文刊物《天文通讯》40 多年。他进行了大量的天文科普工作，为在台北建立一座现代化的大型天文科学博物馆而贡献力量。他著译审校书籍《标准恒星图》（1973 年）、《星空一年》（1974 年）、《仰望星空》（1984 年）、《宇宙的诞生》（1974 年）、《天文年鉴》（1989 ~ 1991 年）达 40 余种。1981 年由他组织翻译和监修的《宇宙的时代》4 大本彩印天文图册，内容丰富，印刷极佳，成为我国天文科普图书中的空前精美之作。

  李元（1925 ~   ） 原名李杭，山西朔州人。1945 年起发表科普作品，曾任紫金山天文台秘书、天文普及组组长，北京天文馆一室主任，中国科普研究所外国科普研究室主任、研究员。担任过《宇宙》编辑、《科学世界》编辑、《大众天文》总编辑、大众天文社总干事等。1949 年以来积极推动北京天文馆的建立，是该馆最早的创建人，1987 年获"天文馆事业的先驱者"荣誉奖状。他创作的天文馆星空表演节目《到宇宙去旅行》，30 多年来观众已达千万人次以上，后来成书出版。李元对利用形象资料、视听手段普及科学知识深感兴趣，在这方面的出版物有：《天文学图集》（1954 年与卞德培合编）、《简明星图》（其中星图为他手绘）、《中国大百科全书天文卷彩色图册》（1980 年）、《宇宙在召唤》（1985 年，太空美术幻灯片百张）等。共编写天文科普文章数百篇，编著译校图书、影片等数十册、部。推荐引进外国著名科普丛书、影片、录像片数十册、部。1990 年在中国科普作协"三大"上受到表彰，荣获"建国以来成绩突出的科普作家"荣誉证书。李元曾任中国科普作协常务理事。

卞德培（1926～2001 年） 浙江平湖人。笔名天浪。曾任上海市科普协会干事，北京天文馆《天文爱好者》编辑室主任、编审，中国科普作协理事、北京科普作协副理事长等职。1946 年起发表科普作品，出版图书共计 30 余种，科普文章数百篇，作品多次获奖。1949 年起负责编辑《大众天文》杂志，是大众天文社的发起人和重要成员。1954 年参加北京天文馆的筹建工作，是该馆创建人之一。在卞德培从事的大量天文科普工作中，《天文爱好者》杂志倾注了他最大的心血。他的第一本书《地球的殖民地》是 1947 年出版的当时为数很少的科幻小说。《哈雷彗星》、《宇宙奇观》、《探索星空的足迹》等书是他 20 世纪 80 年代以来的创作。中国少年儿童出版社对他的评价是："青少年比较熟悉的一位长时间活跃在天文科普阵地上有影响的科普作家。"他还参加主编《少年自然百科辞典》天文、气象、物理分卷。1990 年在中国科普作协"三大"上受到表彰，荣获"建国以来成绩突出的科普作家"荣誉证书。

沈良照（1928～ ） 浙江杭州人。1953 年清华大学物理系毕业，曾在紫金山天文台和北京天文台工作，任研究员。从 20 世纪 40 年代起酷爱天文与天文观测。1948 年，独立发现 1948 L 彗星。1948 年以来，他为《宇宙》、《大众天文》、《天文爱好者》等报刊发表科普文章和提供资料。1954 年开始翻译《蔡斯天象仪、天文馆》一书，后由北京天文馆出版，对我国创建天文馆事业作出很大贡献。他掌握多种外语，因此做了大量科普翻译和校审工作。他的主要著、译、校工作有：苏联著名科普电影《宇宙》（1951年）、《天文爱好者手册》（合译，1956年）、《蔡斯天象仪、天文馆》（1956年）、《简明星图》（合编，1957年）等。

星光灿烂

新中国诞生以后，科普事业蓬勃发展，天文科普的新作家和新作品也不断涌现。他们不但接过了先行者们传递的火炬，而且使其更加光辉，仿佛是出现在天空中的灿烂新星。

在这些新的天文科普作家中，大多是从天文学系毕业的专业人才，大体上他们都具有以下几个共同的特点：首先，他们有着扎实的专业基础，有充实的天文学知识，因此，在科普创作中保证了科学性；其次，他们对天文学的发展趋势和新成就知之较多，因此，其作品内容新颖，与科技新进展合拍；再者，他们成长在新社会，思想活跃，有新眼光新观点，所以在创作中有所创新，有所突破。此外，这些新作家中多半具有较好的文艺修养，行文优美有趣，作品富于可读性。

我们希望在天文科普创作的队伍中会有更多更亮的新星升起。

李竞（1928～ ）　浙江余姚人。1950年毕业于北京辅仁大学物理系，后在紫金山天文台和北京天文台工作，主要从事恒星物理、银河系天文和天文学史的研究，任研究员，并在中国科技大学研究生院、北京大学、北京师范大学等校讲授恒星天文学和星系天文学课程。从青年时代起就爱好天文，长期以来仍兼顾天文科普工作。在报刊上发表科普文章数十篇，他是《天文爱好者》杂志多年来"每年天文成就鸟瞰"的专栏作家。该文以充实的内容，通俗地报道一年来中国和世界的天文大事以及在星系和宇宙、银河系、恒星、太阳、太阳系、观测技术和空间探测等方面的新成就，新消息，深受天文爱好者的好评，也是有价值的参考资料。他是彩色科教影片《宇宙》的科学顾问，与人合著的该片剧本被选入中国《科教电影佳作选》（1987年）。李竞还有多本译作出版，如《天文台》、《宇宙物质》等。此外《行星新探》是他为太阳系中的新发现所写的通俗读物，1980年出版。

叶式辉（1928～　）　四川成都人。1952年毕业于清华大学物理系，一直在紫金山天文台工作，现任研究员，从事太阳光谱和太阳磁场的研究。从青年时代起他就是天文爱好者，之后做了不少科普工作，译有《天文爱好者手册》（合译）、《无线电天文学》（合译）、主持翻译《人类和星星》、校译《宇宙概说》等科普名著。著有《太阳》一书（1982年）。在报刊发表过天文科普文章数十篇，其中《1982年2月16日的日全食》（《自然科学年鉴》1981年）和《太阳知音者的节目》（江苏出版的《科普园地》1980年1期）两篇是太阳专家写的太阳知识的科普佳作。

郑文光（1929～　）　广东中山人。中山大学天文学系肄业，曾任科普编辑，《文艺报》、《新观察》记者、北京天文台编审。曾任科普作协常务理事。他是一个多产的科普作家，除了天文学以外，他的作品还涉及地球科学、科学史、哲学等领域。他的作品题材广泛，品种繁多，颇有好评。如：科学小品、散文、报告文学、科教电影剧本和科学幻想等，他写的《火刑》一文生动地描述了布鲁诺为科学献身的精神，曾被选入中学语文教材。他写的科普文章有数百篇、著译书籍数十种。1980年出版的《谈天说地集》收入他的科学小品26篇。郑文光善于开拓新的领域，他是我国最早宣传宇宙航行的人之一，《飞出地球去》（1957年）可以说是中国人自己编著的最早的较有分量的航天科普读物。《飞向人马座》（1979年）是他科幻作品的代表作，他的一些科幻作品已被国外翻译出版。《中国天文学源流》（1979年）颇有创新和见地，在国内外颇为著名。他的作品多次获奖，1990年在中国科普作协"三大"上受到表彰，荣获"建国以来成绩突出的科普作家"的荣誉证书。

闵乃世（1932～　）　江苏南通人。小学时就是一个天文爱好者。南通学院毕业，曾任上海少年宫天文指导，从事天象馆及天文小组教学工作，为中学高级教师。他擅长美术，善于熟练地运用美术手法进行天文教学和天文普及。把艺术和天文结合起来是他创作的特色，他所设计、创作、制作和出版的天文普及教学图书、模型、资料等深受青少年的欢迎，收到很好的教学效果。代表作有：

《天文七巧》、《宇宙》教学挂图；活动立体书《飞向月球》、

《天文大世界》、《小小天文馆》、《四季星座》、《天球坐标和天球仪》等15册；设计天文立体小制作等百余件；设计绘制的天文小动画《太阳

系》、《行星动态》、《恒星演化》等 30 本；还有许多天文美术作品。在天文教学上提出"技能性、实践性天文小组教学原则"。他的这些设计和作品大多是在 1980 年接受癌手术后进行的，尤为难能可贵。他还发表了天文通俗文章数十篇。闵乃世的天文科普方法和作品，具有独创性，有很高水平，值得研究和推广。

张元东（1935～ ）　笔名张敏，福建仙游人。毕业于南京大学天文系，后在北京天文馆工作多年，从事天文普及和教学工作，现任中央民族学院哲学系天文学教授。他多年来从事青少年科技活动的辅导工作，颇有成绩，曾荣获中国科协青少年工作部授予的"青少年课外科技活动优秀辅导员"的光荣称号。他多次组织由许多少年宫和科技馆组成的小天文馆讲习班，并讲课。1985 年主要由张元东组织编写的《青少年科技活动全书·天文分册》内容包括认星、简易天文仪器制作和使用、天文观测等，多年来一直是青少年科技活动的指导读物。他写有科普文章近百篇，与他人合著《通向宇宙的路标》，并编著《太阳黑子》一书以及多种天文科普读物。由他组织编写的《星空探秘丛书》于 1992 年出版。

李启斌（1936～ ）　湖北宜都人。1957 年毕业于南京大学天文系，先后在紫金山天文台和北京天文台工作。现任研究员、北京天文台台长、中国天文学会理事长。从 20 世纪 50 年代起发表科普文章，到北京天文台工作后，经常在北京天文馆等处承担天文讲座，给电台、刊物、报纸写稿，给大中学生作天文科普报告，并长期担任北京《科学小报》（现为《北京科技报》）编委，为该报审定、组织、撰写稿件，并常为《天文爱好者》等科普刊物写稿。李启斌撰写的《天体是怎样演化的》一书于 1979 年由中国青年出版社出版，用辩证唯物主义观点分析和评介了有关天体演化学说，荣获 1979 年全国新长征优秀科普作品奖一等奖。80 年代又写了一些科普小品和书籍，包括一本哈雷彗星的科普读物。李启斌长期以来积极从事天文普及的创作与活动，科普作品约 100 多万字。1990 年在中国科普作协"三大"上受到表彰，荣获"建国以来成绩突出的科普作家"荣誉证书。

吴铭蟾（1936～ ）　江苏苏州人。1958 年毕业于南京大学天文系，在中国科学院云南天文台工作，现任该台研究员，从事天体物理学研究，并担任云南省科普作协常务理事。1978 年起为《天文爱好者》等报刊和广播电台撰写天文科普文章；十几年来发表的中、短篇科普文章近百篇，题材主要集中在作者所从事的科研领域，既介绍最基础的天文知识，也介绍最新的天文发现和成就。特别是配合 1980 年云南日全食和 1986 年哈雷彗星回归的科普宣传而撰写了较多的科普文章，对边疆少数民族地区群众学习天文科学知识，破除迷信，克服恐惧和安定社会秩序起到了明显的社会效果。他所写的《搜寻哈雷彗星》一文在《科普创作》1985 年第 3 期上发表后，颇得好评，荣获 1987 年第二届全国新长征科普创作短文一等奖。1990 年在中国科普作协"三大"上受到表彰，荣获"建国以来成绩突出的科普作家"荣誉证书。

宣焕灿（1939~   ）   笔名肖萍，浙江嘉兴人。在南京大学天文系毕业后，留校任教。从事天文学史，特别是世界天文学史的研究和教学工作。他的科普作品的特色基本是从天文学史的角度来写，或写著名天文学家的传记轶事，或介绍天文学的重大事件，他是《天文爱好者》杂志"天文大事"专栏的作家。1984 年，他和刘金沂合写的《揭开星光的奥秘》是一本介绍天文学探测方法与天文学史相结合的科普著作，以天文学发展的脉络为纵线，重点介绍天文学特有的探测工具和方法，行文中还不时穿插天文学家的趣闻轶事、发明史话，使读者兴趣盎然，是一本优秀天文科普读物。此外还出版过《天文学及其历史》（与刘金沂、杜升云合写）、《天文学史和天体史概述》（与李宗云合写）。20 世纪 80 年代，在《天文爱好者》上发表了 20 多篇天文史话方面的文章，资料丰富，可读性强，颇获好评。

张明昌（1941~   ）   江苏苏州人。南京大学天文系毕业后，曾长期留校从事天文教学工作，与他人合作编写当代著名的《天文学教程》3 册，于 1987~1988 年由高等教育出版社出版。他写有科普文章 100 多篇，《世界之最·天文分册》（1983 年）获江苏省科普创作优秀奖；《哈雷彗星的来龙去脉》（1985 年）获第二届全国优秀科普作品二等奖；《天文 200 问》（1983 年，与周洪楠、苗永宽合著）是同类图书中较好的一册。《小行星趣谈》（1984 年，与郑家庆合著）全面介绍了小行星的知识，把抽象的概念、深奥的道理，通过深入浅出的介绍，既丰富了读者的知识，又能使读者在思想上得到启迪，书中还穿插了许多有趣的故事。我国著名小行星专家张钰哲也曾称赞这是一本很好的科普读物。近著《宇宙索奇》76 万字，江苏少年儿童出版社出版（1991年）。

刘金沂（1942～1987年）。 江苏泰县人。1964年毕业于南京大学天文系，同年到自然科学史研究所从事天文学史的研究工作，去世前为副研究员。进行过很多天文学史方面的科普工作，他和别人合作编写了《揭开星光的秘密》、《天文学及其历史》等颇获好评。他从1979年起任北京市青少年科技辅导员，1981年任北京天文学会理事、科普委员会副主任委员。曾获北京市优秀辅导员奖、北京市科协积极分子奖。科普作品《天狼星之谜》（载《天文爱好者》1979年8月）在1979年被评为新长征优秀科普作品奖。他写的《星辰》一书用汉、蒙、维吾尔、哈萨克、朝鲜五种文字出版。由他主编的中国《天文史话》一书，1984年获全国史学界"爱国主义优秀读物奖"。

卞毓麟（1943～ ） 上海市人。1965年毕业于南京大学天文系，曾在北京天文台从事天体物理学的研究工作多年，现任上海科技教育出版社编审。20世纪70年代开始从事科普创作，到目前共发表科普作品（书、文）共约220多种，约170万字，其中出版图书11种（部分与人合作）。也进行过大量演讲、讲课等科普活动。曾为中央电视台审校和改编卡尔·萨根的13集著名天文科普系列电视片《宇宙》。1980年12月出版了他编著的科普读物《星星离我们多远》，用通俗易懂的语言，深入浅出地介绍了人类测量天体距离的方法、有关史话以及测量结果，并展望了人类飞出太阳系的远景。该书行文流畅，内容实在，生动活泼，是天文科普方面的一本成功之作，荣获，1987年第二届全国新长征科普创作二等奖。卞毓麟还热衷于对当代科普写作大师艾萨·阿西莫夫作品的研究与翻译，颇有成绩。他是一位对科普肯下功夫，肯动脑筋，手法新颖的科普作家。1990年在中国科普作协"三大"上受到表彰，荣获"建国以来成绩突出的科普作家"荣誉证书。

陈丹（1948～ ） 福建福州人。1975年到北京天文馆工作，从事刊物编辑、科普情报调研、科普理论的探讨和研究，并开始他的科普创作和翻译生涯。他是完全靠刻苦自学，努力奋斗而成长起来的，是天文科普作家中的新秀。16年来，陈丹共编著和编译科普著作5部：《通往宇宙的路标》（与张敏合作）、《探索太空开发宇宙》（与崔振华合作）、《宇宙旅行见闻》（与崔振华合作）、《宇宙奇观》（与寅虎合作）；科普文章200多篇，总共发表文字约百万字。陈丹在进行科普创作时，非常重视形象思维的运用，他在《宇宙奇观》一书中作了很好的尝试，该书以古今中外优美的故事和天文史上的趣闻铁事为素材，介绍了宇宙间的九大奇观，是知识性与趣味性、科学性与文艺性结合较好的作品。他在自己的科普实践中，深深感到科学图片在科普中的重要作用，因而充分选用精美图片，达到较好的普及效果。

没有写完的结束语

剪影既毕，顿觉不安，回顾这20多页稿纸写得实在粗糙而简单，并未畅所欲言，但篇幅有限，笔头笨拙，也只得这样。而更令人不安的是，对我国天文科普工作与天文科普创作有成绩、有贡献的绝不限于上面的21人，我们真想再写下去，然而由于上述原因，只得在此略停，即使只报道一下他们的名字也有数十人之多，思来想去不知如何是好，但交卷的铃声已响，只能带着遗憾的心情，把这份没有写完的结束语勉强打一个句号，如此而已。

（与李元合写，略有改动，原载《科普创作》：1992 年第 2 期）

人类是怎样逐步认识宇宙的

人类是怎样逐步认识宇宙的

人类对宇宙的认识过程是一个不断提高和逐步深入的过程，它随着事物的发展而无限地发展着。

在我国、巴比伦、埃及等古代文化发达的国家里，早在四五千年之前，天文学已开始发展了。为了定季节、定时间、定方向，以便不误农时、认识道路和确定河流泛滥日期等，从事游牧业和农业的人们，早就在观测日月星辰在天空的位置和它们的运动。

在长时期的观测实践中，人们建立了很多正确的概念。至迟在汉代，我国就已经知道月光只是日光的反射，月食是地球遮住了太阳光的缘故；很早就有地球是在转动着的精辟见解；公元前6世纪，希腊的科学家已经知道大地是个球体，并提出了证据。

可是，这些正确的见解没有得到应有的重视。在相当长的一个历史时期里，多数人还只是依据日月星辰东升西落的表面现象，一直错认为它们都绕着地球转动，而没有深入到事物的本质中去。这就是直到16世纪中叶之前一直被信奉着的所谓"地球中心说"，它在当时占着统治的地位，严重地束缚着人们的思想。

这个学说在公元2世纪中由埃及天文学家托勒玫提出，他认为地球是宇宙的中心，其余的天体都绕着地球转。在社会生产力低下和科学不发达的时代，人们往往只看到各种现象之间的外部联系，由于缺乏深刻的概念，还不能作出正确的结论。这是可以理解的。但由于这个学说符合《圣经》上的"上帝创造一切都是为了人类"的思想，所以它得到占统治地位的罗马教廷的支持和宣扬，谁要反对这个学说，就会受到残酷的迫害。

自然科学本身是没有阶级性的，但是，反动统治阶级往往利用它来维护它们的反动统治，巩固其反动的特权地位。从这里又可以看到，自然科学的发展在当时受到了阻碍，天文学也是如此。在欧洲，在被称为"黑暗时代"（约一千多年）的漫长的年代里，天文学几乎没有什么进展。

"太阳中心说"的建立

由于生产的需要，"在中世纪的漫长黑夜之后，科学以梦想不到的力量一下子重新兴起，并且以神奇的速度发展起来……"（恩格斯《自然辩证法》）

天文学在十五六世纪也得到了前所未有的发展。在感性知识积累得越来越多之后，人们认识上的飞跃的时机成熟了。

在前人无数次实验的基础上，16世纪中叶，波兰科学家哥白尼通过自己的观测实践，提出了"太阳中心说"，认为地球只是一个绕着太阳运动的普通行星，而并不像统治阶级所极力主张的那样处于宇宙空间的特殊地位。哥白尼第一次给了地球在宇宙间地位以本来面目。

太阳中心说掀起了宇宙观的革命，但它很快就受到了歧视和压抑，统治阶级在很长的一个时期里把它当做"毒草"，视为异端而加以迫害。著名科学家伽利略为之受到教廷宗教裁判所的审讯，而杰出的思想家布鲁诺为之献出了自己的生命。只是在经过了长期的斗争，经受住了实践的检验，这个正确反映客观事物的学说才最后取得胜利。到了17世纪初，由于望远镜的发明和用来观测天体，新的天文发现（木星有卫星，金星有盈亏现象等），给了哥白尼学说以重要验证和有力的支持。

人们不但要知道地球和五大行星（水、金、火、木、土）一起围绕着太阳运行，还想了解这是怎么样的一种运动。如行星在天空中的行径使人迷惑不解，为什么它们一段时期向东移动，而另一段时期则向西移动呢？哥白尼没能正确地解释这个问题。

显然，认识还有待于深化，在这方面获得杰出成绩的是德国科学家开普勒。他好多年孜孜不倦地分析第一手观测资料，终于在1609～1619年先后提出行星运动的三个定律。这些定律客观地说明了行星绕太阳运行的轨道是椭圆形的，太阳在椭圆的两个焦点中的一个上面，当行星离太阳近时，速度就快；离得远时，速度就慢，而且转一圈的时间和它离太阳的距离有一定的关系。行星运动定律不仅肯定了哥白尼学说的正确性，而且又把它提高了一步。它能很好地解释行星在天空中的使人迷惑的行径：由于行星绕太阳转的速度各不相同，从运动着的地球上看其他行星，看到的只是行星的相对运动，就必然会产生一段时期行星向东移动（顺行）、另一段时期向西移动（逆行）的现象。

天体力学的诞生

开普勒所描绘的太阳系面貌比哥白尼前进了一步，但他并没有说明为什么行星必须是这样绕着太阳转。这需要从力学的角度来考察，可是，这时力学正处于发展的初期阶段，已有的力学知识无法解决这样复杂的问题。只是到了 17 世纪 80 年代，英国科学家牛顿在前人成果的基础上提出了万有引力定律之后，这才解决了原来行星运动定律只是万有引力定律的自然结果。

已上升到理性认识的万有引力定律，同样也必须再回到实践中去。

就在万有引力定律发表的时候，科学家哈雷根据万有引力的计算，说明彗星一旦来到太阳和地球附近而被我们看到之后，有些隔了一定时期还会再度回归。他大胆预言，1682 年出现的那颗彗星将在 1759 年被重新看到。届时，彗星果然出现了。这说明在一定的范围里面，万有引力是客观事物的反映。

牛顿为天体力学奠定了基础。它的进一步完善得益于 18 世纪末、19 世纪上半叶的一系列科学家的努力。

在人类认识宇宙的过程中，特别值得一提的是太阳系新行星——海王星的发现。1781 年，发现了太阳系第七大行星——天王星之后，它的实际观测位置和计算位置老是不相符合。是观测中的误差呢，还是在计算时有未知的因素未考虑进去？如果是后者，这因素又是什么呢？有一种想法是天王星外面还有一颗尚未被发现的行星在影响着它。两个天文学家根据已有的天体力学知识，分别而且几乎同时算得海王星的存在。果然，新行星就在距离计算位置不到 1° 的地方被找到了，它就是海王星。海王星的发现，是天体力学的巨大胜利。这说明了随着事物的发展和科学技术的发展，人们对宇宙的认识在逐步深化和发展着。

人们对周围世界的认识随着事物的发展而发展的例子，还可举出一种叫"新星"的星。新星原先不过是一颗亮度很微弱而不被人们注意的星，但由于某种还没有完全弄清的原因，它会在极短的时间内（如一两天）发生猛然爆炸，亮度增加数万甚至数十万倍。新星的出现，使人们有了新的认识，对新星的观测使我们有可能随着物质的这类质变，在探索和认识客观世界发展规律的道路上迈进一步。

天体物理学

一直到18世纪，人们主要只是定性地认识天体之间的关系，而对于各种天体的大小、质量、彼此的距离等，不是知道得很少，便是知道得很不准确。

关于离我们最近的天体——月球的距离，18世纪中叶才得到比较精确的结果。对我们居住的行星——地球的大小来说，也是直到这时才有比较准确的了解。在这以前，认为不可能测量的地球质量，也有了较为满意的结果。特别是对于太阳距离的测定更为重要，这个在天文学中作为长度单位来使用的数值，在18世纪之前，早就有人试图加以测定，但最精确的测量和最令人满意的结果是在18世纪70年代的两次金星凌日时获得的。

所有这些结果都离不开日趋精密的观测仪器和测量仪器。正是运用这些仪器所进行的观测实践和科学实验，使人们对于宇宙的认识发展到一个新的阶段。

更明显的例子是关于恒星距离的测量。恒星都是遥远的太阳——这种思想人们很早就有了，但这种理性认识长时期找不到实验的证据。很多科学家都测量过遥远天体的距离，但都以失败告终。到19世纪中叶，测量恒星距离的条件才成熟，德国的贝塞尔、俄国的斯特鲁维、英国的汉德逊先后分别测量得三颗恒星的距离，发现它们都要比太阳远上好几十万倍，甚至百万倍以上。

事物的发展是无限的。我们今天还不知道的东西，明天、后天一定会知道，而宇宙间根本没有什么不可知的东西。但是，就在恒星距离刚测量得之后不久，法国唯心主义哲学家孔德就武断地宣称：人类永远也无法知道这些遥远天体的化学成分。

事实是最好的回答。仅仅过了十多年，由于光谱分析方法的发现和在天文学领域中的广泛应用，不仅使这个不可知论的观点彻底破产，更重要的是它从此成为深入认识宇宙的强有力武器。

凭借光谱分析方法以及照相术等新技术的运用，天文学的一个新分支从19世纪中叶起很快地发展起来了，这就是天体物理学。

光谱分析方法已经为我们揭开了天体的许多秘密：大小、距离、温度、压力、质量、密度、磁场、化学组成、元素的丰富度、自转速度、在视线方向上的速度，等等。可想而知，在19世纪中叶以前，天文学家对于天体的本质知道得实在是非常可怜，而现有的各种知识几乎都是在最近一个多世纪中逐步积累起来的。

现代天文学的发展

天文学的发展离不开越来越强大的科学实验装备。大型光学望远镜的制造成功，以及各种特殊用途的光学观测仪器的先后出现，为天文学家进行科学实验创造了良好的前提。电子学技术、无线电技术、雷达技术、电子计算机、自动化技术等新技术在天文学领域中越来越广泛地被应用，而每一种新技术的运用，都加深了我们对客观物质世界的认识。譬如用专门的雷达装置来观测流星，不仅可以很容易地确定流星的速度，而且可以加深我们对高层大气情况的了解。流星经过地方的气体分子被电离后称为流星余迹，利用这种余迹对无线电波的反射作用，可迅速得知该层大气的风向等等。再加上火箭、高空气球、人造卫星等新的观测工具，科学家有可能不是被动地而是主动地对自己要研究的天体进行科学实验。利用火箭把实验仪器主动地送到月亮附近，让它对准我们从未看见而很想了解的月球背面进行照相，从而揭开了月球背面的谜团，就是一个明显的例子。

强有力的理论工具，也是天文学家的得力助手，像原子物理学、原子核物理学、量子力学，以及数学中的一些分支，在很大程度上促进了天文学的发展。借以建立的理论天体物理学，已有可能对遥远天体的内部进行探讨和研究；反过来，天文学的每一个新进展，也有助于其他科学更快地发展起来。

20 世纪天文学发展的主要特点之一，是射电天文学的建立。科学家对宇宙认识的深化，由于有了新的实验工具——射电望远镜等，而有所提高。多少年来科学家只是通过大气的光学"窗口"窥探宇宙的现状得到了改变，现在有了第二个"窗口"——无线电"窗口"。这个天文学新分支的建立虽则只有短短数十年的时间，但已解决了一些以前光学天文学所未能解决的问题。所有天体几乎都发射出各种不同波长的无线电波。以月亮为例，过去我们只知道月球表面的温度变化很剧烈，而射电天文学告诉我们，只在月球表面下面几米深的地方，温度的变化就很小，这说明月球表面覆盖物的导热率是很小的。

天体的电磁辐射主要包括射电波、红外线、可见光、紫外线、x 射线和 γ 射线等，对这些辐射的观测和探测，促进了红外天文学、紫外天文学、X 射线天文学、γ 射线天文学的迅速发展。我们现在所了解的不仅仅是天体的光学形象，而且是它们的射电、红外、紫外、x 射线和 γ 射线形象。天文学进入了全波天文学时代。

可见，从发明望远镜算起，仅仅几百年的时间，我们对宇宙间天体的认识已经提高了不知多少倍，但这绝没有到头。20 世纪 50 年代开始，空间天文学以前所未有的速度和规模突飞猛进，为人类认识周围世界开辟了全新的领域。人造地球卫星上天，空间探测器就近观测行星和彗星等天体，登陆舱对天体作现场考察乃至把宇航员送上天体，作实地考察等等。这方面的发展和所取得的成果方兴未艾。

事物的发展是永恒的，我们的认识也会随着时间而无限地深入和提高。在大规模的科学实验过程中，随着客观世界的发展，我们遵循着认识事物的客观规律，将越来越深入地认识我们周围的物质世界。

太阳元素

1868年10月26日，星期一，这是个普通的日子。法国巴黎的大街上人来人往，熙熙攘攘，一切与往常一样。法国科学院的会议厅里正举行着会议，从院士们发出的啧啧惊讶声和会场里显得有些活跃的情况来看，这里显然发生了一件不太寻常的事。

事情是由两封在会议上宣读的信引起的。这两封信，一封来自英国，另一封来自印度东海岸的贡土尔城。两位写信人都是科学家，一位是英国的洛基尔，另一位是法国的詹森，他们从相隔万里的两个地方，报告了同一个发现：在太阳边缘的突出物中，发现了一种前所未知的现象，一条无法解释的黄线。

神秘的黄线

发现一条黄线有什么值得大惊小怪的呢？

为了把这个问题讲得稍清楚一些，我们需要先简单说说什么是光谱。

你大概自己玩过，或者至少看见过别人用三棱镜对着太阳光。太阳光经过三棱镜被折射之后，就在一边的墙上形成一条彩色的光带，光带中的颜色按红、橙、黄、绿、蓝、靛、紫的顺序排列，这就是太阳光谱。如果把光谱放大，就会看到许多线条，即谱线。我们地球上已发现了100多种化学元素，它们在光谱里的一定位置上，都有反映各自特征的谱线，因此，可以根据谱线来确定某个天体上究竟含有哪些元素。已知太阳所包含的70来种元素，都是通过光谱观测等方法发现的。

1868年8月18日，在非洲的埃塞俄比亚、亚洲的印度和我国南海等地，都可以看到一次罕见的日全食。以研究太阳出名的法国天文学家詹森，带着一支日食观测队，特地来到印度的贡土尔城进行观测。当他用一种特殊的仪器——分光镜，来观测太阳面上的突出物时，在一些比较熟悉的谱线中，一条陌生的黄线使他迷惑了。他决定第二天再试试看，使他惊奇的是，这条弄得他一夜都睡不好觉的黄线还在，还在原来的位置上，一点也没有变化。

化学元素钠在光谱里呈现出两条黄线，詹森是知道的。眼前的这条黄线看来不是钠，他认定这是一种新的元素，一种地球上还没有发现和不知道的新元素。他以激动的心情于当天给巴黎的法国科学院写了封信，报告自己的新发现。

在这之前两年，即1866年，英国天文学家洛基尔也想到用光谱观测的办法，来研究太阳边缘上的突出物。几乎在詹森发现那条神秘黄线的同时，洛基尔也看到了那条不属于钠的黄线，他也得出了与詹森同样的结论。1868年10月20日，他从英国给颇具威望的法国科学院写信，报告了自己的发现。

19世纪60年代，当时各国之间的通信来往还不很方便。那封从印度发出的信，跋山涉水在路途走了两个多月之后，与另一封只需要跨过英吉利海峡就行的信，在同一天到达巴黎，同一天被送到科学院。这就发生了本文一开头说的科学院会议上的事。事情可说是真巧！

经过一年左右的考察和思索，第二年8月7日又一次发生日全食的时候，洛基尔特意作了观测，肯定那条黄线确实不是任何已知元素的谱线，而是由太阳里特有元素造成的，于是把它叫做Helium。这个单词来源于希腊语Helios，意思是太阳，因此有人把它叫做太阳元素。我国把它翻译成"氦"。

氦这个有待证实的元素究竟有些什么特性呢？有一点是可以肯定的，那就是它一定很轻。因为，在太阳边缘的突出物中，只有那些比较轻的物质，才有可能被抛出来，并且被抛得很高。

从天上到地上

在地球上找到氦，那是 27 年以后的事了。

1895 年 3 月，英国著名化学家拉姆塞对钇铀矿进行实验时，将所得到的很少的一点气体放在分光镜下进行观测，发现了一条黄线和几条微弱的其他颜色的谱线。

拉姆塞起先以为这条黄线是属于钠的，会不会是装气体的玻璃管中的白金丝上沾上了一点脏东西，而这脏东西里有钠？他觉得问题好像不在这里，因为他从来都是小心翼翼地拿白金丝的，不可能沾上脏东西。那么是不是分光镜没有擦干净呢？这种可能性自然不能说绝对没有。

于是，拉姆塞把分光镜拆开，把有可能影响谱线的几处关键部件，再次擦得干干净净。可是，把分光镜重新仔细安装好之后，那条黄线仍然在气体光谱的老地方出现。拉姆塞采取了最后一个措施，干脆在放受检查气体的玻璃管中，有意放进去了一些钠，看看钠的黄线是否会与受怀疑的黄线重合在一起？

结果是，气体光谱里出现了代表钠的黄线，而先前的那条黄线还在老地方。事情已经很清楚了，第一次出现的那条黄线是一种新的元素。

它是什么元素呢？

拉姆塞把他所知道的各种元素的光谱回忆了一下，确实没有一种与它相似。他很快想到了 27 年来詹森和洛基尔等始终没有弄清楚的那条黄线。"它可能就是氦"，一种幸福的潜意识涌上了拉姆塞的心头。

拉姆塞请他的朋友、光谱专家克鲁克斯为他验证。经过测定，两人确信，拉姆塞发现的气体就是氦。在太阳上发现的元素，现在终于从地底下钻了出来。

1895 年 3 月 23 日，拉姆塞写了两封信，分别寄给英国最高科学机关——英国皇家学会，以及法国科学院院长、著名化学家贝特罗，请他转告科学院，说 27 年的悬案解决了，氦在地球上也发现了。

历史上的巧合确实是常有的。詹森和洛基尔几乎是同时发现了太阳上的氦，而拉姆塞与瑞典青年化学家兰格列，前后只差半个月先后发现了地球上的氦。1895 年 4 月 8 日，这也是个星期一，兰格列也向贝特罗报告了自己的发现。

氦，这是一种很轻的元素，只有氢比它更轻。这两种元素加在一起占整个太阳质量的 98％以上，氦与氢之间的比例大致是 1：3。

从笔尖上发现的行星

除了史前就已经发现了的五大行星，即水星、金星、火星、木星和土星之外，其余大、小行星，都是用望远镜发现的，惟独一颗例外，这就是海王星。天文学家当初是用笔尖先"看"到它的。

失之交臂

海王星是在 1846 年被发现的。在此之前半个世纪，即 1795 年的 5 月，法国著名天文学家拉朗德的侄子，曾经两次记录了海王星的位置。当时他认为这只是一颗普通恒星，因此，从相隔两天的位置看来有点差异时，他便毫不犹豫地把第一次观测记录删去了，并在发表的第二次记录旁，加了个问号。历史记载没有告诉我们：拉朗德的侄子为什么没有再进行第三次观测，以澄清自己所加的那个问号，不然的话，他一定会再次看到那颗星的位置又变动了，继续追踪的话，很可能进而赢得海王星发现者的称号。

发现海王星的真正故事是从 1821 年开始的。这一年，法国天文学家布瓦尔计算并发表了当时所知道的 3 颗最大和最远的行星——木星、土星和天王星的星历表。布瓦尔发现，计算出来的木、土两星的位置，与实际位置符合得很好，天王星的情况却不是这样。布瓦尔掌握着从 1690～1821 年长达 130 来年的天王星观测资料，可是，他怎么也没能把天王星的轨道确定下来。是老的观测有误差呢，还是天王星受到了某种他所不知道的摄动呢？为急于发表星历表，布瓦尔没有时间去弄清楚这个问题。于是他放弃了 1781 年天王星被发现之前的所有观测，把它们留给以后的人们去研究。

1781～1821 年，天王星理论与观测位置符合得比较好。可是，不出 10

年，天王星故态复萌，到1830年时，布瓦尔的表与实测结果之间，已存在20″的差别；到1845年，差别进一步扩大到2′这种天文学家无法承受的地步。更为严重的是，这种差异有增无减，并在继续扩大。

对于一般人来说，位置上只差20″或者是2′，都只是小事一件，还值得那么重视吗？我们平常看到的太阳圆面，用角度来表示的话，大约是半度，1°可以分成60′，1′可以分成60″，1°就等于3600″。20″只是太阳圆面直径的1/90，2′的话，也只是1/15。位置上的差异确实不算大，但对于天文学家来说，即使是这样的差异，也是不允许的。

两种考虑

两种不同的考虑在被严肃地探讨着，一是据以计算各行星位置的万有引力定律，难道对于在一定距离之外的天体就不适用了？二是既然存在天王星，为什么不能再存在一颗"天外"行星呢？也许是这颗未知行星的摄动在影响着天王星的运行位置。

英国天文学家亚当斯和法国天文学家勒威耶更倾向于后一种考虑，并立志要把这颗谁也不知道它是否真的存在、藏匿着的行星找出来。

根据亚当斯自己所写的备忘录来看，他至迟在1841年7月3日就注意到了天王星之外可能存在尚未被发现的行星，并立志要作进一步的研究。1843年，他开始着手解决天王星运行不规则的问题，很快取得进展。经过一番周折之后，亚当斯得出了这颗未知行星的质量、当时的位置等数值。1845年9~10月，他先后与包括英国皇家天文学家艾里在内的几位天文学家取得联系，请教问题，遗憾的是没有得到应有的重视和热情支持。只是到了1846年7月，即艾里获悉勒威耶于1845年11月提交给法国科学院的、关于天王星运行的研究报告之后半年多，他要求剑桥大学的查利斯教授，根据亚当斯的计算结果搜寻未知行星。可是，查利斯缺乏所涉及天区的详细星图，事情就此搁了下来。后来发现，查利斯不只一次记录下了海王星，但都未能把它找出来。1846年9月初，亚当斯还给艾里先生送去了更精确的补充材料，结果当然也未能起到作用。

笔尖上的发现

正当这个历史性的关键时刻，消息从德国传出，德国柏林天文台的伽勒，根据勒威耶的计算和预报，找到了众人盼望已久的新行星，它就是海王星。

原来，只是从 1845 年夏天开始，勒威耶才在巴黎天文台台长阿拉果的要求和建议下，开始研究天王星的运行和寻找新行星的问题。勒威耶的研究进展是相当快的，他对问题的答案集中在 1846 年 6 月 1 日和 8 月 31 日的两份报告里。尤其是第二份报告，题目为："论使天王星运行失常的行星，它的质量、轨道和现在位置的决定"。在此基础上，他写信给备有详细星图的柏林天文台，请求：把望远镜指向黄经 326。宝瓶座内的一个天区，在这附近的 1°范围内，将会看到一个圆面明显的新行星，它的亮度约9 等。

在接到勒威耶信的当天——1846 年 9 月 23 日晚，伽勒和他的助手就在距预报位置不到 1°的地方，发现了一颗星图上没有标出的 8 等星。第二天跟踪观测时，它果然已移动了位置。这就是千呼万唤始露面的海王星。

阿拉果后来在评说海王星的发现时说："天文学家有时偶尔在其望远镜的视场里，发现一个移动的亮点，一颗行星。勒威耶先生却是没有哪怕只朝天空看一眼，他从自己的笔尖上看到了新行星。"英法两国为争发现海王星的荣誉而争辩了好几年，而亚当斯和勒威耶两人则处之泰然，他们成为终生的好朋友。

恩格斯对海王星的发现曾予以很高的评价："哥白尼的太阳系学说有三百年之久一直是一种假说，这个假说尽管有百分之九十九、百分之九十九点九、百分之九十九点九九的可靠性，但毕竟是一种假说；而当勒威耶从这个太阳系学说所提供的数据，不仅推算出一定还存在一个尚未知道的行星，而且还推算出这个行星在太空中的位置的时候，当后来伽勒确实发现了这个行星的时候，哥白尼的学说就被证实了。"

大气、卫星、环

就在海王星被发现之后17天，它的第一颗卫星——海卫一被英国著名的天文爱好者、商人拉塞尔找到，速度之快是破纪录的。可是关于它的大小却一直未能确定下来，它的直径曾一度被认为有可能达到6 000千米，而成为太阳系最大卫星。直到"旅行者2号"于1989年8月作"现场"采访时，才确定为2 720千米。海卫二的发现已是海王星发现之后一个世纪的事了。被誉为现代行星科学之父的美国天文学家柯伊伯，于1949年发现了它。这是颗偏心率甚大的奇特卫星，$e=0.75$，即使与以偏心率大著称的彗星相比，也毫不逊色。另外的6颗海卫，都是"旅行者2号"飞探海王星时才发现的。

海卫一被发现之后只相隔4天，还是那位拉塞尔宣称自己发现了海王星环。从伽利略看到土星环到海王星被发现，大约两个半世纪，在此期间，土星环是独一无二的，岂容别人媲美。拉塞尔也深知这一点，因此，他先暂不宣布而是在名义上邀请友人看新发现的卫星。有意思的是有人也说看到了海王星环。

奇怪的是，此后一个多世纪中，那么多人观测了海王星，却几乎没有关于海王星环的报道。1980年2月10日，海王星掩一颗12等的暗星，这本是发现行星环的好机会，可是结果没有达到。1985年8月20日，再次发生海王星掩星时，终于被认定海王星有环。何况有人在检查一些1968年的观测海王星资料时，早就觉得可以认为海王星有2个环。持怀疑态度的人还是不少的。无疑，最后裁判的权利归"旅行者2号"了。

"旅行者2号"于1989年飞越海王星时，"发表"了结论性的意见：海王星周围有5个环，有的比较完整，有的则是残缺不全的环。

海王星离我们很远。当初勒威耶把它与太阳的平均距离定为35～38天文单位，公转周期207～233年。海王星被发现后，通过观测这些数值得到了纠正。现在采用的数值是：平均距离30.06天文单位，公转周期164.8年。

从望远镜里看起来，海王星是个扁率不大的浅蓝色天体。它表面似乎有些依稀可辨的斑痕，而且是变化的，很不清楚，当然是不可能用来作为决定其绕轴自转周期的依据。1928 年，有几位天文学家用光谱的方法，确定海王星自转是顺时针方向的，周期则略小于 16 小时。1978 年，有人测出它的自转周期为 22 小时。目前，一般把它定为 16 小时 03 分。海王星直径的精确值为 4.95 万千米，比天王星略小。

"旅行者 2 号"探测器传回地球的海王星照片上，最令人注目和感兴趣的是它的大气中存在着一些斑点物，最明显的是 3 个亮斑和 2 个暗斑。其中那个所谓的大黑斑，呈卵形，在东西方向上长约 1.2 万千米，南北方向上约 8 000 千米。大黑斑使人想起了木星上的大红斑，它位于海王星赤道以南约 21°，这一点与大红斑在木星上的位置相当；就两斑的直径来说，与各自行星的比例也相差不多。大黑斑约每 18 小时自转一周。

海王星是否有磁场，一直是未知项。"旅行者 2 号"的主要探测任务之一，是尽可能获得海王星内部结构的情况，而这与行星有无磁场有很大关系。探测器证实海王星有磁场，而且磁场是扭曲的，与海王星自转轴偏斜约 50°，偏离行星中心约半个行星半径。这类情况跟天王星很相像。在只探测了天王星磁场的情况下，可以把这种异常看做是个别情况；在海王星磁场与天王星相似的情况下，我们就得问：这里面有什么规律性的东西？对这类问题的研究，不仅会使我们更多地了解天王星和海王星，对太阳系天体的深入了解也有很大关系。

发现冥王星的故事

太阳系第九大行星——冥王星的发现，是 20 世纪太阳系天文学的重大进展之一。美国天文学家汤博（1906～1997 年）曾于发现冥王星 30 周年时和 60 周年前不久，分别撰文和作报告，介绍冥王星的发现经过。本文使用了这些材料和有关史料，并以第一人称编写以读者。

我于 1930 年发现冥王星一事，被看做是 20 世纪最大的天文发现之一，曾被美国新闻机构列为 1930 年世界十大新闻之首。发现冥王星的经过确实很不寻常，引起了

汤 博

广大群众的兴趣，很多人想知道写在教科书里的冥王星发现史之外的那些细节。

冥王星的发现是一系列事件的最终结果，其中好些带有偶然性。我应该提供一些有关的背景材料。冥王星是在美国洛韦尔天文台发现的，应该首先从洛韦尔本人和洛韦尔天文台说起。

洛韦尔的工作

我可以大胆地说，如果没有洛韦尔以及他为寻找"海外行星"所做的大量工作，也许直到今天，冥王星尚未被发现。

1894 年，洛韦尔在亚利桑那州旗杆镇以西的一处高地上，建立了一座天文台。洛韦尔对于寻找未知的"海外行星"很感兴趣，并为此花费了大量的精力和时间。他认为尚未被发现的新行星是存在的，并为它画了个"像"："海外行星"的质量约为地球的 7 倍，距离太阳约 40～43 天文单位，目视星等 12～13 等，呈现视直径约 1″秒的圆面。并认为在天秤座以东的附近天区，找到这颗新行星的可能性较大。

1905～1907 年，洛韦尔作了比较系统的观测，在他于 1916 年去世之前的一段时间里，曾用从另一个天文台借来的望远镜，拍摄了 3 000 张底片，但没有发现新行星的任何线索。1930 年冥王星发现之后，我们重新检查了这些底片，在两张底片上找到了冥王星，它们的拍摄日期分别为 1915 年 3 月 19 日和 4 月 7 日。

洛韦尔《关于海外行星的报告》，是 1915 年 9 月发表的，他给出的新行星日心黄经为 84°，大体上是在金牛座东部。由于最终还是没有找到新行星，他非常失望，并因过度疲劳而病倒。

一段困难时期

洛韦尔于 1916 年 11 月去世之后，寻找新行星的工作就此中断。洛韦尔原考虑将其遗产的一半用于支持开展天文台的工作，包括添置一架为寻找新行星所需要的、威力更大的望远镜。遗憾的是，他的遗孀要求得到更多的遗产，因而与天文台进行了长达 10 年之久的诉讼。本来就缺乏经济来源的天文台，陷入了更加困难的境地。

值得一提的是，好不容易在 20 世纪 20 年代末，天文台筹措到了 1 万元的经费，决定用它来建造一架口径 33 厘米的优质折射望远镜。望远镜座架是天文台车间自己加工的，圆顶是请了一位当地的木工做的。我就是用这架在 1929 年 2 月才勉强完成的望远镜发现了冥王星。

我是怎样到旗杆镇的

我于 1906 年 2 月 4 日生于伊利诺斯州斯特里特附近的一个农场。1922 年，我们家搬到了堪萨斯州西部的另一个农场，那里经常是晴天，我使用一具口径约 6 厘米的小望远镜观测月亮和行星、星团和星云等，我也观测过水星凌日。

我自己动手磨制镜片和制造的第三架望远镜的口径达 23 厘米，最高放大倍率为 400 倍。1928 年秋，我用这架望远镜作了大量的木星观测，画了好些图。我把观测结果送给洛韦尔天文台请求指正。我送去的材料真是恰逢其时，那时，天文台台长斯里弗正希望找一位有素养的业余天文爱好者，来使用将完成的 33 厘米望远镜作照相观测，而把我的观测结果与天文台的照片进行比较后，对我有了较深的印象。于是，我很快就收到了斯里弗的信。

斯里弗给过我好几封信，问了我的学历、兴趣、身体是否健康，以及愿意不愿意在冷而无暖气、也不能生火的山顶观测室里，晚间操作望远镜作长时间的照相观测。如果愿意的话，是否同意先来天文台试用 3 个月？我当然是热切地期望得到这么个职位。

根据斯里弗的要求，我拖着一大堆沉重的数学、物理和天文学书籍，于 1929 年 1 月 15 日下午 1 时到达旗杆镇，28 小时的硬座车使我有点疲劳，而口袋里装着还不够返程车票的钱，以防万一。斯里弗台长亲自在车站接我，使我有点受宠若惊，他把我带到了天文台管理处所在的马尔斯山，在那里我认识了朗普兰特和台秘书福克斯夫人。

第二天，我被带到了那架后来主要由我使用的 33 厘米折射望远镜旁。望远镜尚未完成，物镜还在马萨诸塞州的阿尔万·克拉克工厂里，还未运到。在物镜于 1929 年 2 月 11 日运抵天文台之前，我参与了各种杂事，如铲雪、用木柴生炉子、引导游客参观天文展览图片和那架很大的、口径达 60 厘米的折射望远镜。

在安装、调试 33 厘米望远镜的过程中，斯里弗一直带领着我，手把手地教我如何使用、如何照相，我独立操作和拍了比较满意的照片之后，有一天，斯里弗对我说："你干得不错，你可以独自操作使用了。"这大概是 1929 年三四月份的事。

望远镜原来计划用 28 厘米×36 厘米底片，经过改进之后，采用了 36 厘米×43 厘米底片。

艰巨的搜寻过程

1929 年 4 月初，有计划地用照相方法搜寻新行星的工作开始了。斯里弗要我对双子座天区优先进行观测，因为洛韦尔认为最近一些年里，新行星就在这片天区。那时，双子座已经很偏西了，几乎到了望远镜极限位置时的视场之外，我拍了 10 张照片，只有 3 张拍到了部分双子座。

斯里弗台长兄弟二人把我用 33 厘米望远镜拍得的双子座照片，成对地在闪视比较镜上进行了检查，希望能很快找到未知大行星。这是件非常艰巨的工作，在双子座那样接近银河的天区，每张底片上各有约 30 万颗星，要想从中找出一个移动了位置的、比芝麻还小得多的星，并非易事。有一次我去找斯里弗，他已检查了绝大多数底片，只剩下最后几张了，我问："找到新行星了吗？"他缓慢而沮丧地说："不！没有任何线索。"他是那么的失望。说实在的，我也感到有点茫然若失，是呀，这比大海捞针还难。可能，它根本不存在，即使存在，也许根本就不在双子座里。

考虑到如果未知行星存在，那么它一定在黄道附近，于是，在天气条件合适而又没有月光干扰的情况下，我从 4 月到 6 月先后拍摄了巨蟹、狮子、室女、天秤、天蝎和一部分人马座的照片，总数有 100 多张。

我发现，对这些照相底片的检查，开始还比较认真，后来的许多底片似乎并未经过仔细的检查。这可能是由于斯里弗等很忙，或由于未寻到未知行星而情绪上受影响。终于在 6 月底，斯里弗让我在照相之外，抽点时间检查底片。

好家伙，我已被彻夜的连续观测和照相弄得筋疲力尽，再要来检视这些以亿万计的星，任务是够重的。这任务意味着什么呢？我想，我既无大学文凭，也缺乏天文台工作经验，那时我在天文台的命运也还没有完全确定下来，可能是我的照相工作使斯里弗等感到满意，而信任地委我以新的任务吧。

好吧。我开始在闪视镜上检查底片，很快就发现了好些变星和小行星，是否新行星就藏在这些小行星中间呢？我发现闪视镜并不是那么好使用的，难道在发现新行星的过程中，要我那么繁琐地闪视成百块底片吗？我感到这的确是太艰巨了，何处是尽头呢？

想了个办法

　　每年从 7 月到 9 月初的这段时期，落基山脉一带是雨季，很难进行观测和照相工作。在这期间，我仍在冥思苦想怎样才能找到那颗未知行星。我想起了从前在冲日前后观测火星、木星、土星等的经验，也回忆起了《天文年历》中所列各种行星周日视运动随距离递减的情况，我得到了很大启发。我想出了这样的主意：只对处于冲日前后的黄道部分照相，这部分天区中的行星都毫无例外地在逆行，而且周日视运动达到最大，在我所用的底片上，小行星大约每天移动 7 毫米，而未知行星估计每天移动约 0.5 毫米。显然，如果在那些逆行的天体中，能找到某个天体的周日视运动小于年历所给出的海王星的周日视运动速度，那它肯定是海外行星无疑。

　　我把我的想法告诉了斯里弗，他很赞许。顺便提一下，1979 年，我在霍伊特写的《冥外行星与冥王星》一书中，第一次了解到洛韦尔曾在更早的时候，就提出了只拍摄冲日天区的意见，可惜他的意见在当时没有得到认真的考虑。就这样，运气落在我的头上，在经过许多人付出巨大精力和劳累而寻找无结果之后，我这个可说只是在冥王星即将被发现的前夜，才刚参加到寻找队伍里来的人，有幸成为发现海外行星的第一人。

发　　现

　　9 月中，落基山脉一带的雨季已过，晴天来临。我重新开始拍摄底片的工作。这次是只拍冲日前后的天区，由于已接近秋分，就从宝瓶、双鱼座开始，而且每个月把拍摄的重点天区往东移 30°，这样可使被拍摄的天区老是处于最佳位置。这些天区是非银河区，每张底片上只有约 5 万颗星，抓紧的话大约每 3 天就可以检查完一对底片。

　　11 月末和 12 月初，我主要拍摄金牛座，由于月光干扰，12 月 8 日后工作停了下来。圣诞节之后，照相工作又持续了两个星期。拍摄的天区越来越接近金牛座东部和双子座西部，我考虑到当初斯里弗对这部分天空的照片检查得太匆忙，于是我决定在双子座天区冲日前后，重新拍摄。

1930 年 1 月 21 日，这是个特别明朗的夜晚，我把望远镜对准双子座 δ 星及其附近的天区。大约在开始照相之后约 10 分钟，一阵强烈的狂风突然吹来，甚至连 δ 这颗 3 等星都受到影响而几乎看不见了。说实在的，在以后的好些年里，我从来没有遇到过如此狂暴的风。当时的能见度很差，我焦急极了，令人感到一点欣慰的是，望远镜的转仪钟仍在正常工作，这天晚上就这样进行了个把小时的观测。后来才知道，正是这晚的那张底片上，第一次留下了冥王星的踪影。1 月 23 日和 29 日，我又一次拍摄了双子座区域。

1930 年 2 月第二三个星期月光干扰期间，我把主要精力放在检查金牛座东侧天区的底片上。这里已是银河区域，每张底片上有三四十万颗星，检查底片的工作很困难，检查速度也放慢了。直到新的一轮可拍摄时期快来临，我决定检查一下双子座 δ 星附近区域。

2 月 18 日是个具有历史意义的日子，这天下午，我检查双子座 δ 星周围的天区，这里的星不算特别多，每平方度大约有 1 000 颗星。我只检查了底片的四分之一，在向 δ 星以东看去时，忽然看到一颗 15 星等的暗星在那里闪烁，我立即下意识地问自己，就是它吗？

为了进一步核实所看到的现象，我立即停止了闪视镜的自动闪光装置，把这片 1 厘米×2 厘米、包含约 300 来颗星的天区退回来，用手动调节的办法重新检查，仔细研究其图像和位置变动的情况。因为，过去我还从来没有碰到过哪颗星如此吸引我的注意力。我用尺量了一下距离，在 6 天内它移动了 3.5 毫米，相当于 7 角分，即周日视运动为 70 角秒，明显小于海王星的周日视运动速度，这表明它绝非是颗小行星，而是在海王星轨道外的一颗新行星。我想，这是个历史性时刻，最好还是看看表，那时正是美国中部时间下午 3 时 58 分。

如果它确实是新行星的话，它也应该在那张 21 日大风之夜拍的底片上，应该在 23 日底片更东约 1 毫米处。于是我把 21 日的底片换到了闪视镜上，果然，那颗星刚好是在我预计的地方。可以肯定，它就是许多人想找的海外行星，我对此有着百分之百的信心了。

我还检查了同时用 13 厘米望远镜拍摄的同一天区的底片，新行星赫然在目，在同一位置上。我那时是如此的激动，握着闪视镜手动操纵钮的手颤动得不能平静下来。在整整三刻钟的时间内，我是世界上知道冥王星确切位置的惟一的人，那时我刚满 24 岁。

证　　实

朗普兰特先生后来告诉我，他在隔壁房间听到了闪视镜运转的声音突然沉寂下来，停了好长一段时间，并猜测我可能发现了什么东西，但没有想到是海外行星。4 时 45 分，我把消息告诉了他，并请他到闪视镜跟前来看新行星。接着，我来到楼下的斯里弗办公室，我定了定心，尽量不使自己太激动。他办公室的门开着，我也顾不得敲一下门就冲了进去，说："斯里弗博士，我发现了你的那颗行星。"他突然从他的坐椅上站了起来，简直像是被弹簧弹起来一样，满脸惊讶和激动，但说话声音仍很克制。我记不清楚他当时说了句什么，但随即与我一起来到了闪视镜室。

我给斯里弗看了包括 21 日那张底片在内的所有底片，并作了解释，当时室内气氛严肃，我等待着斯里弗的判断。最后他终于说话了："尽快重新拍摄这部分天区。"斯里弗还告诉我和朗普兰特说："有关这个发现的情况，不要告诉任何人，这将是条非常热门的新闻，我们应该保持秘密几个星期，以便有时间研究一下这个天体。"那天，我们几个人离开闪视镜室已是 6 点多了。

第二夜，2 月 19 日，天气好极了，我成功地拍摄了照片，冲洗之后，我把它与 1 月 29 日的底片一起放在闪视镜上作比较。我希望这颗正在决定其命运的新行星，其位置应该向西移 10～11 毫米。呀！一点都不错，它就在那个地方。我把这情况让斯里弗和朗普兰特都看了。第三夜，即 2 月 20 日，斯里弗、朗普兰特和我来到长焦距的 60 厘米折射望远镜圆顶室，我们用肉眼看了这颗新行星。

此后，只要天气晴朗，朗普兰特就用天文台上最大的、直径为 106 厘米的反射镜，对新行星进行照相，期望把它的位置测得更准确，同时还极力寻找它的卫星。因为，如果能找到卫星并测定它与新行星之间的距离，以及绕转周期的话，那么，根据开普勒第三定律，新行星的质量也就可以推算出来了。那个时候，即 1930 年，冥王星的距离比海王星远 10 个天文单位，朗普兰特没有找到冥王星卫星，那是理所当然的。我们知道，现在冥王星的那颗惟一的卫星是在 1978 年被发现的。

冥王星的亮度比洛韦尔所预报的暗了 2.5 个星等。斯里弗还做了个实验来估算冥王星圆面大小的极限。他取一个箱子，在一个侧面开凿了尺寸不同的许多小孔，背后用灯光照明，箱子放在山下

"蒙特维塞特"旅馆的屋顶上。斯里弗则从山上用 60 厘米折射镜对箱子进行观测，来比较冥王星星像与这些小孔的亮度。由于冥王星实在太远了，实验没有取得预期而可信的结果。

发布新行星消息

冥王星的发现打乱了洛韦尔天文台正在进行的全部工作，观测和研究新行星成为压倒一切的任务。为了发布消息，好些准备工作积极地进行着，譬如：测定它周日视运动的确切大小，计算它的轨道根数和其他特征，并为预定在 3 月 13 日正式发布消息那天，准备了一份特别的"观测通告"。"通告"的标题是："在海王星轨道外面发现的太阳系新天体"，肯定它最早是在 1 月 21 日拍摄到的，15 星等，距离定为 40～43 天文单位，并给出了 3 月 12 日的位置，赤经：7 时 15 分 50 秒；赤纬：+22 度 6 分 49 秒。

在广泛发布消息的前一天，即 3 月 12 日，还特地给哈佛天文台发去了个电报，请他们转告各国天文学家。至于为什么把发布消息的日子定在 3 月 13 日，因为这一天是天王星被发现 149 周年，也是洛韦尔诞生 75 周年。

当时，我确实很想把底片往前或周围再闪视检查几个厘米的距离，想法是这样的：如果我发现的这个新天体，只是稍远处的一个更大的天体的卫星，那怎么办呢？最好是把整张底片在闪视镜上全检查一遍，那就比较放心了。可是当时天文台的气氛已无法安静下来进行这项工作，而且在经过那么长时间的一颗一颗地"查"星星之后，朗普兰特和我的确都感觉到十分疲劳，事情就没有进行下去。在事隔五六十年之后，可能因此而已经铸成大错的想法，还常常苦恼着我。

消息发布之后，引起许多人对洛韦尔天文台的极大兴趣，数以百计的电报和信件来到天文台，多数表示祝贺和为新行星命名。新闻ц者、摄影记者和一些杂志纷纷提出独家报道的要求。

而天文学家们则希望得到新行星的精确位置，以便计算它的轨道，争取成为第一个算出精确轨道的人。斯里弗本人也是这么想的，他把自己过去的老师米勒也请来了。我看到米勒、朗普兰特、两位斯里弗，长时间地坐在一张长桌旁，用对数表计算着新行星的各种数据，大约经过 4 天的马拉松式的工作之后，他们提供了今天看来令人震惊和困惑的轨道根数：新行星半长径 217.5 天文单位，轨道偏心率达 0.9，也就是说，它最远时可达 400 天文单位，周期被定为 3 000 年（现在采用的冥王星的这 4 个数据，分别为半长径 39.4 天文单位，偏心率 0.25，最远距离约 60 天文单位，周期 248 年）。别处天文台得出的轨道根数也同样使人难以相信。由此可见，对于一个遥远的天体，仅凭几个星期中对其很小一段轨道的观测，是难以准确测定其全部轨道的。

消息发表之后，好几个天文台回过

冥王星（箭头所指）被发现时的照片

（上：1930年3月2日；下：1930年3月5日）

头来到自己的底片库中去找历史记录，记得找到的最早的记录是在 1908
年。这些老记录有助于推算新行星的轨道，反过来这又为一些天文台在老
底片上找到它提供了条件。

冥王星是怎样发现的

这是我常被问到的一个问题，有人甚至还问：你的眼睛怎么会看到那
个地方去呢？

我回答说："这是没有问题的，因为我一小格一小格地检查底片，什
么也逃不过我的眼睛。稍有点累，我就休息一会儿，因为时间长了，眼睛
会疲劳，稍一疏忽，想找的天体就溜过去了。"

1932 年，我还做过搜寻整个黄道带的工作，特别是天蝎、人马、盾牌
座等天区，每张底片上的恒星数都在百万以上。

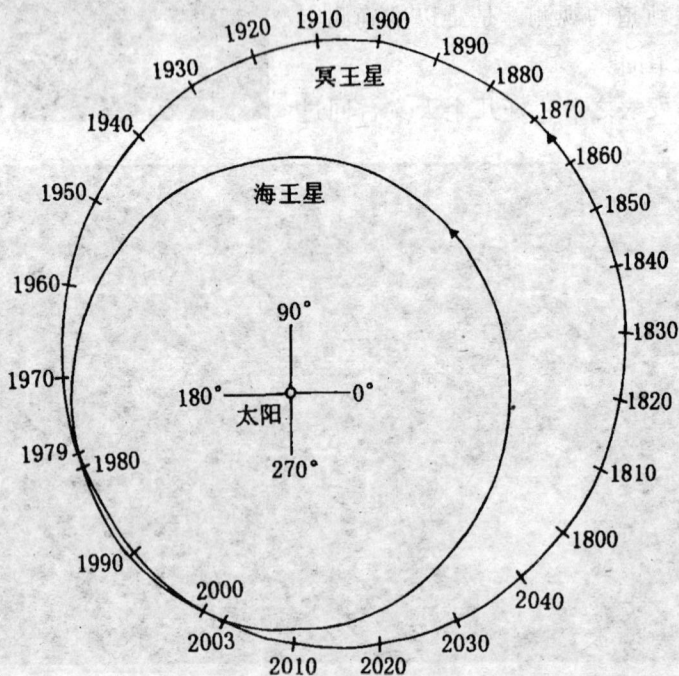

冥王星轨道偏心率较大，
1979～2000 年处于海王星轨道的内侧

　　1932 年秋天，我进入堪萨斯大学，4 年后得学士学位。其间，每年夏天我回到天文台去干那个老本行：用闪视镜检查底片。在长达 14 年的时间里，我总共检视了 362 对底片，最南的天区达到南纬 40°50′，在闪视镜工作台上度过了约 7 000 小时，在底片上检查了 90 000 平方度，相当于整个天空面积的两倍多，所检查过的星达 9 000 万颗星。

　　在检查底片的过程中，我还发现了 6 个疏散星团和 1 个球状星团 NGC5694。我记录下了 3 969 个小行星，其中 40% 是前所未知的，1 807 个变星，1 个彗星和 29 548 个星系。

　　事隔数十年，今天回忆起来，发现冥王星仍像是昨天的事。1930 年 2 月那段既激动又欢乐的岁月，将永远铭刻在我美好的记忆之中。

脉冲星是怎样发现的

1974 年，诺贝尔物理学奖金第一次颁发给两位天文学家，他们是英国的 A. 休伊什和 M. 赖尔。赖尔的主要贡献在射电望远镜的发展方面，他研制成功的综合孔径射电望远镜，在射电天文观测史上是一项重大的突破。休伊什则是由于发现了一种新型天体——被誉为 20 世纪 60 年代天文学四大发现之一的脉冲星。

天文界对赖尔的获奖是赞同的，而对另一半奖金单独授予休伊什则持有异议。认为这对休伊什的助手、年轻的女研究生贝尔来说是不公正的。那么，为什么会对休伊什的授奖引起争议呢?

"小绿人" 的发现

1932 年，基本粒子之一的中子被发现之后不久，好几个国家的科学家先后提出：宇宙间可能存在一种几乎全部由中子组成的致密星。他们不仅提出了中子星的概念和模型，并推测这类恒星有可能是超新星爆发后的残骸。

遥远恒星的星光在穿越密度和温度各不相同的地球大气各层时，受到大气扰动而使星像闪烁。20 世纪 40 年代后期，有人发现，由于河外射电源的角直径很小，它也有类似恒星那样的闪烁现象。1964 年，英国剑桥大学的科学家们发现，射电源发生闪烁现象的原因除了受地球高层电离气体的影响之外，同时还受到银河系内和太阳系内行星际电离气体的干扰。这被称为射电源的行星际闪烁。

为了从观测河外射电源闪烁这一现象中，寻找类星体，从 1967 年开始，以休伊什为主的一批科学家实施一项新的探索计划。为此他们建造了一架巨大的、频率较低的射电望远镜。望远镜的工作波长是 3.7 米，形状则是长 470 米、宽 45 米的矩形天线阵。这个庞然大物的灵敏度很高，而且其时间常数（即累积接收到能量的时间）短，适合于观测变化较快的射电信号。尽管望远镜的首要任务并不在于寻找这种天体，但对发现脉冲星是有利的。望远镜是固定不动的，而地球自转使得那些拟观测的射电源有规律地每日一次经过子午线，在这前后，望远镜可以对它们观测三四分钟。

休伊什的一位女研究生、24 岁的贝尔，从研制射电望远镜开始，就全力投入了这项工作。实际观测工作开展以后，她的主要任务是检查和分析每天留下的数十米长的记录纸带，并从中找出每个闪烁源的位置。

8 月下旬，贝尔发现位于狐狸座的一个弱射电源，于午夜过子午线时仍很快地闪烁。照理，由于太阳风减弱的缘故，射电源的闪烁现象一般在午夜前后也有所减弱。于是，贝尔提请休伊什注意这种异常的闪烁现象。然而，休伊什对此并不在意。他认为闪烁现象那么短促，可能是偶然因素，也可能是来自地球某处的一种干扰，而不大可能是地外因素。

到 9 月底，闪烁现象已被记录了 6 次，至此，休伊什仍不相信它是某种地外现象。贝尔却对这种无法解释的新现象很感兴趣，决心继续深入研究，以期有个水落石出。对其进行视差测量没得到预期结果，说明它离太阳系比较远。在这种情况下，休伊什认为奇特的闪烁现象可能来自某颗遥远的射电耀星。11 月 28 日，用刚得到的高速记录器记下的脉冲图像，清楚不过地说明了这是一种短暂的射电脉冲，脉冲的周期稳定而很有规律，每隔 1.33728 秒出现一个脉冲。脉冲周期之短意味着发射脉冲的天体，也许只有行星量级的大小。耀星的假说再也站不住脚了。

什么东西能旋转、振动或者作围绕运动如此之快而又保持极其精确的周期呢？休伊什等起初以为，这也许是掌握着高精尖技术的"外星人"从远处发来的联络信号，他们把这些想象中的地外智慧生物秘密地称为"小绿人"。

如果脉冲确实来自某个天体，那么，这样的天体绝不可能只此一颗。于是贝尔重新检查了全部记录，纸带长约 5 千米，需要对它们一厘米一厘米地进行检查，既不能着急，更不能有所遗漏。结果是令人鼓舞的，贝尔又找到了另外 3 个发出类似脉冲的天体。其中的一颗是在 1967 年底之前观测到的，另两颗是在 1968 年 1 月对记录纸带再次检查时发现的。

宇宙空间的不同方向和不同距离上，难道有好几个文明星球上"小绿人"式的智慧生物，不约而同地以射电脉冲的方式对准我们地球发出讯号吗？这似乎太离奇了！退一步说，即使是某个文明世界中的"小绿人"特意发射来的，那么，他一定是生活在环绕某颗恒星运动的行星上，脉冲信号中应该存在多普勒效应的痕迹，可是事实却不是这样。"小绿人"的观点被否定了。

"奇异"天体

休伊什等人很快就意识到，他们发现了一种前人没有研究过的现象，也许是一类前所未知的新型天体。发现射电脉冲现象并对此作了分析的第一篇论文《对一个快速脉动射电源的观测》，发表在1968年2月24日出版的英国《自然》杂志上，由休伊什和贝尔等人共同署名。论文中只提到了最初在狐狸座发现的那个射电脉冲源 PSR1919＋21；给出的周期是 1.3372795±0.0000020 秒，每个脉冲的持续时间约 0.3 秒。论文中表示：脉冲信号可能来自白矮星的稳定振动，或者来自理论所预言的中子星。1968年末，在一本这方面内容的论文集的序言中，休伊什似乎更倾向于认为是白矮星。

1968年，脉冲星被证认为是迅速自转的中子星，这得归功于澳大利亚出生的美国天文学家戈尔德等几位天体物理学家。证认很快得到世界公认。

脉冲星确实是一种奇异天体，脉冲周期既短促、精确，又非常稳定，周期都在 0.002～4.3 秒之间。有人把它比喻为是"宇宙灯塔"，那是很恰当的。脉冲星另外的特征是：超高密、超等温、超高压、超强辐射和超强磁场。

脉冲星小得出奇，典型直径为 10 千米，典型距离为 6 500 光年。据估计，银河系内的脉冲星数量至少应该有 20 万颗。

在休伊什等人发表其论文之后，休伊什受到了一些天文学家的批评，责问他为什么于 1976 年 8 月 6 日就记录到的脉冲现象，但直到第二年的 2 月才发表。休伊什对此所作的解释是：因为曾一度把新发现的射电脉冲怀疑是由地外智慧生物发射的信号，而过早地公开宣布一个不成熟的发现，将会干扰对新现象的进一步探索。

其实，许多人根本不知道，论文宣称发现第一颗脉冲星时，实际上已发现了4颗。休伊什故意只字不提其他3颗，是怕别人先得到研究结果。甚至连英国本土的那些天文台，在几经交涉之后，才好不容易得到有关资料，条件是保证予以保密，不得转告其他人。直到包括英国在内的好些国家的天文学家提出抗议之后，休伊什等人才不得不将其余3颗脉冲星的材料，公布在同年4月13日的一期《自然》杂志中。

两个月后，美国哈佛大学的两位射电天文学家于6月宣称，他们发现了第五颗脉冲星。在此后很短的一段时期里，各国学者先后发表了大量有关脉冲星的论文。在不到一年的时间里，《自然》杂志就将所发表的主要论文用书的形式汇编出版。

脉冲星这种新型天体得以在英国剑桥大学首先被发现，自有其客观原因。那是因为休伊什等人的类星体研究计划，要求在米波段对短周期现象进行持续不断的搜索，而剑桥大学为此研制了专门设备。其他射电天文台的射电望远镜和各项设备尽管很先进，但很多都是在更短的厘米波段工作，在这波段上，脉冲星的讯号是很弱的。它们对所接收到的讯号的反应比较"迟钝"，要比剑桥的射电望远镜长10倍，对观测和发现脉冲讯号来说，那是太长了。

研究生的功绩

在发现脉冲星以及后来的研究工作中，休伊什是有贡献的，但是，作为脉冲星的第一个发现者，贝尔的功绩同样是不可磨灭的。虽然贝尔是在导师指导下的工作任务是寻找有闪烁现象的河外射电源，但她并非被动地工作，而是警觉地注视着可能出现的一切新情况。这使她有可能抓住瞬息即逝的短促脉冲。加上对记录材料的认真分析，终于导致发现了脉冲星。应该承认，她在脉冲星的发现中起了关键性的作用。遗憾的是，贝尔的这种不容也不应被忽视的作用和贡献，却常常被有意或无意忽视。这就引起了许多学者的义愤。在介绍那本1968年《自然》杂志的脉冲星论文汇编的一篇文章中，美国焦德雷尔班克射电天文台的史密斯这样说："在剑桥与休伊什一起工作的贝尔小姐所发现的脉冲星，不论就其重要意义还是激励起的情绪，都可以与在此之前发现银河射电源时的情况媲美。"史密斯认为：脉冲星是贝尔发现的，同时，休伊什也在其中起了重要作用。

天文教科书对这类问题的处理比较谨慎。艾贝尔所著《宇宙探索》一书，不论从其许多次重版，长期被用作教科书和所拥有的广大读者来看，都是一本受到推崇和很有影响的书。其第二、三版的修订工作是在1968～1974年进行的。每版都有一些段落论述脉冲星，却从不提到贝尔、休伊什和剑桥。可是，1982年的第四版却完全变了样。在第四版中，作者加写了一章专门介绍著名天文学家，如哥白尼、牛顿和爱因斯坦等。就在这一章里，也对贝尔作了介绍。她是得到这种殊荣的惟一的一位天文研究生。不仅如此，她的照片被印在"老年恒星的演化和死亡"这一章的开端，照片的说明是："1967年发现第一颗脉冲星，当时为剑桥大学天文台的研究生。"书中也提到了脉冲星的发现经过，艾贝尔是这样说的："贝尔小姐在其研究工作中取得了卓越的发现，为她的导师休伊什赢得了诺贝尔物理学奖，因为，休伊什对新型天体的分析首先证实了它就是中子星。"这样的叙述明确地告诉读者，作者心目中的脉冲星发现者究竟是谁。

在这个问题上表现得最为激烈的，大概是《红巨星和白矮星》一书的作者贾斯特罗，该书1969年版中把脉冲星的发现完全归之于"剑桥大学的天文研究生贝尔"，而只字不提休伊什。关于发现脉冲星的真实情况的争论，使得素以严格著称的美国富兰克林学院不得不进行仔细的调查，随后于1973年同时向休伊什和贝尔授奖，以表彰他们在发现脉冲星方面作出的贡献。这样的处理方式受到了人们的称赞。

1974年的诺贝尔物理学奖金只授予休伊什一人，而完全忽视了贝尔的贡献，天文界许多人都认为这是不公正的。在接受奖金时，休伊什在他报告的结束语中曾羞答答地提到过贝尔，说她的贡献是"使我发现了脉冲星"。在休伊什关于脉冲星的文章或报告中，这是惟一的一次明确地提到了贝尔对发现脉冲星所作的贡献。

问题已昭然若揭

即使是在诺贝尔授奖之后，对休伊什得奖的异议非但没有平息，甚至有变本加厉的趋势。希普曼在其所著《黑洞、类星体和宇宙》这本书的1976年版中，在谈到脉冲星的最初发现时，只提了贝尔，完全不提休伊什和诺贝尔奖金。1977年，著名的脉冲星研究专家泰勒所著《脉冲星》一书出版，在书的扉页上，泰勒特地加写了一段很有代表性的话："献给贝尔，没有她的聪颖和百折不挠的精神，我们就无法分享到研究脉冲星的幸运。"美国《天空和望远镜》杂志1982年8月号上，刊载了一份射电天文学发展的大事年表，明确列出休伊什的"学生贝尔注意到不寻常的脉冲信号"，接着提到"休伊什为此发现而获得1974年诺贝尔物理学奖"。编者的意图是很清楚的，他想说的是：休伊什获得了贝尔所作发现的诺贝尔奖。是否应该把某种现象的偶然发现者作为主要发现者，或者至少把他与后来将观测和原因统一起来的研究者相提并论呢？诺贝尔奖金委员会在1974年说："不！"可是，1978年，委员会却对同样的情况作出了完全不同的处理。

1978年的诺贝尔物理学奖授予美国贝尔电话实验室的两位射电天文学家彭齐亚斯和威尔逊。在改进和改善卫星通信的研究工作中，两人于1965年意外地发现，从天空各处都有一种无法解释的辐射射来。对此，他们两人根本不知道其来源。把彭齐亚斯和威尔逊发现和观测到的3K背景辐射，解释为热宇宙的残余黑体辐射，主要得归功于普林斯顿大学的迪克及其小组成员。这一次，诺贝尔奖金却授予最初的两位发现者，而不是迪克及其同事们。这种理所当然的做法并没有引起异议和争端。

甚至连具有国际声望的天文学家也出来为贝尔抱不平，其中就有1971～1973年曾任英国皇家天文学会会长的霍伊尔。1975年4月，他在写给伦敦泰晤士报的一封信里面提出：贝尔应该与休伊什一起获诺贝尔奖。他对奖金委员会有礼貌地提出批评意见："显然，委员会没有完全弄清楚事情的真相究竟是怎么回事。"霍伊尔还一针见血地提出了实质性的问题：贝尔的发现，还是休伊什的进一步探索，哪个更重要？他自已对此作了回答：如果在发现脉冲星之后立即予以发表，那么，其他更强和拥有更完善设备的天文台就会马上作进一步的跟踪观测和研究。霍伊尔的结论是：休伊什就是得益于这种对发现的保密，问题的实质和全部秘密就在于此。

事情发生在 20 世纪六七十年代，经过 20 来年众人评说，脉冲星发现过程中的功过和曲直是非已经昭然若揭。

神话·科学发现·元素命名

现在确切知道的一百多种元素中，约有五分之四都是在最近两百年里发现的。一旦发现了一个新元素，就像给刚生下的婴儿取名一样，也要给它取个名字。化学元素的拉丁文名称一般都是有含义的，有的是为了纪念某个科学家或发现者，比如第 96 号元素锔 Cm（Curium）是为了纪念居里（Curie）夫妇；有的是取义于发现地点的，如 63 号元素铕 Eu（Europium）和 95 号元素镅 Am（Americium）的原意是为了表明这两个元素分别是在欧洲和美洲发现的。可是你是否知道，有少数化学元素却是参照了太阳系中大小天体来命名的。

氦 He 这一元素是 1868 年法国人詹森首次在太阳光谱中观察到的。他依照希腊文中太阳（helios）一词，把它叫做 Helium，意思是太阳元素。经过多年观察，1895 年英国的拉姆塞在地球上找到了这种元素。

水星的英文名称是 Mercury。它是离太阳最近的一颗行星，在太阳周围行动迅速，而 Mercury 又是神话中的天使，他两脚上各长着一个翅膀，行动非常敏捷。中外科学家很早就知道常温下水银是液态，流动迅速，白如银子，因而汞就取名为 Mercurius。

1669 年发现的化学元素磷 Phosphorus，它的化学性质非常活泼，放在空气中，它一会儿就自己燃烧起来，冒出浓烟，非常明亮。希腊文 Phosphorus 的原意是"明亮"，由于金星是除了太阳、月亮之外看起来最明亮的天体，当它早晨出现时，叫启明星。磷直接用了与启明星一样的名称。

1782 年发现的碲 Tellurium 用了拉丁文中"地球"（Tellus）的名字。后来，在 1817 年发现的、与碲同族的元素硒 Selenium，就很自然地采用了"月球"（Selene）的名字。

很早以前，人们只知道六大行星（包括地球在内），离太阳最远的是土星，英文叫做 Saturn。1781 年 3 月，英国科学家威廉·赫歇耳在一次偶然的机会中，发现了太阳系的第七颗大行星。由于新行星位于土星轨道之外，得到了神话中 Saturn 的父亲 Uranus 的名字，这就是天王星。1846 年和 1930 年，又先后发现了太阳系中两颗比天王星更为遥远的行星，它们分别获得了神话中海神 Neptune 和冥神 Pluto 的名字。

这三颗太阳系中最遥远的行星的名字，后来被用来称呼三个都具放射性的重元素，即：1789 年发现的 92 号元素铀 Uranium，1940 年发现的 93 号元素镎 Neptanium 和 94 号元素钚 Plutonium。

火星和木星轨道之间有一大群小行星，到 20 世纪末已经正式编号命名的有近万颗。其中两颗最大的，也是最先发现的小行星，也光荣地被用来称呼两个新发现的元素。1801 年元旦之夜，第 1 号小行星被发现，发现者用农神 Ceres 的名字称呼它；1802 年，第 2 号小行星获得了智慧之神 Pallas 的名字。1803 年，新元素铈和钯也相继发现，并由此而命名为 Cerium 和 Palladium。

值得一提的是，有人在星云和太阳最外层大气中，也曾发现过不认识的、被认为可能是某种新元素的谱线，于是先期为它们取名为' "氦"、"氦"等。好几十年之后，才弄清楚它们并非新元素，只是氧和铁这两种再普通不过的元素，在很特殊的物理条件下的表现而已。

方寸之间天地宽

邮票与天文普及

从 1840 年 5 月世界上第一枚邮票问世以来，一个半多世纪已经过去了。

今天，邮票的作用已远远不只是被贴在信件上，作为邮资已付的凭证。随着科学技术的发展，生活水平的提高，社会需求的多样化和审美意识的更新，方寸大的邮票还被赋予了崭新的光荣使命：供收藏鉴赏，纪念历史人物和事件，反映政治、经济、文化艺术和国防建设成就，介绍风土人情、飞禽走兽、奇花异草、自然风光，宣传和传播科学技术知识及其进展和最新成果。

根据邮票发行的目的和票面图案内容，专题集邮应运而生，以日月星

各种各样的天文邮票

辰、罕见天象、天文学家、台馆仪器等为主要内容的天文邮票，已成为集邮爱好者竞相收集的一大门类。20 世纪 50 年代以前，天文邮票"寥若晨星"。最近数十年来，特别是 1957 年第一颗人造地球卫星上天以来，以天文和空间科学为图案内容的邮票和邮品，如雨后春笋般出现了。天文和空间科学的发展极大地丰富了邮票的题材，反过来，邮票使得这类科学技术得到更加广泛的普及。邮票与天文普及的关系十分密切，至少可从这几个方面来说明：

一、既是艺术，更是科学

天文邮票图案绝不是某张天文照片或图片的简单翻版，而是根据邮票设计和生产的要求和规律，从艺术和构图上进行高度概括，使具体的科学内容更形象化，更容易为人们接受。它或以形体取胜，或以色彩取长，或用艺术夸张的手法处理题材，从而使邮票图案来自现实，美于现实，高于现实。

然而，天文邮票与其他以科学技术等为主要内容的邮票一样，绝非是单纯的艺术作品，它必须经受科学技术和现实的检验，不论是人物像、天体的模样、台馆仪器的形体和结构，都必须符合科学的真实性。不仅如此，邮票上的天文图案往往又是从实际生活中很难甚至无法达到的最佳角度来考虑和设计的，这无疑开阔了人们的眼界，给人以遐想的余地。

可以毫不夸张地说，天文邮票既是科学艺术鉴赏品，又是形象化的科学教材，也是天文学入门的生动助手。一枚设计和构思巧妙的天文邮票佳作，达到了艺术与天文内容的统一。以英国于 1987 年发行的一套邮票为例，主题是纪念牛顿的《自然哲学的数学原理》以及万有引力定律发表 300 周年。一组共 4 枚邮票，尤其是其中第一和第二两枚的设计更为成功：第一枚是占据整幅票面的一个红彤彤的大苹果，颇为别致，苹果上压着"自然哲学的数学原理"的英文，以及一幅引力示意图，牛顿与苹果落地的故事几乎是尽人皆知，它的含义因而是非常丰富的；第二枚以带着巨大日珥的太阳为底图，上压椭圆轨道，太阳中心巧妙地位于椭圆轨道的一个焦点上，而从水星到土星的六大行星，则按顺序排列在椭圆轨道的一侧，这幅被称为"天体循椭圆轨道运动"邮票的设计者，是颇具匠心的。

二、别具一格的"百科全书"

天文邮票几乎涉及天文领域的一切方面：从太阳、行星、卫星到恒星、双星、变星、超新星，以及星团、星云、银河系、星系等一切天体和天体系统；彗星、流星、陨石乃至月岩和月面探测活动；日月食、掩星、凌日、火星大冲、九星联珠等天文现象；各国天文台、天文馆和各种类型的天文望远镜；星座及其图形、星座神话；以及天体物理、天体力学、天体测量等各个分支学科。

据不完全统计，在邮票上有其形象或直接反映了其工作的天文学家，有一二百人。单是为波兰天文学家哥白尼，几十个国家发行了好几百种邮票。邮票上的望远镜既有伽利略最初制造的第一架折射望远镜，牛顿制造的第一架反射望远镜，也有美国海耳天文台的 5 米镜和前苏联专门天体物理天文台的 6 米镜，以及射电望远镜和 19 世纪 40 年代出现的那种必须把镜筒吊起来才能勉强进行观测的望远镜。

1986 年哈雷彗星回归时，各国和一些地区发行的三四百枚哈雷彗星邮票，也是如此。它们涉及彗星的历史、回归和展望，从理论到观测，从彗星探测器到彗星本质，以及有关哈雷本人的种种情况。这些邮票综合起来，再加上首日封、小型张和邮戳所反映的内容，不啻一部哈雷彗星的专著。

从某种角度来说，把内容如此丰富的、数以千计的天文邮票，比喻为一部《邮票天文百科全书》，它们是当之无愧的。不仅如此，这部《邮票天文百科全书》的各个章节，时时刻刻由各国在增添新的内容，随时随地在补充最新的资料，这更是任何百科全书所无法做到的。

三、普及面广，也最深入

邮票作为普及和传播天文知识的手段和工具，其优越性是无与伦比的。1986 年哈雷彗星回归是 20 世纪天文学的重大事件之一，世界各国报刊作了广泛报道，世界各国电视台更是作了形象化的生动报道。在此期间，上百个国家和地区先后发行了有关哈雷彗星的邮票和邮品。如果说，对哈雷彗星回归的报道，既广泛又生动，又能作为资料保存、观赏、细细回味的话，哈雷彗星邮票似又略胜一筹。相比之下，可见邮票普及天文知识是多么广泛而又深入。

广而深的另一个方面是，像哈雷彗星这类邮票，不仅能较容易地接触到各行各业、男女老幼、本行还是隔行的，而且很多都把它们作为某种罕见历史事件的见证而妥为保存，留之后代。这更是报纸和电视广播所不能及的。

四、传播速度极快，效果最好

每年世界上究竟发行了多少天文书刊、发表了多少文章，恐怕没有一个较精确的统计，即使是以百计的天文定期刊物，以万计的天文图书，以十万计的天文论文，以百万计的天文普及文章，它们基本上是在天文工作者、业余天文学家、青少年天文爱好者，以及部分相关学科的人手里。少量天文信息、素材、文章等，即使到达一般读者手中，或者是事隔一年半载或更长时间，新进展已经变成了旧闻，或者由于内容的不够普及，其可读性差，而不被重视。

天文邮票的情况要比书刊、文章的情况好得多，作为邮资的凭证，它随着实寄首日封很快地飞向全国和世界各地，以及最广泛的群众手里，其发行、传播之快是首屈一指的，尤其是对路途遥远、邮路偏僻的地方来说，更是如此。

每张天文邮票所给的可能是不多的天文知识，正是因为这样，并不使人望而生畏，而恰恰相反，使人感到亲切和容易接受，其效果就更好。以星座邮票为例，如果说一本星图对于青少年天文爱好者来说是必需的、很实用的，对于想学点天文但还不到去买一本包括88个星座的星图的人来说，有几枚以星座为内容的邮票的话，他就会很快把这几个星座都熟悉了。这大概也是星座邮票比较多的原因之一吧。

全天88个星座中，在邮票上可以找到其形象和图形的，至少在半数以上。如果加上座内某天体（如 M51 旋涡星系）所反映的星座（如猎犬座），那就更多了。

在邮票上得到最广泛宣传和普及的星座，是大熊和小熊、南十字以及黄道十二宫（星座）等十多个星座。据不完全统计，发行带南十字星座邮票的国家和地区，不少于二三十个，像阿根廷、澳大利亚、巴西、智利、新西兰等；发行带大熊、小熊星座邮票的，至少也有20个；发行全部或部分黄道十二宫邮票、小型张的，也在20个以上。

这些邮票准确、形象、生动，给人以美的享受。同一个星座，尤其是同一个黄道十二宫之一，各国邮票设计者都在忠实于天文内容要求的同时，尽量从图案的形态、颜色、手法，乃至十二宫的符号和邮票的尺寸上下功夫，以表现自己的风格。我们从这些邮票上不只认识了星座，学到了知识，也领略了各种不同的艺术风格。

总的说来，方寸之大的小小邮票，却包含着整个宇宙；一票一题，简单明了，是传播天文知识的绝佳载体，而积少成多、聚沙成塔，最终成为一部内容丰富的天文大百科全书。知识无边，其乐无穷；邮票上的日月星辰，不仅使人领略宇宙风光，更主要的是使人开阔了胸怀，陶冶了情操。高尚的集邮活动是普及天文知识的一个重要的方面军，其在精神文明建设方面的潜移默化作用，更不能低估。

浓缩的历史

　　各个国家和民族，在其社会、历史和文化的长期发展过程中，创造了大量各具特色的物质和精神财富。它们饱含着人们的聪颖和智慧，反映着悠久而灿烂的人类文化。许多国家都把各自的这类宝贵财富列为重点文物，予以精心修复、妥善保护。随着科学技术的发展和社会的进步，这类文化遗产的作用、价值，及其对人类文化和精神文明建设的重要意义，越来越突出和为更多的人所认识。

　　为纪念《世界文化遗产协定》诞生 20 周年，广泛地宣传和动员人们对全人类的宝贵文化遗产更珍视，更妥善地予以保护，联合国教科文组织在一贯重视调研和确认世界文化遗产项目的基础上，于 1992 年又一次发行世界文化遗产系列邮票一套 6 枚。

　　这套邮票所反映的世界文化遗产是：澳大利亚的乌卢鲁国家公园、中国的长城、尼泊尔的萨迦玛塔国家公园、英国的巨石阵、巴西的伊瓜苏国家公园、埃及的阿布辛贝勒寺。

　　关于这套邮票所涉及的文化遗产，我们不妨分别介绍一下。

寺　庙

　　阿布辛贝勒寺是埃及最著名的古迹之一。它位于埃及最南部的努比亚地区，离苏丹只有几千米。寺庙是由埃及第 19 王朝法老拉美西斯二世统治时期，于公元前 1275 年建造的，已有 3 000 多年的历史。

　　阿布辛贝勒寺位于流经该地区的尼罗河西岸，全部是从峻险的悬崖峭壁上、一斧一凿地人工雕凿出来的。寺的正面高约 33 米，宽约 37 米。寺是拉美西斯二世为自己建造的，寺门前有 4 尊自己的坐像，庄严肃穆，雕

埃及阿布辛贝勒寺

工细致，各高约 20 米。坐像的两耳之间各宽约 3.9 米，嘴宽约 1 米。可惜的是其中一尊坐像的上半身已被破坏。

寺的内部纵深超过 60 米，分成若干个室，石壁上到处都是雕刻精美的人物、图像和文字，既有战争场面，也有生活情景，描述和记载着拉美西斯二世的生平和所经历的重大事件。有的雕刻则反映着当地人民的生活习俗和情景。

不论从寺庙的总体来看，还是从它那些大大小小的雕像、雕刻来看，经过 3 000 多年的风风雨雨，人物仍栩栩如生，寺庙仍保存得那么完整，充分显示了古代埃及劳动人民的才智。

离阿布辛贝勒寺不远，有一座被称为小阿布辛贝勒寺的寺庙，是拉美西斯二世为其王后妮菲泰丽修建的。该寺也是从悬崖上开凿而成的，寺内有许多妮菲泰丽的雕像，神态各异，艳丽动人，常使来此参观的旅游者们驻足欣赏，叹为观止。

1902 年，阿布辛贝勒寺以北的尼罗河下游，修建了阿斯旺水坝以后，由此形成的人工湖使以大、小阿布辛贝勒两寺为代表的一些寺庙，其部分结构每年有好几个月都程度不同地浸泡在水中。1960 年，新的阿斯旺高坝动工兴建，被誉为世界七大水坝之一的新坝高 110 米，长 3 600 米，水淹区估计扩大达 6 500 平方千米，包括大小两座阿布辛贝勒寺在内的 24 处寺庙、古墓等著名古迹，如不尽快抢救，将会遭灭顶之灾而被从地图上抹去。

在联合国教科文组织和一些国家的有关部门参与下，一场大规模的抢救、搬迁工作从 1962 年起全面展开。大小两座阿布辛贝勒寺等寺庙被用电割的办法切成 1 305 块，其中最大块重约 30 吨。随后，这些石块被运到 300 米外的一处地势较高的地方。重新拼装复原，恢复寺庙的本来面目。经过 18 年的不懈努力，这些世界级的文化遗产终于被完整地搬迁到了新址。1980 年 3 月，两座阿布辛贝勒寺重新开放接待参观者，同时庆祝全部 24 处古迹抢救成功。

瀑　布

　　南美洲阿根廷北部与巴西的交界处、距巴拉圭不远的伊瓜苏河下游，是号称世界五大名瀑之一的伊瓜苏大瀑布所在地。伊瓜苏河与巴拉那河汇流后，突然陡落于后者的峡谷处，形成一系列瀑布和急流。在当地土著人中，"伊瓜苏"的意思是"大水"。

巴西伊瓜苏国家公园

　　伊瓜苏瀑布略呈圆弧形，可分成200多股飞瀑和急流，成为一大景观。洪水期间，水量充分，几乎所有飞瀑和急流合而为一，形成气势雄伟、蔚为壮观的特大瀑布。大瀑布高达65~85米，宽可达3千米以上，景色壮观，瀑声如隆隆雷声，在20千米以外的地方也可以清晰地听到。参观过伊瓜苏大瀑布的旅游者们，对大自然的美都留下终生难忘印象。

　　瀑布跨在巴西和阿根廷两国国界上，在瀑布的南北两侧，两国分别建立了各自的国家公园和自然保护区。巴西一侧，即伊瓜苏国家公园，是巴西最大的森林保护区，面积达1 700平方千米，区内森林茂密，植物品种繁多，美洲豹、鹿等野生动物也不少。瀑布南侧的阿根廷国家公园，面积约为650平方千米。

巨　石

　　英国英格兰地区南部威尔特郡的索尔兹伯里，是一处普普通通的小城镇，它东距伦敦100多千米，南距英吉利海峡40来千米。地方虽不大，名声可不小，因为就在索尔兹伯里城北不远的地方，矗立着世界闻名的巨石阵。

　　顾名思义，巨石阵是由一些巨石组成。它主要分为两层，内层为若干直立着的大石柱和几处大石门，以及几处"标石"，石柱和石门围成圆圈，好像是个圆形石篱笆。

　　好几十根石柱根根都有1米来厚、2米来宽、高约4米。每根石柱的重量估计为 25 吨上下。作拱门用的石柱更大些，其重量在 45 吨以上。

外层为排列成圆周的 56 个坑穴，其直径各约 1 米左右。它们是在 17 世纪被发现的，后来就以发现学者的名字——奥布里称呼它们为"奥布里坑"。坑内曾发现过一些头骨、骨灰、火石之类的东西和史前人的生活用品。

凡是旅游到此的人，无不对这种奇特的史前遗迹感到惊讶和迷惑。令人不解的是：这里是平原地带，那么多的巨石是从哪里来的？如果说，它们都是从好几十千米，甚至上百千米之外运来的，那得花多少采集、搬运时间和劳动力呀？是采用什么技术或措施把它们一一立起来的呢？

据认为，巨石阵的各个部分是不同时代的产物，是在一段很长的历史时期里，由难以计数的劳动者流血汗建起来的。有人认为，整个修建工程延续 4 年以上。

巨石阵究竟是在什么年代建造的？这是一个一直在争论，而且意见还颇为分歧的问题。"晚"的观点倾向于它是在公元前 2800 年到公元前 1900 年间建立起来的，甚至再晚几百年。"早"的见解则认为它建立于公元前 2500 年到公元前 3000 年，而且完全有可能还要早得多。

人们对巨石阵的迷惑更胜于对它的惊讶。费了那么多人力和那么长时间建立起来的巨石阵，究竟是干什么用的呢？！

相当一部分人认为它可能是古天文台遗址。早在 18 世纪，就有人提出巨石阵的主轴线，连同远处孤零零的标石，指示着当地每年夏至和冬至的日出方向，以及其他节气等。换句话说，巨石阵是作天文观测用的，与历法、季节的测定等有关。

20 世纪初，有人还提出奥布里坑大概是巨石阵的建造者们用来计算和预报日食和月食的。这种颇为别致和新颖的观点一个世纪以来得到了一些天文学家的支持。

对此持异议的学者是不少的：在那么多的石柱和"标石"中，找出几块并联成线，让它们近似地指示日月出没的大概方向，并不是件难事。至于把奥布里坑看做是日月食"计算器"的观点，则被多数人反对，认为是"新天方夜谭"，因为在公元前一两千年之前，根本说不上预报日月食的问题。

那巨石阵还能是作什么用的呢？

我们在这里列举一些曾被提出来过的"用途"：祭台、宗教仪式场所、礼仪场所、牲口棚、"外星人"留下的"杰作"等等，当然，也有可能是

"多功能"性的"庭堂馆所"。

顺便说一句,类似巨石阵那样的石阵,不仅在英国,即使是在欧洲大陆上,也能找到许多处,有的石阵直径达 5 千米,个别石阵中的个别石柱有高达一二十米的等等。其中最著名的当推索尔兹伯里的巨石阵,以此为邮票图案自然是顺理成章的。

萨峰和长城

世界文化遗产系列邮票中的两枚,我国读者是很熟悉的。被称为尼泊尔的萨迦玛塔国家公园,是以公园中的主角"萨迦玛塔"峰而得名。山峰位于中尼边界,我国称它为珠穆朗玛峰。"萨迦玛塔"在尼泊尔语中是"摩天岭"的意思;在藏语中,"珠穆朗玛"则为"女神第三"的音译。

海拔 8 848.13 米的世界第一高峰——珠穆朗玛峰的北坡为我国国境,属西藏定日县。南坡为尼泊尔的萨迦玛塔国家公园,面积为 980 多平方千米。公园内珍贵动植物很多,它是全世界登山运动员的第一登山目标,也是素负盛名的旅游胜地。为便于观赏珠峰等雪峰,在距珠峰约 20 千米、海拔约 4 千米的一个地方,建有现代化旅馆和高山机场。

世界历史上最伟大工程之一的长城,在我国是尽人皆知的。它东起山海关,西至甘肃嘉峪关,全长 6 700 千米,雄伟壮观、气象万千,"不到长城非好汉",名不虚传。

澳大利亚的乌卢鲁国家公园则是一片地质地貌比较特殊的地区。只是熟悉它的人不多。

尼泊尔萨迦玛塔国家公园　　　　　中国长城

邮票上的哥白尼

　　被称为"国家名片"的邮票上，曾经出现过许多杰出的学者和科学家，譬如阿基米德、哥白尼、伽利略、第谷、牛顿、门捷列夫、爱因斯坦等。其中以波兰天文学家哥白尼和与哥白尼生平、事迹等有关的邮票最多，全世界有好几十个国家都发行过哥白尼邮票，总数在三四百种以上。

　　哥白尼于 1473 年 2 月 19 日生于波兰的托伦城，这是维斯瓦河畔一座商业小城。小哥白尼出生的那幢房子，现在是哥白尼博物馆。

　　当时波兰的首都在克拉科夫，哥白尼就在克拉科夫大学里学习神学等。他主要的观测、研究、对太阳系体系的构思和太阳中心说的形成，都

邮票上的哥白尼

是在弗龙堡教堂完成的。弗龙堡位于波兰最北部,哥白尼说它是"地球上最偏僻的角落"。

哥白尼在教堂的一处高墙上,布置了一个观测角,后人称它为"哥白尼塔"。他用非常简单的十字仪等进行观测。波兰名画《哥白尼在观测》,是波兰画家马切卡为纪念哥白尼诞生 400 周年于 1873 年绘制的,它也曾出现在邮票上。

大致在 16 世纪初,具有翻天覆地气势的太阳中心说基本形成。当时,教会在欧洲占统治地位,它主张地球中心说并对怀疑和反对地球中心说的人,进行无情打击、残酷迫害。详细叙述太阳中心说的哥白尼巨著《天体运行论》,在藏匿多年后直到他在病床上进入弥留状态时,才得以出版。

《天体运行论》和太阳中心说的影响是巨大的。恩格斯把它们比喻为是"给神学写了挑战书"。诗人歌德说,太阳中心说"撼动人类意识之深,自古无一种创见,无一种发明,可与之比"。

进步人类永远怀念哥白尼的历史功绩。哥白尼被定为 1953 年世界四大文化名人之一,我国发行了纪念邮票。哥白尼诞生 500 周年的 1973 年,我国和世界上的一些国家都举行了纪念活动,并发行了纪念邮票。波兰先后发行的哥白尼邮票有好几十种。

1543 年 5 月 24 日,哥白尼在弗龙堡去世。

近邻月球

嫦娥奔月

月亮是地球惟一的卫星,它有圆有缺,圆时像个挂在天上的亮盘,看上去清澈、迷人。千百年来,月亮一直是人们向往的地方,认为那里是圣洁的仙境,非凡人居住的场所。

关于月亮,我国流传着不少的神话故事,其中嫦娥奔月是我们最熟悉的天文神话之一。传说嫦娥是那位射下了9个太阳的羿的妻子,因为羿得罪了天帝,非但自己不能上天,连原来是天上女神的嫦娥,也受牵连,不能再到天上去了。

后来,他们听说昆仑山的西王母那里有不死的药,吃了这种药,就可以永生。回不了天上,退一步求个永生也就凑合了,于是羿不辞劳苦,千里跋涉去找西王母。从神话描述来看,西王母是个面目狰狞、头发蓬乱、长着老虎牙齿、豹子尾巴的怪神,住在不是一般人能攀登和到达的地方。

羿终于找到了西王母。西王母钦佩羿的勇敢,同情他们夫妻两人不能再回到天上的不幸遭遇,同意把剩下的最后一些不死药都给了羿,并慎重地告诉羿:这药足够你们夫妻两人服用,两人就都不会死了;假若一个人吃了这药,还可以升天呢!

羿把不死药给妻子保管着,想找一个黄道吉日一起吃药。可是嫦娥不这样想,她本来就怨恨丈夫牵连她回不到天上,现在机会来了,她想回到天上,就把药都吃了。嫦娥吃了不死药,飞到了月宫,她想在那里住下来。可是,当她喘息未定,就感觉到自己身体的各部分都在变,连自己的声音也变了。她正想奔跑出去呼救,可是已经站不起来了。原来,她已经变成了一只又丑又脏的癞蛤蟆。我国1987年发行的"中国古代神话"邮票中的《嫦娥奔月》,画面描绘了嫦娥奔月的情景,有意思的是在月亮里特意画了个癞蛤蟆。

与嫦娥、月亮有关的神话，我国还有不少，情节有点出入的，那就更多。关于嫦娥奔月的另外一种说法是：嫦娥奔月后，住进了广寒宫，仍是美貌仙子，只是有点寂寞罢了！另外还有月亮上玉兔捣药的传说。其大意是：嫦娥多愁善感，身体欠佳，常需药物调理，玉兔就担负起了这项任务。吴刚伐桂也是个脍炙人口的月亮传说，说是一位姓吴名刚的年轻人，学仙未成，被

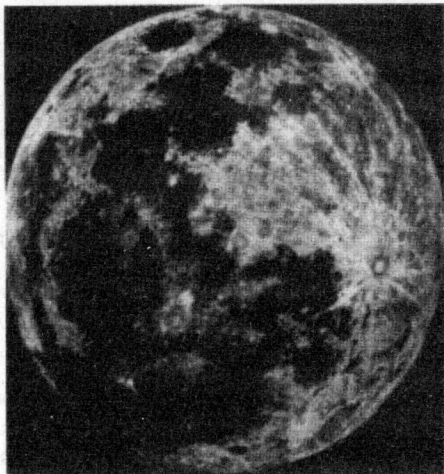

月 球

遣送到月宫里来砍伐月桂树。奇怪的是，只要斧子从桂树创口取走，没等吴刚砍第二下，原来的创口就自动愈合了。因此，吴刚永远也砍不倒那棵月桂树，一直到现在还在那里不断地砍。

月面风光

用望远镜观测月球是从 17 世纪初开始的。随着望远镜口径愈来愈大，威力愈来愈强，我们对月球表面情况也了解得愈来愈多。可以不夸张地说，科学家们现在对月面地形了如指掌。

如果你有机会用一架不一定很大的望远镜观看月球的话，你一眼就可以看到它的表面一点也不像我们想象中的那样光洁平滑，而是坑坑洼洼、凹凸起伏得相当厉害，地形非常复杂。一幅以望远镜拍摄的月球照片为图案的前民主德国邮票，照片上的几处黑影是"月海"区域，其下方是密集的环形山。这里的一幅示意图标出了月球正面环形山、海的位置，有＊号处代表各次"阿波罗"号着陆点。

下面介绍月球表面的一些主要特征。

海：不论你什么时候去看月亮，都能看到它上面有的地方亮，有的地方暗。亮的部分是月亮上的高地，暗的区域就是月海。所谓"月海"，实

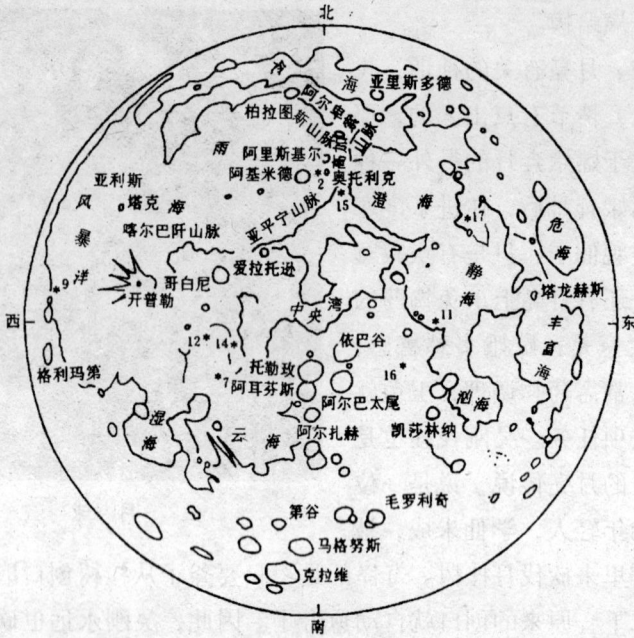

月球表面示意图

质上是月亮表面比较低的平原，因为它们把太阳光反射到另外的方向上去了，看起来就显得暗些。

在月球上，已命名的海有 22 个。其中绝大多数都在月球的正面，几乎占了月球正面面积的一半。其中最大的海是风暴洋，也就是图上最左面的那块黑影。其余的海还有：雨海、静海、澄海、丰富海、危海、云海、湿海等。此外，还有一些地方被称为湖、沼、湾的。月球上没有水，这些依地球习惯命名的海、湖等，当然是没有海水和湖水的。

山脉：与月海相对的是月陆，月陆上的隆起部分就是山脉。从其蜿蜒曲折、峰峦林立等方面来说，月球山脉完全可以与地球山脉媲美。月球山脉习惯上以地球山脉的名字命名，所以月球上也有亚平宁山脉、阿尔卑斯山脉、喀尔巴阡山脉等。

山峰：月球上除了山脉拥有林立的山峰外，还存在不少单个的山峰。月球的多数高峰集中在南极附近地区，有的高达六七千米，甚至更高些。如果按比例来说，月球上的山峰比地球上的山峰要高得多。

环形山：月球上最明显的地形特征之一，是到处都可以看到的环形山，环形山也叫月坑。顾名思义，它是由一圈环状的山围着的一块大小不等的洼地。环状的山是环形山的山壁，洼地则是环形山底。月面上最大的环形山直径在 200 千米以上。

环形山的环壁大都是圆形的或近似圆形的，呈不规则形状的也不少。一些环形山是单个的，更常见的环形山则是好几个完整的、残缺的、大的、小的错综复杂地叠加在一起；或者是好几个环形山像糖葫芦那样串在一起，一个挨着一个。有的环形山尤其是稍大的环形山中间，往往还有不太高的、大小不等的中央峰或中央峰群。

为数众多的千奇百怪的环形山和环形山群，好像为月面装点了无数的花坛，使人眼花缭乱。据统计，月球上有直径 1 千米以上的环形山 3 万个以上，直径在几百米的，就难以计数了。

辐射纹：在满月或者接近满月的时候，可以看到一些环形山周围存在着呈辐射状的亮线系统，称为辐射纹。哥白尼、第谷、开普勒等环形山的辐射纹尤其为大家所熟悉。有的辐射纹宽达一二十千米，而第谷环形山的辐射纹中，有一条竟穿山越岭过海，绵延达 2 000 多千米，令人惊讶！

除了地形特征外，月球天空景色也令人神往。由于月球周围不存在大气，就不会发生大气把阳光散射开来的现象。因此，即使太阳高高地挂在天空中，显得很明亮，天空仍旧是黑沉沉的。星星也不会再被淹没在明亮的天空背景中，它们与太阳同时出现在天空中，形成星日争辉的奇观。

更有意思的是，在漆黑如墨的天空背景上，地球不仅显得文静、美丽，而且特别亲切，一位音乐家见此情景，定能很快谱成一曲响彻寰宇的"地光曲"。

月球没有空气，月面风光别具一格。这里的一切都是无声无息的，是个寂静的世界，就是有人在你旁边大声呼喊，你大概什么也不会听到，这里无法进行广播，电视转播都是哑剧。

月球上见不到朝霞和晚霞，也欣赏不到日出和日落美景，既无风云变幻，也无电闪雷鸣，当然也就不需要气象预报了。月球上，在太阳照到的地方，自然是白天，在白天部分的阴影里，就是伸手不见五指的黑暗。由于没有空气的调节作用，月球白天的温度可高达 127℃，一进入夜晚，温度立即很快下降，最低可降到－183℃。在一个自转周期内，月球的温度变化竟达 310℃，这是任何生物都无法承受和适应的。

从生物学的角度来说，月球正面所提供的条件是严酷的，但其绮丽景色是独特和惑人的。至于它的背面情况如何，在很长时间里一直是个谜。

月背景象

月球绕轴的自转周期，与它绕地球的公转周期刚好相等，都是 27. 322 天，即 27 日 7 小时 43 分 11.5 秒。这样，就使得它总是以同一面对着我们地球，另一半月球表面我们从来也看不见，成为千古哑谜。

严格说起来，由于一种叫做天平动的现象，也就是月球在运动时，从地球上看起来它好像一个没完全摆平的天平那样，上下左右老有点晃动。这就使我们有时在月球正面的左侧或右侧，有时则在月球的南北方向上，多看到一些平常很难看到的月面部分。其结果是：我们在任何情况下都能见到的月面，占全部月面的41%，从未见过的月面也占41%，其余的18%则是有时见到、有时见不到。

那么，未被人们见过的41%月面上，究竟是什么景象呢？不少人作过各种各样的猜测。有的说月背中央有个很大很大的月海，有的说月背与正面理应非常相像等等。从后来直接对月背的探测结果来看，各种猜测全部落空。

1959 年 10 月 4 日，当时苏联发射成功"月球 3 号"探测器，探测器带了一个重约 280 千克的自动行星星际站，任务是为人类拍摄有史以来第一批月背照片，并搜集有关资料。

所谓自动行星星际站，实际上就是一颗人造地球卫星。所不同的是，人造卫星绕地球的轨道比较靠近地球，一般从几百千米到几千千米，而且轨道的近地点距离与远地点距离相差不太多。自动行星星际站的轨道是经过特别设计的。我们在这里提到的"月球 3 号"，其近地点为 4.7 万千米，而远地点最远可达到 48 万千米。月球与地球的平均距离是 38.4 万千米，变化范围则从 35.6 万千米到 40.7 万千米。可见，自动行星星际站到达远地点附近时，就会绕到月球背面去，居高临下拍摄到月背照片。

事情的经过也正是这样的。"月球 3 号"经过两天多的飞行之后，于 10 月 7 日到达月背上空 8 000 千米处，并在地面指挥中心的操纵下，根据预先编排好的程序，拍下了月球背面的第一批历史性照片，覆盖面为月背的 2/3 左右。

从目前我们所了解的月背情况来看，月背也有山有海，环形山相当多，但过去说得头头是道的月背"中央大海"，连影子都没有找到。月球背面与正面的结构相差很大，主要是正面海很多，几乎占了一半面积，已被命名的 22 个月海中，除个别的外，都在正面；月背的 90% 都是陆地和山地，环形山比正面还多。

月球最外面的一层叫月壳，月球正面月壳的厚度一般为 60~65 千米。令人迷惑不解的是，科学家发现月背处的月壳一般都要比正面的厚，原因还没有弄清楚，而最厚的地方竟是正面的两倍有余，达 150 千米。

还有一点也是使天文学家们很感兴趣和迷惑不解的，就是月球的平均半径是 1 738 千米，最长半径比平均半径长 4 千米左右，最短的则短 5 千米左右，而这最长和最短半径都在月背。这说明月背凹凸不平、起伏悬殊的情况，比正面要厉害得多。这是偶然的吗？还是由于什么原因造成的呢？现在都还无法说清楚。

不难理解，研究月背，更深入、更全面地了解月背的历史和现状，对于解决月球的起源和演化等问题，将会有很大的帮助。月球是太阳系的普通成员，研究它，对于加深对太阳系诸天体的认识有着重要的意义。

登月飞行

登月，这是人类长期以来的梦想。人造地球卫星的发射成功，各种类型的空间飞行器相继进入空间之后，登月不再是可望而不可即的梦想了，它已成为事实。

毫无疑问，人类迈开大步去拜访的第一个星球，肯定是月球，这是不容讨论的，因为它是离我们最近的天体。

把宇航员发射到月球上去，同时也必须考虑的是他们安全返回地球的问题。为此可以列出几百个应该而且一定得妥善解决的项目，随便举几个例子：导航系统的可靠性以及登月舱在月球上安全着陆和顺利起飞返航；合适的飞船环境，包括水和空气的供应，基本营养的保证，舱内温度、压力，辐射的防护乃至废弃物的处理等；宇宙服的设计及其保障性能，又要不妨碍宇航员的工作；宇航员从月球起飞，在绕月轨道上中转后，安全进入大气层和返回地面等一系列问题。

美国从1966年开始执行"阿波罗"计划，一次又一次地试验载人飞船的各种性能和考察登月方案，舱内从无人到有人，飞行路线从绕地轨道到绕月轨道。其中"阿波罗4A号"由于在地面试验中失火，三名宇航员被烧死。在取得经验的基础上，"阿波罗11号"终于1969年7月实现了第一次载人登月飞行的壮举。3名宇航员是阿姆斯特朗、科林斯和奥尔德林。

"阿波罗11号"于7月16日发射成功后，先是绕地球转了几圈，在调整好方向和速度之后，就脱离地球轨道，奔向月球。很快，宇航员就进入失重状态，从飞船传回地球的电视图像上，可以看到宇航员们身轻如燕，像气球那样飘浮在船舱里，飘来飘去，看来好不惬意。在失重情况下，宇航员们所消耗的能量也确实比在地球上时要小得多。然而，失重也并不是件很愉快的事，宇航员会因此而头晕眼花，恶心而食欲不振，很不习惯头脚倒置、上下不分的环境。好在他们在地球上已经过相当长时期的失重训练，稍作练习，就会很快适应失重环境。

"阿波罗11号"飞行约25小时，走完了地月间的一半距离。约61小时后，飞船来到了地月间引力的平衡点。换句话说，从此之后飞船在月球引力的作用下向月球坠落。在飞船飞抵月球区域后，3名宇航员中的1人留在指令舱中，指令舱作为月球卫星绕月飞行，密切注视着两位同伴的登月活动，并等待着他们的回归，以便偕同飞返地球。另外2人在进入登月舱之后，登月舱就与指令舱分离，逐渐减速，同时向月面下降。在到达距离月面几千米的时候，登月舱开始滑翔飞行，降低下降速度，并寻找合适的降落场地。

阿波罗	飞行日期	宇航员	登月地点	备　注
11 号	1969.7.16 ~24	阿姆斯特朗 科林斯 奥尔德林	青海西南部	月面活动2人次，时间共3小时47分
12 号	1969.11. 14~24	康拉德 戈登 比恩	风暴洋	月面活动4人次，时间共14小时43分

13 号	1970.4.11 ~17	洛弗尔 海斯 斯威加特	登月失败	飞行 56 小时后，液气氧箱爆炸，取消登月计划，绕月后返回地球
14 号	1971.1.31 ~19	谢泼德 罗塞 米切尔	费拉·摩络地区	月面活动 2 次，共 4 人次，时间共 17 小时 26 分
15 号	1971.7.26 ~8.7	斯科特 沃登 欧文	亚平宁山脉 哈德利峡谷	共进行 3 次月面活动，第一次使用月球车，行驶 28 千米，沃登在返回地球时进行空间步行 20 来分钟
16 号	1972.4.16 ~27	约翰·杨 马丁利 杜克	笛卡尔高地	在月面进行 3 次地质考察，月球车 2 号行驶 9.5 千米
17 号	1972.12.6 ~19	塞尔南 伊文思 施密特	阿拉斯·利特罗山脉	三次月面活动共 22 小时零 5 分，使用月球车 3 号

在登月前的最后十来分钟里，对于宇航员来说是十分紧张的。他们从高空沿着一个相当长的弧形轨道下降，并密切注视着月面的一切。在复杂的下降过程中，不管是设备失灵，还是计算错误，任何一个小小的闪失，都会导致登月活动失败，酿成无可挽救的灾祸。

两位宇航员后来谈到过这么一件事：自动驾驶仪曾经险些把登月舱带进一个布满着无数巨石块的环形山中间去。这时，如果不是我们动作敏捷用手操纵的办法略为改变一下轨道，在环形山口外的某个地方找一个比较合适和平坦的场地，其后果将是不堪设想的。

经过 5 天又 7 个小时的飞行，登月舱最终平安地降落在月面静海西南部一个直径 180 米的不算太大的环形山西南约 400 米处。

1969 年 7 月 21 日，人类历史上的第一次载人登月飞行胜利完成，两名宇航员被带到了月面上，他们是指令长阿姆斯特朗和奥尔德林。

这一天将永远载人人类的史册。

包括第一次载人登月飞行在内，从 1969 年 7 月到 1972 年 12 月的 3 年多时间里，美国共进行了"阿波罗" 7 次载人登月飞行，其中 6 次成功，1 次失败，情况如上表所示。

6 次成功的登月飞行，每次有 2 名宇航员踏上月面，迄今已有 12 名宇航员在月面进行过活动。他们的活动包括：设置自动月震仪，装置了 5 座核动力科学实验站，以及激光反射器、太阳风测试仪、月球磁场测量仪以及宇宙线探测仪等，测量了大气成分和密度、月球磁场等。

6 次登月飞行中，宇航员们在月面停留的时间约 300 小时，在月面活动的时间约 80 来小时；活动的最远距离由"阿波罗 17 号"的宇航员创造，月球车 3 号曾走到离登月舱约 20 千米的地方。

一大步与一小步

飞出地球去，飞向别的星球，人类的这种强烈愿望可以一直追溯到非常遥远的年代。一代又一代科学家都为逼近和实现人类的这个理想而孜孜不倦地工作。

1960 年，美国宇航局大胆地提出了"阿波罗"计划，要求在 10 年内把人送上月球。经过 10 年的努力，终于把人和登月舱安全地降落在月球上。

着陆器或者叫登月舱是个庞然大物，它像一辆装甲车，有人把它比喻为是大蜘蛛。

登月舱高 6.06 米，直径 3.94 米，有 4 个带关节的支脚，全部重量为 15 吨上下。登月舱分下降段和上升段两部分。它所带发动机的推力可以根据需要进行调节，使从绕月轨道高速降落的登月舱的最终速度，减低到每秒 1 米左右，以保证它在月面上平稳和安全着陆。上升段比较复杂，它是用来让宇航员从月面上起飞，与在绕月轨道上的指令舱会合之后，一起返回地球。

"阿波罗 11 号"的指令长阿姆斯特朗意识到登上月球的最后时刻来到了。他小心翼翼地爬出登月舱后，在扶梯顶端的小平台上待了几分钟，稳定一下情绪，随后开始从扶梯上走下来。月球的重力只及地球的 1/6，为了适应这种从未经历过的情况，阿姆斯特朗在慢慢走下扶梯时，在每一梯级上稍稍停顿一下。因此，总共九级的扶梯，他用了 3 分钟的时间。

由于对月球表面不太了解，怕陷下月面太深而无法自拔，在走到扶梯的最后一级后，阿姆斯特朗先用左脚疑虑地、百般小心地触及月面，而把右脚踩在登月舱的脚掌里。月球表面看起来像是精细的颗粒状结构，脚掌也只陷入月面土壤不到 5 毫米。于是，阿姆斯特朗才大胆地、鼓足勇气将右脚也站到了月面上。就这样，历史上第一次一个地球人来到了另外一个天体的地面上。这时，他才把注意力转过来看看周围的月球世界：这里既没有树木花草，也没有飞禽走兽，更不要说嫦娥、玉兔了，棕灰色的土壤，墨一般黑的天空，再加上死一般的寂静和从未有人体验过的荒凉，使人有点不寒而栗。

阿姆斯特朗后来说："月面是松软和粉末状的，我用鞋尖就把它踩松了。我只陷下了几个毫米，大概不足 5 毫米，我能看到自己在月面土壤上留下的清晰脚印。我的靴子上粘了一些尘土，但只是薄薄的一层。"

激动和惊讶之余，阿姆斯特朗在月球上说的第一句话，是向全世界宣告："对一个人来说，这是一小步，对于人类来说，则是迈了一大步。"如图所示的邮票是美国 1969 年发行的，图案是穿着宇航服的阿姆斯特朗第一脚踩在月面上的瞬间，他身背着生命维持装置和供氧设备等。右上角的那个星球就是地球。邮票最下面的一行字为："月球上的第一个人"。

在拟订"阿波罗"计划的时候，科学家们对于由宇航员实地考察月球寄予很大的希望。他们想收集和掌握有关月球的大量信息和第一手资料，来解释乃至解决长期以来存在的问题，包括月球的诞生和演变，它的年龄、磁场、内部

美国的天文邮票

构造，以及环形山的形成和表面土壤成分等。实地考察的结果，也确实使我们对月球的认识深化了，前进了一步，也发现了不少以前谁也没有想到过的现象：

1. 月球高地的地质年龄与壳层的基本一致，都是约46亿年。这说明月球大概是与地球同时形成的。

2. 月球高地上环形山比较多，海较平坦，海内环形山较少。这说明海的形成比高地要晚。

3. 从月震材料来看，月壳体积可能是整个月球的7%～10%，相比之下，我们地球的这个比例要小得多，只有约0.5%；月球半径的一半多是由坚实的岩石构成的。

4. 种种迹象表明，位于1 000千米以下深处的月球核，体积不大，月核的温度有可能超过1 000℃。

5. 月面覆盖着一层多孔性的、类似于火山土壤那样的土层，而且各个登月舱所在地区的表土层的厚度，相差很大，薄的只有几到几十厘米，厚的达好几米，甚至超过10米。

6. 完全出乎意料的是，宇航员在月球土壤中发现了一些彩色玻璃珠那样的东西，直径一般在1毫米以下。在这种土壤上面走路时，宇航员们感到犹如穿旱冰鞋那样滑溜。玻璃珠的来源还没有完全弄清楚。

7. 在月球上发现黄色土壤是特别令人感兴趣的事，它含有90%以上的玻璃质，百分之几的矿物颗粒。

8. 已发现的约60种月球矿物中，至少有6种是地球上从未发现过的。

在很多人的观念里面，"阿波罗"载人登月飞行计划取得了极其伟大的成功。一些科学家的公正评价则是：人胜利登上另一个天体，并安全返回地球、携带回来大量另一天体的标本，这些都是史无前例的；对人类走向空间的鼓舞是空前的。那天晚上，观看登月实况转播的人数以亿计；所取得的科研成果，与所耗的数百亿美元相比，则是极不相称的；对月球认识的深化，表现得比较零散，而其对月球本质的认识，作用有限；至于许多计划中的根本问题，如月球起源、演化、内部情况、月核等，尽管收集了大量资料，仅取得有限的成就，许多重大的关键性问题，基本上依然如故，一个也没能解决。

月 球 车

与地球相比，月球是一个很小的天体，它的直径是地球的 27%，质量是地球的 81%，其表面重力只及地球的 16.5%，即约 1/6。一个早就知道了的现象是：一位重 72 千克的宇航员在踏上月球表面之后，就只重 12 千克。在这种情况下，走路就会显得很轻松、自在。

根据设计，在月球上，宇航员的舱外宇宙服总重 83 千克，在月面则重 14 千克。宇航员背上的轻便型生命维持装置的重量为 38 千克，在月面则重 6.3 千克。就是说，一位全副武装的登月宇航员，全重约 200 千克，在月球上的重量仅 30 多千克。

基于这种认识，在最初的几次登月飞行中，原计划就没有考虑任何在月球上使用的大型工具。

"阿波罗 11 号"宇宙飞船的两名宇航员阿姆斯特朗和奥尔德林，先后跨出登月舱、来到月球上之后，很快地都采用了刚学会的弹跳走路法，活像两只澳洲大袋鼠在跳跃式地前进。这样的走路方式倒是很新鲜，只是容易不慎摔倒，对搬动仪器设备、进行工作也是不利的。月球车的设计和应用，也许正是在这种走路方式的启发下形成和实施的。

在登上月球之后，宇航员首先要做的事是从登月舱下降段的仪器舱内，把储存在那里的仪器设备和一切需要用的东西取出，加以整理、装配，并安放到一定的地方去，譬如"阿波罗 11 号"和"阿波罗 12 号"的彩色电视摄像机是放在三角架上的，三角架则被放在离登月舱 12～15 米的地方。这样做既费时间，又费劳力。为了减轻宇航员的劳动强度，充分利用在月面活动中的每一分钟，尽量跑到离登月舱远一些的月面地方，多采掘些月球土壤和岩石标本，"阿波罗 14 号"配备了一辆折叠式的铝制手推车。手推车重 9 千克，可装载 55 千克重的仪器设备，除了彩色电视摄像机外，自然还可以携带放置岩石土壤样品的口袋和最必需的工具等。手推车的使用比不用任何交通工具要强得多。不过，这种手推交通工具的效率是不高的，宇航员们不可能推着它在月面上走得太远，因为一次的活动时间是有限的，这受着所携带氧气量的限制。

经过约两年的赶制，月球车终于准备就绪，由"阿波罗15号"首先使用。后来，"阿波罗16号"和"阿波罗17号"相继都配备了月球车。这三辆美制月球车确实在探月活动中发挥了良好的作用，现在它们都还在月球上。

月球车自然比手推车更为优越，不仅能装载很多的东西，机动性也强得多，而且使宇航员活动的距离和范围大为扩大。长约3米、宽1.8米的月球车的设计时速为16千米，最远的行驶距离在90千米上下。为了防止在月球上迷路而回不到原来的出发点——登月舱降落点，车上装有自动寻路装置。为了适应月球上的特殊情况，月球车的设计参考地球上的越野车那样，车子前后的4个轮子都可以由动力驱动，都可以前后左右转动。月球车还可以折叠起来，这样，从地球把它带到月球上去时就更为方便。

前苏联从20世纪50年代开始曾发射一系列的月球探测器和着陆器。1970年11月10日发射成功的"月球17号"探测器，在人类历史上第一次把一辆"月行车1号"平安地送到了月球上。月行车有8个轮子，车轮直径51厘米，车身长2.22米，宽1.6米，重量1 350千克。

月行车的车身像个大锅子，"锅子"里装着太阳能电池，由它提供能量使车上的电视摄像机等设备能进行工作和使月行车转动。如图所示的邮票是古巴1978年发行的，图案就是月行车。月行车只在白天移动，移动时"锅盖"打开；晚间，月行车停止工作时，盖子关上。月行车的计划工作寿命为3个月左右，实际上活动了11个月。在此期间，它两次行驶，外出的距离分别为1.8千米和3.6千米左右，调查了8万平方米的月面区域，在500个地方对月面表层的物理特征和机械性能等作了考察和研究，在25个经过选择的"点"上作了土壤化学成分的分析。它所拍摄的2万多张全景和月面照片，都分批传送回了地球。

古巴的天文邮票

"月球17号"和"月球21号"探测器带到月球上的"月行车1号"和"月行车2号"，都没有重返地球，也没有送回岩土标本。从月球取回岩土标本的前苏联探测器，是"月球16号"、"月球20号"和"月球24号"，它们分别在1970年、1972年和1976年先后取回样品0.12千克、0.05千克和1千克。

日食和月食

在阳光明媚的白天，突然一个黑影跑来把太阳一点点遮住，甚至把太阳全部遮住，大地处于昏暗状态，天空中出现了一些明亮的星星，这就是很少见的日全食现象。那个黑影自始至终只遮住一部分太阳表面，即所谓的日偏食现象，不少人都见过。

不仅太阳有被"食"而发生日食的现象，月亮也有被"食"而发生月食的机会。这时，月亮钻进了一个黑影子里去，明亮的月亮黯然失色。这样经过一段时间之后，它走出黑影，重放光芒。

在科学不发达的时代，人们不知道这黑影究竟是什么东西，一概称它为"天狗"，意思是"天狗"把太阳或月亮吃下去了，后来又吐了出来。

现在大家都知道，哪里有什么"天狗"！日食和月食都是很有规律的自然现象。

如果月球走到了地球和太阳之间，地面上处于月球本影中地区内的人，可以看到月球黑影把太阳全挡住了，发生了日全食。在月球半影里的人看到的是日偏食。

除了上面说的日全食和日偏食之外，还有一种叫日环食，也就是月球黑影把太阳遮得最厉害的时候，太阳还剩下个亮环。读者一定会问：既然月球能把太阳全部遮住而发生日全食，怎么又会发生日环食呢？

问题在于地球离太阳最近和最远时，距离只相差3%多一些，所以我们看到的太阳大小没有太大的变化。月球的情况就不是这样，它离地球最近和最远时可相差10%以上，这就使得从地球上看月球时，它的大小相差较多。在一定的条件下，看起来比较小的月亮无法把太阳全挡住而只挡住了它的中央部分，日环食就是这样发生的。

月食只有月全食和月偏食两种，永远也不会发生月环食，因为地球的本影很大，绝不可能只挡住它的中央部分。

月球绕地球和地球绕太阳运转都是有规律的，由此而形成的日食和月食也都是有规律的自然现象。每年都会发生几次日月食，少则有两次日食，多则有4~5次日食，2~3次月食。它们都发生在所谓的"食季"里，而两个食季相隔略短于半年。

在所有这些类型的日食和月食当中，日全食特别受到科学家们的关注，主要是因为许多重要的科学研究项目，只有在日全食的时候才能进行。譬如光球、色球、日冕等太阳的大气层，只有在日全食的短暂时刻里，才能看到和作广泛的观测，这对于研究太阳的各种物理现象和太阳结构等，有着重要意义。观测日全食对于研究地球自转的不均匀性，对于进一步检验爱因斯坦的理论等，都是非常有价值的。

就全世界范围来说，一次条件优越的日全食全过程可以长达五六个小时，可是对于每个具体的观测地点来说，太阳完全被遮住的这种壮丽日全食景象，时间最长也不会超过7分钟，一般只有三四分钟或更短些。因此，为了充分利用和抓好这宝贵的几分钟，尽可能完善地做好观测工作，在一次日全食前好几年，科学家们就开始做准备工作，包括观测地点的选择、观测仪器的设计和制造，观测和研究项目的选择和确定等。随后是早早地来到预先选好的观测地，做观测前的最后准备和练习，以期临阵不乱，万无一失，观测成功。

每个人一生大概可以看到好几次月食，也有机会看到日偏食，但看到日环食和日全食的次数太少了，可能一辈子都没有一次。这就不难理解，每逢日全食时，天文爱好者、摄影爱好者和旅游者们，也都表现出极大的兴趣。1991年7月11日的日全食是近些年来条件最好的一次，在加勒比海地区的一些国家可以看到长达6分来钟的日全食，机会十分难得。那天，天气也很好，专程从世界各地来到这里的日食观测者数以十万计，盛况空前。

如图所示的邮票是墨西哥专为这次日食发行的，连刷3枚。

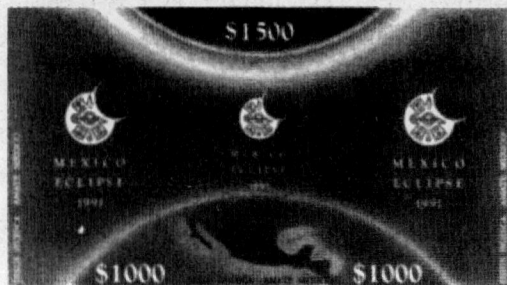

墨西哥天文邮票

牵心动魄话彗星

20 世纪的特大天文事件，毫无疑问，包括了在"众目睽睽"之下，"苏梅克—利维 9"彗星，不惜以自行毁灭为代价，向巨大的木星迎头撞去。这在天文观测史上是史无前例的。历史上从未有过彗星撞行星的记载，可是，由于彗星形状奇特等原因而引起广泛注意的，为数可不少。其中好些已被生动地反映和记载在各国发行的邮票上。这里选出一部分供读者观赏。

我国当代已故天文学家张钰哲的研究结果表明，我国有世界最早的哈雷彗星记载，见于《淮南子》一书，彗星的这次出现约在公元前 1057 年。长沙马王堆西汉古墓出土的帛书上，有形象生动的 29 幅彗星图，它们都是 2000 多年前出现的彗星的珍贵记录。只是，公元前 1057 年的那次，还一直没有找到相关的彗星图像；而那 29 幅彗星图，也还不清楚是在什么年份出现的什么彗星。

西方关于哈雷彗星的最早记载，是在公元 66 年。最早的哈雷彗星形象则见于《纽伦堡年鉴》，反映的是 684 年的那次回归。哈雷彗星 1066 年出现时的模样特别别致，有趣的是，它是被编织在当时的一块挂毯上的。哈雷着重研究的哈雷彗星的 3 次出现，最早的一次是在 1531 年，他在描述 1531 年彗星时，已能正确解释彗尾方向与太阳的关系。

据说，公元前 20 世纪，以色列古城索多姆被毁于火山爆发等时，当时天空中正好出现一颗令人胆战心惊的怪异彗星。至于把彗星画得怪模怪样的，在历史记载中有的是，例如 249 年、1517 年的彗星等。

以恩克名字命名的彗星很难用肉眼直接看到，这颗彗星形象其貌不扬，但这是一颗很重要的彗星。它是继哈雷彗星之后，第二颗被预报回归的周期彗星，也是已知周期最短的彗星。也有人认为，正是它的一块不大的、数十米量级的碎片，于 1908 年 6 月 30 日袭击了地球，使得西伯利亚

彗星邮票

通古斯河流域 2 000 多平方千米的一大片原始森林，顷刻之间夷为平地。

1957 年回归的阿伦德—罗兰彗星，是近些年来观测到的著名亮彗星之一。它最显著的特点是，除了正常彗尾外，还有着一条细细的、指向太阳的反常彗尾。周期为 6.5 年的贾科比尼—津纳彗星，是一颗创造了好几个"宇宙第一"的彗星，它是被发现的第一颗形状如此特别的彗星：赤道半径几乎是极半径的 8 倍，并从而赢得了"旋转烙饼"的诨号；当年，美国的"国际彗星探险者"在飞奔哈雷彗星的途中，曾经于 1985 年 9 月在历史上第一次从它的尾巴中穿过，对它进行了预演性观测。

分别于 1965 年和 1976 年过近日点的池谷—关以及威斯特两彗星，它们的形状多么与众不同，前者还是颗著名的克鲁兹掠日彗星族的成员，最近时它离太阳表面只 40 多万千米，真可谓咫尺天涯，而且在过近日点之后不久，它就被强大的太阳引力"撕"成两片。

空间深处

宇宙岛之争

　　17 世纪初望远镜用于天文观测之后，科学家们陆续发现宇宙间到处存在着一些云雾状的天体，就称它们为星云。星云究竟是"星"，还是"云"，由于距离遥远，无法看清楚。有人认为它是由千万颗恒星组成的，因为无法把恒星一颗一颗地分开来，看起来就像是一片云雾；有人则认为它根本就是银河系里的星云；有人则认为它是在我们的银河系之外，称之为"宇宙岛"。这个名称倒也挺形象，意思是宇宙好比个大海洋，银河系等都只是其中的岛屿。

　　所谓的"宇宙岛之争"，到 20 世纪 20 年代才见分晓。原来，那些云雾状天体中，有一部分确实是银河系中的"云"，即银河星云，另一部分则是由许许多多的恒星组成的恒星系统，在银河系之外，是河外天体。这后一部分特别被称做星系，或叫河外星系，宇宙岛就是河外星系。

　　河外星系中离我们银河系最近的，是大麦哲伦云和小麦哲伦云，简称大云和小云，它们与银河系的距离分别为 16 万光年和 19 万光年，从宇宙尺度来看，可说是近在咫尺。实际上，大云和小云与我们银河系还有着物理上的联系。有人把它们称为是银河系的伴星系。

　　当年，在确认宇宙岛就是河外星系的过程中，当时世界上最大口径 2.5 米的望远镜曾起了很大的作用。随着研究工作的进展和深入，以及科学家们要求观测愈来愈远和愈来愈暗的天体，2.5 米口径的望远镜显得小了一点。于是，一个更加宏伟的计划被提出来了：建造口径 5 米的望远镜。1948 年，一台口径 5.08 米的望远镜在美国帕洛马山天文台建成。

　　望远镜口径愈大，能收集到来自遥远天体的光就愈多，就愈能观测和发现更遥远和更暗弱的天体。1976 年，前苏联制造了一架当时世界最大的

前苏联天文邮票

单镜面反射望远镜,口径达6米。望远镜安装在高加索地区泽连丘克斯卡亚的一处天文台。如图所示的邮票是前苏联1985年发行的,图案左侧是6米口径望远镜的圆顶观测室,从它的窗口可以看到望远镜的最前端部分,右侧则是这架望远镜的构造示意图。

借助于人类的这些"巨眼",科学家们观测所及的最远距离,已达到一二百亿光年。

在诸多的星系中,只有3个可以用肉眼直接看到,那就是前面曾提到过的大麦哲伦云、小麦哲伦云和仙女座大星系M31,其余的都得用望远镜进行长时间的露光,才能把它们的影像拍下来。

根据形态对星系进行分类的话,河外星系中的旋涡星系,数量最多。一种被称为棒旋星系的则要少得多。它跟旋涡星系一样在自转着,所不同的是,旋涡星系像是个大的水旋涡,而棒旋星系内,似乎有个类似于棍棒那样的结构横贯其中。

除了上面提到的旋涡星系和棒旋星系这两种类型的河外星系外,还有大致成椭圆形状的椭圆星系和说不上它是什么形状的不规则星系两种类型。

第二窗口

如果把包围在地球周围的大气比作是一堵墙的话,那么,对于天文学家们来说,直到20世纪30年代初,这堵墙上一直只有一个窗口,大家叫它"光学窗口"。不管你是用眼睛直接观看,还是用多大的望远镜进行观测,无例外地都是通过这个窗口看日月星辰,看到的自然也都是天体的光学形象,这也就是我们大家都非常熟悉的天体形象。

我们知道,可见光只是许多种电磁波中的一种。电磁波家族中的成员如果按它们的波长由长到短排列起来的话,就是:射电波或者叫无线电波、红外线、可见光、紫外线、x射线、γ射线等。如果把电磁波家族全体成员比作是一堵长 300 米的墙，那么，可见光这个窗口的宽度只有约 4～7 毫米。这实在是一个很窄的窗口。需要说清楚的是，光学窗口尽管那么窄，到 20 世纪 30 年代初天文学家们所掌握关于天体的种种知识，可以不夸张地说，99% 都是通过这个窗口获得的。

可是，各种证据都表明，天体发射出各种电磁波或者叫电磁辐射，并非单单发出可见光。那么，为什么我们一直接收不到这些电磁辐射呢？

主要是两个原因：一是地球的大气层对可见光来说可说是相当透明的，来自遥远天体的可见光可以比较顺利地穿越大气层，来到地球上而被光学望远镜观测到；可是大气对其他电磁辐射却基本上是不透明的，它把其中的相当一部分阻挡住了，使这些带着大量宝贵信息的电磁辐射全部或者部分无法到达地面，需要有特殊的手段和工具才能观测到或者接收到它们。

被誉为大气的第二个窗口——射电窗口，是在 20 世纪 30 年代初被发现的。一位 26 岁的美国无线电工程师在做长途通讯实验时，偶然发现了不明来源的无线电波，几经周折，终于证实它来自其他天体。从此萌生了天文学的一门新的分支学科——射电天文学。

射电天文学及其所使用的主要观测工具——射电望远镜，是在 20 世纪四五十年代蓬勃发展起来的。为了提高射电望远镜的分辨能力，一些大型射电望远镜相继诞生。英国在 1958 年建成抛物线天线直径达 76 米的射电望远镜，这架重好几百吨而能灵活转动的望远镜，是当时世界上这类型射电望远镜中最大的一架，它至今仍在为射电天文学的发展作贡献。

目前，能自由转动的这类射电望远镜中最大的一架，直径达 100 米，于 1972 年建成，属德国马克斯·普朗克射电天文研究所。

此外还有将主要的抛物面天线固定起来的固定型射电望远镜，其中最大的一架是建在波多黎各一处山谷中的、美国阿雷西博天文台的射电望远镜，它的顺着山谷地形的抛物面天线直径为 305 米。

射电望远镜为科学家们提供了天体的射电图像，这在过去是完全陌生的。它协助我们"看"清光学望远镜没有或无法看清楚的种种现象。尽管射电天文学的历史不长，只有半个来世纪，它作出的贡献是巨大的。它发现了一大批发射着强烈射电波而在过去却是一无所知的射电源，它们一般都是特殊的天体。

射电望远镜邮票

射电望远镜与光学望远镜联合作战，发现和认识了我们所在银河系的旋涡结构，探明了太阳和行星们在银河系旋臂附近的确切位置等。射电望远镜所提供天体信息量之多，是过去无法比拟的，所透露天体秘密之多，也是空前的。被称为20世纪60年代天文学的四大发现，全部都是通过射电天文手段和方法获得的。

四大发现

对于历史悠久而长期以光学观测为主的天文学来说，射电天文学使用的是一种前所未有的崭新手段。这种手段很快就显示出了其威力。所谓的20世纪60年代天文学的四大发现，指的是20世纪60年代以射电天文手段获得的众多发现中的四个最突出的例子，这指的是：星际有机分子（1963年）、类星体（1963年）、3K微波背景辐射（1965年）和脉冲星（1967年）。其中3K微波背景辐射和脉冲星两项发现，后来分别获得了1978年和1974年的诺贝尔物理学奖。1987年，瑞典曾为获得过诺贝尔奖的全部天体物理学课题发行了一套5枚邮票，其中的1枚邮票图案以星空和遥远天体为背景，中间印有"3K"字样。

"3K"是什么意思呢？

"K"是绝对温度。平常我们习惯用摄氏度来表示，摄氏度的符号是"℃"，譬如说，在气压正常的情况下，冰的温度是0℃，沸水的温度是100℃。我们也可以用绝对温度来表示某个物体的温度，绝对温度零度写成"OK",相当于—273.16℃,即零下273.16摄氏度。用绝对温度来表示的话,冰和沸水的温度就分别是270多K和370多K。

有一种观点认为,我们现在观测到的宇宙是在150亿年前的一次大爆炸中产生和形成的,即所谓的"大爆炸宇宙学",这是目前各种宇宙学说中最有影响的一种。这种学说有一些有利的证据,3K(即绝对温度3度)就是支持这种学说的有力证据之一。

1948年提出大爆炸理论时,理论创始人之一的美国科学家伽莫夫曾预言:尽管宇宙早期时的温度可能在100亿度以上,由于现在离那个原始时刻已经很遥远,温度已下降得很低,宇宙已经变得很冷,也许只有绝对温度几度。

1965年,彭齐亚斯和威尔逊两位美国科学家发现,空间背景上到处存在温度只有2.76K的微波辐射。习惯上,我们称它为3K微波背景辐射,或3K背景辐射。再简单一些的话,就像邮票上写的那样"3K"。

那套瑞典邮票中的另1枚,其主题是"脉冲星",图案以我们在前面提到过的金牛座蟹状星云为背景,星云前方则是代表某种有规律脉冲的曲线。以蟹状星云作为邮票图案是很有道理的,它是1054年"天关"超新星爆发后的残骸,它的中心星即爆炸星本身已极大地收缩,是一颗特别有名的脉冲星。

脉冲星是一种新类型的恒星,最初是由英国天文学家休伊什的研究生贝尔注意到的。它发射出来的射电波,像人的脉搏那样,有节奏,规律性强,被称为脉冲星。

脉冲星全都是很小的天体,直径只有10千米左右,自转快得惊人,蟹状星云中心的那颗脉冲星,自转周期也就是脉冲周期,只有0.0331秒,即星体在1秒钟内自转30圈以上。已发现的脉冲星,自转周期都在4.3秒到0.002秒之间,也就是自转慢的脉冲星每秒钟转1/4圈不到,快的则每秒钟转500圈。脉冲星还具有许多特殊性质,例如,超高温度、超高密度、超高压力等。

20世纪60年代天文学的四大发现中的另外两个是星际有机分子和类星体。原先科学家们认为,星际空间的紫外辐射很强烈,再加上其他一些不利因素,有机分子不可能在这样的环境中长期存在。星际有机分子的发现改变了人们的观念,这项发现对揭示生命起源的奥秘,以及天体演化等，都有着很重要的意义。类星体则是一种看起来像是星，而它发射出的能量却比整个星系还要大得多的特殊天体。它怎么会有那么大的能量，以及它的许多谜一般的性质，直到现在仍困扰着科学家们。类星体被认为是当前天文学中最大奥秘之一，是对科学家的挑战。

天文学是一门古老的科学，同时也是一门站在当代科技发展前沿而非常活跃的科学。千百年来，它为人类深化认识宇宙和周围物质世界作出了贡献，同时，它也为我们留下了一大堆难题，要求予以解答。

最近几十年来，人类的活动愈来愈多地进入到空间，天文观测和研究的手段也是这样。口径2.4米的空间望远镜发射成功，使天文观测往前跨了一大步，在没有大气和大气干扰的绕地轨道上，它发挥的威力将远超过地球上口径最大的望远镜。今后将有更多的各类探测器频频飞向遥远的行星和其他天体，在那里就近考察，安全着陆，采集标本，现场实验等。人类对天体乃至宇宙的认识，将一步一个脚印地前进。

球外文明之谜

球外文明之谜

你想过这样的问题吗？

宇宙那么大，星球这么多，除了我们的地球之外，别的星球上有生命吗？何处有像人类这样的智慧生命？

这也是人类长期以来思索的一个问题，总希望能在茫茫宇宙间，找到自己的同类、自己的知音。

在地球上，生命起源于我们这颗行星比较早的历史时期，由简单的无机物质发展而来，它的产生和发展过程很复杂。而一旦生命现象开始，就会逐步向智慧生物阶段发展。生命要想发展到高级阶段，对周围环境会提出一系列的要求。要求得到满足时，生命发展为人类的过程，比之前阶段的生命现象产生和演变来说是比较短的。

本着这种认识，生命是自然产生的，而不是由谁造出来的。产生和发展生命需要些什么条件呢？

首先，环境温度要合适，不能太高，也不能太低。温度超过100℃，那些复杂的有机分子就无法形成和产生，形成了的也将被分解，生命就会中止。温度低到零下几十摄氏度以下，一些化学反应就会停止，对生命的产生和发展也十分不利。因此，恒星上不可能有生命，离恒星太近或太远的行星上，也不会有生命。只有在与恒星保持一定距离范围内的行星或卫星上，才是产生和发展生命的理想场所。

第二，生命需要来自其他天体的光、热、紫外辐射等，这些辐射既不能太强，也不能太弱，且比较稳定。存在生命的行星与供应它光、热等辐射的恒星之间的距离要适当，这个适当距离与恒星的质量、大小、表面温度等有关。这颗恒星必须是单颗的，不应是双星，更不能是变星。

第三，行星本身应有一定的质量，有一定的表面重力，这样才能留住大气层。大气层能保护行星表面的液态水，使它不致很快蒸发、逃逸。

第四，生命的产生、发展是一个漫长的过程，需要几亿年甚至更长的时间。因此，提供光和热的恒星必须是一颗稳定的恒星，它的生命至少要有几十亿年到百亿年。它不可能是一颗只存在几百万年到几千万年的"短命"恒星，也不能是颗新星或超新星。

我们不可能把产生生命所需要的全部条件都一一列出来。总之，生命只可能产生在那些离单颗、稳定恒星不远不近、物质条件具备、有大气层包围着的、处于良好发展环境中的行星或条件相似的卫星上。只要具备了这些条件，就必然会产生生命，并繁荣发展起来。

宇宙间，生命是一种普遍现象。有人认为，那些质量相当于太阳质量十分之九到 1.1 倍的恒星，多数周围都有可居住行星。这些以 10 亿计的行星上，相当一部分还发展了高等智慧生物。

那么，到哪里去找这些地球人的远亲呢？

奥兹玛计划

1960 年，一批美国科学家执行了所谓的"奥兹玛计划"。他们在 5 ~ 7 月的三个月期间，利用美国国立射电天文台的大型射电望远镜，接收从两颗较近恒星来的无线电信号。这两颗星是鲸鱼座"陶"星和波江座"厄普西隆"星，它们距离我们都是 11 光年。美国科学家选用的是氢 21 厘米谱线，他们相信，"外星人"也会认识到氢是宇宙间最丰富的元素，并选用氢的谱线作为"国际语言"来与其他星球通信。他们希望能从"窃听"来的大量"窃窃私语"中，分析出有意义的、也许是那里的智慧生物有意识地发出的信号。遗憾的是，实验失败了，没有发现预期的信号。

一位前苏联科学家于 1968 年用同样的方法进行实验，他收听并分析了从 12 颗恒星来的射电信号，也以失败告终。这样的"窃听"活动还有好几次，结果都是一无所获。

听不到"外星人"的信息可能有两种情况，一种是确实不存在这种信息，或者虽有信息，我们还无法理解和解开"密码"。另一种可能是地球上现有的接收设备还不够灵敏。科学家宁愿相信后一种情况，力图制造灵敏度更高的专用设备来进行监听。这就产生了所谓的"西克劳普斯"计划。计划要求建造 1 500 架射电望远镜，每架的直径都是 100 米。随后把这些望远镜组合起来，成为一个巨大的射电望远镜阵。这么一个灵敏度很高的射电望远镜阵，将在探测地外智慧生命、与它们建立通信联络方面起极大作用。1971 年提出的西克劳普斯计划，现在正在执行中。

再说，接二连三的监听失败，也不值得什么大惊小怪。如果说，我们银河系内多达百万颗的恒星周围都有智慧生命居住的行星，那也只是银河系星数的几十万分之一。也就是说，我们监听一二十万颗恒星的信号，平均只有一次机会碰上智慧生命。即使现在已经监听过的恒星及其附近领域达到一二百个，也只是可遇机会的千分之一。我们现在在"窃听"、截获"外星人"的"呼叫"方面，只是刚刚走出很小的第一步。

地球信息

我们在监听可能来自"外星人"的无线电信号的同时，"外星人"也很可能在监听来自别的星球的信号。他们不知道太阳周围有个地球，地球上生活着好几十亿高等生物，但是，我们可以主动发布消息，自我介绍。几十年来，有意无意地向外传递地球信息的事，也做了不少。

地球上的无线电信号和电视信号，不可避免地会外泄一部分，如果从 20 世纪 30 年代算起，它们早已从地球出发了半个世纪多，也就是它们已走到了离我们 70 多光年的宇宙空间。在这么个大小的空间范围内，也许只有几百颗恒星，我们期望着那里的智慧生物已经发明了和使用着类似于我们地球上的收报机和电视机之类的接收设备，破译出我们的电讯内容，看到我们的电视图像。即使是这样，待到我们收到他们的"回电"，恐怕至少也是几十年以后的事了。

人类正式对外宣告自己的存在，有意识有目的地向外发表"宣言"，至少已有 5 次。开头两次是请"先驱者 10 号"和"先驱者 11 号"两个探测器办理的，第三次是在 1974 年，后来两次则委托了"旅行者 2 号"和"旅行者 1 号"两个探测器。

1972 年 3 月 3 日，美国发射了"先驱者 10 号"探测器，它的主要任务是对木星及其卫星进行探测。预定的任务在探测器于 1973 年 12 月飞越

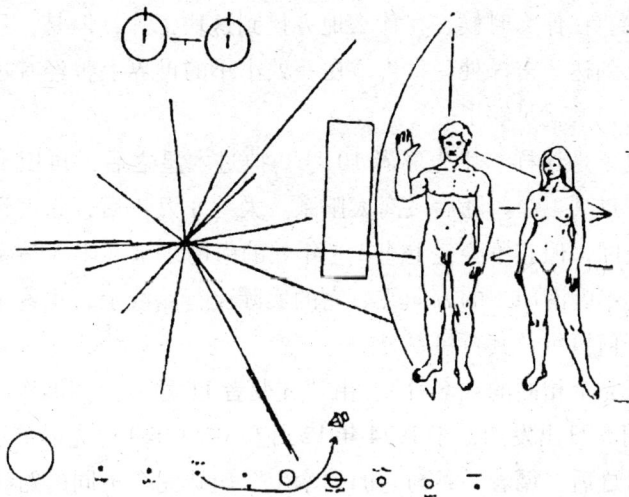

给智慧生命的见面礼

木星时，出色地完成了。考虑到探测器在越过木星之后，将越出太阳系，进入广阔宇宙空间，何不再让它干点附带的事呢？于是，请它携带了一张地球"名片"，作为对任何捡拾到它的智慧生物的见面礼。

"名片"是铝制的，镀金，大小是 15×22.5 厘米。"名片"上有一幅太阳和九大行星的示意图，从第 3 颗行星（地球）上发射出了一个探测器——"先驱者 10 号"，它的放大图像则在"名片"的右半部，那里还画着一男一女，男的举起右手正向"外星人"打招呼，表示友好。除了这些显而易见、意义明确的图像外，左半部表示的是氢原子的结构，离地球最近的脉冲星的位置、周期等，这些，一般人看起来或许一时会弄不太清楚。

科学家设想，捡拾到这块奇怪"名片"的必定是驾驶着宇宙飞船或操纵着先进设备的智慧生物，他们对于那些科学概念的理解想必不会有什么困难。担心的倒是那一男一女的图像，有可能使他们百思不得其解，这究竟是什么玩意儿？因为也许他们自己的形态与地球人完全不同。

实际上，被他们截获的"先驱者 10 号"本身，比"名片"更能说明问题。他们会毫不含糊地得到结论：这些都是另一文明星球上智慧生物的无声标志。

我们并没要求捡到这块金属板的"人"一定要与我们取得联系，我们不知道是谁、在什么时候、在什么地方捡到这块铝片，但是，只要我们发布的消息已到达宇宙深处，宣告了在一处小小的世界上曾经有过聪明智慧的高级生物，这就足够了。

事实也正是这样。"先驱者 10 号"掠过木星之后，再用十来年的时间，就会越过冥王星，随后飞离太阳系。大约 8 万年后，它大致飞到 4 光年左右的空间，但它不会碰上 4.2 光年处的南门二星（半人马座最亮星），因为，它并不朝南门二的方向飞。它的实际飞行路线上，也许 100 亿年内也碰不上任何恒星及其行星系统。

另一张完全相同的"名片"，由"先驱者 11 号"探测器送出。它是在 1973 年 4 月 5 日出发的，于 1974 年 12 月和 1979 年 9 月先后掠过和探测了木星和土星之后，循着一条与它的"孪生"姐妹完全不同的路线飞越太阳系。不论它在宇宙空间的遭遇会怎么样，它已将地球"名片"被"外星人"截获的机会提高了一倍。

第三次的"宣言"是向武仙座 M13 球状星团专发的。科学家期望这个包含好几十万颗恒星的星团中，有那么几颗恒星周围的行星上，存在着智慧生命。

地球之音

第四次和第五次是"旅行者 2 号"（1977 年 8 月 20 日发射）和"旅行者 1 号"（1977 年 9 月 5 日发射）这对"孪生"探测器所携带的镀金铜唱片。两张唱片的内容也是完全相同的，从各个方面广泛地展示了人类活动和地球上生命的种种情况。

这张被命名为"地球之音"的唱片，直径 30.5 厘米，录制了有关人类起源和发展的各种信息。信息包括 115 幅照片和图表，35 种自然界的音响，近 60 种语言的问候语，27 首世界著名乐曲等。

115 幅照片和图表的内容是：数学、化学、地质学和生物学；太阳系示意图；银河系的大小和位置；以及地球、运载火箭、射电望远镜、飞机、火车、美国纽约联合国总部大厦夜景等照片。其中有两幅是表现我国的照片：八达岭长城雄姿和中国人围坐圆桌进午餐的场面。

35 种自然界的音响中包括：雷电轰鸣声、风声、雨声、海涛拍岸声；鸟语、犬吠、兽啼；火车、汽车、拖拉机行驶时的声音，火箭起飞时的声响；人的脚步声、笑声和婴儿哭叫声等。

近 60 种世界语言的口述问候语，包括英、法、德、日、俄语等，以及我国南方的三种方言：广东话、厦门话和客家话。

27 首世界著名乐曲，包括东西方和世界各民族的古典和现代乐曲，其中包括以古琴演奏的我国古典乐曲《流水》。这些优美的乐曲共可播放一个半小时。有的乐曲还表达了我们在宇宙间的寂寞感，以及结束这种孤独和渴望与其他智慧生物取得联系的强烈愿望。

两个探测器和它们所携带的唱片，将在什么时候、被什么星球上的"人类"截获，现在都无法肯定。但是，希望它们能被"外星人"缴获，至于如何使用这张唱片，让拥有先进技术的文明生物把电子信号等复原为照片、图表等，都已作了充分考虑。镀金唱片外面有个铝制保护套，上面对唱片的使用作了详细的说明。估计整套唱片可以在宇宙间存在 10 亿年。

计算表明，公元 40000 年时，"旅行者 1 号"将从鹿豹座一颗标号为 AC＋793888 的暗星附近（离小熊座不远）经过，距离 1.6 光年。那时，"旅行者 2 号"正从仙女座中一颗暗星"罗斯 248"附近 1.2 光年处飞过。公元 35.8 万年时，"旅行者 2 号"将非常接近大犬座"阿尔法"星，即天狼星，距离只有 0.8 光年。

看来，这两张唱片在宇宙空间某处被再次播放的可能性是很小的。不过，这不是主要的，重要的是：一个人造物体，带着地球的信息，遨游宇宙，表达了人类探测空间的愿望，吹响了人类征服宇宙的号角。

话还得说回来，文明星球和智慧生命的存在，应该得到肯定。彼此之间音讯未通，那只是暂时的现象。

直到现在，生物科学还不能确切地告诉我们，生命究竟是怎么产生和发展起来的，但这并不影响生命的产生和发展。人类的历史至少可上溯百万年，在此期间，地球人和"外星人"音讯隔绝，但这并不影响彼此各自由低级向高级的发展。

肯定文明星球和智慧生命的存在，并不等于能准确估计，茫茫宇宙间这类星球有多少。我们可以作各种假定，作各种测算，说明宇宙间存在生命的星球可能有多少亿万，这种数字在一些天文学的书上不难找到，但由于各人估算的方法不同，出入也比较大。但有一点是可以肯定无疑的，那就是：宇宙间，生命现象虽普遍存在，但发展到高级智慧生物的，只是其中不大的一部分。

自然界在这方面给了我们启示：亿万颗种子中，只有少部分经历了风风雨雨，顽强地生长，开花结果；人的精液中有千万个精子，但只有几个发育成长；自古以来，地球上出现了多少种动物呀，但只有一种从低级向高级发展成为高等的具有思维和理智的动物——人。在宇宙空间智慧生物的问题上，是否也会是类似情况呢？成千上万颗行星、卫星上乃至彗星等，都产生了生命，但在发展过程中，多数都先后夭折了；只有那些在环境比较合适的星球上的强者，发展成了智慧生命。

UFO 与飞碟

提到文明星球和智慧生物，很自然会使人想到一个热门题材：飞碟。

飞碟这个名称已有半个世纪以上的历史。1947 年 6 月，一位美国商人叫阿诺德的，在自己驾驶的私人飞机上，看到空中有 9 个碟子形状的物体，边自转、边前进。据他估计，"碟子"的直径在 30 米以上，前进速度约每小时 2 000 千米。在记者的报道中，把这些碟状物叫做"飞碟"。这名称一直沿用到现在。

数十年来，关于飞碟的报道层出不穷，越来越多，也越来越离奇。在数以万计的发现报告中，有一点几乎是相同的，那就是飞碟的飞行性能是万能的。飞碟可任意调转方向，包括向左转、向右转，向前、向后，升起、下降、滚翻、螺旋形移动，以及不转动飞碟机身，突然 180° 调向飞行，即所谓"飞去回来"型。它的调整速度的性能也是无与伦比的，想快就快，想慢就慢，从很快的速度可一下子停住，悬在空中不动，时间长短随意，想飞又立刻快速飞走。

从报道来看，飞碟不仅在空中出现，也有人在水中和陆地上看到它们。

神秘事件

据说，1984 年 7 月 27 日，一个橘红色的火球状物体掉进了美国华盛顿州西面海域的皮吉特湾。《华盛顿邮报》援引目击者的话说，火球当时激起 20 多米高的水柱，随即沉了下去。12 月底，两名潜水员在水下作业时，发现了这个被称为飞碟的东西。当时，它躺在海底，水深 80 多米，飞碟的直径约 10 米，呈圆盘状。据这两位潜水员反映，飞碟是金黄色的，顶上有个洞，另一处还有个挂钩那样的东西，整个飞碟看上去像只倒扣着的大茶杯，站到它上面时，还有点热乎乎的感觉。上岸后，他们发现潜水靴上还沾上了一层薄薄的"尘土"，略带微红色，这究竟是什么，迄今没有进一步的报道。

消息很快传了开来，正当人们计划组织打捞时，只相隔一个星期，这个神秘的飞碟又失踪了。

在陆地上见到飞碟的最奇怪的一次，是报刊等多次报道过的一名智利士兵被飞碟"掳"去的事件。事情的大概经过据说是这样：

1977年4月25日，星期一，是智利的阿·瓦尔代斯下士的一个普通值勤日。那天夜晚12点30～40分时，他和手下的士兵看见一个巨大的发光物，以飞快的速度降落在他们前面的一座小山上。眼前的亮光先是静止不动，后来消失在山丘后面。看来，它似乎在山的后面停住了。几乎是同时，从山那一面的哨所发来了报警信号。

当走到发光体前面的时候，他们大吃一惊，原来这是个直径20多米的椭圆状物体，中间部分特别明亮耀眼。这时，他们开始有点失去自制能力，心神不宁。就这么默默地待了一段时间之后，似乎有一股力量把这位下士推向离他只有六七步远的发光体去。从那以后，这位下士就什么也不知道了。

据那些同在一起的士兵们后来回忆，他们当时突然蒙眬地感觉到下士不和他们在一起了。后来，也不知过了多长时间，下士又在原来失踪的地方出现了，神志不清，胡言乱语，浑身一个劲儿地抽搐着，像是歇斯底里大发作的样子。直到早上，他似乎从睡梦中清醒过来，但还是浑身酸痛，四肢无力，像是干了多长时间的劳动后一样。这些且不说，在他身上却发生了好几件不可思议的事情。

下士的胡子长得好像至少有10天没有刮了，可是他明明前一天刚刮过。在整个事件发生过程中，他的手表看来一直停着，可一下子又比别人的快了5天。对前几个小时发生的事，他一点也记不起来。醒来后的那一天，他在不到两个小时里，一连猛抽了一包半的香烟，不知从哪儿来的那么大瘾，这在过去是从来没有过的。

更耐人寻味的是，事件发生后，瓦尔代斯下士和他手下的那些士兵，突然都销声匿迹，下落不明。大约18个月之后，瓦尔代斯又重新出现，据说他已经复员，并且以比较平静的情绪回忆了那段往事。

个别报道更是令人难以置信。1976年1月5日的飞碟报道就是这样。一个法国小孩看到一位金发绿手的男人，从圆锥形飞碟走下来，把手伸向只有10岁的孩子。可想而知，孩子被吓得丧魂落魄，拔起脚来就逃跑了。第二天，他又一次看到了那个怪物。

不明飞行物

在过去的飞碟报道中，往往有这么一种倾向，把天空中不明其性质的各种现象，都称作飞碟。实际上，应该称作"不明飞行物"，即UFO（Unidentified Flying Object的缩写），碟形的不明飞行物，才被称为飞碟。不仅如此，在很多情况下，一说飞碟，就跟"外星人"飞船画上等号，这是很不妥当的。

难道成千上万次的飞碟事件中，连一件都没有能证明确实有"外星人"宇航员来到地球吗？恕我直言，确实一次也没有，很多所谓的飞碟事件，其真相如何是值得怀疑的。

前面提到的关于智利士兵的例子，流传极广，但遗憾的是，即使是这样一个著名的事例，似乎也没有得到很好的核实和确认。在一位美国飞碟专家访问我国期间，在一次为他举行的小型欢迎会和座谈会上，笔者曾用半分钟不到的时间，非常简略地复述了智利士兵的事之后，提出问题请教，但得到的却是有礼貌的拒绝："我也是从报纸上知道此事的，与卜先生知道的大体差不多，没有什么可补充。"

这位专家在会上作学术交流报告时，曾拿出好几大本，共几百张飞碟照片给大家看，并作了介绍。当有人问到，这些飞碟照片中哪些是百分之百的可靠时，专家以遗憾的口吻说："一张也没有。"

应该承认，作为飞碟进行报道的那些不明飞行物，后来大部分得到了确认，原来都是些我们已经熟悉了的东西。英国有关部门曾对1967～1972年间的1631件飞碟事件进行了调查和分析，结果表明，其中203件是人造地球卫星和其他飞行器的碎片，108件是气球，170件实际是一些明亮的天体，121件属大气中的光学现象，750件是飞机；剩下的279件中，106件的证据不足，没能肯定是什么东西，还有173件有待进一步调查研究。

美国对 1.2 万多件飞碟事件的调查，也得出了类似的结论。调查结果表明，被报道说是飞碟的，实际大部分是下面这些东西：行星尤其是最明亮时的金星，流星和火流星，彗星，天狼星等明亮恒星；气球，飞机乃至飞机自己的影子；云块，海市蜃楼，球状闪电；鸟群、昆虫群；绝大多数则是人造卫星和运载火箭的碎片，如火箭帽等，以及重返大气层的焚烧中的人造天体。

不可否认，某些不明飞行物确实是存在的。因为，大部分目击者在异常现象面前是清醒的和诚实的，观测也是细致的。譬如 1981 年 7 月 24 日晚 10 时 40 分左右，我国甘肃、青海、四川、云南等省市的数百万群众，就亲眼目睹一次异常的不明飞行物，它呈螺旋状，缓缓飞行。

我们应审慎地对待有关飞碟的报道，因为其中很可能有某些我们确实还不知道的自然现象，需要我们去研究、去解释。我们不应该把这类报道一律看做是欺骗，是无稽之谈，而予以绝对的否定。我们应该客观地对待这类问题。

这太不可能了

至于认为飞碟就是"外星人"驾驶的宇宙飞船，地球已在"外星人"的监视之下，他们不断从飞碟母船派出各式飞碟巡视、监察、骚扰我们地球等等，这些传说明显的是不可信赖的，我们可以举出许多理由：

1. 即使飞碟比现有火箭快 100 多倍，以每小时 600 万千米的惊人速度飞向离太阳最近的恒星——比邻星，也得 700 多年。这种载人飞船是难以想象的，更何况这还是离太阳最近的恒星呢。

2. 有人认为，如果能用接近光速的速度飞行，如飞碟可达到光速的99.9999%，这样，宇宙飞行的时间不仅可大大减少，而且在飞船内的"外星人"也会感到时间变慢，青春常在。这时，飞船中的一年零五个月大致可相当于地球上的 1 000 年。且不要以为这样就把问题解决了。从地上起飞的飞船，为了不断加速到这么高的速度，需要一年的时间，即使用的是核燃料，并且飞船的重量不超过 1 吨，它所需的燃料要超过地球的全部质量。且不说飞船到达目的地前的减速过程，以及返程中的加速和减速过程等，都需要同样多的燃料。

3. 退一步说，即使飞碟是由"外星人"驾驶的，他们在茫茫宇宙间飞行了若干年之后，突然发现我们地球这块有山有水、有生命和有人类的宝地之后，理应找个合适的地方停下来，下船出舱，与地球人取得联系。绝不可能像现在这样，神出鬼没，专搞"地下活动"，从不与人类打交道，显得那么没有理智。好像他们远离自己的星球，是专门来与我们开玩笑的。

4. 再退一步说，据比较乐观的估计，我们的银河系中大约有 100 万个文明星球，假定这些文明社会都已经掌握高超的宇宙飞行技术，都很想把自己的信息外传，都每天发射和派遣 10 艘飞船出去遨游和探测，即使这么些飞船又都集中飞向银河系 1/10 的恒星，那么，每 6 年平均才有一艘这样的飞船飞入我们的太阳系。如果那些文明星球不是 1 天发射 10 艘飞船，而是 1 年派出 10 艘，那么平均要隔 2 000 年才有一艘飞船来到太阳系。而且这艘飞船很可能被木星或者土星截获，根本就到不了地球。从目前报道的飞碟之多来看，根本是不可能的。

5. 飞碟如果是"外星人"的无人驾驶飞船，这有可能吗？无人驾驶的"外星人"飞船成为我们地球天空中的不明飞行物，这种可能性是存在的。正像我们发射的"先驱者号"和"旅行者号"各两个探测器，完全可能有一天被其他星球上的智慧生物看做是不知从何而来的不明飞行物。一般说来，来到地球附近的无人驾驶飞船，原来的发射者早已对它失去控制，而且也不知道它飞到了什么地方，因此，这样的飞船的飞行路线大致有三种：一是从地球附近飞过，地球引力只是对它的飞行轨道施加了些摄动的影响，稍改变了些它的轨道，但它仍是飞掠而过，一去不复返；二是它被地球引力俘获，成为地球的外星人人造卫星，这情况类似于我们发射人造月球卫星和人造火星卫星；三是它撞在地面上，砸出一个大坑。根本不可能飞碟有时出现，有时不出现，有时一个、两个，有时一连串好些个结队飞行。

不管怎么说，即使对于技术高度发达的文明星球上的智慧极高的生物来说，飞向遥远空间的宇宙航行，也绝不是件轻而易举的事。

我们相信，浩瀚宇宙海洋的通航，哪怕是局部区域内的通航，只是个时间问题。而在这之前，人造物体完全有可能在某一天以不明飞行物或飞碟的形式飞临地球，但不是现在所说的那些飞碟。

到目前为止，我们既没有真切地、确实无疑地看到过哪怕一个飞碟，也从来没有见过渲染得很多、传说纷纷的"外星人"，我们怎么可以硬把这么些不明飞行物和飞碟，说成是"外星人"的飞船呢？

外星人到过地球吗

　　从报纸、杂志上可以看到不少报道，说是外星人曾经到过地球，有的还出版了书，甚至把据说是外星人的模样都画了出来。

　　说外星人曾经到过地球的，至少有这么几种：

　　一种是把不那么容易说清楚、或者人们暂时还无法解释的现象，统统说成是外星人来到地球时干的，说什么：埃及的金字塔是外星人遗留下来的，太平洋复活节岛上的巨型石像是外星人依自己模样雕凿的，某些地方地上七纵八横的石块是外星人的火箭发射场等等。有人还把山洞里的一些古老岩画，也都看做是外星人留下的美术作品，甚至说是外星人宇航员的自画像。对这类现象的解释，很多确实没能把大家都说服了，这是事实，但也不能就此断定都是由外星人来到地球上干的，谁又拿出过什么确凿可靠和令人信服的证据呢？

　　另一种是把事情说成是就发生在眼前、在周围，就更容易迷惑人，譬如说：看到飞碟降落在什么地方，后来又飞走了；有人被糊里糊涂抓进了飞碟，又糊里糊涂回来了，一会儿工夫，胡子也长出来了，手表也停了；有人把 1908 年 6 月 30 日发生在西伯利亚通古斯河地区上空的巨大爆炸，说成是外星人驾驶的宇宙飞船的失事；某国已捞到了过去失事后沉入海底的外星人宇宙飞船残骸；被冰冻了的外星人正在某国的实验室里接受检验等等。这类报道可以说是多极了，可是，谁都没有拿出哪怕一点点证据，甚至连一张能说明问题的照片也没有。

　　最糟糕的是活灵活现地告诉大家：外星人已经来到地球上，正在某地。这样的荒唐事至少已发生过好几次。一次是 20 世纪 30 年代发生在美国，一家广播公司广播科学幻想剧《大战火星人》，由于精心安排，情景逼真，使得热衷于"火星人"这个热门话题的人，以为火星人真的是来侵犯我们地球了，在全国好多地区引起恐慌和骚乱。另一次是 20 世纪 80 年代发生在当时的苏联，传播媒介连篇累牍地报道外星人已经到了什么地方、在干什么、碰到了谁等等，令人纳闷的是，这种失实的报道竟闹了一两个星期，才被戳穿。

人们不仅希望宇宙空间存在像地球那样可居住的星球，以及像人类那样生活着的外星人，而且希望它能早日成为亲眼目睹的现实，这是可以理解的。但不能因此把与外星人毫不相干的事，都说成是外星人的事，而拿不出任何证据来。

科学家们拟订了庞大的计划，正在探寻地外文明。关于外星人以及他们是否到过地球之类的事，有可能会在很长一段时期里，继续在群众中传来传去。

智慧生命在哪里

其他星球上的智慧生命曾经到过地球吗？

电视台曾放映过一部彩色纪录片《想望将来》，影片介绍了一些令人深感兴趣的历史遗迹，如埃及和墨西哥的金字塔、南太平洋复活节岛上的巨大石像等，并提出了问题：这些都是创造了球外文明的外星人，在远古时代来到地球时留下的业绩吗？

太阳系内再没有智慧生命了

人们原来认为太阳系内，金星、火星以及土星的最大卫星——土卫六上面存在生命的可能性最大，而火星有可能存在智慧生命。1976 年，美国的"海盗号"飞船在火星软着陆之后，"火星人"之谜已真相大白：至少在飞船降落地附近，没有发现任何生命迹象。1980 年 11 月，"旅行者 1号"探测器途经土卫六时，仔细搜寻了生命现象，结果是一无所获。

看来，在太阳系内，除地球外，其他行星和卫星等天体上都没有生命，更没有智慧生命。

银河系内可能有智慧生命

宇宙间已观测到的像我们银河系那样的星系，可能有十亿个之多，太远、太暗而还观测不到的星系，可能是这个数字的几倍。我们的银河系只是一个普通的星系，假定承认它包括约 2 000 亿（2.0×10^{11}）颗像我们的太阳那样的普通恒星，可以肯定，银河系的恒星周围也存在着难以计数的行星和行星系。这些行星上存在着球外文明吗？

银河系里有多少文明星球（我们以字母 M 来代表）？我们必须考虑几个问题。

有多少恒星周围存在着行星

恒星在形成过程中应该都会很自然地产生行星。另外，在我们周围的恒星中，约有一半是双星或聚星，这些恒星即使周围有行星，由于其轨道复杂，生命所需要的条件变化剧烈，生命很难存在。结论是，一半恒星的周围存在着行星。用字母 P 来表示的话，P 的估计指数可以定为 0.5。

多少行星上有可能存在着生命

并不是每个行星系内必然会有适合于发展生命的行星。就我们地球来说，从形成到出现高度的文明，经历了约四十五亿年。这对地球来说是不成问题的，因为我们的太阳是一颗稳定的恒星，其稳定阶段至少有 100 亿年，现在只过去不到一半。地球不仅有足够的时间来产生和发展生命，还将继续发展成更加发达的高度文明社会。如果某颗恒星的生命只有几亿年，或者恒星的温度过高过低，使其周围行星上的物质不可能达到发展生命所必需的合适温度，则都不会有生命。像太阳这样的恒星约占全部恒星的 10%，而每个行星系平均有一个行星适合于发展生命，则本因素（用 E 来表示）可定为 0.1。

上面所说的两个问题纯粹是天文因素，为每个因素所定的指数由天文学研究结果来决定，因而都比较合理。由此可以估计，银河系中适合于发展生命的行星可能达：

$$M = P \times E = 2.0 \times 10^{11} \times 0.5 \times 0.1 = 10 \times 10^9 \text{ 颗} = 100 \text{ 亿颗}$$

下面即将提到的两个问题，可以说是生物学因素，对它们的估计就不像天文因素那样可靠和肯定，因而所给的指数会有很大差别。

正发展着生命的行星有多少

不少的生物学家认为，只要某颗行星具备了生命所需的条件和给以足够的时间，在它上面就必然会产生出生命，这样，指数 L 为 1。也有人认为，这仅是理论上的推理。太阳系内具备发展生命条件的行星不止一个，可是只有地球上有智慧生命。因此，有人主张给以 0.1 这么个低指数。

正发展着智慧生命的行星有多少

也是两种不同观点：一种认为，发展了生命，只要时间足够，就必然发展智慧生命，指数 1 为 1；另一种则认为，地球用了 40 多亿年才发展到智慧生命阶段，但也完全可能在某颗行星上，由于条件较差而花了 200 亿年！地球上也不是所有生物都必然发展为智慧生物，地球上不就是我们人类这一支吗？因此将指数定为 0.1。

天文学因素加上生物学因素以后，对球外文明世界的估计相差一百倍。在我们银河系内，在多少个行星上有外星人呢？

第一种估计：

M = 100 亿 × L × I = 100 亿 × 1 × 1 = 100 亿颗

第二种估计：

M = 100 亿 × L × I = 100 亿 × 0.1 × 0.1 = 1 亿颗

最后要探讨的两个问题是：已发展高超的通信技术的球外文明

CC 有多少，以及这些智慧生命能存在多久（H）。有人把它们叫做社会学因素，比起天文学和生物学因素来，看法更不一致。

已发展通信技术的球外文明有多少

是否所有的智慧社会必然走向掌握星际通信的道路呢？我们地球上的人类正是这样。但并非所有智慧生命都如此。比如，研究表明，海豚的智慧很发达，但它对周围世界并不很关心。宇宙间是否也有这样的球外文明呢？他只关心自己的事，而对其他球外文明则漠不关心！有人认为这个指数 C 定为 0.5 比较合理，有人则趋向于更低的 0.1。

球外文明能存在多久

这最后一个因素 H 最不肯定。有估计为百万年的，也有估计为十万年和一万年的，即相当于太阳稳定阶段的十万分之一（10°）或百万分之一（10^{-6}）。我们暂且取最后两个指数。

综合以上六个因素，取银河系恒星系数为 2 000 亿颗，那么，现在银河系内掌握着星际通信技术的智慧生命的球外文明有：

第一种估计：

$M = P \times E \times L \times I \times C \times H = 2.0 \times 10^{11} \times 0.5 \times 0.1 \times 1 \times 1 \times 0.5 \times 10^{-5} =$ 5 万颗

第二种估计：

$M = 2.0 \times 10^{11} \times 0.5 \times 0.1 \times 0.1 \times 0.1 \times 0.1 \times 10^{-6} = 10$ 颗

如果按第一种估计，那么最近的球外文明社会也许离我们平均有一千或几千光年。如果按第二种估计，则最近的球外文明社会也许至少在几万光年之外。

不论是哪种估计，银河系内球外文明究竟有多少，现在还缺乏可靠证据作肯定的答复。同时，从估计的悬殊也说明这种估计是很不准确的。有人甚至说，在整个银河系中，只有我们地球上有智慧生命和高度文明社会，我们不能说这种估计绝无道理。

球外文明与星际旅行

发现银河系其他行星上有没有智慧生命的最好办法，是进行现场的直接探测。可是，如果最近的球外文明在千、万光年之外，有什么交通工具能比得上光的速度呢？去那里的单程时间要千年、万年的话，在可以预见到的将来，这根本是不可能的事。

根据相对论原理，一个接近光速的物体上的时钟比地球上的钟走得慢。如果一个球外文明世界离我们 4 000 光年，而我们的探测火箭能达到光速的 0.9998（也就是每秒 299 900 千米）的话，那么，对于火箭中的乘务员来说，时间好像延迟了 50 倍，似乎用 80 年走完了这段 4 000 光年的距离。就是这样，也需要几代人的时间了。此外，在有限的火箭运载量中，必须带足几代人单程乃至双程的一切生活所需，这么一支庞大的火箭所需的能量也许会是现在地球每年消耗能量总和的几百到几千倍。因此，在今后相当一段时期内，这种亲眼目睹的考察是根本不可能的。

退一步，那就是用无人的宇宙飞船将我们地球的信息带给外星人。20世纪 70 年代先后发射的两艘"先驱者号"和"旅行者号"探测器，在完成既定的太阳系天体探测任务后，于 20 世纪末先后离开太阳系空间，进入茫茫宇宙。什么样的命运等待着它们呢？科学家希望有朝一日它将被外星人发现。正是由于这种考虑，它们携带了"地球名片"和"地球之音"镀金唱片，不仅能告诉外星人它们来自何方，还能向他们有声有色地概述地球上的各种情景和声响。当然，如果外星人弄明白了一切而立即跟我们通讯联系的话，信息到达地球也许是 22 ～ 24 世纪了。

以上所说的都指的是银河系以内的事，与银河系外球外文明通讯联系的事，自然是更加困难和渺茫。1974 年，一批科学家在波多黎各阿雷西博天文台，用当今世界最大的、直径达 305 米的射电望远镜，向武仙星座M13 球状星团接连发出信息。之所以选择这个目标，是因为它在很小的空间范围内集中着数十万颗恒星，我们的信息被接收到的可能性更大些。但M13 球状星团离我们约 2.4 万光年，那里即使有外星人接获了我们的电波，立即回电，信息回到地球时，已是五万多年过去了。我们五万年后的子孙必须查遍卷帙浩繁的史书，才有可能查到我们这一代老祖宗当初发出了些什么信息呢！

别的星星上有人吗

小明对天上的星星特别感兴趣，问题也特别的多。爸爸答应星期天带他到北京天文馆去参观，这下子小明可高兴了。

"爸爸，我有好些关于星星的问题，譬如说：星星究竟是些什么东西？它们离我们都一样远吗？星星上有人吗？为什么不跟我们通信呢？……"

爸爸肯定了小明这种爱动脑筋、爱想问题是一种好习惯，高兴地给他讲了起来：

亮晶晶的星星是什么

晚上我们看到的满天星星，除了太阳系的行星之外，其余的都是一个个发光、发热的大星球。因为它们离我们太远啦，看起来才显得很小。说它们大，是因为有的比太阳还大；说它们远，因为它们中间最近的一颗就比太阳距地球远 20 多万倍，远一点的有几百万到几千万倍，而太阳离地球足有 1.5 亿千米哩。

太阳是恒星吗

是的。太阳是离我们最近的一颗恒星。夜空中看到的那些星星也都是恒星，它们都是遥远的太阳。它们像太阳一样发热放光，表面有好几千度或上万度哩。

恒星都有行星绕着转吗

到现在为止，发现了一些线索，说明在好些星星周围有行星那样的天体在绕着转，这方面还有大量工作要做，还要靠今后天文学家用威力愈来愈大的望远镜去观察、去发现。

星星上有生命吗

这要看对哪些星星来说。恒星，因为它们的表面温度少说也有几千度，任何生命都是受不了的。在茫茫宇宙之间，要说存在生命，那也只可能存在于绕着这些恒星运动的行星之类的天体上。就像我们的太阳系一样，太阳上没有生命，环绕太阳运行的地球上存在生命。

行星上都有生命吗

不是这样。在星星周围有一大片区域叫生态圈，只有在生态圈里的行星才有可能产生和发展生命。而生态圈的大小和它离中央恒星的远近，跟恒星的大小、温度等有关。

并不是在生态圈里的行星都一定会有生命。就拿我们的太阳系来说，至少地球和火星都在生态圈内。可是，地球上发展了生命，以及具有高度智慧的生命——人，而"海盗号"宇宙飞船在火星上实地考察的结果，并没有发现任何形式的生命，更不要说所谓的"火星人"了。一个行星上是不是有生命，还跟它具备什么条件有关系。

哪些行星上有生命

应该是很多的。就拿我们所在的这个银河系来说，大约就有2 000多亿颗星星。如果十分之一的恒星周围有行星，而每颗恒星的那些行星中只有一颗是在生态圈内，那么，就会有这样的行星20亿个。如果其中有十分之一上面发展了生命，又是十分之一上面发展了高级生命——有智慧的人，这其中又有十分之一发展了像无线电那样与外界联系的工具。那么，在我们银河系里，能和我们通讯联系的行星就可能有一二百万个。

所以，我们可以说，生命以及具有高级智慧的生命，在银河系里是很有可能存在的，甚至可能还不少。

小明听得有些出神了，问爸爸："为什么我们不跟他们通信联系呢？"

"正在联系，科学家用无线电的办法发出了许多联系信号，希望能被他们接收到，希望他们理解我们的意思。但是，这些无线电波到达他们那里也许就要花几百年、几千年或者更长的时间。当然，他们很可能也在寻找我们。"

说话间，已经来到了天文馆，小明脑子中的其他问题也许会在这里找到部分答案。

太阳系外新行星

　　太阳系之外的其他天体上是否存在生命，是个由来已久的热门问题。问题早已从纯然的想象和热切的期望，发展成为理性的思索和实际的探测。显然，生命不可能在表面温度达好几千度乃至上万度的恒星上诞生，也不可能在表面温度常年处于零下上百度的、周围又无合适大气的卫星等小天体上发展起来。生命，尤其是智慧生命，只可能存在于环绕恒星运动、并从它那里吸取必要的能量，而自己又具备相应条件的、像我们地球这样的行星天体上。

　　不言而喻，寻找地外生命首先要解决的问题，是寻找和发现存在于其他恒星周围的行星，特别应该予以关注的是那些有着一定生存条件的行星。

一点历史

　　从20世纪较早年代开始，就不断传出在其他遥远恒星周围发现有可能是行星的消息。进入20世纪80年代后，这类消息更是连绵不断。不止一次，有人公开发布消息：太阳系外的第一颗行星已被发现。可是，有的其真实性直到现在仍有争议，有的则像昙花一现那样很快被否定了。

　　1992年，首先得到认证的太阳系外"行星"，是围绕被称为 B1257 + 12 的脉冲星运动的两个不大的天体，进一步的结论则认为其周围可能还存在另外一颗。脉冲星即快速旋转的中子星，它以具有特殊的物理性质而著称：无线电脉冲周期非常稳定、超高密、超高温、超高压、超强辐射、超强磁场等。脉冲星周围存在行星是个轰动性消息，因为许多天文学家都不清楚这种恒星周围的行星究竟是如何产生的！退一步说，这些天体的行星身份得到证实的话，肯定都是不毛之地，生命是无法在这样的环境中生存的。

被确认为环绕正常恒星运动的太阳系外行星的历史，是从 1995 年开始的。这年的 10 月 6 日，瑞士的两位天文学家梅厄和奎洛兹宣称，发现一颗行星类天体在环绕着飞马座 51 号星运行，它被命名为"飞马 51B"。3 个月之后，美国的两位天文学家马西和巴特勒，又发现了两颗太阳系外的行星：一颗环绕室女座 70 号星，另一颗绕大熊座 47 号星。它们分别被称为"室女 70B"和"大熊 47B"。

在短短的几年中，找到而被确认为是太阳系外行星的天体，已经超过 10 颗，硕果累累。一个值得注意的情况是：自然界是那么丰富多彩，形形色色的行星远比我们原先想象的要丰富得多和复杂得多。

第一批发现的那些太阳系外行星各具特色，这是不难理解的。大体说来，可以把它们分为三类，即：炽热的巨行星、大偏心率行星和木星型行星。有意思的是，最初发现的那三颗太阳系外行星：飞马 51B、室女 70B 和大熊 47B，可以分别看做是这三类的代表。

炽热巨行星

飞马 51 号星是一颗比较暗的 5.5 等星，距离我们太阳系约 40 光年，不借助望远镜的话，在天气特别晴朗、又没有月亮光干扰的夜晚，肉眼可以勉强看到它。飞马 51 只是梅厄和奎洛兹两位天文学家近些年来追踪观测的 142 颗比较近的恒星中的一颗。这些恒星都跟太阳一样是单星，因而在它们周围存在大质量行星的几率较大。通过附加在大望远镜上的高精度摄谱仪，两位天文学家发现飞马 51 的光谱线存在着极小的周期性位移，根据多普勒原理，他们得出结论：它的周围存在行星般天体——飞马 51B。

飞马 51B 的质量为木星的一半弱，它绕主星——飞马 51 的周期出乎想象的短，只 4.2 日，这意味着它离主星很近，仅 0.05 天文单位。天文单位即天文距离单位，一般用来表示不是太大的天体距离，日地之间的距离为 1 天文单位，约 149 597 870 千米，1 光年 = 63 240 天文单位。就是说，飞马 51B 离飞马 51 主星约 700 多万千米。如果把它放到我们的太阳系里来的话，它与太阳之间的距离大约相当于水星到太阳的 1/7！从飞马 51B 上面看主星，后者的视直径约 10°，是从地球上看太阳和月亮时它们视直径的 20 倍，其亮度将会是－34 星等，比我们从地球上看太阳还要亮近千倍。这种亮度就已经是致死的，更不要说它的表面温度约 1 000℃。

在我们太阳系中，大质量行星离太阳都比较远，飞马 51 周围哪来那么多的物质能提供形成巨大天体的条件？这是个待解的谜。

1996 年 4 月，第二颗这样的炽热巨行星被发现，它就是围绕巨蟹座 p 星的巨蟹 pB。在此后的三个月中，又有两颗这样的巨行星被发现，它们是环绕牧夫座 τ 星的牧夫 τB 和环绕仙女座 ν 星的仙女 νB。

上面提到的这四颗主星的表面温度，与我们的太阳相差不那么大，它们各自的行星都离得比较近，而这些行星本身又都不具备生命所需的各种条件，可以肯定，这样的行星上是不可能存在生命的。

大偏心率行星

无论是太阳系内各行星，还是最近发现的那些太阳系之外的行星，它们环绕主星运动的轨道，多数都是近乎圆的椭圆形状，即轨道偏心率都比较小。可是，有三颗新发现的太阳系外行星，其轨道偏心率特别的大，我们称之为"大偏心率行星"。

这里所说的大偏心率行星，第一颗是于 1988 年发现的。它绕着一颗被称为 HD1 14762 的恒星运行，这颗至少有 9 个木星质量那么大的行星，轨道偏心率达 0.35，这就使它离主星距离的变化范围在 0.22～0.46 天文单位。

HD114762 周围的那颗天体，不仅轨道偏心率大，质量比木星大得多，一些天文学家主张不把它称为行星，叫它"褐矮星"。褐矮星可说是介乎恒星和行星之间的一种天体，在化学成分方面它跟木星那样的气态大行星相似，而其形成过程则像恒星那样基本上是个坍缩过程。在长达 8 年的时间里，HD114762 的"伴侣"是我们所知这类型天体中惟一的一个。1996年 1 月，事情有了变化，天文学家在室女座 70 号星的周围发现了一颗后来被称为室女 70B 的天体，它简直算得上是刚提到的那颗天体的"难兄难弟"。室女 70B 的质量是木星的 6.5 倍，距离主星 0.43 天文单位，轨道偏心率达 0.38，绕主星的公转周期为 116.6 日，其间，它与主星之间距离的变化范围是 0.27～0.59 天文单位。

大偏心率行星中的第三颗却是个古怪的天体，它处在由三颗恒星组成的天鹅座 16 号恒星系统中。其中 A 和 B 两星的质量与我们的太阳相当，它们互相绕转，周期达 12 5 万年以上；第三个成员 C 星的质量只及太阳的一半，绕 A、B 运行，距离它们超过 10 万天文单位。被称为古怪天体的这颗太阳系外行星，绕着天鹅座 16 号星系中的 B 星在运动，轨道偏心率达到 0.67，彗星以其轨道偏心率大而著称，我们所说的这颗行星则有过之而无不及。

这类大质量、大偏心率行星是如何形成的，现在还没有正确的解释。有一点是肯定的，即这类行星上不可能存在生命。

木星型行星

有些科学家希望并相信我们所在的太阳系是比较标准的，也就是说，离主星太阳近的那些行星体积较小，主要由石质物质组成，由气体物质组成的行星体积较大且离得远。在这样的天体体系中的某颗天体上，生命的孕育、诞生和发展的可能性更大。因此，如果能在某个恒星周围找到与木星质量和轨道类似的天体，是否会发现另一个像我们这样太阳系的前奏呢？

前面提到，在最初发现的三颗太阳系外行星中，有一颗与木星比较接近，它就是大熊 47B。它的质量是木星的 2.3 倍，离主星大熊 47 号星 2.1 天文单位。无独有偶，美国天文学家盖特伍德发现了两颗与木星更为相像的行星，它们都环绕"莱兰德（Lalande）21 185 号星"运动。莱兰德 21185 号星是离我们太阳系最近的 10 颗恒星中的一颗，距离只有约 8.2 光年，它也是已知有行星环绕着转的恒星中离我们最近的一颗。

其他恒星周围行星的发现用的都是间接方法，而莱兰德 21185 号星周围行星的发现算得上是例外，用的是另外的方法。这种方法需要经过好几年的仔细观测，从逐步积累起来的资料中，得出恒星周围绕行物体的质量和轨道。据认为，莱兰德21185号星周围至少存在两颗木星型行星，与主星之间的距离分别为约2.2和1 1天文单位。有可能在距离更远一些的地方存在着有待发现的第三颗行星。

进一步证认莱兰德21185号星周围确实存在行星，具有十分重大的意义，因为，如果在离太阳那么近的一颗恒星周围存在一个与我们的太阳系类似的另一个太阳系的话，我们就不难想象：在银河系中，像我们这样的太阳系绝不可能只是很少的几个。

近些年来，太阳系外新行星的发现进展很快，这方面的报道很多，既有大体上被证实了的，更有需作进一步论证的。可以预料，21世纪中，这方面的研究将会有更多、更大的成果。

宇宙探索

太阳是颗典型恒星吗

每本天文书上都会明白不过地告诉我们：太阳系的中心天体——太阳，是银河系4亿颗恒星中一颗普普通通的恒星。在难以计数的那么多恒星当中，太阳是离我们最近的一颗，距离约1.5亿千米。因此，天文学家们往往这样叙述太阳与恒星之间的对比关系：恒星的类型各式各样，但它们都是非常遥远的太阳，比我们的太阳远数十百万倍，那都是很平常的事。它们自己都能发光、发热，没有例外；近在"咫尺"的太阳则是最普通的恒星，是遥远恒星的代表。

质量、直径、温度等，是恒星最重要的部分物理要素。由于质量等的不同，恒星的物理特性也就不同，它们的内部结构、演化途径等也都会有很大差异。这些基本要素在恒星物理学的研究中具有特别重要的意义。

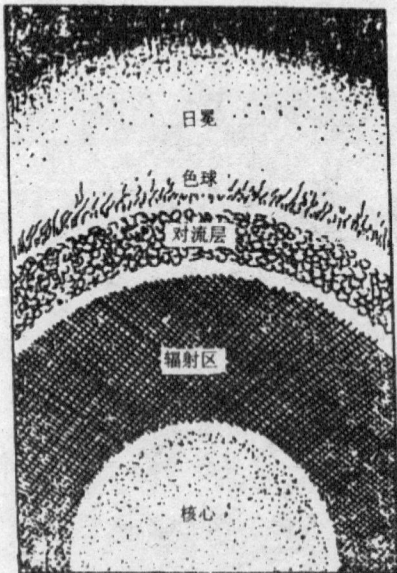

太阳各主要层次示意图

从目前我们所知道的太阳情况来看，无论是它的直径、质量、光度、温度以及光谱类型等各个方面，可说是基本上都处在"比上不足，比下有余"的中等位置上。从太阳在赫罗图上所占位置来看，它是在所谓"主星序"的中段，表明它是颗"黄矮星"，正处在一生中"精力"比较充沛的壮年时期。

太阳的直径约139.2万千米，质量是2 000亿亿亿吨，在表达其他恒星的直径和质量等的时候，为简便和便于比较起见，往往说它的直径和质量是太阳直径和质量的多少倍。

我们且来看看，太阳的一些主要物理要素在恒星中间是怎么个情况。

直径：当前已知的最大恒星，其直径大体上是太阳直径的 2 000 倍，如果这么个庞然大物占据着我们太阳位置的话，不但地球、火星都会被它"吞"掉，就连木星在它"肚子"里转动起来也是绰绰有余；中子星是已知直径最小的恒星，直径约 10 千米，为太阳的十多万分之一。

质量：恒星的质量大体上都在百分之几个太阳质量到 120 个太阳质量之间，而多数恒星则在 0.1～10 个太阳质量之间。以太阳为代表的黄矮星的质量在 0.1～20 个太阳质量之间。

光度：恒星的真正亮度——光度（而不是看起来的亮度）相差甚大，约在 1/300 万到 50 万倍太阳光度之间；黄矮星的光度约在太阳光度的万分之一到 1 万倍之间。

正是从这些物理要素等出发，太阳都在毫不显眼、毫无特殊可言的中等地位，称它为普普通通的恒星，并不是没有道理的。

令人生疑的现象

近些年来，观测工具和手段的日益发展以及研究工作的更加深入，使得天文学家们感到一向被认为是普通恒星、黄矮星型恒星中的典型星——太阳，似乎并不普通，也不典型，而是存在着某些与众不同的特色。

黄矮星的质量一般都比较小，而其代表——太阳却不像与它同类型的多数黄矮星那么小。这使人怀疑太阳是否能算是黄矮星的最恰当代表，它代表得了吗？由于质量上的差异，太阳的好些物理性质就会与以它为代表的太阳型恒星存在好多差别，甚至重大差别。除了我们将要在下面讲到的一些差别外，也许还有些更有说服力的特征尚未被发现。有人估计，也许会有那么一天，太阳的太阳型恒星代表的资格有可能被取消。

恒星的亮度或多或少都会有点变化，对于太阳型恒星来说，这种变化大致是 1%—2%，变化周期为几个小时。太阳的情况怎么样呢？精确的观测证实，太阳亮度的变化幅度比 0.15% 还小，只及应有的 1/10，而变化的周期却长了好几十倍。太阳的表现显然与其他太阳型恒星有点格格不入。

恒星的自转速度是个重要的物理量，科学家们实测了好些黄矮星的自转速度，所得到的结果与理论预测是一致的，即：处于"青壮年"时期的恒星，比起"老年"恒星来，其自转速度要大得多。太阳的年龄约50亿年，这类恒星的自转速度应该是每秒5千米上下，而太阳只有约每秒2千米，显然是低了不少。

一般情况是这样的：恒星的活动性与其自转速度有着密切关系，自转速度越快，其活动性就越强。所谓恒星的活动性，自然包括星冕、色球、耀斑、黑子以及星风等。太阳在其同类型恒星中，是一颗比较稳定和极其宁静的星球，这与它的自转速度特别低有关。

太阳类型的恒星大气中，都有一层被称为色球层的特殊区域。色球层一般都比较活跃，许多活动现象都与它有关系，因此，天文学家们很重视对它的研究。色球层的活动与太阳活动一样，有周期性。对太阳来说，活动周期平均是11年多点；而那些太阳型恒星的活动周期要短些，大致为8~10年。为什么它们会短些呢？令人琢磨不透。

这就是说，太阳名义上是黄矮星类型恒星中的典型，而且被看做其代表，但实际上，随着对它认识的深化，越来越发现它与太阳型恒星之间存在重大的差异。它还能算是普通恒星吗？还能当代表吗？令人怀疑

得天独厚的条件

太阳周围有个庞大的天体系统，光是已发现了的大行星就有9颗。太阳周围的一定范围内，有个所谓的"生态圈"，意思是说，在太阳生态圈内的行星上，才有条件产生和发展生命。太阳生态圈内有两颗行星，它们就是地球和火星。地球上生命的产生和繁衍、人类文明的建立，绝非偶然，而是与太阳提供的条件和地球自身所拥有的条件分不开的。把这些条件看做是地球和人类得天独厚，这并不过分，而太阳所给予的条件应该看成是与它的某些特殊性质有关。

从这个角度看太阳型恒星中的其他恒星，是否也具备某些特殊性质，而能为其周围的行星提供生命生存和发展所需的环境和条件呢？

许多人认为，并不是只有太阳系内才有生命，并不是只有地球上才有智慧生命，银河系中那些与太阳相似的恒星周围，不仅存在着行星，也存

在着处于各种不同发展阶段的生命，包括智慧生命。当然也有持反对观点的，至今仍没有找到地外生命存在的证据，表明包括黄矮星在内的多数恒星的性质只是一般，不像我们太阳那样特殊。这又一次证明太阳并不是一颗普通恒星。

那么，我们的太阳究竟是颗什么样的恒星呢？是颗最普通不过的恒星，还是颗特殊恒星？还是两者兼而有之呢？从目前情况来看，太阳似乎越来越不像是颗普通恒星，表现出越来越多的特殊性，但它究竟会跑得多远，特殊到什么程度，天文学家们正密切注意着这类一时还无法解答的问题，寄希望于将来。

太阳会熄灭吗

冬天的阳光晒在身上暖烘烘，夏天烈日炎炎，把人烤得头昏脑涨，臂膀脱皮。可见，太阳的温度是很高的。你不妨自己动手做个实验：找个放大镜，让太阳光通过放大镜后集中在一点上，用不了几秒钟，放在这个"亮点"上的火柴、纸片就会燃烧起来。这不是很清楚地告诉人们太阳是个很热很热的天体吗？顺便说一句，大家千万不要拿放大镜或望远镜对着太阳看，否则眼睛有被灼伤乃至失明的危险。

有人把太阳看做是个大火球，也有人把太阳说成是一块炽烈燃烧着的大石头。不管怎么说，太阳表面确实"热"得惊人，大体上是 6000℃。这么高的温度是完全超出我们经验的。你可知道，太阳核心部分的温度高得令人难以想象，据认为至少在 1 500 万℃上下！什么东西燃烧能维持这么高的温度呢？这样大规模燃烧又能维持多久呢？一旦"燃料"用完，太阳熄灭了，那该怎么办？

太阳是恒星中离我们最近的一颗，恒星千千万，我们比较着看看这些恒星的能量来源和发展，就可以大体上知道太阳的将来了。

太阳的巨大能量来自它内部的核反应。在反应的过程中，氢"燃烧"而产生另外一种元素"氦"，同时，释放出大量的能量。据说，太阳每秒钟要"烧"掉好几百万吨氢。尽管如此，因为组成太阳的"第一大户"物质就是氢，所以太阳像现在这样发光、发热，已经有四五十亿年了，基本上没有什么可感觉到的变化。

太阳既然在不断地消耗氢，不管它含有多少氢，也不管能消耗多长时间，总有消耗完的一天。那时，内部压力减小，外部的物质就会以很大的速度向中心坠落，中心开始收缩并温度升高，堆积在那里的氦就开始核反应，并产生另一种更重的元素，它就是碳。当然，氦也会有"烧"完的一天，于是轮到碳来起核反应作用了。像太阳这么大的星球，一般估计它的寿命至少有 100 亿年，或者说，在今后的 50 亿年里，它仍将跟现在一样地照耀着人类，我们大可不必担心。

作为一个具体的星球来说，诞生和死亡总是不可避免的，太阳也不会例外，这丝毫也不用大惊小怪。至于其中的许多具体发展和演变细节，以及整个演化过程，现阶段实在是还很不清楚。

太阳黑子从哪里来

　　我国历史典籍《汉书》中的一段文字，被公认为是世界上最早的太阳黑子记录。它记载的是公元前 28 年 5 月 10 日出现在太阳面上的一个大黑子群，已有 2 000 多年的历史。其实，我国古书中很早就有关于太阳黑子的记载，不仅记录下了黑子出没的时日、在太阳面上的位置，而且还根据黑子的形状，很形象地进行了描述，说它像梨、像枣、像飞鸟、像长了三只脚的"乌鸦"等等。有意思的是，20 世纪 70 年代从湖南长沙市东郊马王堆西汉古墓出土的大量文物中，有一幅帛画，也就是画在丝织品上的画，右上角所画的一轮太阳中，很显眼地画了一只"乌鸦"。这无疑是关于黑子的最艺术化表现。

　　欧洲最早的黑子记录在 807 年，也已经有了约 1 200 年的历史。可是直到 17 世纪初，意大利科学家用天文望远镜发现太阳黑子，并确认它是太阳面上的现象之前，欧洲科学家们还不那么清楚黑子是怎么回事。

　　关于太阳黑子的情况，科学家们只是在最近几百年里，才逐步搞清楚了一些。黑子看起来显得那么黑，只是因为它比四周太阳表面的温度要低 2 000℃左右。它本身的温度大致有 4 000℃，太阳表面温度约 6 000℃，在明亮背景的衬托下，温度低的区域就显得很黑了。假如说，太阳面上全是黑子和黑子群的话，太阳仍会是很明亮的，在这种略为变暗的太阳光之下，看书读报是毫无问题的。

　　在太阳面上，黑子有时确实只是个小小的黑点。可别小看这个小黑"点子"，它的直径至少也有成百上千千米呢！更不要说大的黑子和黑子群，可盛得下好几个地球呢！黑子究竟是什么东西？简单说来，它是太阳面上巨大的、成旋涡状的炽热气流。

　　科学家们发现了黑子的许多有趣现象：多数黑子是成群地出现，而在存在的那段时间里，形状和大小等可以说是随时随地都在变化。黑子在太阳面上的活动范围，好像有严格"限制"似的，绝少有跨出太阳南、北纬度40°和跨进赤道两侧5°范围的。黑子从少到多、再从多到少有着明显的周期性，但周期略有变化。黑子有强大的磁场，磁场的变化比较有规律。黑子还与太阳面上的种种活动有着千丝万缕的关系。

呈现出如此众多丰富现象的黑子，其本质究竟如何，到底是怎样形成的，目前还没有被广泛接受的肯定性的结论。譬如，为什么黑子温度比四周要低，有人说是它的磁场阻碍了内部热量的上升，有人则认为是由于黑子中的能量被转移到了黑子之外去的缘故。关于太阳黑子本质的研究，既是天文学家们很感兴趣的问题，也是个颇有难度的课题。

近地小天体会撞上地球吗

彗星和某些小行星都有可能"走"到离我们地球很近的空间来，一般说来，它们都不大，直径从几千米到 10 多千米，这就是我们说的"近地小天体"。

离得近了，就有相撞的危险。地球上的那些大大小小的陨石坑，就是这些小天体或者它们的碎片，在过去某个历史时期中，撞击地面后为地球留下的"纪念品"。这类撞击有的据说发生在几千或几万年前，有的则还要早得多。著名的美国亚利桑那大陨石坑，据说是 2 万多年前，一块直径在 25~80 米间的陨铁，砸在地面上而形成的，它被称为"巴林杰陨石坑"，直径达 1200 米，深 180 米左右。好大的陨石坑！

大家谈得比较多的恐龙灭绝问题，许多科学家都相信，这件事发生在距离现在约 6 500 万年之前。据说，当时一颗直径约 10 千米的近地小天体，很可能是颗小行星，偏离了自己原来的轨道，撞在了现在拉丁美洲墨西哥湾附近的某个地方。由于这是一次特别猛烈的撞击，溅起来的大量尘埃被抛到了高空，在那里形成遮天蔽日的尘埃云，把地球长时间严严实实地包围着。阳光达不到地面，地面气温剧烈下降，植物都枯萎了，那时很多物种都消亡了，恐龙也是在那个时候在很短的时间里从地球上灭迹的。

对于恐龙是在什么时候灭绝的，是"突然"间灭绝的，还是有个过程，以及灭绝的原因是什么等问题，存在着一些争论。从很长很长历史时期的观点看问题，有些科学家认为，发生恐龙灭绝那样的事件并不值得大惊小怪。

同时，科学家们也发出警告：同样从很长很长历史时期的观点看问题，发生一次足以威胁人类或更加严重的、近地小天体对地球的碰撞，可能性是存在的，不过，这种威胁近期还不算严重，倒是需要唤起公众对这类事件的关心和注意。对此也不是没有反对意见的。

　　退一步说，这类碰撞会在什么时候发生，是多大的小天体或其碎片来碰撞地球，会造成怎么样的和多大的灾害等等，都还是未知数，都是些在探讨中的问题。不管怎么说，科学家们提高警惕，对有可能撞到地球上来的近地小天体加强研究，监视它们的活动情况，考虑一些对策，设想一些万全的措施，做到有备无患，那是有必要的。如果因此而恐慌，那就大可不必了。

月背之谜

月球是我们最熟悉的天体之一。它是地球惟一的天然卫星，也是离我们最近的星球，距离约 38.4 万千米，每秒钟可行进 30 万千米的光线，从月球到地球只需要 1.3 秒钟还不到。

遥远的天体固然存在着许多难解的谜，离我们很近的月球，至今仍保留着的谜也不少。

经过数百年的观测和研究，1969～1972 年，六批 12 名宇航员登上月球，确实为我们获得了这个天体的极为丰富和珍贵的情报资料，这是事实。但是，许多的月球之谜，包括一些像起源之类的根本性的问题，其中也包括本题要介绍的月球背面的种种谜，都还没有解决，这也是事实。

月背究竟是怎么样的

由于月球绕轴自转的周期与绕地球公转的周期相同，都是 27.3 天，所以它老以同一面对着地球，它的背面总不被我们直接看见，成为千古哑谜。1959 年 10 月发射成功的"月球 3 号"探测器，在转到月球背面上空六七万千米时，为我们拍得了月球背面的第一批照片，初步揭开了哑谜，从此我们对月背的认识越来越深刻。

经过最近三四十年的探索和研究，科学家们已得到了月背的大量照片和信息。总的说来，月背的全貌是怎么样的，这个问题已解决。但是，稍微深入一点的话，问题不少，月背现在所提出来的各种新谜，比过去那种仅仅是总体面貌不了解的谜，复杂得多，难解得多。

差异可不小呀

月球背面与正面的最大差异是它的大陆性。在已经命名的总共30来个月球"海"、"洋"和"湖"、"沼"、"湾"当中，90%以上都在正面，约占半球面积的1/3。月背上完整的海只有两个，占月背半球面积的10%还不到，这两个不大的海就是莫斯科海和理想海。莫斯科海长约300千米，宽约200千米。

月球背面90%左右的地方都是山地，环形山很多，存在许多巨大的同心圆结构，很具特色。比起正面来，月背地形凹凸不平得厉害，起伏更加悬殊。月背的颜色比正面稍红、稍深一些，大概是由于两个半球上山区和海的面积相差较多的缘故。

为什么月背的结构与正面有那么大的差异，为什么月海都"喜欢"集中在正面，这些都是科学家颇感兴趣的问题。

小同而大异

比起正面来，月背环形山之多有过之而无不及。与正面环形山相同的方面是各环形山的形状千姿百态、千奇百怪，有的也是相互交织在一起。欧姆环形山等跟正面的第谷和哥白尼环形山相像，也都带着长短不等的辐射纹。

不同的是，月背环形山多而且大，只要你看一眼月背照片，立即就会得出这样的概念：环形山是月背的主要特征，它在月背面貌中占无可争辩的主导地位。更加使你惊讶的大概是月背的环形山链。好些环形山像糖葫芦那样串联在一起，弯弯曲曲延伸好几百千米，最长的超过1 000千米，这样的地形结构使人叹为观止。环形山链在月球正面比较少见。

月球正面的南部，环形山较多；而月背的北极地区地形极为复杂，许多环形山相互叠加和交织在一起，形态别致。

月球正面有着好几条著名山脉，如阿尔卑斯山脉、亚平宁山脉等；严格说起来，月背没有明显的山脉。退一步说，如果降低要求，把莫斯科海的四周海岸、一些环形山的环壁和线状地形等，也说成是山脉的话，也许可以勉强过得去。

一般书上说月球直径 3 476 千米，或者半径 1738 千米，都指的是平均直径或平均半径。由于月球并非正球体，有的地方鼓起来一些，半径就比平均半径长些；凹陷下去的地方的半径小于平均半径。

月球的最长半径和最短半径都在月背那个半球上，真也是咄咄怪事。最长半径比平均半径长 4 千米，最短半径在一片叫做"范德格拉夫洼地"那里，比平均半径短了 5 千米。范德格拉夫洼地位于月背的南半球，直径约 210 千米，它本身的深度约 4 千米。它不仅是本地区中最令人感兴趣的一个区域，在某些方面还是独一无二的。譬如说，它的磁场比周围地区的都强，而且还有点异常；放射性的情况也是这样。这种异常情况是否跟它的特殊构造有关系，这是一个值得进一步探讨的问题。

月壳和瘤

从月球内部构造的最上层——月壳来看，月背与月球正面的差别也很显著。月壳又可以细分为上下两层，正面上层月壳的厚度为 2～25 千米，下层月壳为 25～65 千米。月背月壳的厚度普遍较大，平均在 86 千米以上，最厚的地方达到 150 千米左右。

探测器对月球的发现之一，是探测到月瘤的存在。月瘤也叫月质量瘤，是月球表面重力分布呈现出有异常的一些地区。科学家们估计，所以有这种表现，说明在这些地区的月面以下集中着较多高密度的物质。月瘤分布的地区比较广，在雨海、危海、澄海、酒海和湿海等处都有发现。上面提到的只是重力分布正异常地区，此外，还有反异常地区，已发现的有静海、云海等处。令人不解的是，在月背上竟然没有发现任何月瘤，不论是正异常还是反异常的，一个也没有找到。

差异较大，原因何在

月球正面情况科学家们是比较熟悉的，谁知月背情况竟与正面有那么多和那么大的差异。人们自然要问：这是为什么呢？

一种意见认为：对地球上的人来说是发生了一次月全食的时候，对月球来说，那是一次长时间的日全食。原来被太阳烤得特别热的月球正面，突然被地球影子遮住，而且长时间地处于温度特别低的情况下。这样，久而久之，月球正面月壳就会从开始出现小破裂，到后来产生巨大的破裂。

反对者的意见是：月球上发生日全食时，月面温度剧烈变化是事实，形成局部的微不足道的破裂也有可能。但是，月面物质传递热量的本领本来就是很差的，所以，充其量月面温度变化至多只影响月面以下几厘米的地方，而不会造成我们现在所看到的正背两面那么大的差别。再说，月球上发生日全食是常有的事，如果同意那种观点的话，岂非要承认月球上现在也在经常不断地发生那种实际上并不存在的大破裂吗？

另一种意见是：地球吸引月球而使月球本体发生像潮水涨落那样的现象，这种被称为"固体潮"的作用，当然是很小的。但是，不管潮汐作用有多大，由于正面离地球近而受到的作用大，这也会造成月球正背两面的差异。

不少人认为这种见解也是不能成立的。月球正背两面所受到的地球潮汐作用，确实是有差别的，正面受到的要大一些。但是，计算结果表明，大概只相差5‰，潮汐作用的微小差别根本不可能造成正背两半球面貌那么大的差别。

看来，月球正背两面的差别不能用外部原因来解释，应该从月球本身来找，月背面貌是月球内在力量在形成月壳的过程中，起着主导作用而造成的。尽管我们现在还不清楚月背及其特征究竟是如何形成的，将来，谜终究有朝一日会被解开的。

冥王星曾是海王星的卫星吗

在我们太阳系的九大行星当中，冥王星的确有点与众不同。

1930 年，它刚被发现的时候，被认为是太阳系第二小的大行星，比直径 4 880 千米的水星要大些。这种估计维持了近半个世纪，直到 1976 年，国际天文学联合会还把冥王星直径定为 5 000 千米，质量定为地球的 1/10。其间，曾有人一度把它的直径定为 6 800 千米，基本上与火星平起平坐了。

从 20 世纪 70 年代末以后，冥王星的身价连续下跌和暴跌。20 世纪 80 年代末和 90 年代初，它被认为直径只有约 2 300 千米，质量也许只有地球的千分之二三。现在完全可以肯定，冥王星是太阳系里最小的大行星。

这个大行星中的"侏儒"却保持着众多的太阳系行星之最，其中特别值得一提的是它轨道的偏心率和倾角。

行星绕太阳公转的轨道都是椭圆。椭圆也有各种各样的，有很接近于圆的椭圆，也有很扁长的椭圆，一般都用偏心率来表示椭圆的形状。椭圆的偏心率都比 1 小，越接近 1 的椭圆越扁；偏心率越小，椭圆就越接近圆。圆的偏心率是 0。九大行星中以冥王星的轨道偏心率最大，达到 0.25。也就是说，它离太阳最近或最远时，比平均距离各有 25% 的变化。

倾角指的是行星轨道平面与黄道面两者互相交错而形成的角度。黄道实际上就是地球绕太阳公转的轨道，以这个轨道平面，即黄道面为基准的话，九大行星中的 8 颗行星的轨道平面与黄道面相交的角度——倾角，都不大于 7°惟独冥王星超过了 17°，简直是"鹤立鸡群"。

从行星的分类情况来看，冥王星也有点与众不同。根据行星的大小、质量和物质成分的不同，离太阳最近的 4 颗行星，即水星、金星、地球和火星，被称做类地行星；再往远处看的木星、土星、天王星和海王星，都属类木行星。可是，类木行星外面的冥王星不属于这两类行星中的任何一类，被看做是个例外。

在身价暴跌的同时，冥王星表现出那么多的特点，使人们不得不提出这么个问题：这究竟是怎么回事？

无独有偶　相映成趣

在考虑冥王星周围有什么线索可用来解释它的那些特点时，人们发现离冥王星最近的海王星，也是个很有趣的天体。

与冥王星相反，海王星轨道的偏心率只有 0.00785，只及冥王星的三十几分之一。海王星的公转轨道与正圆相差无几，是个非常稳定的轨道。它与金星是九大行星中轨道偏心率最小的两颗行星。海王星轨道的倾角也不大，只有 1·8。

1989 年 8 月，"旅行者 2 号"飞探海王星时，新发现了 6 颗不大的海王星卫星，使它的卫星数增加到 8 颗，不过，原先发现的那两颗卫星的特点仍非常明显，给人深刻印象。海卫一早在海王星被发现的当年，即 1846 年就被观测到了。最新测定它的直径只有 2 720 千米，在已知的 60 多个卫星中名列第七。它的使人惊讶的两个特点是：（1）轨道偏心率为 0，即它绕海王星运行的轨道是正圆形的，这在卫星来说是不多见的；（2）它是逆向运动的，即绕海王星运行的方向与其他多数卫星绕各自行星运行的方向刚好相反，太阳系卫星中也有那么几颗卫星是逆向运动的，但都是些不大的卫星。

过了整整一个世纪之后，于 1949 年发现的海卫二的最大特点是它轨道偏心率特别大，达到 0.75，它离海王星平均约 556 万千米，而它的距离变化范围却是 139 万～973 万千米。海卫二轨道的偏心率不仅远远超过所有的卫星和行星，就是与以偏心率大而著称的彗星相比，也毫不逊色。如果你手中有一张彗星表的话，就能立即看出这一点。大家比较熟悉的哈雷彗星的轨道偏心率是较大的，为 0.97。1965 年我国紫金山天文台发现的"紫金山 1 号"和"紫金山 2 号"两颗彗星的轨道偏心率，就分别只有

0.58 和 0.51，而短周期彗星中轨道偏心率小于 0.7 的俯拾皆是。

轨道偏心率和运行方向如此"奇特"的两颗卫星，都处在冥王星的邻居——海王星的卫星系统内，说明什么呢？

是"逃"出来的吗

考虑到冥王星的直径和质量都不大，而其运行轨道却比较奇特，早在 1934 年，日本学者山本就提出：冥王星是颗很早以前"逃"离了海王星的原海王星卫星。两年之后，里特顿进一步补充了山本的设想，认为现在的冥王星和海卫一同为海王星的卫星时，偶然的机会使两者非常靠近，引力相互作用的结果使海卫一从顺向变为逆向运动，冥王星被"抛"离原来轨道，进入另一条独立轨道，"自立门户"成为直接绕太阳转的行星。当时，冥王星的质量被认为比海卫一的大，尽管两卫星接近的机会不多，但设想有合理的一面，而受到许多人的赞赏。后来，被测得的冥王星质量越来越小，甚至比海卫一都小，说它能使海卫一的运动转向，就难以说服大家了。

在行星科学研究方面作出重要贡献的美国科学家柯伊伯，原则上同意冥王星是从海王星系统里"逃"出来的。1956 年，他指出这次"逃"离发生在海王星及其卫星系统开始形成时的太阳系早期历史阶段。但是，他不同意这样的观点，即两颗正常运行的卫星会有机会接近到能相互起那么大作用的程度，也不同意海卫一的逆向运动是这次"事件"的结果。他还表示，除海卫一之外，太阳系内至少还有 5 颗卫星都是逆向运动，根本不可能会发生那么多次的"事件"。

1979 年，哈林顿等另几位美国天文学家在研究分析了前人的各种假说之后，提出了新的观点。他们认为：当初，海王星至少有 3 颗较大的卫星，即海卫一、海卫二和现在的冥王星。一颗行星从海王星的卫星系统中穿过时，其引力使海卫一改变了原来的运动方向而变为逆向运动，使海卫二的轨道偏心率极大地增大，并把冥王星"抛"离原来轨道。

那么，怎么样的一个天体能造成如此众多的变化呢？哈林顿等人认为，它的质量应是地球的 2～5 倍，在离开海王星系统之后，它循着偏心率很大的轨道绕太阳运动，而目前正处在离太阳比较远的轨道部分。它也就是假设中的太阳系第十大行星——冥外行星。

是由星子聚合成的吗

另外的假说完全无视冥王星是"逃"出来的观点，主张冥王星是由星子凝聚而成的。所谓星子，指的是从气体物质逐渐凝聚成的小块固体物质，通过碰撞、吸积等过程，小星子变成大星子，再聚合成为行星或者卫星。对于后来才形成的行星和卫星来说，星子好比是它们的胚胎。这种假设认为海卫一也好，冥王星也好，原来都是这部分太阳系空间中的星子，它们在凝聚和变大的过程中，被海王星俘获了的那个大星子就是海卫一，走上了独立轨道的那个大星子就是今天的冥王星。至于海卫一和冥王星的大小、轨道等种种情况，主要跟它们的原始状态有关，也就是跟它们的起源和演化有关。

我国已故天文学家戴文赛对太阳系天体的起源和演化，提出过不少精辟的见解，他对冥王星"身世"的看法是这样的：冥王星从来没有担当过海王星卫星的角色，而是由原始星云盘外部区域中的大星子形成的。在太阳系诸天体从原始弥漫星云中开始形成时，星云盘中海王星形成区域相对来说是比较宽的。由于空间范围较大，星子凝聚成行星的过程中，不可能把所有星子都吸积过来，总会有些残存的星子，甚至是较大的星子，继续在海王星附近的空间里循着原先的轨道运行着。在海王星形成的晚期，其形成区内的一个大星子被另一个较大星子碰撞，而将自己的近似圆的轨道变为偏心率很大的轨道，同时轨道倾角也增大好多。它还获得了绕太阳公转的独立轨道，它就是我们今天所说的冥王星。

成为冥王星的那个较大星子可能经历了不止一次的碰撞，其中有一次仅仅是略微碰了一下表面，碰出来的物质被抛到好几万千米远的地方，随后逐渐聚集成为冥王星的卫星。这样形成的冥王星卫星很可能还不止一个。

　　冥王星的起源问题一直牵动着天文学家们的心，是个假说不少而进展不大的谜，它与整个太阳系起源问题密切相关。冥王星自从 1930 年被发现以来，我们对它一直知道得甚少。1978 年 7 月冥王星卫星被发现之后，情况有所好转。我们有理由相信，科学家们一定会越来越了解它，彻底弄清楚它的来龙去脉。但从迄今为止的情况来看，对冥王星的观测、研究还很不够。

超新星之谜

　　爆发规模大大超过新星的，就是超新星，它的亮度能在很短的时间里增加上亿倍，或者更多。说实在的，在已知的恒星世界中，超新星爆发是规模最大和最激烈的爆发现象之一，也是比新星更为稀少的一种宇宙奇观。正因为这样，历史上记载的超新星要比新星少得多。

　　在我们的银河系里，已经被证实了的超新星爆发总共才 6 次。它们发生的年份和所在的星座分别是：公元 185 年，半人马座（我国古书中称它为"南门客星"）；1006 年，豺狼座（周伯星）；1054 年，金牛座（天关客星）；1181 年，仙后座（传舍客星）；1572 年，仙后座（阁道客星）；1604 年，蛇夫座（尾分客星）。其中 185 年和 1006 年的两颗超新星最亮，最亮时比明亮的金星还亮好几十倍到近百倍。此外，还有一些尚待证实的银河系超新星。

　　为什么恒星会那么异乎寻常地爆炸，而成为科学家们非常瞩目的超新星呢？比较流行的一种理论认为，这是大质量恒星，譬如说质量是我们太阳 8 ~ 10 倍的那类恒星，在其演化到晚期阶段而发生核爆炸的罕见现象。就连这么一种较盛行的理论，好些细节甚至许多关键性的问题，都众说纷纭，更不要说其他的假设和学说了。我们在这里略点一下这些假设的名称，不作进一步地解释了：中微子沉淀、快速自转、稳定的超密态、简并态物质的热不稳定，等等。总之，关于超新星的爆发机制现在还很不清楚，可以说，这些方面的研究工作还处在开始阶段，有待于大大地深入探索。

　　不管哪一种理论，都承认超新星爆发是以其自身的崩溃为代价的。爆发结果往往是恒星把组成物质向四面八方完全抛散，速度可以达到每秒好几千千米，甚至更大些，被抛散的物质成为云雾状物在空间边膨胀边扩散。天文学家们都认为，金牛座著名的"蟹状星云"就是 1054 年那颗"天关"超新星的遗迹。如果被抛散的是恒星的绝大部分质量，那么留下的那小部分物质，有可能坍缩成为白矮星、中子星或者黑洞。恒星就这样进入其演化的终了阶段。

关于超新星的研究还有好长的路要走。

脉冲星是怎样的天体

第一颗脉冲星是在 1967 年被发现的，发现者是一位 24 岁的女青年天文研究生。它的特殊性质立即引起科学家们的浓厚兴趣。先是她发现狐狸星座中的一颗星很别致，它发射出来的射电波好比灯塔光那样，呈现一闪一烁的现象。这种被称为射电脉冲现象的周期，当时测得是 1.3372795 秒，或者说，在 1 分钟内，它可以转 45 周。这是多么惊人的快速运动呀！

早在 20 世纪 30 年代，就有人提出了中子星的概念，可是一直没有找到。所谓中子星，即主要由一种叫做中子的基本粒子以及其他一些粒子组成。使人感到惊喜的是，很快得到证实，脉冲星就是快速自转的中子星。

从已发现的数以千百计的脉冲星来看，它的一些性质是出奇的：

它小得出奇，典型的脉冲星的直径只有约 10 千米，可以说是宇宙间最小的天体之一；它的自转周期短得出奇，最长的也只有几秒钟，短的 1 秒钟内可以自转好几百圈；它的密度大得出奇，1 立方厘米的脉冲星物质重好几亿吨；它的温度高得出奇，表面温度可达上千万摄氏度，而我们太阳的中心温度才 1 500 万摄氏度左右，脉冲星的中心温度据信可以达到好几十亿摄氏度；它上面的压力大得出奇，中心可以达到地心压力的 30 万亿亿倍；辐射强得惊人，大体是我们太阳的百万倍以上；磁场强得出奇。

为什么脉冲星具有那么多的极端物理性质？它在科学家们的面前摆出了一大堆有趣而又难解的谜。譬如，脉冲星的重要特征之一，是脉冲周期的变化与周期的长短之间，存在着很明显的关系，周期越长，变化越小，因此，周期越长的脉冲星，年龄就越大。这在一般情况下似乎还是适用的。可是，对于个别脉冲星却闹出了笑话，譬如用这种方法算出来的鹿豹星座的一颗星，年龄竟达到 4 900 亿年，是目前比较公认的宇宙年龄的几十倍。这是绝对不可能的，在宇宙形成之前，它早已存在了，它在哪里呢？

脉冲星的发现才三十多年的时间，已取得的成果不少，但提出来要求予以解答的疑难问题更多。

银河系有多大

　　银河系是我们人类、地球和太阳系所在的恒星系统，我们对它既感到亲切，又倍加关心，这是很自然的。从宇宙空间的角度来说，它也只是一个普通的星系。从我们地球所在的位置向四周看去，星星好像聚集成一条白茫茫的带状物，它投影在天球上就是大家所说的银河，银河系的名称就是这么来的。

　　通过观测对银河系进行研究，至少已有 200 多年的历史，进展比较快的只是 20 世纪一二十年代之后，尤其是最近这些年来。在精益求精和深入了解的基础上，不断修正我们对银河系的认识，这是很自然的事，事实也确实如此，也许是"不识银河系真面目，只缘我们在此系中"，直到今天，对银河系大小这个基本问题，我们知道得还不那么精确。

　　从银河系的总体结构来说，科学家们的认识基本上是一致的，即：银河系由银心、核球、银盘和旋臂、银晕、银冕等部分组成。核球的中心是银心，它本身则在银盘的中间部位，银盘被银晕笼罩着，再外面则是银冕。银河系有 4 条旋臂。关于银河系的大小，尽管随着研究的深入，有关的数据不断得到修正，但分歧是显而易见的。我们从几本权威性较大的书里，取出部分数据来看一看，就可以看到其间的差异还不小。

　　关于核球的直径：最小给出 1 300 光年，较多的是 1.5 万光年左右，也有笼统地提四五千秒差距的，约合 1.3 万～1.6 万光年。

　　关于银盘的直径和厚度：较多的提直径为 8 万一8.5 万光年，最大的给出 30 万光年。厚度少则列 2 000 光年，多则列 3 000～6 500 光年。

　　关于银晕的直径：给出 9.8 万、16 万、30 万光年的都有。

　　我们太阳离银心多远，这是个重要数据，各本书上也不尽相同：2.3 万、2.4 万、2.5 万、3.2 万光年等，最大和最小之间的差别也不小。

我们的银河系究竟有多大？

随着观测设备和观测方法的改进，观测精度的提高，银河系各部分的大小还会有所修正，逐渐趋向一致和比较一致；现在还不那么清楚的，将来会逐步明朗起来。

银河系有多少颗星

在没有月亮的晚上，仰望天空，可以看到一条白茫茫的光带横贯在点点繁星之间。在我国，它有许多名称：天河、银河、天汉、云汉、天杭等。欧洲人称它为"奶路"。

第一个发现银河原来是由千千万万颗恒星组成的，是意大利科学家伽利略。17 世纪初，他用自己刚发明的简陋望远镜对准银河一看，银河里密密麻麻的难以计数的恒星，使他大开眼界并大为惊讶。最早系统地研究银河和银河系的天文学家，是英国的赫歇耳，他把天空分成一些小的天区，随后选择了若干他认为有代表性的天区，仔细地计算这些天区里的星数。据说，他总共清点了 11.7 万颗星。此后，他在 18 世纪 80 年代画出了银河系的第一幅草图。

我们的银河系究竟包含多少颗星（这里所说的星指的是恒星），直到 20 世纪，才开始逐渐明朗。50 年代前后出版的天文书，告诉读者银河系包含 300 亿颗左右的恒星。在后来的相当一段时间里，一般认为银河系包含 1500 亿颗星。今天的估算当然是大大地前进了，多数科学家的估计大体在 2 000 亿~2 500 亿颗星之间。但由于各人所使用的方法和所依据的资料不尽相同，银河系究竟有多少颗星，各人的估计仍存在不小的出入。

比较谨慎的估计认为，银河系包含一两千亿颗恒星，这些恒星的总质量大体是银河系总质量的 90%，其余的 10% 则是由气体和尘埃等组成的星际物质。至于银河系的总质量，一般被定为我们太阳质量的 1 400 亿倍左右。在这种估计中，银河系恒星的平均质量基本上与我们太阳的质量相当。

与此有不小出入的另一种估计，则提出：银河系包含的恒星数在 3 000 亿颗以上，银河系的总质量为太阳质量的 2 000 亿倍，其中的 10% 为星际物质。如果这样的话，则银河系恒星的平均质量明显地小于太阳的质量。

从星数的估计来说，上述两种几乎相差了一倍。从银河系内每颗星的平均质量来说，后者的估计似乎更小些，对银河系星数的估计，哪种更接近实际些，现在还较难下结论。我们期待的是，在掌握更多、更精确资料的基础上，各方面的估计能大体相似，或比较接近，具体到银河系星数这个问题上，这样的要求是合乎情理的。

织女星是另一个太阳系吗

　　织女星这个名字在我国可说是家喻户晓，这跟民间传说"牛郎织女"有很大关系。天上确实有颗织女星，它是天琴星座中最亮的星，也是全天第五亮星。除此之外，它实际上也是颗普普通通的恒星：离我们地球不算远，约26光年；比我们的太阳大些，直径是太阳的2.7倍；表面温度略高，是太阳的1倍，约9 600℃。说织女星像我们的太阳那样，周围可能有更小的天体在绕着转，那只是20世纪80年代以来的事。

　　不管是哪颗恒星，如果在它周围有行星之类天体的话，由于太暗，从地面的光学观测中肯定发现不了它；但是，它表面温度再低，也肯定会向四周发射出红外线。换句话说，通过红外观测发现太阳系外行星的可能性，要比光学观测大得多。可是红外辐射是非常容易受到干扰的，红外观测在地面条件下简直无法进行。比较理想的办法，是把红外望远镜等观测设备发射到离地面很高的高空中去，让它在尽量减少干扰的环境中，充分发挥威力，取得满意的观测结果。

　　1983年1月，美国、英国和荷兰共同研制的"红外天文卫星"发射成功。这是一颗专门从事红外天文观测的卫星，它配备着红外望远镜等观测设备，在离地面约900千米的高度上进行观测，希望能发现新的红外源。在不到一年的飞行和观测中，卫星取得的成果是巨大的，它总共发现了30多万个新天体和一批前所未知的现象，其中包括织女星周围可能存在其他天体的种种迹象。

　　对传送回地球的资料进行分析后，天文学家们认为，织女星周围似乎有固体物质粒子形成的尘埃云。尘埃云的温度很低，不可能是颗恒星般的天体；尘埃云的体积不大，大致与我们太阳系中某颗行星的体积相当。这究竟是什么东西？

　　有人认为这只能是颗行星。如果真是这样的话，织女星就成为我们所知道的另一个太阳系。也有不尽相同的看法，认为也许是颗处在早期阶段和正在形成中的行星，是个行星"胎儿"。更有人以为这只是彗星状物体而已，并非行星。

织女星周围的真相如何，需要更多的红外观测资料，或者从其他观测途径提供的资料，作进一步的澄清。

遥远的邻居——比邻星

读者也许已经注意到，既然说是邻居，怎么又说是遥远的邻居，不是矛盾了吗？

我们要说的是，除了我们的太阳之外的另一颗最近的太阳，它是我们太阳和太阳系的邻居，但它确实是非常的遥远。这颗星就是"比邻星"。

我们的太阳靠自己的热核反应发热、发光，它是太阳系里光和热的源泉，是我们地球上生命得以生存和繁衍的可靠保证。在天文学上，把自己能够发光发热的星叫恒星。太阳是太阳系里惟一的恒星，我们对它都比较熟悉。

恒星是很多的，我们晚间看到的那几千颗闪闪烁烁的星星都是恒星，而更多的恒星，因为太暗，要用望远镜才能看见。这些恒星当中，哪一颗离我们太阳系最近呢？它在什么地方呢？这就是我们要讲的比邻星。

整个天空被分成许多星座，国际通用的星座总共有 88 个，其中有个星座叫半人马星座。比邻星就在半人马星座里面，不过它太暗，不用望远镜是看不见的。

半人马星座中最亮的一颗星叫做"南门二星"，就整个天空来说，在亮度上它名列第三，比我们大家熟悉的织女星还亮一点。南门二星在夏天是比较容易看见的，只是它太靠南，我国北方地区看不见，昆明、桂林、厦门、台北一线以南的地区才能看到它。南门二这颗亮星对于远洋航行者来说，或者对于南半球的居民来说，几乎是没有不认识的。

光是凭眼睛看，那么，南门二是一颗单一的星；如果用稍微好一点的双筒望远镜进行观测，可以看到原来它是由三颗星组成的，这样的恒星"小组"在天文学上叫做三合星。如果我们把这三颗星分别叫它们 A、B、C 的话，那颗 C 星就是离我们最近的比邻星。

南门二这三颗星离我们都比较近，C 星在最近一些年份里，刚好走到了 A、B 两星的前面，与我们太阳系就更近一些，约 4.2 光年；A、B 两星稍为远一点，约 4.35 光年。

我们知道，光年是天文学里面测量遥远距离的一把大尺子，是光线在一年当中走过的距离，相当于 94 600 亿千米。南门二 C 星的距离是 4.2 光年，用千米来表示的话，就是 40 万亿千米，真是名副其实的遥远的邻居。

下面分别介绍一下 A、B、C 三颗星的一些情况。

先说 A 星。A 星的物理性质与我们的太阳差不多，表面温度约6 000℃，与太阳基本相同；它的直径和质量比太阳略大一些。

B 星要比我们的太阳略为小一些，它的直径和质量分别是太阳的 80%和 90%上下。它的表面温度约有 5 000℃。

南门二的这 A、B 两颗星沿着长椭圆形的轨道，互相绕着转，周期是80 年。当它们互相靠得很近的时候，距离约 11 个天文单位。一个天文单位是从地球到太阳的平均距离，约 1.5 亿千米，11 个天文单位大约是十六七亿千米，比从太阳到土星的距离还要大一点。A、B 两颗星互相离得比较远的时候，可以达到 35 个天文单位，相当于 50 多亿千米，比从太阳到海王星的距离还远。

B 星是很容易看到的，只要有一架小望远镜，就能看到它。

南门二这个"小组"中的第三颗星，即 C 星，也就是离我们最近的比邻星，它在很多方面都无法与我们的太阳相比了。C 星的表面温度只有两三千摄氏度，直径是太阳的三分之一还不到，质量只有太阳的九分之一左右。

比邻星是在 1915 年发现的，是一颗比较暗的星。天文学上用星等来表示星的亮度，两颗星差 1 个星等，它们的亮度就差 2.5 倍，差 5 个星等，亮度就差 100 倍。我们眼睛能够看到的最暗的星是 6 等星，而比邻星是 11等星，亮度还要差 5 个星等，也就是说，比邻星的亮度比眼睛能看到的最暗的星，亮度还要差 100 倍，比起很亮的 A 星来，则差了约 3 万倍。由于比邻星的表面温度比较低，它的真正的亮度，或者叫光度也是不大的，只是我们太阳的几千分之一。如果我们的太阳也像比邻星一样的话，那么，它就不会是光辉灿烂的了，看起来大致只有四五十个满月那么亮。

前面说过，南门二的 A、B 两星相距只有几十个天文单位，c 星离 A、B 两星可就相当远了，大约有 3000 天文单位。有人也许会问：C 星离 A、

B 两颗星那么远，它是这个三合星"小组"中的成员吗？是的，这没有什么可怀疑的。C 星就在这么远的距离上绕着 A、B 两颗星转，转一圈的时间非常之长，因此很难计算得非常精确，大致在 50 万年到 100 万年之间。从发现比邻星到现在的八九十年当中，它才在自己的轨道上转了还不到 1°呢！

尽管比邻星是颗很不显眼的、眼睛看不见的星，但它却是颗不寻常的星。它的亮度经常发生变化，天文学上把这种星叫做变星。不仅如此，它属于一类特殊的变星，它的亮度平时基本不变，可是，有时在几秒钟或者几分钟里，亮度突然增加可达一个星等，经过几十分钟之后，又逐渐恢复到原来的样子，好像是突然闪耀了一下。至于它在什么时候增亮以及增亮多少，都显得无规律可找。一般把这样的星叫耀星。包括比邻星在内，在我们太阳附近已经发现了近百颗耀星。耀星的突然发亮，也许跟我们所谓的太阳爆发一样，因此，研究耀星对于了解和研究我们自己的太阳和恒星的活动机制，对于了解恒星的演化，都有很重要的意义。

回过头来我们再说一下南门二。这颗星在历史上可是有地位的，在天文学发展史上，它是最早被测定距离的三颗恒星之一。这三颗恒星是：织女星、天鹅星座的第 61 号星和南门二。

1543 年，伟大的波兰天文学家哥白尼提出太阳中心说之后，一直受到一些天文学家的怀疑。他们问：既然地球绕着太阳转，那么从地球在轨道上的两个不同位置，去看同一颗恒星，这颗恒星在天空中的方向应该是有差别的，可是为什么没有人发现这种叫做周年视差的现象呢？就是哥白尼自己也承认应该有这种现象，他说：现在没有发现，将来会发现的。

此后经过了三百年，直到 19 世纪 30 年代末，从 1837 年到 1839 年，在短短的两年中，天文学家先后测定了三颗星的周年视差，从而为确立太阳中心说而找到了无可辩驳的证据。

南门二三合星是离我们最近的三颗恒星，这个恒星系统里存在行星吗？自然是大家十分关注的问题。

一种意见认为，南门二是个三合星系统，三颗恒星之间、特别是 A、B 两颗恒星之间的互相干扰是很厉害的，很难想象在这样一个复杂的天体系统里能够存在轨道比较稳定的行星。另一些天文学家进行专门研究之后，认为那里是可以存在轨道比较稳定的行星的，这种行星可以是单独环绕着 A 星运动的，也可以是单独环绕着 B 星运动的，或者是环绕着 A、B 两星运动的；另外的一种可能存在的行星则是单独环绕着 C 星运动的。

至于在这些假设的行星上面，是否存在生命，甚至有智慧的生命，问题就更复杂了。因为这样不仅要求行星的运动轨道很稳定，而且牵涉到这些行星距离各自太阳的远近，以及行星上的生态条件和环境，像大气和大气成分、水、温度乃至生命的形式等等。前面讲过，比邻星是颗耀星，有时会突然增加亮度，这意味着它突然发出更多的光和热，这样的太阳是生命无法忍受的。

应该说，尽管南门二的 A、B、C 三颗星离我们很近，终究都远在 40 万亿千米之外，我们对它们的认识还很肤浅，但正在逐步深入。抱乐观态度的人估计，在不久的将来，科学家可以对南门二系统里是否存在行星的问题，作出比较肯定的答复。我们就拭目以待吧！

等了四百年的宇宙奇景

1987 年 2 月，正是南半球的盛暑季节，一个扣人心弦的天文现象——超新星爆发，悄悄地出现在南天的繁星之间。它本是一颗很暗的星，用比较大的望远镜都观测不到，却在几个小时之内，亮度急剧增加到不用任何仪器就能看到它的程度。

意外发现

2 月 23 ~ 24 日夜间，对于加拿大天文学家谢尔顿来说，将是终生难忘的日子。他当时正在智利的拉斯坎帕纳天文台工作。在仔细检查当晚拍摄的一些照片时，大麦哲伦云中的一颗 5 等星引起了他的注意，他有点眼生，这个位置上原来好像没有这么亮的星。他立即找来一张昨夜拍的同一天区的照片，果然，这里有一颗星在一夜之间增亮了十来个星等，即增亮了上万倍。

他被这意料之外的发现兴奋得有点手足无措了，难道这真的是颗肉眼可见的超新星吗?!

上次出现肉眼可见的亮超新星是在 1604 年，人们望眼欲穿地等待了快四百年，才又一次遇上了这么一次难得的机会，难道寻找超新星的"马拉松赛跑"冠军就这样幸运地落在自己头上?! 他迫不及待地跑到室外，想看看它还在不在那个位置上，他一下子就看到了那颗星，激动得差一点没大声叫喊：呀! 真的是超新星!

谢尔顿为自己作了如此重要的发现而高兴，他立即与设在美国哈佛大学的专门负责管理这类发现的国际天文学联合会取得联系，报告在大麦哲伦云中那片被叫做蜘蛛星云的地方，发现了后来被称为 1987A 的超新星。

发现1987A的消息立即传遍了全世界。建立在智利的美洲洲际天文台、欧洲南天天文台以及澳大利亚的一些天文台等，打乱了原先的观测计划，把所有的包括大口径望远镜在内的各种观测设备，一齐对准了超新星，全力以赴进行观测。北半球的天文学家们也纷纷拟订计划，准备行装，飞赴南半球。因为超新星的位置太偏南，北纬20°以北的地区看不到它。

1987A自从于2月份被发现以后，还在继续增亮，这为空间、地面和光学、射电、紫外、X射线等多层次、全波段的观测，提供了有利条件。到4月间，1987A已亮于4等星。

关于大麦哲伦云

1987A这颗肉眼可见超新星，虽不是在我们的银河系内，但可以说已经到了家门口了，十分难得。

鼎鼎大名的大麦哲伦云，以及在天空中位置离它不远的小麦哲伦云，是南天天空中两处显著的目标。葡萄牙航海家麦哲伦于1521年航行到南半球时，曾对它们作过精确描述，后来就以他的名字命名。

大麦哲伦云一直被看做是我们银河系的伴星系，距离约16万光年，以宇宙尺度来说，可说是近在咫尺。它的质量约是我们银河系的1/20，包含着数十亿颗以上的恒星等，是一个名副其实的星系，但习惯上仍称它为"云"。

大麦哲伦云中曾出现过不少超新星，但哪一颗也没有1987A那么亮。1987A所在的那片星云，被形象地称作蜘蛛星云，它是大麦哲伦云中最大的一块弥漫星云，由尘埃物质组成，最大直径约1 800光年，它的结构很复杂。

两类超新星

一颗恒星由于爆发而亮度增加10个星等的话，意味着它增亮了几万倍。它释放出来的能量平均可达 $10^{38} \sim 10^{39}$ 焦耳/秒。太阳每秒钟释放的能量只有约 3.8×10^{26} 焦耳。两者相比，差了多少个数量级呀！

由于本身机制的缘故，一颗恒星在极短的时间内，突然发生极为猛烈的爆发，亮度大增，一鸣惊人。古人以为这是颗"新"诞生的星，叫它新星。这个不恰当的名字将错就错地一直沿用到现在。

爆发规模大大超过新星的，叫超新星。它的亮度可一下子增加千万倍，甚至超过一亿倍，真是惊天动地的大爆炸。它释放的能量可达 $10^{40} \sim 10^{45}$ 焦耳/秒，在不到一个月里，释放出的总能量可相当于太阳在百亿年里释放能量的总和！恒星世界里已知的这种最猛烈的爆发，其结果是恒星本身的崩溃，结束自己的生命。

新星也罢，超新星也罢，实际都是本来早就存在的星，只是原来"其貌不扬"，很暗很暗，有的暗到甚至连大望远镜都无法看到它。如此不显眼的天体，平常当然不会引起科学家们的兴趣和关注。

超新星可分为 I 型和 II 型两类。

I 型超新星一般为年老恒星，质量不大，大致相当于太阳质量的 5 倍上下。它往往是在从临近恒星吸积大量气体达到极限时，爆发、增亮而形成的。

1987A 属 II 型超新星。这类超新星的质量较大，至少有太阳质量的一二十倍，或更多，是些年轻的恒星。当它消耗尽核燃料，所含的轻元素已变成硅、铁那样的重元素之后，核燃烧就停止。因为由核聚变产生的恒星中心的巨大压力已不复存在，恒星就在自身重量的作用下往中心坍缩，产生冲击波，反过来又把正坍缩着的壳层物质"炸"得粉碎，以巨大的速度把这些"碎片"向四面八方抛射出去。能量的释放使得恒星的亮度大增，成为超新星。

上面介绍的大质量恒星晚期演化阶段的核爆炸理论，是关于超新星爆炸机制理论中，较受支持的一种。此外，还存在不少其他的假说和理论，这个领域里仍是众说纷纭的局面。

再说 1987A

1987A 这颗 383 年来能用肉眼直接看到的惟一的亮超新星的出现，使科学家们欣喜若狂。可以预料，今后若干年内，只要一提到超新星，我们会很自然地以它作为例子，就像我们现在经常提到过去的超新星那样。

从统计数字来看，超新星并不少见，每年总能发现一二十颗，但像1987A那么亮，而且离我们银河系那么近的，可以说得上是寥若晨星。

单凭肉眼就能看到的超新星，条件之一是它离我们要近些，最好就在银河系里。到目前为止，在银河系里发现的，并被证认了的亮超新星，两千年来一共只有6颗。它们是185年半人马星座、1006年豺狼座、1054年金牛座、1181年仙后座、1572年仙后座和1604年蛇夫座超新星。我国历史典籍中对这些超新星都有比较详细的记载。其中1572年和1604年出现的那两颗超新星，在欧洲分别被叫做第谷新星和开普勒新星，因为丹麦著名天文学家第谷和德国著名天文学家开普勒，曾分别对它们作过仔细的观测。

是插曲而非对象

一段时期以来，天文学家们一直在议论，我们银河系中的哪颗星可能是自1604年以来亮超新星的候选者。

1987A尽管是四百年来肉眼能见的最亮的、也是最引人注目的超新星，但它毕竟还是在其他星系内，而不是在银河系内。距离16万光年是不算远的，但比起银河系内星与星之间的距离，还是要远得多。

看来，1987A只是个插曲，一个愉快的、受人欢迎的插曲，还不是科学家们等待的对象。根据一些天文学家的意见，在我们银河系这种类型的星系中，比明亮的金星还亮数十倍到百倍的特亮超新星的发生率，大约每千年一次。上面提到的那6颗超新星中，最亮的是1006年的那颗，最亮时达到 -9.5 等星；其次是185年的，达 -8 等。两者分别比金星最亮时还亮百倍和30倍。

从1006年到现在已接近千年，天文学家也确实找到了几颗下届亮超新星的可能候选者。有人认为它将是猎户星座的最亮星——参宿四，或次亮星——参宿七，有人提出了天鹅座最亮星——天津四等。也有人寄希望于船底座 η 星，认为可能性最大，而一旦变为事实，它的亮度至少可与金星并驾齐驱，甚至大大超过，而与月亮不相上下，从而成为历史上数一数二的特亮超新星。

那么，我们还将等待到什么时候呢？从宇宙的时间标准来看，一万年也只是瞬间，几百年又算得了什么呢？当然，也有可能事情将发生在明天或者后天。这又有什么不可能的呢？

类星体的挑战

类星体从发现到现在也只是三四十年的事，它被称为 20 世纪 60 年代天文学的四大发现之一，其余三项发现是脉冲星、星际分子和微波背景辐射。

在刚开始的时候，科学家们发现它们在底片上的形象很像是颗星，但从性质和其他方面来看，它们根本不可能是星，既类似星又不是星，于是它们被称为"类星体"。

观测结果表明，多数类星体的亮度是有变化的。有的在几个月里增亮了 10 多倍，这是非常惊人的；有的虽然没有增亮那么多，但亮度变化的时间却很短，譬如说，只几天。从它的光变那么快来看，它不可能是个像我们银河系那么大的天体系统，而是要小得多，其直径也许只有普通星系的十万分之一到百万分之一，譬如说几光年到 1 光年，甚至更小，只有几"光月"或几"光日"。

这么小的一个天体发出的能量却大得难以想象。它发出来的可见光可比普通星系强百倍，可是，在可见光波段上的能量输出，只是它全部能量输出中不大的一部分。请你想一想，直径只及普通星系好几十万分之一的类星体，发出来的能量却相当于 200~250 个星系能量的总和，这究竟是怎么样的一种天体呢？

除此之外，类星体还有许多其他的了不起的特征，譬如红移大、超光速、强紫外辐射等。

现在多数天文学家都把类星体看做是星系级的天体，即便如此，它的光变剧烈又速度快，体积特小，能量惊人等等几乎是互相矛盾的特征，怎么能都集中在一起呢？这些正是科学家们到现在都还没有搞明白的。

有人认为类星体是一种非常特殊的星系。特殊，这是肯定了的。怎么个特殊法呢？有人认为这是个异乎寻常的中子星，其质量也许是我们太阳质量的好几亿倍。那我们就得问：如此巨大的中子星是从哪里来的呢？是怎么形成的呢？也有人说，它是个特大的大黑洞。黑洞不是不向外辐射出任何东西吗？这又怎样自圆其说呢？

三四十年来的类星体研究，取得了很大的成果，这是不容否定的。可是，直到今天，它究竟是怎样的一种天体，它的那些特征究竟是怎么回事，意见还很分歧。把类星体问题看做是大自然向人类的挑战，是不无道理的，而我们接受挑战才刚刚开始。

宇宙有多大

　　我国战国时期思想家尸佼的著作《尸子》一书中，对宇宙两字下了个简单明了的定义："四方上下曰宇，往古来今曰宙。"换句话说，宇就是四面八方，指空间；宙就是过去、现在和将来，指时间；宇宙就是空间和时间的统一，也就是天地万物的总称。宇宙就是我们周围的世界，是我们用肉眼或者仪器可以观测到的整个空间，以及存在于空间的运动和变化着的形形色色的天体。

　　特别是最近三四百年来，观测工具的威力越来越强大，人们观测所及的范围也越来越扩大，对宇宙的认识越来越深入。

　　16 世纪 40 年代，哥白尼提出"太阳中心说"，"发现"了太阳系。那时，太阳系的范围最远到土星，半径约 10 个天文单位。20 世纪 30 年代，九大行星中离太阳最远的冥王星被发现，太阳系范围的半径已扩大到了约 40 个天文单位。荷兰天文学家奥尔特在 20 世纪 50 年代时提出：在太阳系边缘附近，在距离约为 15 万天文单位的宇宙空间，有个彗星"仓库"。这样的话，太阳系空间的半径至少已有 15 万天文单位，约 22 万多亿千米，用光年来表示的话，约合 2.4 光年。

　　在不断扩大对太阳系范围认识的同时，对宇宙的认识也在逐步加深。18 世纪中叶，天文学家们已经初步意识到，除太阳系这个天体系统外，太阳与其他恒星很可能集合成一个更大的、更高一级的天体系统——银河系。对银河系大小和形状的探讨和研究，直到 20 世纪 20 年代后，才得出比较确定而为天文界接受的结果。银河系的主体叫做银盘，直径约 30 万光年，太阳系只是银河系中一个很小的范围，离银河系中心约 2 万多光年。

　　20 世纪 20 年代，宇宙岛概念的确立，表明类似于银河系那样的、由千百亿颗恒星等组成的天体系统，大量存在，它们被称为星系。银河系是我们所在的星系，相对来说，其他星系一律被叫做河外星系。

　　庞大的星系也不像人们想象的那样都是一个个单独存在，它们有着成团的倾向。我们的银河系与邻近的大、小麦哲伦星云，组成了三重星系；仙女座大星系与另外 6 个星系，组成七重星系。这两个多重星系再加上其他一些星系，组成了一个所谓的本星系群，其成员星系在 40 个以上。本星系群大致是以我们的银河系为中心，空间范围的半径约 300 万光年。

　　本星系群与其他至少 50 多个大小不等的星系群，组成了本超星系团，半径约 5 000 万光年。它的中心在室女、后发座方向。

　　超星系团也并非只存在一个，它们一起组成了总星系，也就是我们现在最强有力的仪器设备所能探测到的空间范围。总星系的半径估计有 100 多亿到 200 来亿光年，其间估计至少有 10 亿个星系，甚至还要多得多。

　　探测手段的高度发展，肯定会使所探测到的范围日趋增大。宇宙间充满各种各样的物质，宇宙间的每个天体都有它自己的诞生、发展、演化和衰亡的历史，都有"生、老、病、死"，无一例外，但作为整体的宇宙来说，它在空间上是无边无际，在时间上是既无开始也无终了。宇宙间的物质处在永恒的运动、发展和演变之中。

附录一 卜德培科普活动简历

40 年代初 被星空吸引，爱上了天文学。

1946 年 发表关于日食的第一篇天文科普文章（上海《大公报》）。

1946 年 出版第一本天文科幻小说《地球的殖民地》（上海新纪元出版社）。

1946 年 购置反射式天文望远镜，口径 8 厘米。

1947 年 与紫金山天文台李元相识，从此互相配合进行天文普及活动。与李元等发起、组织和成立中国青年天文联谊会，又称 Star Club，即"星星俱乐部"的意思，编印联谊会内部通讯（油印）。该联谊会于 1950 年发展成为大众天文社，归中国天文学会领导，为学会下设从事科普活动的机构。

1948 年 参与创办《大众天文》月刊，附刊在《科学大众》内，为当时国内惟一的天文定期刊物。《大众天文》于 1952 年后停刊。

1949 年 加入法国天文学会。

1950 年 加入中国天文学会。

1951 年 先后参与"月亮展览会"（上海中山公园）和"太阳展览会"（上海虹口公园）的规划、制作、展出、解饵等。

1952 年 任上海科学教育电影制片厂科教影片《日食和月食》技术指导。该片为新中国最早拍摄的天文教育影片，由著名天文学家戴文赛担任顾问。

1953 年 7 月 26 日，中国可见月全食。在上海人民广播电台参与由著名天文学家陈遵妫主持的月全食观测现场直播节目，解答群众提问，约 3 小时。

1954 年 从上海调入北京，参与筹建北京天文馆。1957 年 9 月，北京天文馆落成、开幕，为全国最早建立的天文普及和教育专职机构。在该馆工作至 1988 年退休。

1955 年 6 月 20 日，北京可见日偏食。在陈遵妫领导下，与李元等人在北京古观象台上共同主持中央人民广播电台现场观测日食特别节目。

1955 年 参与北京古观象台收归北京天文馆的管理工作。

1956 年 应苏联莫斯科天文馆邀请，赴苏联参观访问莫斯科、列宁格勒（今圣彼得堡）、斯大林格勒（今伏尔加格勒）、基辅等地天文馆、天文台、大学天文系等。

1957 年 作为创办者之一，创办《天文爱好者》杂志。此后负责编辑、终审、出版工作近 30 年。该杂志目前仍在出版，为我国出版时间最长、影响最深广的惟一的天文普及刊物。

1965 年 1 月 3 日，发表《人类是怎样逐步认识宇宙的》（《人民日报》）。

1973 年 作为主要负责人之一，完成"哥白尼诞生五百周年展览"（中国人民对外友好协会、北京天文馆等联合举办）。

1975 年 创办内部情报刊物《天文普及参考资料》（后来改为《天文馆通讯》，现为《天文馆研究》）。

1976 年 参加中国科学院吉林陨石雨综合考察组，并进行有关宣传工作。

1977 年 率领北京天文馆湖南常德陨石雨考察组，取得成果，并进行相关的宣传活动。

1978 年 发表《我国已知陨石的初步统计》调研文章，首次全面统计到当时为止我国已知陨石的有关情况。

1980 年 《中华人民共和国的业余天文活动》（英文）一文，发表在美国《天空和望远镜》杂志 1980 年 10 月号。

1981 年 《中国陨石》（英文）发表于美国权威性的《陨石学》学报 1981 年 6 月号。文章列出中国 67 次陨石陨落资料，使到那时为止英国自然历史博物馆所编《国际陨石目录》各版所列的 11 次中国陨石，增加了 50 次以上。文章受到国内外有关方面的重视。

1982 年 《中国陨石》（英文）发表在加拿大《Nova Note》杂志 1982 年 5～6 期。

1982 年 《来自人民中国的消息》（法文），发表在法国《天空和空间》1982 年第 1 期。

1984 年　参加北京市科学技术委员会国产大型天象仪鉴定会，任秘书长。

1985 年　参加国防科工委发明评选会，评选项目为天象仪运转机构，任评审员。

1985 年　主持和开发为全国各地天文馆和有关单位提供从建筑设计，仪器订购、组装、调试，直到人员培训、展览制作、节目制作等全套咨询服务工作，为上海、天津等地大型天文馆和数十个中小型天文馆的筹建提供咨询。

1986 年　8 月，发表《保护天体标本——陨石》（《人民日报》）。

1986 年　参加国家机械工业委员会下属单位主持的"超星～S10"型小型天象仪鉴定会，任副主任委员。

1987 年　任全国"邮票上的科学文化知识竞赛"评委。

1987 年　应邀参加日本国东京都日中友好协会赴中国山西平遥日环食观测队。

1987 年　《北京古观象台》（英文）以条目形式发表在英国《天文百科全书》中。

1988 年　《人民中国的陨石和陨石坑》（法文），发表在法国《天空和空间》1988 年第 6 期。

1990 年　5 月 28 日，发表《制定陨石保护条例》（《光明日报》）。

1990 年　批判"1999 年大劫难"的谬论，《评所谓"1999 年人类大劫难"》发表于 3 月 9 日《光明日报》。

1990 年　应日本国东京都日中友好协会邀请，赴日参加主要为青少年服务的天文公园——天空馆开幕典礼，作《中国天文学界现状》演讲，并进行学术交流和参观访问。

1990 年　获中国科普作家协会荣誉证书及"建国以来，特别是科普作协成立以来成绩突出的科普作家"称号。

1990 年　为迎接 1992 年国际空间年，联合国秘书长外层空间事务部就拟编辑出版的指导性天文馆手册征询意见，以及要求对手册内容提建议。

1990 年　《中国古代神话》（英文）发表于美国专题集邮协会内部刊物《Astrofax》1990 年第 4 期。

1990 年　《第 2051 号小行星》（英文）发表于美国专题集邮协会内部刊物

《Astrofax》1990 年第 10 期。

1991 年　获北京市科学技术协会颁发的荣誉证书，并因"在创建和发展北京市科学技术协会及其所属团体事业中做出重要贡献"而受到表彰。

1994 年　围绕"彗木相撞"开展科普活动，编写和出版《万古奇观——彗木大碰撞及其留给人类的思考》。

1997 年　被载入美国出版的《世界名人录》第 14 版。

1998 年　开展狮子座流星雨宣传活动。

1998 年　被载入英国剑桥国际传记中心《20 世纪 2000 名杰出人物》，并获银质奖章。

1998 年　被载入香港出版的中文版《世界名人录》。

1998 年　第 6742 号小行星命名为"卞德培星"。

1999 年　赴德国参加 20 世纪最后一次日全食的群众性观测，并进行访问。

1999 年　赴法国参观访问天文馆、天文台、天文机构等。

2000 年　获法国弗拉马利翁奖。

附录二 卞德培编创作品统计

1. 编著、编译的图书

1946 年	地球的殖民地	上海新纪元出版社
1953 年	一年四季	商务印书馆
1954 年	日食和月食	少年儿童出版社
1954 年	天文学图集（1~3 辑）*	上海新亚书店
1955 年	天球仪（带实物）*	上海五一文教用品社
1956 年	太阳的家庭	北京通俗读物出版社
1957 年	简明星图 *	北京科普出版社
1957 年	苏联天文学的光辉成就 *	北京科普出版社
1958 年	日食和月食 *	少年儿童出版社
1959 年	科学技术名词解释（天文手册）*	北京科普出版社
1960 年	青年科技实用辞典	中国青年出版社
1962 年	十万个为什么 *	少年儿童出版社
1965 年	你知道吗（天文·气象）*	中国青年出版社
1980 年	十万个为什么·天文 1 *	少年儿童出版社
1980 年	浪花集 *	北京科普出版社
1980 年	中国大百科全书·天文学 *	中国大百科全书出版社
1982 年	青年天文气象常识 *	中国青年出版社
1982 年	星空的探索 *	香港万里书店
1983 年	博物馆学新编 *	江苏科技出版社
1983 年	智慧的花朵（二）	北京出版社
1983 年	星空、地球和太阳 *	新蕾出版社
1983 年	地球的伙伴 *	新蕾出版社

1983 年	北京指南 *	北京日报
1984 年	天文学和哲学 *	中国社会科学出版社
1984 年	儿童科普佳作选 *	少年儿童出版社
1984 年	科技夜话 *	天津科技出版社
1985 年	青少年科技活动全书（天文分册） *中国青年出版社
1985 年	夏令营 *	北京科技出版社
1985 年	哈雷彗星	新蕾出版社

（1987 年获天津市第二届优秀科普作品二等奖）

1985 年	告诉我，为什么（低年级） *	少年儿童出版社
1985 年	中国大百科全书·固体地球物理
	学、测绘学、空间科学 *	中国大百科全书出版社
1985 年	月亮	民族出版社
1986 年	彗星和流星	民族出版社

（以上两书均被译为哈、朝、蒙等 5 种少数民族文字）

1986 年	党政干部科技必读 *	上海交通大学出版社
1986 年	天文漫谈（续集二） *	北京科普出版社
1986 年	告诉我，为什么（中年级） *	少年儿童出版社
1987 年	告诉我，为什么（高年级） *	少年儿童出版社
1987 年	新太阳系（译） *	上海科技出版社
1987 年	邮票上的科学 *	人民邮电出版社
1987 年	自然之谜大观 *	湖北科技出版社
1988 年	神秘的宇宙	福建教育出版社
1988 年	中国少儿科普作家传略 *	希望出版社
1989 年	宇宙奇观	湖北少年儿童出版社

（1991 年获第五届中国图书奖二等奖）

1991 年	世界博物馆大观 *	旅游教育出版社
1991 年	星空探秘	福建教育出版社
1991 年	宇宙与太阳系 *	北京科普出版社
1991 年	探索星空的足迹	中国少年儿童出版社
1991 年	一万个世界之谜（宇宙分册） *湖北少年儿童出版社
1991 年	少年科学文库 *	湖南少年儿童出版社

1992 年	剖析洋迷信 *	北京出版社
1992 年	新十万个为什么	海洋出版社
1992 年	第十大行星之谜	希望出版社

（1996 年获第三届全国优秀科普作品一等奖）

1993 年	集邮基础知识问答 *	人民邮电出版社
1993 年	太阳系新探	和平出版社
1993 年	奥林匹克物理知识竞赛辅导 *	湖南教育出版社
1993 年	星光灿烂	人民邮电出版社
1993 年	十万个为什么·天文 2 *	少年儿童出版社
1994 年	少年自然百科辞典 *	少年儿童出版社
1995 年	人类在劫难逃吗	广东教育出版社
1995 年	万古奇观	北京科普出版社
1995 年	月	湖南少年儿童出版社
1995 年	天窗怎样打开	广东教育出版社

（1996 年获第十届中国图书奖）

1996 年	航天邮票目录 *	中国民航出版社
1996 年	著名世界之谜 365	湖北科技出版社
1996 年	时空通道中的机遇与挑战 *	江西教育出版社
1997 年	1999 年人类在劫难逃吗	华龄出版社
1997 年	生活中的天文学 *	人民出版社

（1999 年在台湾重新出版）

1997 年	北京天文馆文集 *	北京科技出版社
1997 年	开普勒 *	四川少年儿童出版社
1998 年	话说行星	明天出版社
1998 年	星空观测 ABC *	明天出版社
1998 年	地球小伙伴——月亮	新世纪出版社
1998 年	21 世纪中国少儿科技百科全书 *	和平出版社
1999 年	大自然的召唤 *	科学普及出版社
1999 年	宇宙博物馆 *	天津教育出版社
1999 年	带尾巴的星	浙江少年儿童出版社
1999 年	咫尺天涯话明月	浙江少年儿童出版社

1999 年	从《1999 大劫难》说起	湖南人民出版社
1999 年	震惊世界的"天火"	北京科普出版社
1999 年	第十大行星之谜（修订版）	湖南教育出版社
1999 年	科学怪影 *	北京科普出版社
1999 年	十万个为什么（新世纪版）*	少年儿童出版社
2000 年	我们的宇宙 *	科学普及出版社
2000 年	中国少儿科普 50 年精品文库 *	大象出版社
2000 年	大家知识随笔 *	中国文学出版社
2001 年	20 世纪科普名篇 *	上海科技教育出版社
2001 年	中国儿童百科全书 *	中国大百科全书出版社
2002 年	第十大行星之谜（文集）	辽宁少年儿童出版社
2002 年	太阳系影集 *（待出）	黑龙江科技出版社

注：带 * 者为合作编著、编译图书和合编选集。

2. 历年发表的文章统计

1946 年	1	1984 年	41
1965 年	1	1985 年	38
1978 年	5	1986 年	32
1979 年	10	1987 年	39
1980 年	43	1988 年	48
1981 年	45	1989 年	28
1982 年	59	1990 年	27
1983 年	51	1991 年	12
1992 年	15	1996 年	17
1993 年	35	1997 年	3
1994 年	40	1998 年	27
1995 年	23		

注：以上共计 640 篇。由于众所周知的历史原因，1977 年以前发表的文章等资料，基本散失，已很难统计。

附录三　小行星命名及其他

凝结中日友谊的三颗小行星

李　元　卞德培

1997 年 11 月 12 日，藤井旭同时分别发信给我们。信中传来了令人意想不到的惊喜。

1998 年 4 月 11 日，国际天文学联合会国际小行星中心发布三张小行星出生证：6741 李元，6742 卞德培，6743 廖庆齐。

1998 年的春天

每年都有春天，都有一个芬芳的春天。但是 1998 年的春天在我们的一生中有着特殊的意义，它是一个不平凡的春天。在这一个春天里，我们都获得了一颗小行星的命名。这些小行星都是日本天文学家发现的，通过日本天文学界的友谊之手，送给了我们。在美丽的 5 月，这个消息传遍了中国大地，传遍了五洲四海。中日友谊照耀着三星，也照耀着地球，照耀着同样被太平洋的波浪冲打着的中日两国。这不禁使我们回忆起半年前的一封信。

藤井旭先生传来佳音

在日本东京以北约 200 千米处，有一座天文台——白河天体观测所，这纯粹是一个民间组织的科学机构，所长（或台长）是日本著名的天文普及专家和世界著名的天体摄影家藤井旭。他为天文科普事业贡献了自己的一切。1983 年，藤井旭荣获国际永久编号第 3872 号小行星的命名。藤井旭不但团结了日本大量的天文爱好者，而且在世界上也有众多的天文朋友，从 80 年代起我们就互相通信，普及天文，增进友谊。1997 年 11 月 12 日，藤井旭同时分别发信给北京的李元、卞德培以及远在美国的廖庆齐。信中传来了令人未曾想到的好消息，他说：我愿意建议日本的两位天文学家渡边和郎与圆馆金把他们发现的小行星用你们的名字命名，因为我认为你们对中国的天文普及教育事业作出了卓越的贡献。为此特地向你们征求意见……

对此我们深感荣幸，也非常感谢藤井旭对我们工作的赏识和深情厚谊，于是分别回信表示向有关的日本友人致意，特别是在中日正式建交 25 周年之际。随信附去我们的简历，供申请小行星命名时参考。

小行星命名"列车"开动

从 1997 年 11 月起，藤井旭驾驶的为李、卞、廖命名小行星的"列车"开动了，这"列车"不停地往返于日本境内，通往中国，也通往美国。

12 月 19 日寄来明信片说小行星命名正在顺利进行，不久前他在东京会见了日本天文界权威人物古在由秀（国际天文学联合会前会长），向他

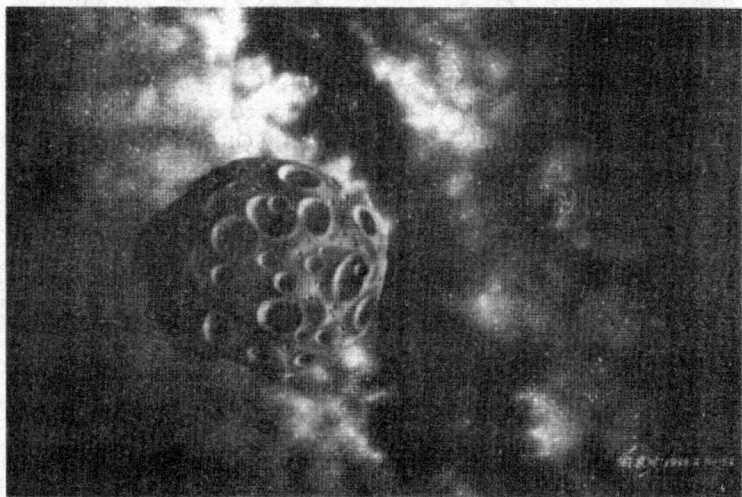

卞德培星（喻京川绘）

谈了这次小行星命名之事。

1998 年新年贺卡说新的小行星很快就要诞生。

1 月 14 日来明信片祝第 6741 号 "李元星"、第 6742 号 "卞德培星" 已经诞生。

1 月 15 日来信说明有关新命名小行星的情况、发现人、命名推荐者等。

1 月 18 日来明信片告诉新小行星的轨道的主要数据（这是确定每颗小行星的必要资料）。

2 月 4 日寄来三颗新小行星的轨道图、1998 年在星空的路线图。图片绘制精确，十分漂亮。

3 月 9 日来信说小行星国际通报可能在 4 月份宣布。

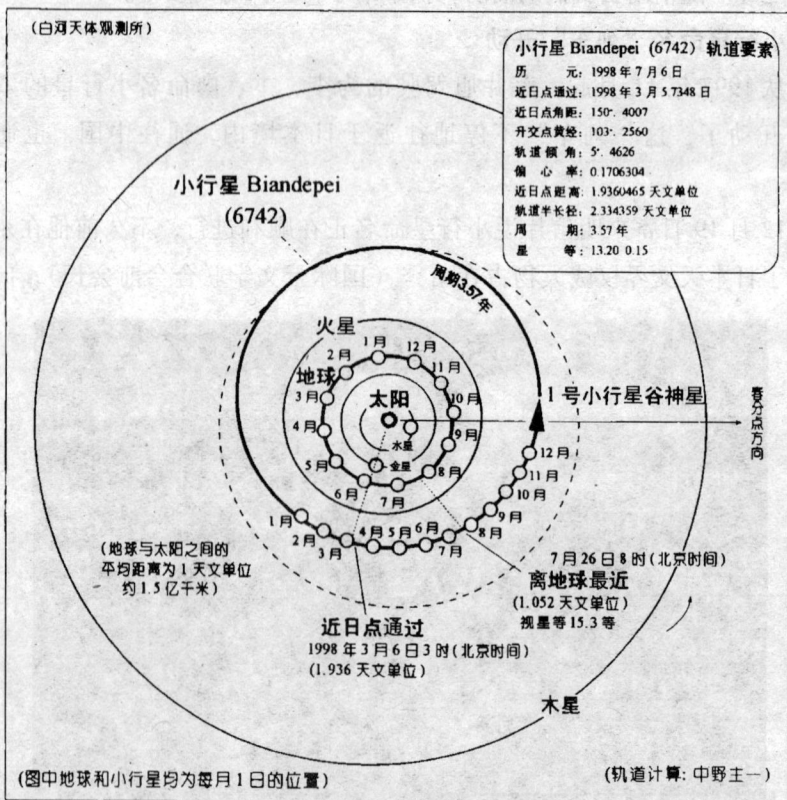

（白河天体观测所）

小行星 Biandepei (6742) 轨道要素	
历　元：	1998 年 7 月 6 日
近日点通过：	1998 年 3 月 5.7348 日
近日点角距：	150°.4007
升交点黄经：	103°.2560
轨道倾角：	5°.4626
偏心率：	0.1706304
近日点距离：	1.9360465 天文单位
轨道半长径：	2.334359 天文单位
周　期：	3.57 年
星　等：	13.20 0.15

小行星 Biandepei (6742)

周期3.57年

火星
地球
太阳
水星
金星

1 号小行星谷神星

春分点方向

（地球与太阳之间的平均距离为 1 天文单位约 1.5 亿千米）

近日点通过
1998 年 3 月 6 日 3 时（北京时间）
（1.936 天文单位）

7 月 26 日 8 时（北京时间）
离地球最近
（1.052 天文单位）
视星等 15.3 等

木星

（图中地球和小行星均为每月 1 日的位置）

（轨道计算：中野主一）

1998 年中第 6742 号小行星在太阳系内的轨道位置图

4月2日寄来新的小行星的照片。

4月24日寄来国际小行星中心的正式命名通报，并代表日本友人致以热烈祝贺！至此，小行星的命名工作全部完成。

回顾将近半年来，日本天文学家为给中国的天文普及专家命名小行星工作，共写了30多封信，都是由藤井旭手写完成的，这种热情，这么细致的工作，这种友谊怎不令人感动呢？这充分表现出日本天文学家对我们的尊重，对我们工作的肯定以及中日人民之间的真诚友谊。

发现一颗小行星并非易事，发现后还要经过一系列的观测、计算、验证才能获得临时编号。又经过若干程序才能得到国际永久编号的认可，然后还要有人向发现人推荐并得到同意才能向位于美国哈佛大学内的国际小行星中心提出申请，送上被命名人的简况，申请命名的理由。最后就是由小行星中心审查、核准并编入《小行星通报》中向全世界公布。由此看来，小行星命名的程序也颇费时日。就以日本来说，当前他们拥有大量的天文爱好者，其中一些人也有不少科学成果，也很有资格获得小行星命名。但是日本友人愿意拿出三颗小行星的命名送给中国，实在是十分珍贵的事！

三张小行星出生证

国际天文学联合会的国际小行星中心在1998年4月11日发出了第31457号《小行星通报》，向世界发布了下列三颗小行星被命名者的简要情况，仿佛就是发出了三张小行星出生证：

（6741）Liyuan（李元）＝1994FX

1994年3月31日由北见观测所K. 圆馆金和K. 渡边和郎发现。

为向李元（1925年生）表示敬意而命名，他是中华人民共和国天文学普及工作者。在北京天文馆于1957年建成的过程中，他起着重要的作用，为中国天文馆事业的带头人。他编著译校了包括天文学在内的50多种科学图书。他也曾不懈地为国内外科普出版工作作出有益的贡献。命名的推荐是两位发现者根据藤井旭、富冈启行和盐野米松的建议作出的。

（6742）Biandepei（卞德培）＝1994GR

1994年4月8日由北见观测所K. 圆馆金和K. 渡边和郎发现。

为向卞德培（1926 年生）表示敬意而命名，他是中华人民共和国科学和天文学普及工作者。他编著了 60 多种图书，一些获得了国家级奖励，发表了 800 多篇文章。在 1954 年建设北京天文馆和 1958 年创办《天文爱好者》杂志等工作中，发挥了重要作用，这两项工作在中国的同类工作中都属首创。命名的推荐是两位发现者根据藤井旭和佐藤健的建议作出的。

(6743) Liu（廖庆齐） = 1994GS

"卞德培星"命名证书

1994 年 4 月 8 日由北见观测所 K. 圆馆金和 K. 渡边和郎发现。

为向廖庆齐（1931 年生）表示敬意而命名，他在建成香港太空馆中起着领导作用，并为首任馆长。由于他对香港天文普及的贡献，1982 年获日本奇罗天文奖，1984 年获英国 MEO 勋章。他也是一位天体摄影家，现居美国加利福尼亚。命名的推荐是两位发现者根据藤井旭和佐藤健的建议作出的。

庆贺来自五洲四海

从 5 月 6 日起，《人民日报》、中央电视台、中央人民广播电台、《人民日报》海外版、《光明日报》、《文汇报》、《科技日报》、《中国科学报》等新闻媒体都先后报道了这次小行星命名的消息。我们很快就收到海内外的电话、电报、信函、诗词的祝贺，包括加拿大、美国、澳大利亚、日本以及香港、台湾等地。

许多报刊也发表了庆贺版面、文章、采访报道。《北京晚报》还特别用头版头条登出"李元星"、"卞德培星"命名的显著消息。中国科协联合北京市科技单位、北京市科学技术研究院、北京天文馆都分别举行了庆贺座谈会，并予以表彰和奖励。一时掀起了一股颇为引人注目的小行星浪潮。这种表扬和赞誉不仅仅是给予个人，而是对科普界，对所有相关单位的普遍鼓励。

为什么会引起庆贺高潮？

这次小行星命名所引起的关注与庆贺高潮是前所未有的，这是为什么呢？可能有下列原因：

1. 由日本天文学家发现的小行星用中国人的名字命名前所未有。

2. 小行星以中国科普作家命名也是第一次。

3. 中国科普界得到国际学会给予的荣誉亦属首次。

4. 小行星命名正值中日邦交正常化 25 周年和中日友好条约签订 20 周年，因此具有纪念意义。

从科普的角度来说，这是对科普工作的重视和尊重；这也是国际上对中国科普工作的评价和认同。这对中国的科普工作无疑是起到了推动和促进作用。

还有特别应该加以说明的一点是，我国正在推行科教兴国的国策，其中科学普及也是重要的一个方面，因此以科普作家命名小行星自然会形成新闻焦点。

中日友谊照耀三星

中日友好活动的积极分子、东京中日友协副会长坂部三次郎曾多次访问中国。1987 年访问北京古观象台时，卞德培和李元曾招待了他，当时我们还为不久将来中国观测日环食的藤井旭等人提供了山西平遥日食情况的资料。那年 9 月，日中友协东京分会就派出藤井旭、富冈启行、盐野米松组成日中日食观测团来华观测日食，并由中国对外友协接待，他们还邀请卞德培、李元加入观测团，共同在山西平遥观测 9 月 23 日的日环食，获得成功。后来还在中日两国的天文学杂志上发表了这次观测的照片。1990 年卞德培等人应邀访问日本，也受到热情接待。

第 6743 号小行星被命名为"廖庆齐星"。他也是我们多年的朋友和同行。1995~1996 年李元访问美国时，曾在加州两次去廖宅访问，并在他所获得的日本奇罗天文奖纪念品前留影，这些都是中日友谊的难忘的往事。

我们相信通过这三颗小行星的命名，中国天文界 3 个人的名字将和小行星群中的藤井旭、圆馆金、渡边和郎等日本天文界等人士的名字交相辉映，象征中日友谊永世长存！

（原载《21 世纪》1998 年第 6 期）

科普情牵半世纪

——记科普作家李元、卞德培

新华社记者 黄 威 《人民日报》记者 陈祖甲

最近，从大洋彼岸传来一个令人振奋的喜讯：为表彰中国科普作家李元、卞德培对科普事业作出的贡献，国际天文学联合会小行星命名委员会通报决定，将两颗永久编号为 6741、6742 的小行星以他们的名字命名。据了解，当代中国科学家中获得小行星命名的不到 10 人，用科普作家姓名命名的则是首次。

风雨同舟五十载

已过古稀之年的李元、卞德培有着相似的从事天文科普的志趣和经历，也是相交半个世纪且情同手足的朋友。

早在1946年，卞德培就发表了介绍日月食现象的科普作品，并出版了约5万字的科幻小说《地球的殖民地》。李元抚摸着那一张张高中时期绘制的发了黄的星空图，感叹地说："从那时起，我的一生就与这些小行星结下了不解之缘。"

李元与卞德培初识于1947年。当时，李元由著名天文学家陈遵妫介绍，在南京紫金山天文台任秘书。卞德培虽然高中毕业后进了上海一家银行当练习生，但仍然喜爱天文学。那年，卞德培把自己写的科幻小说寄到天文台，恰好是李元收到并回了信。1948年，解放大军南下势如破竹，国民党政府要求紫金山天文台搬到台湾。李元等一些爱国的科学工作者到了上海便留了下来。他和卞德培正式见了面，并联络了一批青年天文爱好者，组织了中国天文学会大众天文社，专门向大众普及天文知识。

天文馆事业的先驱

筹建我国第一座大型天文馆，是李元与卞德培天文科普生涯中的重要里程碑。

1954年，国家准备在北京筹建大型天文馆。在李元的邀请下，卞德培毅然辞去了当时收入较丰的银行工作，成为4人筹建小组的一名成员。卞德培回忆起这段历史感慨良多："这是我工作和生活的转折点。"

在筹建北京天文馆的3年中，李元、卞德培参与了规划、考察、选址、建设、落成等全过程。他们全身心地投入这项工程中，克服了缺少实际经验、不熟悉建筑技术等困难，一面查阅有关资料，一面购买设备、组织施工。

1957年9月，我国首座宏伟壮观的大型天文馆耸立在京城西郊，其中人造星空表演节目《到宇宙去旅行》，以身临其境的感受吸引了成千上万的观众。

架设大众通向宇宙的桥梁

多年来，尽管李元的各种接待、办展览等事务性工作很多，但仍忙里偷闲笔耕不辍。他和科学家李珩共同编译了世界科普名著《大众天文学》，参加了《天文普及年历》和《中国大百科全书》的编辑工作。1982 年，李元调到中国科普研究所任外国科普研究室主任，他更多地致力于用美术手段宣传太空的事业。他推荐和引进几十种国外著名的科普与美术作品，组织举办了"宇宙美术"、"宇宙在召唤"等大型太空美术展览。去年，他与人合译的《星图手册》在台湾出版。1987 年，李元成为我国"天文馆事业的先驱者"荣誉奖惟一获得者。1990 年，他与卜德培同时获得"建国以来有突出贡献的科普作家"称号。

读者喜爱的《天文爱好者》杂志陪伴了卜德培的大半生。他从 1957 年创办杂志以来，用自己的心血浇灌着这朵迄今仍是国内惟一的天文科普刊物之花。他至今共为不同层次的读者撰写发表作品 60 多种、800 多篇。他写了《六十多吨重的一枚"硬币"》、《星空、地球和太阳》、《地球的伙伴》等许多闻名的少儿科普作品，他还是《中国大百科全书》、《少年百科全书》、《十万个为什么》等丛书的撰稿人。1995 年，卜德培不幸身患癌症，但他经过手术治疗后坚持参加了《生活中的天文学》、《北京天文馆文集》等书的编撰工作，他还专门写了两本抨击迷信言论的科普书籍。卜德培曾获"北京市先进科普工作者"光荣称号。

附《人民日报》"短评"：

星耀中华科普

经日本天文学家推荐、国际天文学联合会批准，两颗由日本天文学家发现的小行星，用中国两位著名科普作家李元、卜德培的姓名命名。

李元、卜德培两位先生都已年逾古稀。他们之所以能够得到如此殊荣，是因为他们在科普事业上作出了卓越贡献。他们的实践再一次证明普及科学知识、传播科学精神、指点科学方法是提高中华民族科学文化素质的重要手段，在社会主义初级阶段的建设中，愈来愈显出其不可或缺的重要性。

科学普及是一项社会公益事业，从事科普活动，对于经济和科学技术的发展，对于社会进步的作用，往往是潜移默化的，而意义却是长远的。

科普不仅有利于物质文明建设，而且有利于精神文明建设，有利于大众树立正确的世界观、人生观和价值观。我们应从国家全局的高度来看待科学普及事业。

普及科学技术知识、科学精神和科学方法，不仅仅是为数不多的科普作家的任务，我们还希望广大科技工作者都来参与，把国内外科学技术的新知识、新思想、新成就、新方法介绍给群众。

（原载 1998 年 5 月 13 日《人民日报》）

让我们认识这些星

《科技日报》记者 延 宏

1998 年 4 月 11 日，国际天文学联合会向全世界天文界宣告：国际永久编号第 6741、6742 号小行星分别以中国科学和天文学普及工作者李元、卞德培的名字命名。从此，铭刻中华儿女风采的一对科普双星，遨游太空，名垂银汉。

来自扶桑的关怀

1997 年 11 月中旬，两位历经半个世纪的沧桑，执著耕耘于科普事业的中国科普作家李元、卞德培在同一时刻分别接到了一封远自日本白河天体观测所（天文台）所长藤井旭的信函，提出他和佐藤健（广岛儿童文化科学馆天文馆馆长）等建议将两位日本天文学家（渡边和郎、圆馆金）发现的两颗小行星分别以李元、卞德培的名字命名，理由是"我们认为先生在中国天文普及教育工作中作出了卓越的贡献"。

这封充满天文工作者的关怀、充满日中一衣带水友谊的飞鸿，深深震撼了两位科普战线的老兵。是啊，在他们勤勉一生、古稀之际，能够受到如此理解与关怀，又怎么能不感慨万千呢？他们提笔抒发感激之情："这封信充满了日中友谊，也为我们带来如此重要的好消息。我们向您以及渡边和郎、圆馆金先生致意。这件事发生在中日建交 25 周年的时刻，也许更值得纪念……"

日本人办事就是讲效率。他们在征询有关方面和李、卞意见后，于

1997 年 12 月就上报国际天文学联合会小行星命名中心，而 1998 年 1 月即得到批准。

据了解，日本科学家将自己发现的小行星用中国人的名字命名，这是第一次；我国科普作家获得小行星命名殊荣，这也是第一次。

根据国际规定，新小行星经过多次观测被证实后，由国际小行星中心给予永久编号，并将命名权授予发现者。各国对小行星的命名都比较慎重，有自己的要求和做法。1998 年 1 月，《北京晚报》关于北京天文台获小行星命名的一则消息中提到：将按国际小行星中心的命名原则和中国科学院关于我国发现的小行星命名的指导意见，用以各种形式对科学事业作出巨大贡献的人和有纪念意义的地名命名。

如果说日本天文界以自己的要求和做法命名小行星的话，那么，此次小行星命名，无疑道出了日本天文界对被命名者半个世纪来科普工作和活动的评价及崇尚，表达了对我们国家、我国天文界的敬意和友好情感。

梅花香自苦寒来

中学时代的卜德培，偶然读到几本天书，那伟大而神秘的宇宙，深深打动了这颗稚嫩的心灵。学校图书馆仅有的几本天文书，很快就不能满足他的需求，可是又买不起，于是，他开始抄书和做笔记。

被星空魅力吸引着的卜德培，希望别人也能感染宇宙之美。1946 年，他在上海《大公报》上发表了第一篇科普知识小品；接着，又大胆地写了第一本书——5 万字的科学幻想小说《地球的殖民地》；后来，他又用自己多年的积蓄，买回一架口径 8 厘米的反射望远镜，既自己观察天象，也用作流动服务的工具。

1947 年，卜德培与李元相识，这对两个同是孤掌难鸣的天文爱好者来说，真可谓相得益彰。从此，他们视科普为己任，发挥各自的特长和优势，大力普及天文知识。

1948 年，他们组织青年天文联谊会（后为中国天文学会大众天文社），专门从事普及宣传天文知识。相隔数十年的今天，当初的一批青年同好，后来都走上了天文工作岗位，并相继成为各天文机构的骨干。

1954 年起，李元、卜德培又共同担负起筹建我国第一座天文馆——北京天文馆的重任；主持了于 1958 年创刊、现在仍继续出版的《天文爱好者》杂志；而那些利用形象资料、视听手段的星空表演节目，至今为观众流连忘返。仅从这些开创性的部分工作看，就成绩显著，意义非凡。早在1990 年，中国科普作协就审定他们为"建国以来，特别是科普作协成立以来成绩突出的科普作家"。

科普事业任重道远

人们常说天文学家的胸怀，就像深邃的太空那样浩瀚无际。当我为此次小行星命名采访两位获此殊荣的老人时，他们全然没有载誉而返的欣喜，甚或荣归乡里的松ేడ。相反，他们以天文学家特有的眼光和胸襟，更加热切而深沉地关注我国的科普事业。

"科普工作并非可有可无，不仅是'必要'，而且是'关键'所在。整体国力的提高是与全民素质的提高息息相关。一个国家人民的相当百分比是科盲的情况下，就谈不上全民素质的提高。难以设想，一个这样的国家能在 21 世纪中，站在强国之林。"卞德培先生先就综合国力与科普谈了自己的看法。

李元先生认为，小行星命名这件事说明了我国的科普工作是受到了国内外的了解、重视和赞赏的。因此，我们的科普工作不但为人民群众起到了认识自然、建设祖国、破除迷信的作用，而且也为国增了光。

接着，卞德培先生又谈起了科研、教学和普及三者的关系："三者既有明确分工，又相互渗透，或者说相辅相成。不仅是三者缺一不可，如果在侧重上有所偏差，也会造成严重后果。我国的科研和教学工作需要持续不断地大大加强和发展，而从科普工作的历史重任和现实情况之间的不相称来说，则更是要从思想认识、观念转变、具体措施、政策倾斜、物质支持等等大大加强。"

他还语气沉重地说："地球是我们确知有人类生存的惟一星球，可是，从宇宙的角度看，这是一个小得很的星球，它所受到的威胁却不少，来自空间的，来自地球本身的，来自人类对地球管理不善等等。天文学知识的普及，会使人们更深一层理解'我们只有一个地球'的全部含义。"

听着这发自肺腑的铮铮言语，你能不为我们中华民族有这样的赤诚之子而充满希望吗？你能不为我们的国度有这样的科技之星而倍感骄傲吗？

令人更加感叹的是，当记者连续采访几位科学家或科普工作者时，他们在欣喜之余，无一不表现出冷静的思索。中国科普研究所研究员郭正谊说："近年来，科普宣传相对衰微，而占星算命等封建迷信、唯心主义甚嚣尘上。我以为精神文明建设不能脱离现代科学。而科普宣传偏于实用或猎奇志怪，忘其宣传科学精神及辩证唯物主义的主旨，应为大忌，其结果是宇宙人（实际是新上帝）创造地球文化之类的伪科学宣传搞乱了人们的思想，而真正的天文知识普及被认为是'软'的而被遗弃。所以，一方面我们应该学习李元、卞德培多年来从事科普工作的执著精神、老骥伏枥的精神；另一方面也应以他们获得殊荣为契机，考虑一下如何多调动年轻人的积极性，加以正确引导，这是科普事业后继有人，十分值得我们重视的问题。"

中科院北京天文台研究员李竞认为，李、卞两位首先是天文学家，然后才是作家。只有某一领域的专家，才能在普及其知识时言之有物、融会贯通，不人云亦云、贻误后学。他还列举国外实例说明科普文章都是由著名科学家担纲。同时，他对科研单位做评定职称依据的"业绩"，至今不能将撰写科普文章或从事科普活动记录其中表示质疑；他对某天文台以某"大款"的名字命名小行星不以为然。

的确，中国的科普事业虽然取得了令人瞩目的成就，但仍有许多失误和遗憾。愿我们能像在星际日夜飞行的"李元星"、"卞德培星"那样，永远不停地前进，为中国科普事业作出贡献。

附《科技日报》"主编导言"：

是星，就会闪耀

沈英甲

最近，经过国际天文学联合会小行星命名委员会批准，日本两位天文学家在今年春天将发现的两颗小行星，分别以两位中国科普作家的名字命名。这当然是莫大的殊荣！我们向这两位科普作家表示祝贺，也为他们高兴。

以两位中国科普作家的名字为小行星命名，实在是一桩具有重大意义的事件，这说明中国科普作家的能力已为世界所认可，也说明科普作家是"务正业"的科技工作者，他们为提高民族素质所作的贡献有目共睹。

我认识李元和卞德培两位科普作家还是在 80 年代中期，记得，1986 年举世争睹哈雷彗星回归，卞德培先生真是忙得很。在北京天文馆办公楼前的院子里，几台天文望远镜正在卞德培先生的指导下紧张调试。卞德培先生递给我一个单筒天文望远镜——铜制的镜身磨得闪闪发光，已经相当古老，问世总有半个世纪了。卞德培先生曾用它进行了不少天文观测。作为《天文爱好者》杂志的创始人，卞德培先生做了一位学者和科普作家所能做的一切。也是在那时，我也认识了李元先生。正是由于他的努力，日本太空画画家岩崎贺都彰和美国太空画画家邦艾斯泰描绘灿烂星空的美术作品才得以与中国的年轻人见面。北京天文馆曾专门为这两位国际知名科学普及画家，举办了画展，盛况空前。参观者在充满希冀和神秘感的太空画前流连忘返。也就是从这时起，我国就很快出现了第一代太空画画家。

在这里，我们也要感谢发现这两颗小行星的日本天文学家圆馆金和渡边和郎，他们的无私和友善打动了我们。

科普正成为我们知识不可或缺的来源，科普作家正成为我们的良师益友。

是星，就会闪耀！

（原载 1998 年 5 月 16 日《科技日报》）

科普界双星

龚雪辉

像每一个人有姓名一样，天文工作者对于被发现的小行星，除给它们编号外，也用人类杰出人物的名字为它们命名，以寓意他们的名字像星光一样辉映大地。

1998 年 5 月 25 日，北京中国科技会堂，当两位年过七旬的老者在这里微笑着接受人们的祝贺的时候，两颗以他们名字命名的小行星正在茫茫宇宙中运行。

此前，一份发自美国的通报说，为了向两位中国的科普工作者李元、卜德培表示敬意，国际天文学联合会小行星命名委员会决定以他们的名字命名两颗新近发现的小行星。

这并不是科普界升起的两颗新星，两位老作家已为共和国的科普事业默默奉献了半个世纪。

守望星星的事业

11 年前，我国"天文馆事业的先驱者"荣誉称号授予了李元研究员，他是这一称号的惟一获得者。我国第一座大型天文馆——北京天文馆如今已经走过 40 多年的风雨历程，李元一直是这个科普园地的守望者。

1943 年，18 岁的李元加入中国天文学会。对天文产生兴趣，更是早于这个时候。1947 年 2 月，李元来到了向往已久的紫金山天文台，担任过台务秘书、天文普及组组长。1948 年，大势已去的国民党政府要求紫金山天文台南迁台湾。一些爱国的科学工作者到了上海便不走了，他们热切地盼望着新中国的成立，这其中就有李元。

1954 年，李元被调到北京参与北京天文馆的筹建工作。李元和他的同事们白手起家，克服了缺少实际经验，不熟悉建筑技术等诸多困难，全身心投入了筹建工作。3 年后，我国首座雄伟壮观的天文馆矗立在北京西郊。40 多年来，这里吸引了无数的天文爱好者。

1982 年，李元调任中国科普研究所外国科普研究室主任。此后他更多地致力于中外科普界的交流与合作，不懈地为国内外科普出版工作奔走。在此期间，他推荐和引进了几十种国外著名的科普美术作品来到中国。他组织举办的"宇宙美术"、"宇宙在召唤"等展览以美术手段宣传太空事业，向观众形象地展示了无穷太空的无穷魅力。

李老是在 1945 年开始科普创作的，近半个世纪来他编著、译校的科普书刊有 50 多种，散登文章 500 多篇，总计 400 万字。他还推荐引进了 50 余种外国著名的科普图书、影视片。

与星星的不解之缘

翻开卜德培的作品，发现笔名很有意思：星友、星兵……标题也有规律：《第十大行星之谜》、《金星的启示》……从小就望星星、写星星的卜老与星星打了一辈子交道,当被问起有没有想到有朝一日名挂太空时,年逾古稀的老人却连连摇头。

20世纪40年代,卞德培在上海的一所教会学校读中学。早在那时,他就显示出对天文的浓厚兴趣。高中毕业后他就职于一家外国银行,仍醉心于天文,不久在《大公报》上发表了自己的第一篇科普文章。1946年,他的第一本科普读物、科幻小说《地球的殖民地》由上海新纪元出版社出版。他把这本小册子寄给了南京紫金山天文台,不久就收到了时任该台秘书的李元的来信。在此期间,经同事介绍卞德培还加入了法国天文学会,直到今天,法国天文学会还给这位已有近50年会龄的老会员按月寄刊物。

1953年,卞德培辞去收入丰厚的外国银行工作,来到百废待兴的上海科普协会。翌年,正在筹办北京天文馆的李元极力推荐卞德培北上共事。不久,全国科普协会借调卞德培到北京参与北京天文馆的筹建工作,这一"借"便是半个世纪。

卞德培不仅是北京天文馆的创办者之一,他还与陈遵妫合作,在1958年创办了我国迄今惟一的天文科普刊物——《天文爱好者》。这本倾注了卞老大半生心血的刊物曾经影响一代又一代的青年读者。今天的许多天文学者就是被这一刊物感召加入天文大军的。

一辈子与文字打交道的卞老到底写了多少,他自己也说不上来了。据不完全统计,半个世纪来,他共出版(包括合著、翻译)科普图书70余种,发表文章近800篇。其中的《宇宙奇观》、《天窗怎样打开》两书获中国图书奖。

邃空喜报耀双星

获悉"李元星"、"卞德培星"的命名消息,中国科普作家协会、中国天文学会、北京天文馆的工作人员都非常高兴,因为两人同是这些单位的成员。凭着共同的志趣,两人走到了一起。在并肩战斗的过程中,两人结下了深厚的友谊。

李元与卞德培初识于1947年的那一次通信,卞德培当时以为这位李元秘书一定是有胡子的,后来才知道李元只比自己年长一岁。南京紫金山天文台搬到上海后,两人过从甚密。他们联络10多位志同道合的青年,牵头成立了中国青年天文联谊会,出版油印刊物,普及天文知识。

卞德培到北京工作是由李元推荐的。刚刚结婚的卞德培受朋友和事业的召唤来到北京，与李元一起参加了北京天文馆 4 人筹建小组。在筹建该馆的 3 年中，两人忙里忙外，参与了规划、考察、选址、建设、落成等全过程。北京天文馆老馆长陈遵妫当时称两人为左膀右臂。当问及一生所做的最重要的工作是什么时，两位老人不约而同地提到了北京天文馆的创建。那是半个世纪的心血和友谊的见证。

两位作家像辛勤的园丁在科普这块苗圃里耕耘了半个世纪。共和国也给了他们很高的荣誉。他们两人往往同时站到一个领奖台上。1990 年，两人共获"建国以来有突出贡献的科普作家"称号。

去年 11 月 12 日，日本天文学家藤井旭给两位作家来信，最先报告了准备用他们的名字命名两颗小行星的消息。这一喜讯令科普界振奋，令科学界欣喜。书法家沈左尧的一首七律表达了人们的共同心情。

> 邈空喜报耀双星，百世千秋铸令名。
> 自古学渊多贤哲，于今科普获殊勋。
> 神游宇宙胸襟阔，目察乾坤心窍明。
> 共汲银河饮智液，钦天华夏早争春。

（原载 1998 年 6 月 2 日《光明日报》）

他们的名字挂到了天上

《中国航天报》记者　杨　建

1998 年 5 月 6 日，一条题为《我国科普作家名挂太空》的新华社电讯引起了许多人的注意。不了解内情的人纷纷问：李元、卞德培是谁？然而，许多天文爱好者则对这两个名字再熟悉不过了，他们是我国著名科普作家，为天文学科普事业作出了卓越贡献。

耀眼的"双子星座"

1998 年 4 月 11 日，国际小行星中心发出第 31457 号《小行星通报》，向各国有关方面正式通告：第 6741 号和第 6742 号小行星分别以中国的两位天文学普及工作者李元和卞德培的名字命名。

至此，在浩瀚星空中，又多了两个中国人的名字。这本身当然是有意义的，但更有意义的是，这次用科普作家的名字命名天体，在我国科普界是第一次，而且他们是被国际友人推荐，并被国际组织正式命名的。这充分说明以李元和卞德培为代表的我国的广大科普工作者的工作，得到了国际科学界的重视和肯定。

李元和卞德培从 1946 年开始从事科普创作，至今已半个多世纪。当时，李元是南京紫金山天文台的工作人员，卞德培是上海的天文爱好者，两人通过书信相识。共同的爱好使他们成了好朋友，并开始联名发表文章，被读者誉为"双子星座"。这次他俩的名字同时挂上太空，使"双子星座"的称誉成为了现实。

命名的建议为何由外国人提出

第 6741 号和第 6742 号小行星，都是由日本天文学家渡边和郎与圆馆金在北海道的北见观测所共同发现的，发现日期分别是 1994 年 3 月 31 日和 1994 年 4 月 8 日。按国际惯例，小行星的命名建议由发现者提出，报国际天文学联合会小行星命名委员会批准。以李元和卞德培的名字命名这两颗小行星的建议，是由日本天文学家藤井旭、富冈启行、盐野米松等人向发现者提出并得到发现者同意的。据李元先生介绍，藤井旭先生是日本白河天文台台长，对中国的天文学及科学普及事业非常关注，对李元、卞德培半个多世纪孜孜不倦从事科普事业的精神非常了解和钦佩，故提出了上述建议。

中国科普作家协会副理事长章道义对记者说："以科普作家的名字来命名小行星，这还是第一次。为什么这样的建议首先是由外国人而不是我们自己提出的，其中意味深长。我们自己发现的小行星也不少哇！在我国，科普工作说起来重要，但实际上并未得到真正的重视。就在这次命名的消息发布后，还有人给我打来电话，问是我们推荐的吗，推荐的依据是什么。我说不是我们推荐的，我们根本不知道这件事。再说，就算是我们推荐的，能管用吗？"

北京天文台研究员、著名天文学家李竞说："为什么人家命名，我们自己不命名？现在在一些天文学工作者中有一种很不好的风气，拿命名权卖钱，一个名字能卖到几百万。你知道吗？我们自己发现的小行星有好几颗卖给了香港和内地的'大款'。"

全体科普工作者的荣誉

5月25日，中国科协在北京科技会堂召开庆祝"李元星"、"卞德培星"命名座谈会，来自天文学界和科普界的数十位专家、学者、作家出席了座谈会，共贺中国科普界的这件盛事。会上，满头华发的李元和卞德培先生向与会者介绍了李元星和卞德培星在天体中的位置，这本身又是一次生动的科普。中国科协副主席冯长根、著名医学家郎景和、北京天文馆馆长崔石竹等代表各界发表了热情洋溢的讲话。青年画家喻京川向李、卞两位先生献上了以"李元星"、"卞德培星"为题材的新作。八十高龄的著名作家、中国科普作协理事长叶至善亲自向两位同行献上鲜花，感谢他们为中国科普界赢得的荣誉。

手捧鲜花，李、卞两位老先生难抑内心的激动。他们表示，这次命名，是他们个人的荣誉，更是中国科普界的荣誉，是国家的荣誉。这对他们是一种激励，一种鞭策，面对荣誉，他们只有更加努力，把自己的余生献给中国的科学普及事业。

附《中国航天报》"科海议苑"：

外国人给我们上了一课

胡 杨

听到李元、卞德培的名字被用来命名小行星的消息，心里非常高兴。两位老先生在天文学科普园地里辛勤耕耘、无私奉献了半个多世纪，翻译出版了许多著作，发表了许多文章，作出了许多实绩。不知有多少青少年，通过参观他们亲自参与创办的天文馆而对天文学产生了深深的迷恋；也不知有多少青少年，通过阅读他们的文章而走上了科学的道路。他们获得名挂太空的盛誉恰如其分，理所应当，乃众望所归。稍令笔者感到有些异样滋味的是，这个命名不是由中国人，而是由几个日本友人来完成的。

想说的不是由外国人来命名这件事本身，而是透过这件事所反映出的一些社会现实和心态。其一，这么多年来，我们一直在嚷"重视科普"，但真的重视了吗？其二，我们的社会包括我们的科技工作者，给了科普作家应有的地位和尊重了吗？我看，答案很难说是肯定的。

别的可以不说，只说小行星命名这件事。可以作这样一个假设：如果我们的哪个天文馆发现了小行星，如果有哪个机构或哪个人（有重权者除外，但不太可能）向发现者建议用科普作家的名字来命名，不敢说百分之百，恐怕十有八九会碰壁，甚至会被当成玩笑。翻开近年来我国自己发现的小行星的命名表，除了李政道、周光召、邵逸夫等人们熟悉的名字外，有好几个人们非常陌生的名字，据说他们都是内地的大款，有的名字是花好几百万元买来的。据熟悉内情的人士介绍，这种拿命名权卖钱的现象在部分天文学工作者当中已渐渐形成一种风气。我想这大约也算"中国特色"之一种。我们的科普作家一无名，二无钱，名挂太空的事自然想都不必去想。不去想也就罢了，偏偏事出之后，还有人追问到有关部门，问为什么要以两个科普作家命名，言外之意不言自明。有关部门只好说：那是外国人的事，我们管不了。

日本友人给了中国科普作家这么高的荣誉，可以说给我们上了生动一课。这堂课的含义，实在太丰富了，值得我们有关部门和有关人士深深地去回味。

（原载 1998 年 6 月 3 日《中国航天报》）

祝贺与怀旧

郭正谊

1998 年春天的喜讯：国际编号为第 6741 和第 6742 号两颗新发现的小行星，分别被命名为"李元星"和"卞德培星"。这是由于他们在中国天文普及教育工作中作出了卓越的贡献。消息传来，使人激动万分，只能是祝贺、再祝贺。

我与李元和卞德培是将近半个世纪的老朋友，也可以说是在天文科普方面的老战友，而他们两位则是我的领路人。结缘就在《科学大众》这个老牌的科普刊物上，今天回顾往事历历如在眼前。

追本溯源，首先是 1922 年成立的中国天文学会，它一成立就以谋求天文学的进步和普及为宗旨。为了推动天文普及工作，1923 年设立"隐名奖金"，1942 年设立"通俗天文学奖金"，以鼓励天文科普工作。天文科普刊物《宇宙》自 1930 年起到 1949 年共出版 20 卷，解放前夕又在著名的科普刊物《科学大众》上开辟了"大众天文"专刊，李元和卜德培是专刊的组织者和撰稿人。我则是《科学大众》的热心读者。

新中国刚刚成立，在 1949 年 12 月 10 日中国天文学会第 23 届年会上就决定成立"大众天文社"，由李元和卜德培等筹办，并在《科学大众》上登出消息，欢迎全国的天文爱好者参加。大众天文社社址设在南京紫金山天文台，不定期出版《社讯》，发给每个社员，并刊登社员名单和通讯处。由此全国范围的天文爱好者就联络在一起了。而我就是较早一批的社员。

这里应该再讲一下北京的情况。虽然刚刚解放，万事更始，党和政府就十分重视科普工作，成立了人民科学馆。为了普及天文知识，人民科学馆把三架天文望远镜放在劳动人民文化宫，免费招待游人看月球上的环形山、土星的光环、木星的卫星以及宇宙深处的星云和星团。这就吸引了一批青少年，只要是好天气晚间总要去用望远镜看天体，当然这里最积极的就是"大众天文社"在北京的社员。最后，我们几个在北京的大众天文社社员竟受聘为人民科学馆的义务工作人员，把望远镜完全交我们管理。就这样，一批青少年天文爱好者集聚在这几架望远镜周围，同时为大众天文社又发展了不少新社员。就这样，在北京的天文爱好者越来越多，感到必要进一步组织起来。与此同时，在北京还有另外一个组织必须提到的，那就是在 1948 年在清华大学学生中自己组织起的"清华天文学习会"，他们办壁报，在著名的天文学家戴文赛教授指导下学习天体物理学、讨论天体演化学，他们也是大众天文社的首批社员。经过联系，决定筹备成立"大众天文社北京分社"。经过南京总社同意，大众天文社北京分社于 1952 年正式成立。

"今天是 1952 年 4 月 20 日，现在是下午 2 点 30 分，这两句话里有多少天文学问题呢？"

这是著名天文学家戴文赛先生在大众天文社北京分社成立大会上作科

普报告的开场白。接下去，他从历史的发展介绍了天文学的概貌，从时间、历法直讲到宇宙的构造和演化。大约40多名天文爱好者共聚在北京26中的教室里，听了报告并宣布自己的组织成立。他们最"老"的是清华大学四年级的学生，最小的是北京女二中初中二年级的学生，由于共同的爱好而走到一起来了。他们共同学习天文并积极到社会上作天文普及宣传，成为解放初期在北京一支活动能力较强的业余科普队伍。

就这样，大众天文社北京分社成立了。社长是清华大学物理系四年级学生杨海寿，副社长是陈大鹏和王京生，我担任秘书。我们出版了社刊和天文普及资料，经费是大家交的社费，资料都是自己动手刻蜡纸油印，与此同时还手绘简易星图，晒蓝图后发给社员。天文科普报告经常举行，大多由大学的社员到中学去作报告，如《宇宙的构造》、《日月食的计算》、《太阳系的演化》等。中学听报告的就不限社员了，往往是整班的同学，也有一些别的中学来请我们去作报告，由此我们又扩大了爱好者队伍。

大众天文社北京分社成立后作的最大的事业是举办"大众天文知识展览"。1952年7月上旬，讨论如何利用暑假搞天文普及活动。大家认为有必要办一个展览，于是就找到北京市科普协会要求支持，一个星期后就得到积极支持的回音，同时还提供了人民科学馆移交下来的一批放大的天体照片。北海公园也免费提供展室。暑假一开始大家就夜以继日地搞展览，请了师大美术系的一个学生来帮忙。说明、解说词、印发的天文普及资料，都是我们这一群学生自己干的。展厅还展出了张俊德老师自己设计制作的月地运行仪，以及民主德国送给团中央的天象仪模型。

展览会在1952年8月22日开幕，9月6日闭幕，每天来参观的人在展室外排成长队，为了占用人们排队的时间搞宣传，又去自然博物馆借来一块陨铁摆在门外，有专人在外面介绍流星和陨石是怎么回事，它们与人的生死没有关系；还画了牛郎和织女两幅画挂在门口（当时正在"七夕"），介绍真的牛郎星和织女星是什么样的星，离我们有多远。这都进一步吸引了观众，收到很好的效果，晚间则又摆出那三架天文望远镜招待游人看星星、看月亮。

9月2日下午，小雨蒙蒙，大众天文知识展览会来了两位外国客人，一位是著名的中国科技史学家李约瑟先生，另一位是新西兰的路易·艾黎先生。他们蛮有兴趣地看了展览，最后李约瑟先生用中文留言"中国天文学万岁！"

大众天文社北京分社的青少年社员们度过了一个难忘的暑假，工作是忘我的，准时"上班"，自带午餐，没有任何报酬，但大家都十分愉快，团结奋进，通过向别人宣传天文知识，自己也提高了水平。那些初中二年级的小妹妹们不仅讲解清楚，还能解答观众提的一些问题，真是了不起。这个展览会除了我和副社长陈大鹏是清华大学一年级学生外，其余全是中学生（清华天文学习会的一些大哥们因毕业答辩未能参加）。如今已是40多年前的往事了，但一切仍历历在目，现在回想起当时可能是不自量力，然而居然成功了。当然这也是李元和卜德培等筹办大众天文社所播下的火种所引发的。

1922年中国天文学会成立时，第一任会长高鲁先生就曾经倡议在中国建立天象馆（又名假天馆）。这一愿望在解放前是不可能实现的。解放后，党和国家批准在北京建立天文馆，这又是在天文科普的大事。大众天文社总社的主要负责人李元、卜德培于1954年调北京，投入北京天文馆的筹建工作，而我们就可以经常见面，进一步促进了科普工作中的友谊。在他们的努力下，北京天文馆于1957年9月29日正式开幕，并成为中国天文科普的中心。油印的社讯和社刊也成了正式的《天文爱好者》刊物，发行全国。时过境迁，大众天文社虽已完成历史使命，但北京分社的几位骨干都投入了北京天文馆的工作，此外不少社员后来也献身于天文工作。例如北京分社副社长王京生，清华天文学习会的沈良照、叶式辉、杨海寿等都成为新中国天文事业的骨干力量。这里还值得一提的是，1952年后，高等学校院系调整，理科集中在北京大学，当时在北大也成立了天文学习会，前任紫金山天文台台长童傅也正是北大天文学习会的积极分子。

天文学是最古老的科学之一，也是现代科学的前沿之一。天文学的普及工作也是科普工作中的最重要的一环，破除封建迷信，建立辩证唯物主义世界观，都离不开天文知识的普及。回顾解放初期的天文学科普工作，正是为了这个目的进行的，当时是抓住引起迷信的各种天象及时作出宣传，以解除愚昧。而李元和卞德培正是我国天文科普的先驱者，今天他们各得到一颗小行星的命名，对此殊荣他们是当之无愧的。这不仅是他们个人的荣誉，也是中国科普界的荣誉。怎能不让人由衷地祝贺？

抚今忆昔，不胜感慨。近年来，科普宣传相对衰微，而占星算命等封建迷信、唯心主义甚嚣尘上。我以为精神文明建设不能脱离现代科学。而科普宣传偏于实用或猎奇志怪，忘其宣传科学精神及辩证唯物主义的主旨，应为大忌，其结果是宇宙人（实际是新上帝）创造地球文化之类伪科学宣传搞乱了人们的思想，而真正的天文知识普及被认为是"软"的而被遗弃。回想 40 多年前，最大的 19 岁的一群青年要举办一个展览会，立即得到信任和支持，从动议到办成仅仅 40 多天，在今天几乎是不可思议。所以在这时，一方面我们应该学习李元和卞德培从事科普工作的执著精神，老骥伏枥的精神；另一方面也应以他们获得殊荣为契机，考虑如何多调动一下年轻人的积极性，加以正确引导，恐怕这是科普事业后继有人，十分值得我们重视的问题。

（原载《科学大众》1998 年第 7 期）

两位中国科普作家荣获小行星命名殊荣

美国洛杉矶格利菲斯天文台台长　克鲁普

两位在天文普及工作中作出杰出贡献的中国科普作家卞德培和李元获得了小行星命名殊荣。1998 年上半年，国际天文学联合会的一份通报通告了第 6741 号和第 6742 号两颗国际统一编号的小行星，已分别被命名为"李元星"和"卞德培星"的消息。这两颗小行星是日本天文学家 K. 圆馆金和 K. 渡边和郎于 1994 年发现的。

在中国和亚洲等地区，有着很高知名度的李元和卞德培两位先生，半个世纪来一直坚持开展各种形式的科学普及活动，向广大群众传播天文学等科学知识。

他们两位于 1954 年共同参与筹建中国的第一座大型天文馆——北京天文馆，李元并荣获"中国天文馆先驱"称号。卞德培是著名的天文科普杂志《天文爱好者》的创办人之一，该杂志于 1958 年创刊，出版至今。卜德培出生于 1926 年，已出版了 60 种以上的各类图书，发表文章约 800 篇，部分图书获国家级和全国性奖励。

我最初认识卜德培先生是在 1982 年，那是我第一次去中华人民共和国旅游，有幸在北京天文馆认识他。他很慷慨，非常友好地送给我一本 20 厘米×25 厘米的大型彩色图片集，内容为陈列在中国最著名的古观象台——北京古观象台上的 8 大件铜铸古天文仪器。在这次旅行中，我有幸见到了这些举世闻名的宝贵仪器，并拍摄了照片。考虑到我对天文历史事物的研究兴趣，卜先生非常友好地为我事前准备了这份极为珍贵和很有意义的礼物。

在此后去中国的好几次访问和旅游中，我几乎都有机会见到他，而最近的一次是 1997 年 3 月，见面时，还同时会见了李元先生。这次我是经过北京去蒙古观测日全食的。这也是我与李元先生的第一次正式会面，因为在此之前，当李先生于 1995 年 6 月亲自访问我所在的格利菲斯天文台时，我失去了与他亲切会面的机会。

1997 年，李先生赠给我一册他亲自准备的资料本，里面汇集了北京古观象台的各种历史资料，同时表达了对格利菲斯天文台的敬意。在此之前，李先生以艺术和天文结合的形式，写了一份贺词，祝贺格利菲斯天文台建台 60 周年，此贺词刊载在《格利菲斯观察家》1994 年第 2 期上。

卜、李两位先生直到今天一直是天文学的积极宣传者，他们两位的风采可以在我们参观北京古观象台时所拍摄的集体照片中见到，照片发表在《格利菲斯观察家》1997 年第 11 期上。

天文界应该感谢日本著名天文学家 A. 藤井旭、T. 佐藤健、富冈启行、盐野米松等人的建议，正是由于他们的建议被该两小行星的发现者接受，从而诞生了（6741）"李元星"和（6742）"卜德培星"。

（原载美《格利菲斯观察家》1998 年第 10 期）

辛勤耕耘四十载

——记科普作家卞德培

李　良　李　元

广博的天文知识来于自学

卞德培同志是我国天文科普界的一位老作家。40 年来，他犹如一个勤劳的园丁，在科普创作园地耕耘，硕果累累。1946 年他就在上海《大公报》发表了第一篇科普文章《日食》，至今已发表了近千篇文章；著作约30 种，其中有些作品曾获得全国优秀科普作品奖。若是不了解老卞的人，或许会以为他是"门里出身"呢。其实，卞德培同志未曾上过任何大学，他那广博的天文学知识，是靠刻苦自学、勤于积累而来的。

卞德培 1926 年 7 月 27 日生于上海。1937 年他在上海南市梅溪小学读四年级时，抗日战争爆发，日本侵略者的铁蹄踏进了上海以后，他便不能正常读书了。1938 年 2 月他转入法租界的中法中学附属小学，尔后在中法中学毕业，学会了法语及外文打字。1945 年 7 月，他在上海东方汇理银行（法商）找到工作。

中学时代他从学校图书馆和书店中读到几本天文书，觉得很有趣，逐渐入迷而成为一名天文爱好者。后来学校图书馆的几本天文书已经不能满足他的需要，但自己又无钱买书，而繁星灿烂的宇宙又那样地吸引着他，激发着他的学习热情，于是他一本又一本地抄写天文知识笔记，对天文的兴趣与日俱增。

1946 年，他创作的第一本书——《地球的殖民地》出版后，他将书寄赠给当时在南京紫金山天文台工作的陈遵妫先生和李元等人，由此开始与天文界有了联系。

1948 年，卞德培托人从美国购买了一架小型天文望远镜，他利用业余时间，不但观察天象，而且到处流动服务，普及天文知识。我国有句老话："独学无友，孤陋而寡闻。"为了便于天文爱好者间的学习交流，这期间卜德培与李元（当时任紫金山天文台业务干事）一起组织了"中国青年天文联谊会"（后来改为中国天文学会大众天文社），并开始结识了一批天文学界的朋友。他的这些科普实践，不但推动了他的科普创作，而且也为他的创作注入了生命与血液。

1948～1952年间，卜德培负责业余编撰《大众天文》月刊（属上海《科学大众》附刊）。这一时期，他经常收到关于天文问题的群众来信，遇到一时回答不了的问题，他就翻书，查找资料，悉心解答并留有底稿。这样，他在业余编辑的生涯中又学到了许多新的天文知识。

参加筹建北京天文馆

解放后，新中国面临一个百业待兴的局面，广大群众迫切需要学习科学文化知识。卜德培十分热爱天文科普工作，他于1953年辞去银行职务，来到上海科普协会（即上海科协的前身）工作。1954年，当时的中央文委决定在北京建立一座大型天文馆，卜德培应工作需要，于该年年底来到北京参加筹建工作。1956年11～12月，他与陈遵妫馆长一起赴苏联参观访问，曾到过莫斯科天文馆和斯大林格勒（今伏尔加格勒）、基辅等城市的天文馆，以及列宁格勒普尔科沃天文台，莫斯科史天堡天文台、陨石博物馆等。1957年9月29日，北京天文馆正式开馆，从那时起至今，卜德培一直在天文馆工作。在开馆的第二年，全国惟一的天文科普刊物——《天文爱好者》杂志创刊了，前中国科学院院长郭沫若亲笔题写了刊名。北京天文馆研究员李鉴澄先生为杂志主编，卜德培同志为编辑部负责人（主任）。为了办好这个杂志，他广泛地联系天文界各方面的作者，并为杂志撰写了许多文章，为《天文爱好者》作出了贡献。《天文爱好者》杂志上刊登的文章，经常为国内报刊（如《新华文摘》、《百科知识》、《课外学习》、《科学大观园》、《人民日报》海外版等）转载，有的文章也被香港地区的科普杂志选登。1982年，香港万里书店和该刊联系，将《天文爱好者》上的一些文章加工整理，出版了一本《星空探索》，很受香港读者欢迎。

登在美国《陨石学》学报上的文章

多年来，卜德培十分重视我国陨石的收集和统计工作。陨石是十分难得珍贵的地外天体标本，它对于多种基础学科及技术科学均有很大的研究价值。1976 年 5 月，卞德培曾赴吉林投入"吉林陨石雨"的考察工作。在此前后，他曾多次赴外地搜集陨石。在充分调查研究的基础上，他撰写了《我国已知陨石的初步统计》一文，发表在《地球化学》学报上（1978 年第 3 期）。后应国际陨石学会负责人的请求，他又用英文撰写了《中国陨石》一文，在美国《陨石学》学报上发表，反响很大。因为在此之前出版的《国际陨石目录》中，仅提到我国 11 块陨石，而《中国陨石》一文一共列出了 60 余块（包括那 11 块），而且提供了许多重要资料，如陨落时间、地点、重量、化学成分等。今年，他又撰写了一篇《保护天然标本——陨石》，发表在 8 月 22 日《人民日报》上，引起国内的重视。

多层次的科普创作

卞德培的科普创作是多层次的，他为各方面各层次的读者的不同需要，进行有针对性的创作。他为成人、学生、少儿都写稿，也在各类书刊上发表作品。例如他是《中国大百科全书》的撰稿人，他也是《中国少年百科全书》的分科副主编和撰稿人，他还是著名的《十万个为什么》丛书的撰稿人。

卞德培在科普创作方面做了很多工作。仅 1980 年以来就发表了共约 67 万字的文章和图书。其中《奇异的木星世界》一文获《少年科学画报》好作品奖；《金星的启示》一文获全国晚报科学小品征文奖；《火星上有生命吗?》一文原载 1980 年第 2 期的《少年科学》上，被作为优秀作品选入《智慧的花朵》一书，在 1983 年由北京出版社出版。他在《天文爱好者》上写的《太阳系》等介绍基础知识的文章被选入上海交通大学出版社 1986 年出版的《党政干部科技必读》一书中。

卞德培很重视青少年的天文普及工作，他为少年儿童写了不少天文科普作品。1964 年他在《儿童时代》（1964 年第 24 期）杂志上发表的《六十多吨重的一枚硬币》一文，用生动有趣的比喻、浅显易懂的文字介绍了晚期恒星——白矮星的物理状况和特点。这篇文章在 20 年后被选入 1984 年出版的《儿童科普佳作选》，该书由中国科普创作研究所主编。50 年代出版的王汶译的《太阳和它的家属》是一本苏联的优秀少年科普读物，为了使它注入新的血液继续为当代少年课外教育服务，卞德培费了不少心血，详加增补改编为两本新书《星空、地球和太阳》、《地球的伙伴》，由新蕾出版社出版。在此次哈雷彗星回归的年代里，卞德培又为少年儿童写了《哈雷彗星》一书，也由新蕾出版社出版。

卞德培也很注重科学小品的创作，他认为，科学小品应力争在较短的篇幅中，给人以较多的知识。写作科学小品要注意把科学性放在首位，趣味性和可读性不能损害科学性，而且要努力发掘科学发现、发明的故事，提倡"探索"精神，启迪和鼓励读者向科学进军。

此外，卞德培还十分注重资料工作。他把许多杂志上有参考价值的文章资料分门别类集在一起，建立了大量的资料卡片和笔记本共有几十个大资料袋，内容极为丰富。但是在十年动乱中，他的大部分资料都被认为是封、资、修货色而付之一炬！但是他并不气馁，现在他又重新建立起了自己的资料库。

仍"志在千里"

卞德培同志除本职工作外，还任中国科普创作协会理事、北京科普创作协会副理事长、北京科普记者编辑协会副理事长等职。

展望未来的岁月，卞德培仍"志在千里"，满怀信心，他准备把数十年积累的天文资料和经验编写成一套供普及和教学参考的工具书（分为表、图两部分），为建立我国天文馆网特别是大型天文馆作出贡献。

（原载《科普创作》1987 年第 1 期）

梅花香自苦寒来

——访卞德培先生

温学诗

1958 年 4 月，《天文爱好者》创刊号问世，与读者见面。1.2 万多个日日夜夜，刊物犹如大海中的一叶扁舟，摸索着前进，经历了多少风风雨雨，在我国改革开放的大潮中，迎来了可喜的 35 周年生日。在庆贺生日的日子里，我们编辑部的同仁们很自然地想到本刊创始人之一、读者关心的我国著名科普作家卞德培先生。

卞德培先生祖籍浙江平湖，1926 年 7 月出生于上海。上初中的时候，一次偶然的机会使他看到了几本天文书，《流转的星辰》和《行星的故事》讲述了前所未闻而又那么有趣的天文知识，《宇宙壮观》描述了令人赞叹而又启迪心灵的宇宙景象。大自然以其特有的魅力深深地打动了少年的心。从此，他对伟大而神秘的宇宙产生了浓厚的兴趣，以至越来越入迷而成为一名天文爱好者。学校图书馆里仅有的几本天文书很快就不能满足他的需求，穷学生又买不起，于是他就大量做笔记乃至成本地抄书。

1945年抗日战争胜利前夕，他高中毕业之后由于家里经济条件没能继续升学，于是进入上海东方汇理银行（法商）做练习生工作。虽然银行业务繁忙，工作紧张，但他对天文知识的兴趣和学习热情并没有降低。尽管家庭生活的担子很沉重，但他仍要节省点零钱出来，买些自己喜欢的天文书，这样也就不用像过去那样成本成本地抄书了。卞先生上大学的宿愿未能实现，他的渊博学识是他一生勤奋好学的结果。

1946年，他在上海《大公报》上发表了第一篇天文科普文章，内容是有关日月食的。1946年，他出版了第一本书，5万字的科学幻想小说——《地球的殖民地》。紧接着，他又用自己多年的积蓄，托人从美国买回一架口径8厘米的反射望远镜，既自己观察天象，也用来做流动服务的工具。

1948年，卞德培与李元（当时在紫金山天文台工作）相识，两人志趣相同，志同道合。以后四五年，两人业余编辑《大众天文》月刊，附刊在当时上海《科学大众》中一起出版，在读者中影响很大。在此期间，他们还组织了中国青年天文联谊会，联系了一批天文爱好者，进行观测和学习等活动。

1954年，卞先生从上海调到北京参加筹建北京天文馆工作。1957年9月北京天文馆落成开放后，卞先生一直在这里勤勤恳恳工作了三十多年，直到退休。

天文馆刚落成，卞先生就开始筹备《天文爱好者》杂志的编辑出版工作。当时谁也没有出版全国性天文科普刊物的经验，条件很艰难。在他的多方努力下，杂志于1958年4月出了创刊号，而且还请到当年中国科学院院长郭沫若郭老为本刊题写了刊名。从此，他就长期在《天文爱好者》杂志社，为灌溉这朵天文科普刊物之花，呕心沥血，不懈努力。

"文化大革命"期间，刊物被迫停刊。"四人帮"刚一垮台，卞先生马上筹备复刊工作，使刊物于1978年7月得以复刊，发行数量最多时达到每期10多万份。如今，《天文爱好者》已经走过了35年的路，仍在茁壮成长着，不仅远远超过了过去任何一种天文刊物的出版年数，而且也仍是迄今为止国内惟一的一种天文普及刊物。她不仅在国内发行，也向国外发行，在国内外都有较大的影响。

今年1月8日，久旱的京城大雪纷飞，想到应该去看望看望卞先生，于是欣然冒雪上路。卞先生家住北京西郊市科委宿舍一套三居室的公寓。叩响了房门，卞先生和夫人十分热情地欢迎我们的到来。卞先生有一个非常幸福美满的家庭，夫人是一个贤内助，女儿现正在法国留学。在卞先生的书房兼客厅里坐下，环顾一下四周，简直如同步入一个知识的宝库，这个大约十六七平方米的书房内，除了一张写字台和几把沙发座椅之外，其余就都是摆满了各种书刊资料的书柜了。除天文和相关学科的科技书外，卞先生的藏书还包括哲学、史学、音乐、美术以及中外文学名著等。藏书中相当一部分是印刷精美的外文书，卞先生精通法文和英文，按期收到的外文杂志就有好多种。

再过几个月，卞先生将是67周岁，而他依然那样健康、那样健谈，虽然两鬓已经有点花白，但那一双睿智的目光依然那么深邃，那么有精神。

在谈话中，我们得悉卞先生退居二线这几年，可以说比退休前一点儿也不轻闲，出版社、报社、杂志社的稿约不断，仅1991～1992这两年间出版的图书就有：《星空探秘》、《探索星空的足迹》、《宇宙奇观》（1991年9月第四次印刷）、《少年科学文库》（与别人合著）、《一万个世界之谜·宇宙分册》（主编、与别人合著）、《新十万个为什么》等。

其中《宇宙奇观》获第五届（1991年）中国图书奖二等奖，并被第五届全国中学生读书评书活动推荐为十佳图书之一。除此之外，卞先生每年还总要为报纸杂志撰写若干篇文章。看到这些，我们就不难理解中国科普作协于1990年6月表彰他为"建国以来，特别是科普作协成立以来成绩突出的科普作家"，并发给他荣誉证书的含义和分量了。

我们还惊讶地发现，卞先生这几年的各种社会活动仍相当多：在一些全国性和北京市的学会、协会中任理事、副理事长、顾问等；为一些天文馆、天象仪工程作鉴定，当参谋和顾问；担任一些报刊的编委、兼职编辑；被邀参加一些会议和去国外访问。他是中华全国科学技术协会三大（1986 年）代表；北京市科协二大（1980 年）、三大（1986 年）代表，四大（1991 年）特邀代表。北京市科协于 1991 年授予他"荣誉证"，感谢他在创建和发展北京市科学技术协会及其所属团体事业中作出的重要贡献。

问起卞先生今年有哪些重要活动以及还有哪些书要出版时，他告诉我们今年上半年预定有三次在外地的会议要参加，至于今年将要出版的书，约定了的是三本，即广东教育出版社的《地球在劫难逃吗？》、人民邮电出版社的一本指导集邮的书和上海少年儿童出版社的一本与别人合著的天文书。

我们在卞先生的客厅里谈得很融洽，不时传出欢乐的笑声。在告别卞先生之前，我们还特别代表关心他的读者们向他致意，祝他健康长寿，请他不要太劳累。卞先生嘱咐一定要代他向各界朋友们致意、致谢。

《天文爱好者》编辑部目前的几位编辑都是在卞先生言传身教之下成长起来的，本人也是其中之一。而且直到现在，每次和卞先生谈话，我都能从卞先生那儿学到新的知识，增长新的见识。在国家改革开放的形势下，我们的刊物也面临着重大革新，办刊的困难很多。这次和卞先生交谈之后，我们又受到新的启迪，得到新的教益，对办好我们的刊物也增添了信心。

辞别了卞先生，发现大雪已经把北京城装扮成了一个银白色的世界，天气虽然很冷，但是我们的心里却热乎乎的。

（原载《天文爱好者》1993 年第 2 期）

一位科普作家的人生轨迹

山　秀

"卞德培星"，在按照自己轨道"不舍昼夜"地运行着。

那么，作为卞德培自己，他的人生轨迹将是怎样的辉煌呢？

从少小迷恋《流转的星辰》之类的天文科普读物，到今天荣获"建国以来成绩突出的科普作家"荣誉证书，卞德培经历了整整 60 个春秋，尝够了自学者的艰难，品味了创业者的辛劳，也获得了成功者的喜悦。

从 1946 年出版第一本科幻小说《地球的殖民地》到合作编辑出版的《北京天文馆文集》，卞德培出书 67 部，文章 800 篇以上。他所著《哈雷彗星》于 1987 年荣获天津市第二届优秀科普作品二等奖；他所著《月亮》、《彗星和流星》先后被译成哈萨克、朝鲜、蒙古等五种民族文字。他所著《宇宙奇观》于 1991 年获第五届中国图书奖二等奖，还被评为十本全国中学生最喜欢阅读作品之一。他所著《第十大行星之谜》，荣获 1996 年第三届全国优秀科普作品一等奖。他所著《天窗怎样打开》，荣获第十届中国图书奖。

1993 年 3 月，卞德培由中国科协和国家教委推荐为联合国教科文组织当年"卡林伽奖"的我国候选人。卞德培之所以获得提名，是因为他不仅仅是一位著作等身的科普作家，还是中国一系列天文普及活动的实践者。他曾指导新中国首部天文普及教育影片《日食和月食》的拍摄，也曾参与筹建中国第一座天文馆——北京天文馆的工作；他曾创办中国第一个天文普及杂志《天文爱好者》，也曾赴东北考察"吉林陨石雨"，所著英文论文《中国陨石》在美国《陨石学》学报发表，反响很大。

卞德培从 1949 年起，便是法国天文学会会员；1980 年成为美国行星学会会员。从 1950 年起，他先后成为中国天文学会、北京科普创作协会、中国科普作家协会会员。他的传略被载入美国《世界名人录》、《科学技术世界名人录》、《国际杰出领导人名录》和英国《20 世纪 2000 名杰出人物》。他还获得中国科普作家协会荣誉证书、北京科学技术协会荣誉证书和北京市先进科普工作者称号。

卞德培的成就令人瞩目，但他最为感人之处是他的高尚的品格。这在他的同事、故旧、学生和晚辈中，都留下许多感人的记忆。我认识先生快 10 年了，无论是为人、处世和做学问，他都是我的良师益友。我衷心祝福卞德培老师早日恢复健康，像在星际日夜飞行的卞德培星那样，永远不停地前进，为中国科普事业、为增进中日乃至世界人民友谊做出新的贡献！

（原载 1998 年 4 月 27 日《中国科学报》）

关于"卡林伽奖"的推荐信

联合国教科文组织：

卞德培先生从 40 年代开始从事科学普及活动，他是一位活跃和有影响的天文普及工作者。

他从事科普活动的形式是多样化的，主要表现在以下一些方面：

1. 从 40 年代开始，他先后发起和组织了"中国青年天文联谊会"、"大众天文社"等团体，联络同好，互相促进，颇有成效。不少成员后来进入大学的物理系或天文系，并从事天文研究工作。

2. 从 40 年代开始，他先后创办《大众天文》、《天文爱好者》、《天文普及参考资料》，并担任这些刊物的主编或主要负责人共约 40 年。这些杂志的社会效果良好，在读者中的影响较大。有些天文工作者反映：当初就是阅读了这些杂志才爱上天文，后来成为天文研究工作者的。

3. 北京天文馆是迄今我国惟一专职天文普及和教育的大型机构。从倡导到参与筹建，从 1957 年天文馆开幕到 80 年代，他一直活跃在天文馆岗位上，始终是天文馆和众多天文普及活动的积极分子和骨干力量。他为此投入了自己的青春，并作出很大贡献。

4. 他热心于各种形式的天文普及宣传活动，如讲演、广播、电视、展览和科普书籍的写作。他创作了许多优秀的书籍和文章，在 40 来年间，共出版了 40 种以上的书和发表了 800 篇以上的文章。这些作品特别在青少年中间的影响是很大的，部分受到各有关方面的奖励。

5. 他与美国、英国、法国、日本等国家的天文界和天文馆界有着良好的联系，对他们的天文普及活动起着友好的作用，同时对国际天文普及大家庭的友好合作起着积极影响。

我们慎重向联合国教科文组织推荐卞德培先生作为本届"卡林伽奖"的候选人。

作者注：本材料于 1993 年 3 月由中国科协和国家教委报送联合国教科文组织，推荐卞德培为当年"卡林伽奖"的我国候选人。"卡林伽奖"（The KalingPrize）是联合国教科文组织自 1952 年起在世界范围每年颁发一

次的科普奖，由各国科学促进会或科学协会推荐，联合国教科文组织指定的评奖团评定。

卞德培获法国弗拉马利翁奖

李 元

我国著名科普作家、北京天文馆编审卞德培同志近日荣获法国2000年弗拉马利翁奖。这是卞德培在1998年获国际编号6742号小行星被命名为卞德培星之后的又一国际荣誉，也是我国科普工作者首次荣获该奖项。

弗拉马利翁奖是法国天文学会向在天文学和天文学普及方面有杰出贡献的法国人或外国人授予的荣誉奖，在世界上享有很高的知名度。法国天文学会在今年2月作出了授予卞德培弗拉马利翁奖的决定，决定说："为表彰您在天文学领域中的积极活动，特授予您弗拉马利翁奖。"并说授奖仪式将于2000年6月17日在巴黎近郊默东天文台大厅举行。由于卞德培因病未能前往巴黎领奖，所以该学会于不久前将奖章寄达北京。

法国天文学会是世界最活跃的天文学会之一，由世界著名的天文学家弗拉马利翁（1842～1925年）于1887年创建。卞德培在1949年成为该会的外籍会员。

弗拉马利翁奖章

　　弗拉马利翁的科普著作和演讲闻名全球，他的名著《大众天文学》被译成多种文字在世界各国传播。根据该书的 1955 年的修订本，我国著名天文学家、上海天文台前台长李珩教授将它译成中文由科学出版社在 1965 年出版。毛泽东主席生前曾阅览过这本书，并且和来访的法国总统蓬皮杜谈及此书，这使蓬皮杜十分惊讶。

　　卞德培并非大学天文系的科班出身，完全是自学成才，凭着他对天文学的热爱、追求和勤学，他对我国天文事业的贡献是有目共睹的，否则他不会得到那么多的国内国外的奖励和荣誉。

　　卞德培 1926 年 7 月生于上海，上初中的时候就迷上了天文，1945 年在上海中法中学毕业后进入上海法商东方汇理银行工作，但他越来越向往那灿烂的星空，那神秘的宇宙。他把工资的大部分都去购买国内外的天文书刊和仪器，很自然地开展了天文知识的宣传普及工作。1946 年，他在上海《大公报》发表了第一篇科普作品，从此走上了五十多年漫长而光辉的科普之路。

　　1947 年，他和在紫金山天文台工作的我相识，我们志同道合成了莫逆之交。1998 年卞德培和我由于对中国科普事业的贡献同时荣获国际小行星命名后，人们赞誉我俩是中国科普界的双星。中央电视台还以《让科普之星闪耀长空》为题对我们进行了专访报道。

　　1949 年，卞德培和我发起成立了大众天文社（属中国天文学会领导），积极开展天文科普活动，许多社员成为新中国许多天文机构的领导人和骨干。我们两人合作主编《大众天文》月刊达 4 年之久。新中国成立不久，卞德培毅然辞去待遇优厚的外国银行的职务而参加了上海科普协会的工作。1954 年我们又积极参加了我国第一座大型天文馆的筹建（包括著名的北京古观象台的整修和开放）工作。1957 年北京天文馆正式落成，它是新中国兴建的第一座大型科普场所。1958 年我们又创办了《天文爱好者》期刊，成为我国天文教育与科普的重要刊物，卞德培负责编辑这本刊物达 20 多年。

　　卞德培是我国最勤奋的天文科普作家之一，他编著图书约八十多种，曾有数种获国家图书奖；发表零星文章近千篇，即使在重病缠身之际，仍笔耕不止，并在病床上向采访他的记者表示希望他的图书出版指标达到

100！他的这种一心向往科普的事业心，令人感动

不已。作为他半个世纪的共同为中国科普事业奋斗的老友，我衷心祝贺他荣获弗拉马利翁奖并祝愿他早日康复，重新投入到祖国科普事业的洪流中去！

（原载 2000 年 8 月 21 日《科学时报》）

德培之星遨游太空

中国科学院北京天文台　李　竞

新中国成立前夕，我在北京参加了几所大学的天文爱好者活动。那时令这些天文爱好者欣慰的是，在《科学大众》月刊上出现了李元主编的《大众天文》。也就在那时因读到卞德培的文章，才知有其人。后来我又成了"大众天文社"的社员。通过这些业余和课余天文活动，就将天文爱好者们视之为领袖的卞德培认做良师益友。从那时起，我就称他为卞先生，这一称谓一直保持了半个世纪。

在与卞先生会面之前，先是收到他寄赠的照片——与他心爱的望远镜的合影。年轻的英姿和不算太小的望远镜都让我仰慕不已。

20 世纪 50 年代初，我任职于南京紫金山天文台，离上海虽近，但也很少有机会见面。50 年代末，我任职刚刚筹建的北京天文台，那时，卞先生已在北京天文馆工作，见面的机会日多。后卞先生将全部精力投入《天文爱好者》期刊的创业，并成为主编，直到退休。我也因多年为该刊作编委，成为卞先生的同事。几十年来，令人敬佩的是卞先生一贯的敬业精神。他那一丝不苟、任劳任怨为办好《天文爱好者》的奉献精神，成为同事和朋友的榜样。40 年来，《天文爱好者》为普及天文事业所做出的贡献，享誉国内外。《天文爱好者》培养了一批又一批的天文爱好者，其中一些还走上了职业天文学家的道路。回顾成绩，其中卞先生功不可没。

在主编岗位上，卞先生总是精益求精，认认真真地审阅和处理来稿来件。因为我是全国天文学名词审定委员会成员，他在来稿中遇到不确切

的，或是可能有误的天文学名词，往往会及时电话和我沟通，听听同行的意见。这也许是一位主编的小事，但卞先生从不轻易放过，而是认真对待，当然，这正是办好刊物，避免和减少差错的一种保障。卞先生人虽离去，音容笑貌却常驻人间，德培之星在不息地遨游太空。

（原载 2001 年 2 月 16 日《科学时报》）

平易而不懈怠　亲切而无矫揉

——忆卞德培

上海科技教育出版社　卞毓麟

同在天文界，同样从上海迁居北京多年，加之同姓并不十分常见的卞，于是就有许多人问及德培先生和我："你们俩是何关系？"

使我们关系密切的纽带是天文知识普及。大约 20 年前，我以很高的热情为青少年朋友撰写了许多天文普及作品，少儿科普界的朋友有时就称呼德培先生和我为"天文二卞"。

其实，德培先生是我的师辈。他长我整 17 岁，生日只差一天：他是 7 月 27 日，我是 7 月 28 日。我从小对天文学感兴趣，中学时代常看《天文爱好者》，其中就有不少德培先生的文章。后来我才知道，早在 20 世纪 40 年代，20 来岁的他已经是天文普及阵地上的一员骁将了。德培先生不是大学天文系"科班出身"，居然能对当代天文学有如此广泛而深刻的了解，着实体现了他的信心、决心和恒心。如此自学成才，实在是分外难能可贵的。如今回头一想，这样的磨炼对于形成德培先生的科普风格倒是起了关键的作用。在他的科普作品中你看不到扭捏腔，尝不到生涩味，嗅不到学究气，一切都是那么平易、亲切，娓娓道来，如叙家常，而科学知识、科学思想和科学精神已潜然充盈其中矣！

德培先生很善于驾驭他的写作题材，从形式到内容皆然。今复观先生历年亲赠的许多作品，尤觉意趣盎然。例如，用汉、蒙古、藏、维吾尔、哈萨克、朝鲜 6 种文字出版的《彗星和流星》（1986 年）、内容新颖的《宇宙奇观》（1989 年）、曾作为优秀科学著作而荣获国家科技进步奖的

《第十大行星之谜》（1992 年）、作为一位集邮家为"邮票上的百科知识丛书"撰写的《星光灿烂》（1993 年）、《万古奇观——彗木大碰撞及其留给人类的思考》（1995 年），乃至重病后陆续付梓的种种著作，都是很有特色的。

《万古奇观》的主题——1994 年 7 月苏梅克—列维 9 号彗星撞击木星，乃是 20 世纪 90 年代中期非常热门的话题。记得德培先生事前已将全书框架写就，准备工作非常到位；撞击事件甫毕，数据、图像源源而来，德培先生便请它们按部就班进入书中。这真是科普图书讲究时效性的良好典范。这次彗木碰撞事件前后，中国科技馆、中国科学院北京天文台等单位联合举办相关展览，观者如潮。我和李竞先生等人受北京天文台委派参加主要工作。某日，德培先生前往参观，言及正为书稿尚缺《埃里斯宣言》全文而着急，不意今日见诸展板，实乃喜出望外。于是便有了《万古奇观》的最后一段："录下《埃里斯宣言》作为本书的结尾"云云。六七年过去了，而斯情斯景犹在跟前。德培先生追求创作素材之完备与精确，由此可见一斑矣。

德培先生的科普作品，以适合青少年阅读的居多。这样的作品，必须平易近人，切忌自鸣得意而曲高和寡；但达到这种平易，却是要费心血的。说理道情、遣词造句，都丝毫懈怠不得，方能于平淡之中见新奇。这样的作品，必须亲切感人，切忌活泼不足而严肃有余；但达到这种亲切，必须发自真心，倘若像一个心中无顾客的服务员那样佯装一副笑容，那是无济于事的。我以为，德培先生在以上两方面都是诚心而力行的。

本人从事科普创作亦已逾四分之一个世纪，在实践中深感："科学普及绝不是炫耀个人的舞台演出，而是为公众奉献的田野耕耘。"德培先生去了。痛定思痛，回首往事，我深信：在很多年以前，他早已如是思，且复如是行了。

（原载 2001 年 2 月 16 月《科学时报》）

怀念卞德培先生

《天文爱好者》编辑部 李芝萍

1 月 15 日上午我来到卞先生病房时，先生已处于弥留之际，10 时 55 分，他像一根燃尽的蜡烛，悄悄地熄灭了。看着曾经那么顽强的先生还是被病魔吞噬了，我心中充满了悲痛。

20 世纪 70 年代末，我被分配到《天文爱好者》编辑部工作，最先见到的就是卞先生，这位编辑部主任给我的第一个印象是气质沉静，举止温文。当时《天文爱好者》复刊不久，并由双月刊改成月刊，工作千头万绪，先生为编辑部从编前到编后制定了一套严格的编审制度，并身体力行，对全部稿子进行三审定稿。每次去先生办公室，总见他在忙碌，好像有干不完的工作，但先生却乐此不疲。先生对自己所做的任何事情都全身心地投入，在他看来没有任何不值得认真对待的工作，他对文章的每一个细节都不放过，即使是一张插图也决不马虎对待。他常对我们说："我们是启蒙者，在编辑的每一个环节上都要谨慎从事，因为我们的每一个错误都会贻误读者。"在他的倡导下，杂志开办了许多读者喜闻乐见的专栏，并请天文界一批著名学者为杂志撰稿，其中有不少是上乘科普佳作，为杂志增色不少。整本杂志从内容到形式严谨而不失活泼，既能指导爱好者业余观测，又反映了天文学发展前沿，雅俗共赏。

1995 年，先生不幸患直肠癌，术后不久，又开始伏案工作。先生是个精明之人，难道他不知道死神就在不远处觊觎着他？先生说过："只要生命还属于我，我就要用今天的生命多做一些事，少留一些遗憾。"他要亲自参加天文馆的改建和建设，还要给孩子们写几本书。正是这种强烈的责任感和实现新目标的欲望，促使先生一次次挣脱死神的枷锁。先生积四十年的丰富经验，深思熟虑，为建设跨世纪的一流天文馆绘制了一幅宏伟蓝图，从外形、仪器设备到人才的培养诸多方面提出了很好的建议。在伪科学甚嚣尘上的时候，先生抱病在报刊上发表文章，接受电台、电视台的采访，用科学的真理拨开人们心头的迷雾。在此期间，先生一连出版了好几本书，劳瘁不已。两个月前，我送先生去住院，此时的先生已病入膏肓，说话的力气都没有了，但他仍在整理书稿。他对我说："我去医院住段时间再回来。"先生说得如此平静，全然没有一位危重病人的伤感和颓丧。先生的勤奋和坚强震撼了我，我在心中祈祷，先生能再一次超越生命的极限。

慎于行而讷于言是先生的一贯作风。先生晚年获得了很多荣誉，这些荣誉有国内给予的，也有国外给予的，有些甚至是炫目的，但先生对此从来都是淡然处之，透出那种朴实平淡的意境和恢宏气度。

人们常说有的人活着其实已经死了，有的人死了但还活着。先生走了，但他的操守、胸怀、学养、智慧、意志和毅力永远是我们晚生后辈的楷模。先生一路走好！

（原载 2001 年 2 月 16 日《科学时报》）